U0218129

物联网开发与应用丛书

面向物联网的嵌入式系统开发

基于CC2530和STM32微处理器

廖建尚 冯锦澎 纪金水 / 编著

电子工业出版社

Publishing House of Electronics Industry

北京·BEIJING

内 容 简 介

本书基于嵌入式系统和物联网系统中常用的 CC2530、STM32 来介绍嵌入式系统接口开发技术，由浅入深地对两种微处理器的接口开发技术进行详细的介绍。全书先进行理论学习，然后进行案例开发，有贴近社会和生活的开发场景、详细的软/硬件设计和功能实现过程，最后总结拓展，将理论学习和开发实践结合起来。每个案例均附有完整的开发代码和配套 PPT，读者可以在源代码的基础上快速地进行二次开发。

本书既可作为高等院校相关专业的教材或教学参考书，也可供相关领域的工程技术人员查阅。对于嵌入式系统和物联网系统的开发爱好者来说，本书也是一本深入浅出、贴近社会应用的技术读物。

本书提供详尽的源代码以及配套 PPT，读者可登录华信教育资源网（www.hxedu.com.cn）免费注册后下载。

图书在版编目（CIP）数据

面向物联网的嵌入式系统开发：基于 CC2530 和 STM32 微处理器 / 廖建尚，冯锦澎，纪金水编著.
—北京：电子工业出版社，2019.1
（物联网开发与应用丛书）
ISBN 978-7-121-35859-3

Ⅰ. ①面…　Ⅱ. ①廖…②冯…③纪…　Ⅲ. ①微处理器－系统开发　Ⅳ. ①TP332

中国版本图书馆 CIP 数据核字（2018）第 296176 号

责任编辑：田宏峰
印　　刷：北京捷迅佳彩印刷有限公司
装　　订：北京捷迅佳彩印刷有限公司
出版发行：电子工业出版社
　　　　　北京市海淀区万寿路 173 信箱　邮编 100036
开　　本：787×1 092　1/16　印张：28　字数：716 千字
版　　次：2019 年 1 月第 1 版
印　　次：2024 年 7 月第 10 次印刷
定　　价：99.00 元

近年来，物联网、移动互联网、大数据和云计算的迅猛发展，渐渐改变了社会的生产方式，大大提高了生产效率和社会生产力。工业和信息化部发布的《物联网发展规划（2016—2020 年）》总结了"十二五"规划中物联网发展所获得的成就，提出了"十三五"面临的形势，并明确了物联网的发展思路和目标，提出了物联网发展的 6 大任务，分别是强化产业生态布局、完善技术创新体系、推动物联网规模应用、构建完善标准体系、完善公共服务体系、提升安全保障能力；提出了 4 大关键技术，分别是传感器技术、体系架构共性技术、操作系统和物联网与移动互联网、大数据融合关键技术；提出了 6 大重点领域应用示范工程，分别是智能制造、智慧农业、智能家居、智能交通和车联网、智慧医疗和健康养老，以及智慧节能环保；指出要健全多层次、多类型的物联网人才培养和服务体系，支持高校、科研院所加强跨学科交叉整合，加强物联网学科建设，培养物联网复合型专业人才。该发展规划为物联网发展指出了一条鲜明的道路，同时也可以看出我国推动物联网应用的坚定决心，相信物联网的规模会越来越大。

嵌入式系统和物联网系统涉及的技术很多，底层和感知层都需要掌握微处理器外围接口的驱动开发技术，以及相应的传感器驱动开发。本书详细分析 CC2530 和 STM32 的接口技术，理论知识点清晰，并且针对每个知识点给出了实践案例，可帮助读者快速掌握常用的微处理器接口开发技术。

第 1 章引导读者初步认识嵌入式系统，了解嵌入式系统的定义、特点和组成，学习嵌入式操作系统及其发展现状，了解单片机与嵌入式的关系，学习单片机到嵌入式系统发展，再到物联网系统应用的发展历程。

第 2 章介绍 MCS-51 和 CC2530，详细介绍本书项目开发所依托的 CC2530 开发平台和开发环境的搭建，以及 IAR for 8051 开发环境和程序调试，并通过一个工程项目帮助读者掌握 CC2530 项目的基本开发过程。

第 3 章介绍 CC2530 的接口技术，给出相应的实践案例，分别是智能手机信号灯控制、电梯楼层按键检测设计、脉冲发生器设计、电子秤设计、低功耗智能手环设计、车辆控制器复位重启设计、智能工厂的设备交互系统设计、设备间高速数据传送。通过这些实践案例的学习，读者可以掌握 CC2530 的接口原理、功能和开发技术，从而具备基本的开发能力，最后通过综合应用开发，完成计算机 CPU 温度调节系统的设计与实现，并对本章的知识点进行归纳总结，以达到综合应用的目的。

第 4 章介绍嵌入式系统，主要学习嵌入式 ARM 的组成及结构，详细介绍本书项目开发所依托的 STM32 开发平台和开发环境 IAR for ARM，通过实现工程项目帮助读者掌握 STM32 项目的基本开发过程。

第 5 章介绍 STM32 嵌入式接口技术，给出了相应的实践案例，分别是车辆指示灯控制设计、按键抢答器设计、电子时钟设计、充电宝电压指示器设计、无线鼠标节能设计、基站监测设备自复位设计、工业串口服务器设计、系统数据高速传输。通过这些实践案例的学习，读者可以掌握 STM32 的接口原理、功能和开发技术，从而具备基本的开发能力。最后通过综合应用开发，完成充电桩管理系统的设计与实现，并对本章的知识点进行归纳总结，以达到综合应用的目的。

第 6 章介绍嵌入式高级接口开发技术，包括通过 STM32 LCD 技术实现可视对讲屏幕驱动设计、通过 STM32 I2C 总线实现档案库房环境监控系统设计、通过 STM32 SPI 总线实现高速动态数据存取设计，最后通过综合应用开发，完成智能防盗门锁的设计与实现，并对本章的知识点进行归纳总结，以达到综合应用的目的。

本书特色有：

（1）理论知识和案例实践相结合。将 CC2530 和 STM32 接口技术和生活中实际案例结合起来，边学习理论知识边进行实践开发，读者可以快速掌握嵌入式系统和物联网系统的开发技术。

（2）企业级案例开发。抛去传统的理论学习方法，选取生动的案例将理论与实践结合起来，通过理论学习和开发实践，读者可以快速入门，由浅入深地掌握 CC2530 和 STM32 接口技术。

（3）提供综合性项目。综合性项目为读者提供软/硬件系统的开发方法，有需求分析、项目架构、软/硬件设计等方法，读者可以在案例的基础上快速地进行二次开发，并且可以很方便地将其转化为各种比赛和创新创业的案例，也可以为工程技术开发人员和科研工作人员在进行工程设计和科研项目开发时提供较好的参考资料。

本书既可作为高等院校相关专业的教材或教学参考书，也可供相关领域的工程技术人员参考。对于物联网系统和嵌入式系统的开发爱好者来说，本书也是一本深入浅出的技术读物。

本书在编写过程中，借鉴和参考了国内外专家、学者、技术人员的相关研究成果，我们尽可能按学术规范予以说明，但难免会有疏漏之处，在此谨向有关作者表示深深的敬意和谢意。如有疏漏，请及时通过出版社与作者联系。

本书的出版得到了广东省自然科学基金项目（2018A030313195）、广东省高校省级重大科研项目（2017GKTSCX021）、广东省科技计划项目（2017ZC0358）、广州市科技计划项目（201804010262）和广东省高等职业教育品牌专业建设项目（2016GZPP044）的资助。感谢中智讯（武汉）科技有限公司在本书编写过程中提供的帮助，特别感谢电子工业出版社在本书出版过程中给予的大力支持。

由于本书涉及的知识面广，时间仓促，限于笔者的水平和经验，疏漏之处在所难免，恳请专家和读者批评指正。

作 者

2018 年 11 月

CONTENTS 目录

第1章
单片机与嵌入式技术概述

目前嵌入式系统已经渗透到我们生活的每个领域，导弹的导航装置，飞机上各种仪表的控制，计算机的网络通信与数据传输，工业自动化过程的实时控制和数据处理，广泛使用各种智能 IC 卡，汽车的安全保障系统，录像机、摄影机、全自动洗衣机的控制，以及程控玩具，电子宠物等，这些都离不开嵌入式系统。因此，嵌入式的学习、开发与运用首先需要认识嵌入式系统。

1.1 嵌入式系统概述

随着计算机技术的飞速发展和嵌入式微处理器的出现，计算机应用出现了历史性的变化，并逐渐形成了计算机系统的两大分支：通用计算机系统和嵌入式计算机系统（简称嵌入式系统）。

嵌入式系统一词源于 20 世纪 70、80 年代之交的美国，早期还曾被称为嵌入式计算机系统或隐藏式计算机，随着半导体技术及微电子技术的快速发展，嵌入式系统得以风靡式发展，性能不断提高，以致出现一种观点，即嵌入式系统通常是基于 32 位微处理器设计的，往往带操作系统，本质上是瞄准高端领域和应用的。然而随着嵌入式系统应用的普及，这种高端应用系统和之前广泛存在的单片机系统间的本质联系，使嵌入式系统与单片机毫无疑问地联系在了一起。

1.1.1 嵌入式系统的定义

关于嵌入式系统的定义有很多，较通俗的定义是嵌入对象体系中的专用计算机系统。国际电气和电子工程师协会（IEEE）对嵌入式系统的定义是：嵌入式系统是控制、监视或者辅助设备、机器和车间运行的装置。该定义是从应用的角度出发的，强调嵌入式系统是一种完成特定功能的装置，该装置能够在没有人工干预的情况下独立地进行实时监测和控制。这种定义体现了嵌入式系统与通用计算机的不同的应用目的。

我国嵌入式系统定义为：嵌入式系统是以应用为中心，以计算机技术为基础，并且软/硬件可裁减，适用于应用系统对功能、可靠性、成本、体积、功耗有严格要求的专用计算机系统。

1.1.2　嵌入式系统的特点

嵌入式系统是先进的计算机技术、半导体技术和电子技术与各个行业的具体应用相结合的产物，这决定了它是技术密集、资金密集、知识高度分散、不断创新的集成系统。同时，嵌入式系统又是针对特定的应用需求而设计的专用计算机系统，这也决定了它必然有自己的特点。

不同嵌入式系统的具有一定的差异，一般来说，嵌入式系统有以下特点：

（1）软/硬件资源有限。过去只在 PC 中安装的软件现在也出现在复杂的嵌入式系统中。

（2）集成度高、可靠性高、功耗低。

（3）有较长的生命周期。嵌入式系统通常与所嵌入的宿主设备具有相同的使用寿命。

（4）软件程序存储（固化）在存储芯片上，开发者通常无法改变。

（5）嵌入式系统本身无自主开发能力，进行二次开发需要进行交叉编译。

（6）嵌入式系统是先进的计算机技术、半导体技术、电子技术和各个行业的应用相结合的产物

（7）一般来说，嵌入式系统并非总是独立的设备，而是作为某个更大型计算机系统的辅助系统。

（8）嵌入式系统通常都与真实物理环境相连，并且是激励系统。激励系统可看成一直处在某一状态，等待着输入信号，对于每一个输入信号，它们完成一些计算并产生输出及新的状态。

另外，随着嵌入式微处理器性能的不断提高以及软件的高速发展，越来越多的嵌入式系统的应用出现了新的特点：

（1）性能和功能越来越接近通用计算机系统。随着嵌入式微处理器性能的不断提高，一些嵌入式系统的功能也变得多而全。例如，智能手机、平板电脑和笔记本电脑在形式上越来越接近。尤其是人工智能的介入，让智能手机如虎添翼。

（2）网络功能已成为标配。随着网络的发展，尤其是物联网、移动互联网和边缘计算等的出现，目前的嵌入式系统的网络功能成了一种必备的功能。

1.1.3 嵌入式系统的组成

嵌入式系统一般由硬件系统和软件系统两大部分组成。其中，硬件系统包括嵌入式微处理器、存储器、外设接口和必要的外围电路；软件系统包括嵌入式操作系统和应用软件。常见嵌入式系统的组成框图如图 1.1 所示。另外，由于被嵌入对象的体系结构、应用环境不同，因此嵌入式系统往往有不同的结构组成。

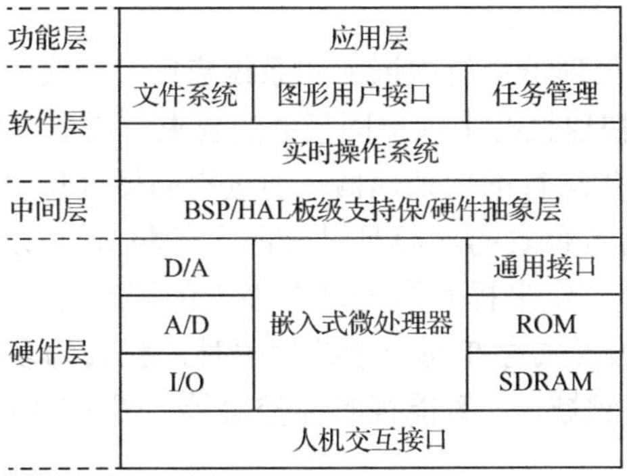

功能层	应用层		
软件层	文件系统	图形用户接口	任务管理
	实时操作系统		
中间层	BSP/HAL板级支持保/硬件抽象层		
硬件层	D/A	嵌入式微处理器	通用接口
	A/D		ROM
	I/O		SDRAM
	人机交互接口		

图 1.1 常见的嵌入式系统的组成框图

1. 硬件

嵌入式系统的硬件由嵌入式微处理器（简称微处理器）、存储器、外围电路及外设接口构成。

1）嵌入式微处理器

微处理器是嵌入式系统硬件的核心，早期嵌入式系统的微处理器由（甚至包含几个芯片的）CPU 来担任，而如今的嵌入式微处理器一般是 IC（集成电路）芯片形式，它也可以是 ASIC（专用集成电路）或者 SoC 中的一个核，核是 VLSI（超大规模集成电路）上功能电路的一部分。嵌入式系统微处理器芯片有如下几种：

（1）微处理器：世界上第一个微处理器芯片就是为嵌入式服务的。可以说，微处理器的出现，造成了嵌入式系统设计的巨大变化。微处理器可以是单芯片 CPU，也可以包含其他附加的单元（如高速缓存、浮点处理算术单元等）以加快指令处理的速度。

（2）微控制器：微控制器是集成有外设的微处理器，是具有 CPU、存储器和其他一些硬件单元的集成芯片。因其单芯片即可组成一个完整意义上的计算机系统，常被称为单片微型计算机，即单片机。最早的单片机芯片是 8031 微处理器，它和后来出现的 8051 系列是传统单片机系统的主体。在高端的 MCU 系统中 ARM 芯片则占有了很大比重。MCU 可以成为独立的嵌入式设备，也可以作为嵌入式系统的一部分，是现代嵌入式系统工业的主流，尤其适用于具有片上程序存储器和设备的实时控制。

（3）数字信号微处理器（DSP）：也称为 DSP 微处理器，可以看成高速执行加减乘除算术运算的微处理器芯片，因具有乘法累加器单元，特别适合进行数字信号处理运算（如数字滤波等）。DSP 在硬件中进行算术运算，因而信号处理速度比通用微处理器更快，主要用于嵌入式音频、视频编解码以及各种通信应用。

（4）片上系统：近来，嵌入式系统正在被设计到单个硅片上，称为片上系统（SoC）。这是一种 VLSI 上的电子系统，学术上被定义为：将微处理器、IP（知识产权）核、存储器（或片外存储控制器接口）集成在单一芯片上，通常是客户定制的或是面向特定用途的标准产品。

（5）多处理器和多核处理器：有些嵌入式系统应用，如实时视频或多媒体应用等，即使 DSP 也无法满足同时快速执行多项不同任务的要求，需要一些专用的视频编/解码处理器，两个甚至多个协调同步运行的微处理器。通过提高微处理器的主频可以提高嵌入式系统性能，但是主频的提高是有限的，而且过高的主频将导致功耗的上升，因此采用相对低频的微处理器相互配合工作来提升微处理器性能的同时进一步降低功耗。当系统中的多个微处理器均以 IP 核的形式存在同一个芯片中时，就成为多核微处理器，目前多核微处理器已成功应用到多个领域，如智能视频监控等等。图 1.2 所示为多微处理器和多核系统布局。

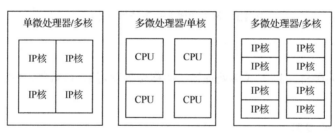

图 1.2　多处理器与多核处理器的不同系统布局

2）外设

外设包括存储器、I/O 接口等辅助设备。尽管 MCU 已经包含了大量外设，但对于需要更多 I/O 端口和更大存储能力的大型系统来说，还需要连接额外的 I/O 端口和存储器，用于扩展其他功能和提高性能。

2．软件

嵌入式软件系统可以分成有操作系统和无操作系统两大类，嵌入式的高级应用，多任务成为基本需求，因此操作系统也是嵌入式系统中的必要组成部分，用于协调多任务。此外，嵌入式软件中用到的高级语言有：C 语言、C++和 Java 等编程语言。

嵌入式软件系统由应用程序、API、嵌入式操作系统等软件组成，解决一些在大型计算机软件中不存在的问题：因经常同时完成若干任务，必须能及时响应外部事件，能在无人干预的条件下处理所有异常和突发情况。

1.1.4 嵌入式操作系统

如图 1.3 所示，操作系统可以分为多种。

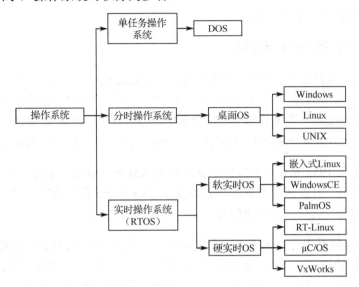

图 1.3 操作系统的分类

1. 早期的嵌入式操作系统

早期的嵌入式系统大多采用 8 位或 16 位单片机作为系统核心控制器，所有硬件资源的管理工作都由程序员自己编写程序来完成，不需要采用专门的操作系统。由于技术的进步，嵌入式系统的规模越来越大、功能越来越强、软件越来越复杂，因此嵌入式操作系统在嵌入式系统中得到了广泛的应用，尤其是在功能复杂、系统庞大的应用中，嵌入式操作系统的作用显得越来越重要。

在嵌入式操作系统环境下，开发一个复杂的应用程序，通常可以按照软件工程的思想，将整个程序分解为多个任务模块，每个任务模块的调试、修改几乎不影响其他模块。利用嵌入式操作系统提供的多任务调试环境，可大大提高系统软件的开发效率、降低开发成本、缩短开发周期。在开发应用软件时，程序员不是直接面对嵌入式硬件设备，而是采用一些嵌入式软件开发环境，在操作系统的基础上编写程序的。

嵌入式操作系统本身是可以裁减的，嵌入式系统的外设、相关应用也可以灵活配置，所开发的应用软件可以在不同的应用环境、不同的微处理器芯片之间移植，软件构件可复用，有利于系统的扩展和移植。相对于一般的操作系统而言，嵌入式操作系统仅指操作系统的内核（或者微内核），其他的诸如窗口系统界面或通信协议等模块，可以另外选择。

2. 实时嵌入式操作系统

实时嵌入式操作系统是指当发生外界事件或产生数据时，能够接收并以足够快的速度进行处理，其处理结果又能在规定的时间内来控制生产过程或对处理系统做出快速响应，并控制所有实时任务协调、一致运行的操作系统。因而，提供及时响应和高可靠性是实时操作系统的主要特点。实时嵌入式操作系统有硬实时和软实时之分，硬实时要求在规定的时间内必须完成操作，这是在操作系统设计时需要保证的；软实时则只要按照任务的优先级别，尽可能快地完成操作即可。

3．嵌入式操作系统的发展现状

对于实时嵌入式操作系统来说，其最主要的特点就是满足对时间的限制和要求，能够在确定的时间内完成具体的任务。在工程项目中，往往选用实时嵌入式操作系统来统一管理软/硬件资源，使程序设计尽量变得简单，各个子模块的耦合性尽量降低。目前，人们使用得比较多的几个实时嵌入式操作系统有 VxWorks、Linux、PSOSystem、Nucleus 和 μC/OS-II 等。

VxWorks 是于 1983 年设计开发的一款实时嵌入式操作系统，这是一个高效的内核，具备很好的实时性能，开发环境的界面也比较友好。VxWorks 在对实时性要求极高的领域应用得比较多，如航天航空、军事通信等。

Linux 操作系统是实时嵌入式操作系统里面一个重要的分支，其最大的特点是源代码公开并且遵循 GPL 协议，在近几年也成了研究的热点，其应用范围比较广阔。自从 Linux 在中国普及以来，其用户数量也越来越大。嵌入式 Linux 和普通 Linux 并无本质的差别，实时调度策略、硬件中断和异常执行部分的应用难度都相对较大。目前常见的实时嵌入式 Linux 操作系统有 RT-Linux、μCLinux、国产红旗 Linux 等。

μC/OS-II 具备了一个实时内核应该具备的所有核心功能，编译后的代码只有几 KB，用户可以廉价地使用 μC/OS-II 开发商业产品或进行教学研究，也可以根据自己的硬件性能优化其源代码。

1.2　嵌入式系统的发展与应用

1.2.1　单片机与嵌入式

微处理器诞生后，现代计算机有了较好的计算能力和对象系统控制能力，但后来发现计算与控制是两个无法兼容的技术和环境，计算要求具有高速海量数值计算能力的通用计算机系统，后者则要求有一个可以嵌入到对象系统中实现对象系统实时控制的、高可靠的嵌入式系统。

1．单片机的发展

在 PC 诞生前，很早就开始了在微处理器基础上的单片机探索，并取得成功；PC 诞生后，再次进行了嵌入式应用探索，但是没有成功。

单片微处理器的从 1974 年诞生的第 2 代微处理器 8088 开始。最初，8080 代替电子逻辑电路器件用于各种应用电路和设备上。其后出现了一批单片机应用,其中最典型的是 1976 年推出的 MCS-48 单片机。1980 年,在 MCS-48 单片机基础上发展为 MCS-51 单片机,成为微处理器的经典体系结构。

2. 从单片机到嵌入式系统

在 MCS-48 基础上完善而成的 MCS-51 单片机,具有全新体系结构的微处理器。20 世纪末,随后个人计算机 PC 时代的到来,大量应用和计算机专业人员进入到单片机领域,并迅速提升了单片机的应用水平,将微处理器的应用从单片机时代推向嵌入式系统应用时代。

20 世纪末,随后个人计算机 PC 时代的到来,大量应用和计算机专业人员进入到单片机领域,并迅速提升了单片机的应用水平,将微处理器的应用从单片机时代推向嵌入式系统应用时代。

1.2.2　微处理器的基本特点

20 世纪末,随后个人计算机 PC 时代的到来,大量应用和计算机专业人员进入到单片机领域,并迅速提升了单片机的应用水平,将微处理器的应用从单片机时代推向嵌入式系统应用时代。

1. 单片机应用

微处理器的嵌入式应用必须走单片机的发展道路,不只是满足体积、价位的需求,更重要的是要以单芯片形态创造出全新的微处理器体系结构。在 MCS-48 单片机初步取得成功后,迅速发展为 MCS-51 单片机,成为微处理器经典结构体系,并应用至今。

2. 嵌入式应用环境

单片机的微小体积与价位,满足了环境要求与市场要求;固化的只读程序存储器、突出控制功能的指令系统与体系结构,满足了对象控制的可靠性要求。因此,单片机诞生后,迅速取代经典电子系统,嵌入到对象体系中实现对对象体系的智能化控制。随着微处理器外围电路、接口技术的不断扩展,出现了一个个 IT 产品的公共平台,如智能手机、平板、PDA、MP3、MP4 等。

3. 微处理器的物联应用

微处理器为物联而生,物联是微处理器与生俱来的本质特性。

1.2.3　微处理器的三个应用时代

从 1976 年诞生 MCS-48 系列单片机(或微处理器)算起,微处理器发展经历了单片机时代与嵌入式系统时代,如今又将进入物联网时代。

单片机的发明，为电子技术领域提供了一个智力内核，开始了传统电子系统的智能化改造，开始了微处理器的单片机时代。后 PC 时代到来，大量应用进入单片机领域，电子技术与计算机技术结合，极大地提升了微处理器的嵌入式应用水平，将单片机时代发展到嵌入式系统时代。如今，借助微处理器的智能功能，将互联网延伸到物联网，从而进入了物联网时代。

1.2.4　从单片机到嵌入式系统

1974 年，第 2 代微处理器 8080 诞生后，在半导体产业领域中迅速掀起了一股单片机的应用热潮，出现了众多型号的单片机，为电子技术领域提供一个个智能化改造的智力内核。因此，单片机在其诞生后就立即进入了电子技术领域。由于半导体厂家的技术支持，低廉的硬件成本与便捷的开发装置，很快便掀起了传统电子系统智能化改造的热潮。

正当单片机时代陷入困境时，计算机领域迎来了后 PC 时代。受日益高涨的微处理器市场的吸引，大量应用进入微处理器领域。引入了计算机高级语言、操作系统、集成开发环境、计算机工程方法，大大地提高了微处理器的应用水平，嵌入式系统成为多学科的综合应用领域。

1.2.5　从嵌入式系统到物联网

微处理器经历了 20 多年单片机的缓慢发展后，在嵌入式系统时代中有了迅猛的发展。与此同时，出现了大量的具有 TCP/IP 协议栈的内嵌式单元与方便外接的互联网接口技术。无论是嵌入式系统单机还是嵌入式系统，与互联网、GPS 的连接都成为常态，从而将互联网顺利地延伸到物理对象，并变革成为物联网。

物联网是互联网与嵌入式系统发展的深度融合，作为物联网重要技术的组成部分，嵌入式系统有助于深刻地、全面地推动物联网的发展。

1.2.6　嵌入式系统的应用

自从 20 世纪 70 年代微处理器诞生后，将计算机技术、半导体技术和微电子技术等融合在一起的专用计算机系统，即嵌入式系统已广泛地应用于家用电器、航空航天、工业、医疗、汽车、通信、信息技术等领域。各种各样的嵌入式系统和产品在应用数量上已远远超过通用计算机，从日常生活、生产到社会的各个角落，可以说嵌入式系统无处不在。下面仅列出了比较熟悉的、与人们生活紧密相关的几个应用领域。

（1）消费类电子产品应用。嵌入式系统在消费类电子产品应用领域的发展最为迅速，而且在这个领域中的嵌入式微处理器的需求量也是最大的。由嵌入式系统构成的消费类电子产品已经成为生活中必不可少的一部分，如智能冰箱、流媒体电视等信息家电产品，以及智能手机、数码相机和 MP4 等。

（2）智能仪器仪表类应用。这类产品是实验室里的必备工具，如网络分析仪、数字示波器、热成像仪等。通常这些嵌入式设备中都有一个应用微处理器和一个运算微处理器，可以实现数据采集、分析、存储、打印、显示等功能。

（3）通信信息类产品应用。这些产品多数应用于通信机柜设备中，如路由器、交换机、家庭媒体网关等，在民用市场使用较多的莫过于路由器和交换机了。基于网络应用的嵌入式系统也非常多，目前市场发展较快的是远程监控系统等监控领域中应用的系统。

（4）过程控制类应用。过程控制类应用主要是指在工业控制领域中的应用，包括对生产过程中各种动作流程的控制，如流水线检测、金属加工控制、汽车电子等。汽车工业在我国已取得了飞速的发展，汽车电子也在这个大发展的背景下迅速成长。车载多媒体系统、车载 GPS 导航系统等，也都是典型的嵌入式系统应用。

（5）航空航天类应用。不仅在低端的民用产品中，在像航空航天这样的高端应用的各个领域中同样需要大量的嵌入式系统，如火星探测器、火箭发射主控系统、卫星信号测控系统、飞机的控制系统、探月机器人等。

（6）生物微电子类应用。指纹识别、生物传感器数据采集等应用中也广泛采用了嵌入式系统。环境监测已经成为人类必须面对的问题，随着技术的发展，将来的空气中、河流中可以用大量的微生物传感器实时地监测环境状况，而且还可以把这些数据实时地传输到环境监测中心，以监测整个生活环境，避免发生更深层次的环境污染。

1.3　小结

通过本章的学习和实践，读者可以了解嵌入式系统的组成、嵌入式操作系统的作用。通过对不同功能的嵌入式系统的认识可以了解嵌入式微处理器的种类，以及不同种类嵌入式系统的使用环境和场景。

1.4　思考与拓展

（1）嵌入式处理器有哪些种类？各有什么特点？

（2）常见的嵌入式操作系统有哪些？

（3）嵌入式系统的组成？

第2章

MCS-51 和 CC2530 微处理器系统

本章引导读者初步认识对微处理器的发展概况，以及物联网和微处理器的关系，学习 MCS-51 微处理器的基本原理、功能，并进一步学习 CC2530 的原理与功能以及片上资源，学习 CC2530 开发平台的构成以及开发环境的搭建，初步探索 IAR for 8051 的开发环境和在线调试，掌握 CC2530 开发环境的搭建和调试。

2.1 MCS-51 和 CC2530 微处理器

MCS-51 微处理器（也称为单片机）是最早的且开始运用于工业的 8 位微处理器，当今的许多微处理器都借鉴了 MCS-51 微处理器的设计思路。随着技术的发展，许多高性能微处理器出现以后，具有不同特殊功能的微处理器运用在每个不同行业，这其中就有集成有物联网 ZigBee 网络单元的具有广泛使用的 CC2530 微处理器。

2.1.1 MCS-51 微处理器

1. MCS-51 微处理器系列

MCS-51 指由 Intel 公司生产的一系列 51 内核的微处理器总称，这一系列微处理器的产品众多，包括了如 8031、8051、8751、8032、8052、8752 等多个种类，其中 8051 是最早、最典型的产品，该系列其他微处理器都是在 8051 的基础上进行功能的增、减、改变而来的，因此 MCS-51 微处理器又通称为 8051 微处理器。后来 Intel 公司将 MCS-51 的核心技术进行了技术授权，因此很多公司都推出了 8051 核心相关的微处理器产品。

早期 Intel 公司在 51 内核下开发的微处理器中主要有两个微处理器系列，这两个系列分别是 51 系列和 52 系列。

51 系列是基本型，包括 8051、8751、8031、8951，这四个机型的区别仅在于片内程序储存器。8051 为 4 KB 的 ROM，8751 为 4 KB 的 EPROM，8031 片内无程序储存器，8951 为 4 KB 的 EEPROM。其他性能结构一样，有片内 128 B 的 RAM，2 个 16 位定时器/计数器，5 个中断源。其中 8051 性价比较高又易于开发所以应用面较为广泛。

52 系列是增强型，有 8032、8052、8752、8952 四个机型。8052 的 ROM 为 8 KB，RAM 为 256 B；8032 的 RAM 也是 256 B，但没有 ROM，这两种微处理器比 8051 和 8031 多了一个定时器/计数器，增加了一个中断源。

2．MCS-51 微处理器的基本组成

MCS-51 微处理器由中央处理器（CPU）、振荡器和时序电路、程序存储器（ROM/EEPROM）、数据存储器（RAM）、并行 I/O 接口（P0～P3 接口）、串行通信接口、定时器/计数器，以及内外中断系统等多个部件组成。这些部件通过总线连接，并集成在一块半导体芯片上，即可构成单片微型计算机（Single-Chip Microcomputer）。8051 功能框图如图 2.1 所示。

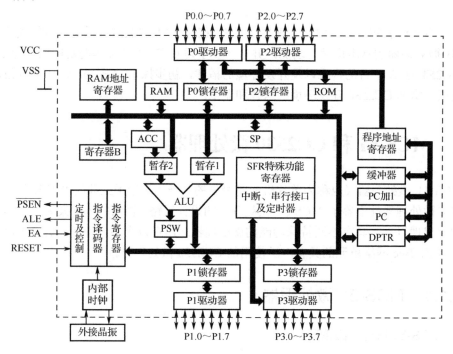

图 2.1　8051 功能框图

MCS-51 处理器包含微机硬件系统所必需的各种功能部件，几个重要功能部件如下。

（1）1 个 8 位的中央处理器（CPU，具有微处理器功能）和 1 个全双工的异步串行口。

（2）2 个 16 位定时器/计数器。

（3）3 个逻辑存储空间：64 KB 的程序存储器空间（包括 4 KB 的片内程序存储器 ROM）；128 B 的内部数据存储器（RAM）；64 KB 的数据存储器空间。

（4）4 个双向并可按位寻址的 I/O 口。

（5）5 个中断源，具有两个优先级。

（6）片内还有振荡器和时钟电路。

1）中央处理器

MCS-51 内部有一个 8 位 CPU（8 位是 CPU 的字长，指 CPU 对数据的处理是按一个字节进行的），它像通常的微处理器一样，也是由算术逻辑运算单元（ALU）、定时控制部件（即控制器）和各种专用寄存器等组成的。

（1）运算器。运算器是计算机的运算部件，用于实现算术逻辑运算、位变量处理、移位和数据传输等操作。它是以 ALU 为核心，加上累加器（ACC）、寄存器群 B、程序状态字（PSW）以及十进制调整电路和专门用于位操作的布尔处理器等组成的。

（2）控制器。控制器是计算机的控制部件，它包括程序计数器（PC）、指令寄存器（IR）、指令译码器（ID）、数据指针（DPTR）、堆栈指针（SP）以及定时控制与条件转移逻辑电路等。它对来自存储器中的指令进行译码，并通过定时和控制电路在规定的时刻发出各种操作所需要的控制信号，使各部件协调工作，完成指令所规定的操作。

2）定时器/计数器

8051 内有两个 16 位的定时器/计数器：定时器/计数器 0 和定时器/计数器 1。它们分别由两个 8 位寄存器组成，即 T0 由 TH0（高 8 位）和 TL0（低 8 位）构成，同样 T1 由 TH1（高 8 位）和 TL1（低 8 位）构成，地址依次是 8AH～8DH。这些寄存器用来存放定时或计数的初值。

3）串行通信口

8051 内部有一个串行数据缓冲寄存器（SBUF），它是可直接寻址的特殊功能寄存器，地址为 99H。在机器内部，SBUF 实际是由两个 8 位寄存器组成的，一个作为发送缓冲寄存器，另一个作为接收缓冲寄存器，二者由读写信号区分，但都是使用同一个地址 99H。8051 内部还有串行口控制寄存器（SCON）、电源控制及波特率选择寄存器（PCON），它们分别用于在串行数据通信中控制和监视串口工作状态，以及串行口波特率的倍增控制。

4）中断系统

8051 共有五个中断源，分别是外部中断 0、定时器中断 0、外部中断 1、定时器中断 1 和串口中断，每个中断分为高级和低级两个优先级别，常用于实时控制、故障自动处理、计算机与外设间传输数据及人机对话等。

5）并行 I/O 接口

接口电路是微机应用系统中必不可少的组成部分，其中并行 I/O 接口是 CPU 与外部进行信息交换的主要通道。

MCS-51 单片机内部有 4 个并行的 I/O 接口电路，分别是 P0、P1、P2、P3，它们都是双向口，既可以输入又可以输出。P0、P2 口经常用于外部扩展存储器时的数据、地址总线，

P3 口除了可用于 I/O 口，每一根都有第二功能。通过这些 I/O 接口，单片机可以外接键盘、显示器等外围设备，还可以进行系统扩展，以解决片内硬件资源不足问题，P0 口结构内部如图 2.2 所示。

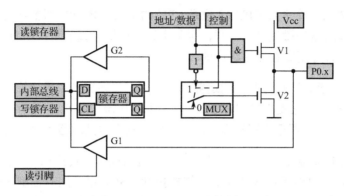

图 2.2　P0 口内部结构图

2.1.2　CC2530 微处理器

1. CC2530 基本知识

CC2530 是一款性能强大和被深度定制的微处理器，其硬件设计和部件均由相关的缩写来表示，后文中也将大量使用硬件的缩写对 CC2530 的硬件进行描述，因此了解 CC2530 相关硬件结构的缩写有利于对后文的阅读和理解，英文缩写与具体含义对应如表 2.1 所示。

表 2.1　CC2530 的英文缩写与具体含义

编号	缩写	含　义	编号	缩写	含　义
1	AAF	抗混叠过滤器	16	CMRR	共模抑制比
2	ADC	模/数转换器	17	CPU	中央处理器
3	AES	高级加密标准	18	CRC	循环冗余校验
4	AGC	自动增益控制	19	CSMA-CA	载波监听多路访问/冲突防止
5	ARIB	工业和商业无线电协会	20	CSP	CSMA/CA 选通处理器
6	BCD	二进制转十进制	21	CTR	计数器模式（加密）
7	BER	误码率	22	CW	连续波
8	BOD	布朗输出探测器	23	DAC	数/模转换器
9	BOM	材料清单	24	DC	直流
10	CBC	密码块连接	25	DMA	直接存储器存取
11	CBC-MAC	密码块连接信息验证代码	26	DSM	Delta Sigma 调制器
12	CCA	空闲信道评估	27	DSSS	直接序列扩频
13	CCM	计数器模式+CBC-MAC	28	ECB	电子密码本（加密）
14	CFB	密码反馈	29	EM	评估模块
15	CFR	联邦法规	30	ENOB	有效位数

续表

编号	缩写	含 义	编号	缩写	含 义
31	ETSI	欧洲电信标准协会	66	MPDU	MAC 层协议数据单元
32	EVM	误差矢量幅度	67	MSB	最高有效字节
33	FCC	联邦通信委员会	68	MSDU	MAC 层服务数据单元
34	FCF	帧控制域	69	MUX	复用器
35	FCS	帧校验序列	70	NA	不可用
36	FFCTRL	FIFO 和帧控制	71	NC	未连接
37	FIFO	先进先出	72	OFB	输出反馈（加密）
38	GPIO	通用输入/输出	73	O-QPSK	偏移-正交相移键控
39	HF	高频	74	PA	功率放大器
40	HSSD	高速串行数据	75	PC	程序计数器
41	I/O	输入/输出	76	PCB	印制电路板
42	I/Q	同相/正交相	77	PER	封装错误率
43	IEEE	电气和电子工程师协会	78	PHR	PHY 首部
44	IF	中频	79	PHY	物理层
45	IOC	I/O 控制器	80	PLL	锁相环
46	IRQ	中断请求	81	PM1、PM2、PM3	供电模式 1、2 和 3
47	IR	红外	82	PMC	电源管理控制器
48	ISM	工业、科学、医疗	83	POR	上电复位
49	ITU-T	国际电信联盟-电信标准局	84	PSDU	PHY 服务数据单元
50	IV	初始化向量	85	PWM	脉宽调制器
51	KB	1024 字节	86	RAM	随机存储器
52	kbps	千比特每秒	87	RBW	分辨率带宽
53	LFSR	线性反馈移位寄存器	88	RC	电阻-电容
54	LNA	低噪声放大器	89	RCOSC	RC 振荡器
55	LO	本机振荡器	90	RF	射频
56	LQI	链路质量指示	91	RSSI	接收信号强度指示器
57	LSB	最低有效位/字节	92	RTC	实时时钟
58	MAC	媒体访问控制	93	RX	接收
59	MAC	信息验证代码	94	SCK	串行时钟
60	MCU	微控制器	95	SFD	帧首定界符
61	MFR	MAC 尾	96	SFR	特殊功能寄存器
62	MHR	MAC 头	97	SHR	同步首部
63	MIC	信息完整性代码	98	SINAD	信号-噪声及失真比
64	MISO	主机输入从机输出	99	SPI	串行外设接口
65	MOSI	主机输出从机输入	100	SRAM	静态随机存储器

第 2 章

续表

编号	缩写	含 义	编号	缩写	含 义
101	ST	睡眠计时器	107	USART	通用同步/异步收发器
102	T/R	发送/接收	108	VCO	电压可控振荡器
103	THD	总谐波失真	109	VGA	可变增益放大器
104	TI	得州仪器	110	WDT	看门狗
105	TX	发送	111	XOSC	晶振
106	UART	通用异步收发器			

2. CC2530 微处理器

CC2530 微处理器是 TI 公司生产的一种系统级 SoC 芯片，适用于 2.4 GHz 的 IEEE 802.15.4、ZigBee 和 RF4CE 应用。CC2530 包括性能极好的 RF 收发器、工业标准增强型 8051 MCU、可编程的闪存、8 KB 的 RAM，以及许多其他功能强大的特性，具有不同的运行模式，使得它特别适合超低功耗要求的系统，结合 TI 公司的业界领先的 ZigBee 协议栈（Z-Stack），提供了一个强大和完整的 ZigBee 解决方案。

CC2530 可广泛应用在 2.4 GHz 的 IEEE 802.15.4 系统、家庭/建筑物自动化、照明系统、工业控制和监视、农业养殖、远程控制、消费型电子、家庭控制、计量和智能能源、楼宇自动化、医疗等领域，在物联网中有着极为广泛的应用，具有以下特性。

（1）功能强大的无线前端。具有 2.4 GHz 的 IEEE 802.15.4 标准射频收发器，接收器具有出色的灵敏度和较强的抗干扰能力，可编程输出功率为+4.5 dBm，总体无线连接为 102 dBm，仅需极少量的外部元件，支持运行网状网络系统，适合系统配置，符合世界范围的无线电频率法规，如欧洲电信标准协会 ETSI EN 300 328 和 EN 300 440（欧洲）、FCC 的 CFR47 第 15 部分（美国）和 ARIB STD-T-66（日本）。

（2）功耗低，接收模式为 24 mA，发送模式（1 dBm）为 29 mA，功耗模式 1（4 μs 唤醒）为 0.2 mA，功耗模式 2（睡眠计时器运行）为 1 μA，功耗模式 3（外部中断）为 0.4 μA，宽电源电压范围为 2～3.6 V。

（3）采用高性能和低功耗 8051 微处理器内核，具有 32/64/128/256 KB 的系统可编程闪存，8 KB 的内存保持在所有功率模式，支持硬件调试。

（4）具有丰富的外设接口。例如，强大的 5 通道 DMA，IEEE 802.15.4 标准的 MAC 定时器，通用定时器（1 个 16 位、2 个 8 位），红外线发生电路，32 kHz 的睡眠计时器和定时捕获，CSMA/CA 硬件支持，精确的数字接收信号强度指示/LQI 支持，电池监视器和温度传感器，8 通道 12 位 ADC（可配置分辨率），AES 加密安全协处理器，2 个强大的通用同步串口，21 个通用 I/O 引脚，看门狗定时器。

（5）应用领域广泛，例如，2.4 GHz 的 IEEE 802.15.4 标准系统、RF4CE 遥控控制系统（需要大于 64 KB）、ZigBee 系统、楼宇自动化、照明系统、工业控制和监测、低功率无线传感器网络、消费电子、健康照顾和医疗保健。

3. CC2530 与 8051

CC2530 采用增强型 8051 内核，该内核使用标准的 8051 指令集。因为以下原因，其指令执行比标准的 8051 更快。

● 每个指令周期是 1 个时钟周期，而标准的 8051 内核每个指令周期是 12 个时钟周期；
● 消除了总线状态的浪费。

因为一个指令周期与可能的内存存取是一致的，所以大多数单字节指令可以在 1 个时钟周期内完成执行。除了提高了速度，增强型 8051 内核还在结构上进行了改善，例如：

● 第二个数据指针；
● 一个扩展的 18 个中断单元。

8051 内核的对象代码兼容业界标准的 8051 微处理器，即对象代码使用业界标准的 8051 编译器或汇编器进行编译，在功能上是相同的。但是，因为 8051 内核使用了不同于许多其他 8051 类型的一个指令时序，带有时序循环的代码可能需要修改，而且由于定时器和串行接口等外设单元不同于其他的 8051 内核，使用外设单元 SFR 的指令的代码可能会无法正确运行。

CC2530 的内核在计算能力、执行效率、内存空间、片上资源等方面，相较于传统的 8051 微处理器有了较大的提升。

4. CC2530 资源

CC2530 具有丰富的片上外设和内存资源，除了使用增强型 8051 内核，还有众多的总线结构上的优化。CC2530 结构框图如图 2.3 所示。

根据图 2.3 可知，CC2530 硬件结构大致可以分为三个部分：CPU 和内存相关的模块；片上外设、时钟和电源管理相关的模块；无线电相关的模块。下面对 CC2530 的硬件结构进行介绍。

1）CPU 与内存

CC2530 使用的内核是一个单时钟周期的、与 8051 兼容的内核，它有三个不同的存储器访问总线（SFR、DATA 和 CODE/XDATA），能够以单时钟周期的形式访问 SFR、DATA 和主 SRAM，还包括一个调试接口和一个 18 位输入的扩展中断单元。

中断控制器提供了 18 个中断源，分为 6 个中断组，每组都与 4 个中断优先级相关。当设备从空闲模式回到活动模式时，也会发出一个中断服务请求；一些中断还可以从睡眠模式唤醒设备（供电模式 1、2、3）。

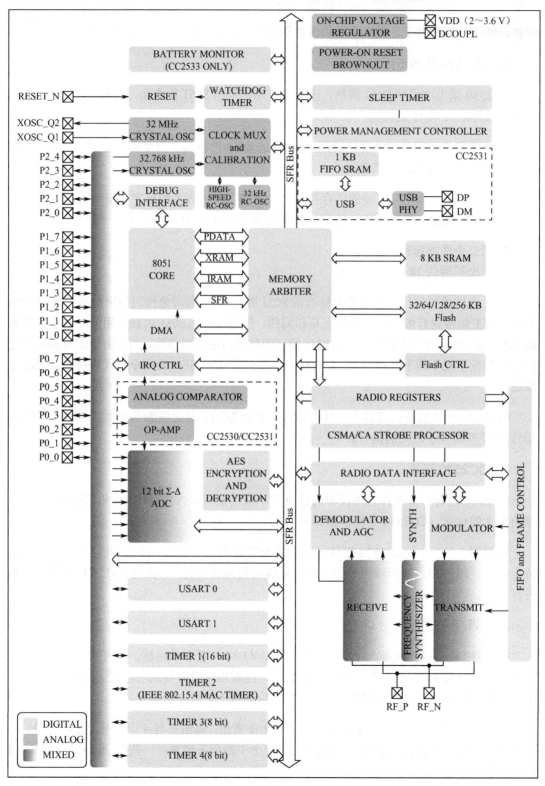

图 2.3　CC2530 结构框图

内存仲裁器位于系统中心，它通过 SFR 总线把 CPU 和 DMA 控制器、物理存储器、所有外设连接在一起；内存仲裁器有 4 个存取访问点，可以映射到 3 个物理存储器之一，即 1 个 8 KB 的 SRAM、1 个闪存存储器和 1 个 XREG/SFR 寄存器；还负责执行仲裁，并确定同时到达同一个物理存储器的内存访问的顺序。8 KB 的 SRAM 映射到 DATA 存储空间和 XDATA 存储空间的一部分。8 KB SRAM 是一个超低功耗的 SRAM，当数字电路部分掉电时（供电模式 2 和 3）能够保留自己的内容，这对于低功耗应用是一个很重要的功能。

32/64/128/256 KB 的闪存为设备提供了可编程的非易失性程序存储器，可以映射到 CODE 和 XDATA 存储空间。除了可以保存程序代码和常量，非易失性程序存储器还允许应用程序保存必须保留的数据，这样在设备重新启动之后就可以使用这些数据。使用这个功能（如利用已经保存的网络数据）就不需要经过完整的启动、网络寻找和加入过程。

2）时钟与电源管理

数字内核和外设由一个 1.8 V 的低差稳压器供电，另外 CC2530 具有电源管理功能，可以使用不同供电模式实现长电池寿命的低功耗应用运行；CC2530 共有 5 种不同的复位源可以用来复位设备。

3）片上外设

CC2530 包括许多不同的外设，可以开发先进的应用。

（1）I/O 控制器。I/O 控制器负责所有通用 I/O 引脚，CPU 可以配置外设模块是否由某个引脚控制或软件控制，如果是，则每个引脚均可配置为输入或输出，并连接衬垫里的上拉电阻或下拉电阻。CPU 中断可以分别在每个引脚上使能，每个连接到 I/O 引脚的外设可以在两个不同的 I/O 引脚位置之间选择，以确保在不同应用程序中的灵活性。

（2）DMA 控制器。系统可以使用一个多功能的五通道 DMA 控制器，使用 XDATA 存储空间访问存储器，因此能够访问所有物理存储器。每个通道（触发器、优先级、传输模式、寻址模式、源和目标指针及传输计数）可用 DMA 描述符并在存储器任何地方进行配置，许多硬件外设（如 AES 内核、闪存控制器、USART、定时器、ADC 接口）均通过使用 DMA 控制器在 SFR、XREG 地址，以及闪存/SRAM 之间进行数据传输，以获得高效率操作。

（3）定时器。定时器 1 是一个 16 位定时器，具有定时器、计数器、PWM 功能。它有 1 个可编程的分频器，1 个 16 位周期值和 5 个各自可编程的计数器/捕获通道，每个都有 1 个 16 位比较值。每个计数器/捕获通道可以用于 PWM 输出或捕获输入信号边沿的时序，还可以配置 IR 产生模式、计算定时器 3 周期、使输出和定时器 3 的输出进行相与、用最小的 CPU 产生调制的 IR 信号。

定时器 2（MAC 定时器）是专门为支持 IEEE 802.15.4 MAC 或软件中其他时钟的协议设计的，有 1 个可配置的定时器周期和 1 个 8 位溢出计数器，可以用于保持跟踪周期数；1 个 16 位捕获寄存器，用于记录收到/发送一个帧开始界定符的精确时间或传输结束的精确时间；还有 1 个 16 位输出比较寄存器，可以在具体时间产生不同的选通命令（RX 或 TX 等）到无线模块。

定时器 3 和定时器 4 是 8 位定时器，具有定时器/计数器/PWM 功能，它们有 1 个可编程的分频器，1 个 8 位的周期值，1 个可编程的计数器通道，1 个 8 位的比较值，每个计数器通道均可以当成一个 PWM 输出。

睡眠定时器是一个超低功耗的定时器，用于计算 32 kHz 晶体振荡器或 32 kHz 的 RC 振荡器的周期。睡眠定时器可以在除供电模式 3 外的所有工作模式下不间断运行。该定时器的典型应用是作为实时计数器，或作为一个唤醒定时器跳出供电模式 1 或 2。

（4）ADC 外设。ADC 支持 7～12 位的分辨率，分别为 30 kHz 或 4 kHz 的带宽，DC 和音频转换可以使用高达 8 个输入通道（端口 0），输入可以作为单端输入或差分输入，参考电压可以是内部电压、AVDD 或者 1 个单端或差分的外部信号；ADC 还有 1 个温度传感输入通道，可以自动执行定期抽样或转换通道序列的程序。

（5）随机数发生器。随机数发生器使用一个 16 位 LFSR 来产生伪随机数，它可以被 CPU 读取或由选通命令微处理器直接使用。例如，随机数可以用于产生随机密钥。

（6）AES 协处理器。AES 协处理器允许用户使用带有 128 位密钥的 AES 算法加密和解密数据，能够支持 IEEE 802.15.4 MAC 安全、ZigBee 网络层和应用层要求的 AES 操作。

（7）看门狗。CC2530 具有 1 个内置的看门狗定时器，允许设备在固件挂起的情况下复位。当看门狗定时器由软件使能时，则必须定期清除，当它超时时就会复位设备；也可以配置成 1 个通用的 32 kHz 定时器。

（8）串口（USART）。USART0 和 USART1 可被配置为主/从 SPI 或 USART，它们为 RX 和 TX 提供了双缓冲以及硬件流控制，非常适合高吞吐量的全双工应用。每个 USART 都有自己的高精度波特率发生器，因此可以使普通定时器空闲出来用于其他用途。

4）无线射频收发器

CC2530 提供了一个兼容 IEEE 802.15.4 的无线收发器，可控制模拟无线模块；另外 CC2530 还提供了 MCU 和无线设备之间的一个接口，可以用于发出命令、读取状态、自动操作，并确定无线设备事件的顺序；无线设备还包括一个数据包过滤和地址识别模块。

2.1.3　CC2530 开发平台

本书采用的开发平台为 xLab 未来开发平台，提供两种类型的智能节点（经典型无线节点 ZXBeeLite-B、增强型无线节点 ZXBeePlus-B）集成锂电池供电接口、调试接口、外设控制电路、RJ45 传感器接口等。

ZXBeeLite-B 经典型无线节点采用 CC2530 作为主控制器，板载信号指示灯包括电源、电池、网络、数据，具有两路功能按键，集成锂电池接口和电源管理芯片，支持电池的充电管理和电量测量，集成 USB 串口、Ti 仿真器接口和 ARM 仿真器接口，集成两路 RJ45 工业接口，提供主芯片 P0_0～P0_7 输出（包含 I/O、DC 3.3 V、DC 5 V、UART、RS-485），提供两路继电器，提供两路 3.3 V、5 V、12 V 电源输出。xLab 未来开发平台如图 2.4 所示。

图 2.4   xLab 未来开发平台

xLab 未来开发平台按照传感器类别提供了丰富的传感设备，涉及采集类、控制类、安防类等开发平台。

1. 采集类开发平台

采集类开发平台包括：温湿度传感器、光照度传感器、空气质量传感器、气压高度传感器、三轴传感器、距离传感器、继电器、语音识别传感器等，如图 2.5 所示。

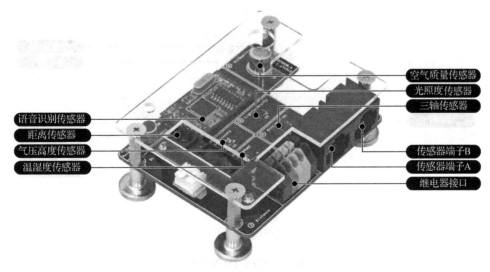

图 2.5   采集类开发平台

● 两路 RJ45 工业接口，包含 I/O、DC 3.3 V、DC 5 V、UART、RS-485、两路继电器输出等功能，提供两路 3.3 V、5 V、12 V 电源输出。

- 采用磁吸附设计，可通过磁力吸附并通过 RJ45 工业接口接入到无线节点进行数据通信。
- 温湿度传感器的型号为 HTU21D，采用数字信号输出和 I2C 通信接口，测量范围为 −40～125℃，以及 5%RH～95%RH。
- 光照度传感器的型号为 BH1750，采用数字信号输出和 I2C 通信接口，对应广泛的输入光范围，相当于 1～65535 lx。
- 空气质量传感器的型号为 MP503，采用模拟信号输出，可以检测气体酒精、烟雾、异丁烷、甲醛，检测浓度为 10～1000 ppm（酒精）。
- 气压高度传感器的型号为 FBM320，采用数字信号输出和 I2C 通信接口，测量范围为 300～1100 hPa。
- 三轴传感器的型号为 LIS3DH，采用数字信号输出和 I2C 通信接口，量程可设置为 ±2g、±4g、±8g、±16g（g 为重力加速度），16 位数据输出。
- 距离传感器的型号为 GP2D12，采用模拟信号输出，测量范围为 10～80 cm，更新频率为 40 ms。
- 采用继电器控制，输出无线节点有两路继电器接口，支持 5 V 电源开关控制。
- 语音识别传感器的型号为 LD3320，支持非特定人识别，具有 50 条识别容量，返回形式丰富，采用串口通信。

2. 控制类开发平台

控制类开发平台包括风扇、步进电机、蜂鸣器、LED、RGB 灯、继电器设备，如图 2.6 所示。

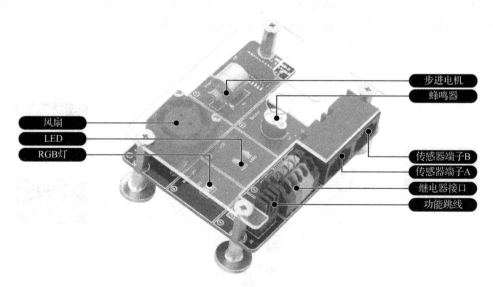

图 2.6　控制类开发平台

- 两路 RJ45 工业接口，包含 I/O、DC 3.3 V、DC 5 V、UART、RS-485、两路继电器输出等功能，提供两路 3.3 V、5 V、12 V 电源输出。
- 采用磁吸附设计，可通过磁力吸附并通过 RJ45 工业接口接入到无线节点进行数据通信。

- 风扇为小型风扇，采用低电平驱动。
- 步进电机为小型 42 步进电机，驱动芯片为 A3967SLB，逻辑电源电压范围为 3.0～5.5 V。
- 使用小型蜂鸣器，采用低电平驱动。
- 两路高亮度 LED，采用低电平驱动。
- RGB 灯采用低电平驱动，可组合出任何颜色。
- 采用继电器控制，输出无线节点有两路继电器接口，支持 5 V 电源开关控制。

3. 安防类开发平台

安防类开发平台包括：火焰传感器、光栅传感器、人体红外传感器、燃气传感器、触摸传感器、振动传感器、霍尔传感器、继电器、语音合成传感器等，如图 2.7 所示。

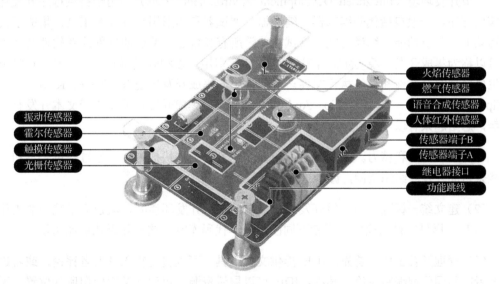

图 2.7 安防类开发平台

- 两路 RJ45 工业接口，包含 IO、DC 3.3 V、DC 5 V、UART、RS-485、两路继电器输出等功能，提供两路 3.3 V、5 V、12 V 电源输出。
- 采用磁吸附设计，可通过磁力吸附并通过 RJ45 工业接口接入到无线节点进行数据通信。
- 火焰传感器采用 5 mm 的探头，可检测波长为 760～1100 nm 的火焰或光源，探测温度为 60℃左右，采用数字开关量输出。
- 光栅传感器的槽形光耦槽宽为 10 mm，工作电压为 5 V，采用数字开关量信号输出。
- 人体红外传感器的型号为 AS312，电源电压为 3 V，感应距离为 12 m，采用数字开关量信号输出。
- 燃气传感器的型号为 MP-4，采用模拟信号输出，传感器加热电压为 5 V，供电电压为 5 V，可测量天然气、甲烷、瓦斯气、沼气等。
- 触摸传感器的型号为 SOT23-6，采用数字开关量信号输出，当检测到触摸时，输出电平翻转。

- 振动传感器，低电平有效，采用数字开关量信号输出。
- 霍尔传感器的型号为 AH3144，电源电压为 5 V，采用数字开关量输出，工作频率宽（0～100 kHz）。
- 采用继电器控制，输出无线节点有两路继电器接口，支持 5 V 电源开关控制。
- 语音合成传感器的芯片型号为 SYN6288，采用串口通信，支持 GB2312、GBK、UNICODE 等编码，可设置音量、背景音乐等。

2.1.4 CC2530 开发环境

1. 集成开发环境

集成开发环境（Integrated Development Environment，IDE）是用于提供程序开发环境的应用程序，一般包括代码编辑器、编译器、调试器和图形用户界面等工具，集成了代码编写功能、分析功能、编译功能、调试功能等所有具备这一特性的软件或者软件套（组）都可以称为集成开发环境（简称开发环境）。IDE 多用于多种开发场合，在可发项目时可自动生成多种组合文件和最终执行文件。目前常用的集成开发环境有 VC++、KEIL、IAR、Eclipse、WebStorm、VisualStudio、AndroidStudio 等。集成开发环境相较于文本开发有众多优势，总结起来有以下三点。

（1）节省时间和精力。IDE 的目的就是要让开发更加快捷方便，通过提供工具和各种性能来帮助开发者组织资源，减少失误，提供捷径。

（2）建立统一标准。当一组开发人员使用同一个开发环境时，就建立了统一的工作标准，当 IDE 提供预设的模板，或者不同团队分享代码库时，这一效果就更加明显了。

（3）管理开发工作。首先，IDE 提供文档工具，可以自动输入开发者评论，或者迫使开发者在不同区域编写评论。其次，IDE 可以展示资源，更便于发现应用所处位置，无须在文件系统中搜索。

2. IAR 开发环境

CC2530 的代码开发环境使用的是 IAR 集成开发环境系列下的 IAR for 8051，除了 TI 官方提供的 ZStack 协议栈为 IAR 支持，IAR 集成开发环境还拥有诸多优点。

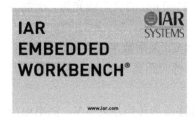

图 2.8 IAR 开发环境

在众多的集成开发环境中针对微处理器程序开发的开发环境有三种，这三种分别是 GCC 系列、KEIL 系列与 IAR 系列。相较于 GCC 与 KEIL 系列开发环境，IAR 开发环境涵盖的芯片种类更加齐全，功能更加强大，适合于大型微处理器程序的综合开发和管理，IAR 开发环境如图 2.8 所示。

相对于其他两种开发环境，一套 IAR 开发环境可以胜任更多的微处理器开发任务，可以兼容 20 多种内核的微处理器的代码开发工作，如 8051、ARM、STM8、AVR、MSP430 等，拥有更加全面的微处理器开发条件和环境基础，同时在移植到其他微处理器时，能够尽快通过 IAR 开发环境进入到其他微处理器的工程开发状态。与 IAR 开发环境兼容微处理器型号如图 2.9 所示。

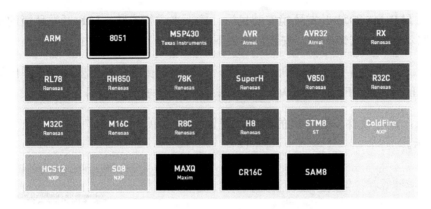

图 2.9 IAR 的芯片支持种类

IAR 开发环境因其简洁的操作界面、丰富的调试资源，更加受到开发者的青睐。在代码的开发过程中可以在代码调试阶段直接重新编译相关代码并实现快速的代码烧录，相比于 KEIL 专门设定的调试功能要方便许多，更可以提高代码的开发效率。IAR 软件界面如图 2.10 所示。

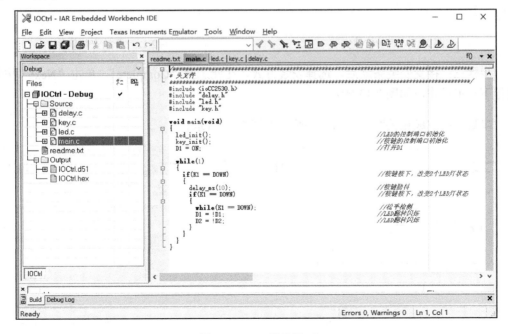

图 2.10 IAR 软件界面

2.1.5 安装开发环境

物联网项目开发的过程中，微处理器的开发涉及程序的开发与调试，程序的开发与调试又需要开发环境的支持。CC2530 使用的开发环境是 IAR for 8051，首先需要安装 IAR for 8051 开发环境，本节介绍 IAR for 8051 开发环境的安装。

获取到 IAR for 8051 开发环境安装包后，接下来进行安装，IAR 开发环境的安装比较简单，按照步骤依次安装即可。安装步骤如下：

步骤一：右键单击 IAR for 8051 安装包，并以管理员身份运行安装，在弹出的安装窗口中选择"Install IAR Embedded Workbench"，启动软件安装，如图 2.11 所示。

步骤二：进行软件安装环境的配置，配置完成后单击"Next"按钮执行下一步，如图 2.12 所示。

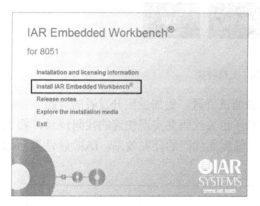

图 2.11　启动软件安装

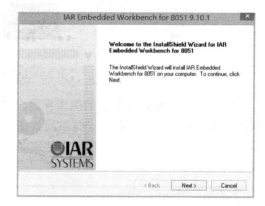

图 2.12　开始安装软件

步骤三：接受安装条款后，选择安装方式，在此选择"Complete"，单击"Next"按钮进行下一步操作，如图 2.13 所示。

步骤四：完成相关配置后启动安装，如图 2.14 所示。

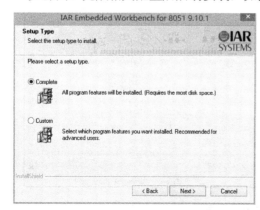

图 2.13　选择安装方式

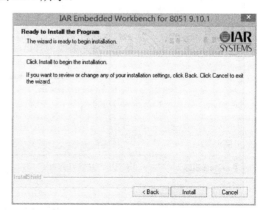

图 2.14　启动安装

步骤五：安装完成后单击"Finish"按钮结束安装，如图 2.15 所示。

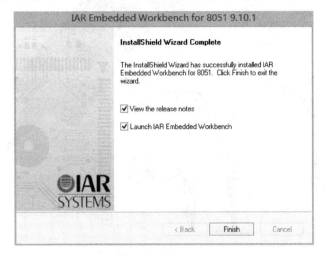

图 2.15　安装完成

2.1.6　小结

通过本项目的学习和实践，可以了解到 MCS-51 的发展及后来的衍生型号。通过 CC2530 与 MCS-51 的比较，可以了解到 CC2530 在 MCS-51 基础上的巨大改进，了解本书开发项目依托的 CC2530 开发板。

认识 CC2530 开发环境，学习开发环境的安装和配置。

2.1.7　思考与拓展

（1）简述 MCS-51 的硬件结构。

（2）CC2530 在 MCS-51 结构上的改进有哪些？

（3）CC2530 有哪些使用场景？

2.2　项目开发基本调试

CC2530 使用的开发环境是 IAR for 8051，在这个开发环境下创建 CC2530 工程，使用下载器将程序下载到 CC2530 中，使用 IAR for 8051 的开发环境的程序调试工具可实现 CC2530 程序的在线调试。通过在线调试得到逻辑功能正确的代码后就可以将其编译为二进制文件并固化到微处理器中长期运行了。图 2.16 所示开发平台调试工具，方便开发人员进行程序开发和在线调试。

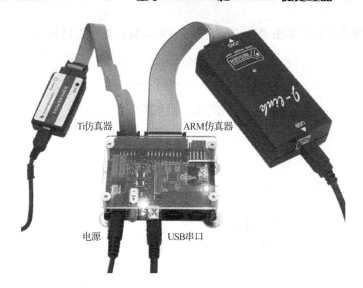

图 2.16　开发平台调试工具

2.2.1　IAR for 8051 开发环境

1. 主窗口界面

IAR 主窗口界面如图 2.17 所示。

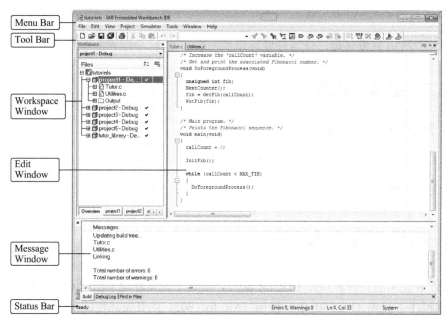

图 2.17　IAR 主窗口界面

（1）Menu Bar（菜单栏）：包含 IAR 的所有操作及内容，在编辑模式和调试模式下存在一些不同。

（2）Tool Bar（工具栏）：包含一些常见的快捷按钮。

（3）Workspace Window（工作空间窗口）：一个工作空间可以包含多个工程，该窗口主要显示工作空间中工程项目的内容。

（4）Edit Window（编辑窗口）：代码编辑区域。

（5）Message Window（信息窗口）：包括编译信息、调试信息、查找信息等内容。

（6）Status Bar（状态栏）：包含错误警告、光标行/列等一些状态信息。

2．工具栏

工具栏上是主菜单中部分功能的快捷图标按钮，这些快捷按钮之所以放置在工具栏上，是因为它们的使用频率较高，例如编译按钮，这个按钮在编程的时候使用的频率相当高，这些按钮大部分也有对应的快捷键。

IAR 的工具栏共有两个：主工具栏和调试工具栏。编辑（默认）模式下只显示主工具栏，进入调试模式后会显示调试工具栏。

主工具栏可以通过菜单打开，即"View→Toolbars→Main"，如图 2.18 所示。

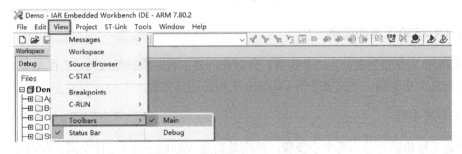

图 2.18　打开主工具栏

（1）主工具栏。在编辑模式下，只有主工具栏，这个工具栏里面内容也是在编辑模式下常用的快捷按钮，如图 2.19 所示。

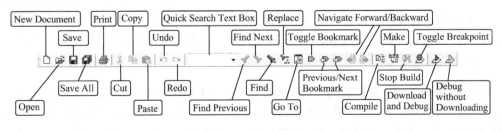

图 2.19　主工具栏

（2）调试工具栏。调试工具栏是在程序调试时候才有效的快捷按钮，在编辑模式下，这些按钮是无效的，如图 2.20 所示。

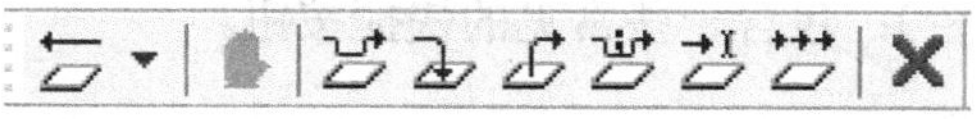

图 2.20　调试工具栏

- Reset：复位。
- Break：停止运行。
- Step Over：逐行运行，快捷键为 F10。
- Step Into：跳入运行，快捷键为 F11。
- Step Out：跳出运行，快捷键为 F11。
- Next Statement：运行到下一语句。
- Run to Cursor：运行到光标行。
- Go：全速运行，快捷键为 F5。
- Stop Debugging：停止调试，快捷键为 Ctrl+Shift+D。

逐行运行也称为逐步运行，跳入运行也称为单步运行，运行到下一语句和逐行运行类似。

2.2.2　IAR for 8051 程序调试

1. CC2530 工程的创建

CC2530 工程的创建分为三个步骤，分别是创建工程、添加源代码、工程配置，每个步骤又分为几个小步骤。下面将分析 CC2530 工程的创建流程。

1）创建工程

创建工程步骤可分为两个小步骤，分别是新建 Workspace（工作空间）和新建 Project（项目）。Workspace 是整个 CC2530 工程的总框架，CC2530 的代码都是在 Workspace 下开发的。Project 是 Workspace 下的子项目，Project 可以是一个或多个，通过工程配置可实现一个工程下的多个微处理器程序开发。

（1）新建工作空间。打开 IAR 开发环境，在菜单栏中单击"File→New→Workspace"创建新的工作空间，如图 2.21 所示。当 Workspace 创建完成后 IAR 将会产生一个空窗口，如图 2.22 所示。

（2）新建 Project。在创建的 Workspace 下单击"Project→Create New Project"，然后在"Tool chain"中选择"8051"微处理器内核，最后单击"OK"按钮即可创建一个新项目，如图 2.23 所示，设置文件名称后保存文件。当新项目建立完成后，IAR 将会在 File 中产生的文件目录，如图 2.24 所示。

2）添加源代码

添加源代码是指在空的项目中添加对微处理器进行操作的代码。通常，在开发微处理器的程序时使用的是 C 语言，因此添加源代码文件时实际添加的是 C 文件。IAR 添加源代码可分为三个步骤，分别是创建 C 文件、将 C 文件加入工程、将源代码加入 C 文件，实际步骤如下。

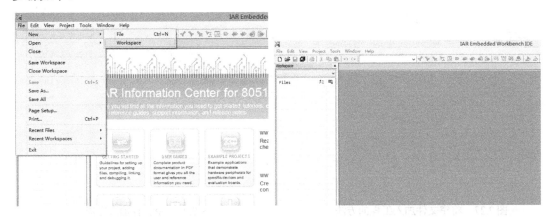

图 2.21　创建新的工作空间　　　　　　图 2.22　创建完成后产生的空窗口

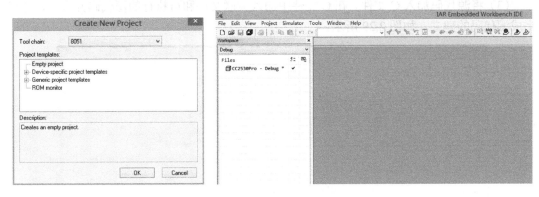

图 2.23　选择微处理器内核　　　　　　图 2.24　File 中产生的文件目录

（1）创建 C 文件。单击左上角的"New document"，代码框中会显示出一个空白的临时文件，如图 2.25 所示，单击空白的临时空间后单击"File→Save As"将文件保存到与之前保存工作空间（Workspace）的相同文件夹中，如图 2.26 所示，保存完成后临时文件将其更名为保存文件名。

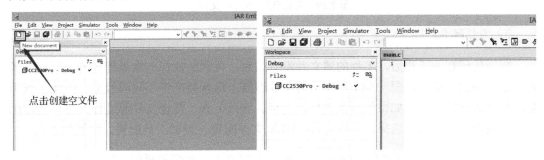

图 2.25　创建空白文件　　　　　　图 2.26　创建完成的空白文件

（2）将 C 文件加入工程。选择菜单"Project→Add→Add Files…"，找到创建好的 C 文件，单击该文件可将其加入工程中，如图 2.7 所示。当 C 文件添加完成后，Files 框中就会显示加入工程中的 C 文件名称，单击 C 文件可以将其打开并加入工程的文件中，如图 2.28 所示。

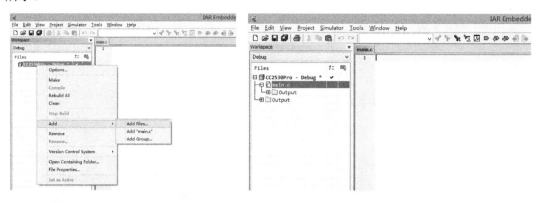

图 2.27　将空文件加入工程的方法　　　　图 2.28　空文件加入完成

（3）将源代码加入 C 文件。在 C 文件中加入关联文件和可执行的源代码并保存，即可完成源代码的建立，如图 2.29 所示。

图 2.29　将源代码加入 C 文件

3）工程配置

将源代码加入工程后，工程的建立并没有结束，代码的执行与微处理器的类型、资源是息息相关的。通常，同一个工程在不同微处理器上运行会产生不同的效果，因此工程需要对程序运行的平台，如微处理器类型、内存、编译工具、镜像文件等进行配置。工程配置分为四个步骤：芯片选择、堆栈配置、HEX 文件配置、调试工具配置。步骤如下：

（1）芯片选择。选择菜单"Project→Option"可进入工程配置页面，打开配置页面后单击芯片选择按钮选择"CC2530F256"，如图 2.30 所示。

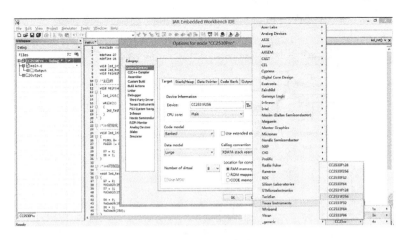

图 2.30   选择芯片型号

（2）堆栈配置。在 General Option 选项下选择"Stack/Heap"选项将"XDATA"的"0xEFF"配置为"0x1FF"，如图 2.31 所示。

（3）HEX 文件配置。在 Linker 选项下选择"Extra Option"，然后在此处配置 HEX 生成的指令，如图 2.32 所示。配置指令为"-Ointel-extended,(CODE)=.hex"。

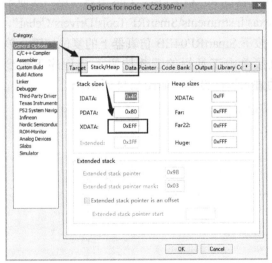

图 2.31   修改堆栈地址

图 2.32   配置 HEX 文件生成指令

（4）调试工具配置。选择"Debugger→Setup→Driver"，选择"Texas Instruments"，如图 2.33 所示。

最后单击"OK"按钮保存 CC2530 工程。

2. CC2530 工程下载及调试

工程配置完成后，就可以编译下载并调试程序了，下面分析程序的下载、调试等功能。

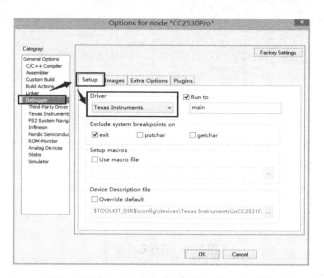

图 2.33　选择芯片调试工具

（1）编译工程。单击"Project→Rebuild All"或者直接单击工具栏中的"make"按钮 🔧，编译成功后会在该工程的"Debug\Exe"目录下生成 led.d51 和 led.hex 文件。

（2）下载程序。正确连接 SmartRF04EB 仿真器到 PC 和 ZXBee Lite 节点（第一次使用仿真器需要安装驱动"C:\Program Files(x86)\Texas Instruments\SmartRF Tools\Drivers\Cebal"，打开 ZXBee CC2530 开发平台电源（上电），按下 SmartRF04EB 仿真器上的复位按键，单击"Project→Download and Debug"或者直接单击工具栏的下载按钮 将程序下载到 CC2530 开发平台。程序下载成功后 IAR 自动进入调试界面，如图 2.34 所示。

图 2.34　调试界面

（3）调试程序。进入到调试界面后，就可以对程序进行调试了。IAR 的调试按钮包括如下几个选项：复位按钮 Reset ↺、停止按钮 Break 🖐、逐行运行 Step Over ↷、跳入函数按钮 Step Into ↴、跳出函数按钮 Step Out ↱、下一条语句 Next Statement ↷、运行到光标行 Run to Cursor ↷、全速运行 Go ↺ 和停止调试按钮 Stop Debugging ✖。

（4）查看变量。在调试的过程中，可以通过 Watch 窗口观察程序中变量值的变化。在菜单栏中单击"View→Watch"即可打开该窗口，如图 2.35 所示。打开 Watch 窗口后，在 IAR 界面的右侧即可看到 Watch 窗口，如图 2.36 所示。

图 2.35　打开 Watch 窗口

图 2.36　Watch 窗口

Watch 窗口变量调试方法：将需要调试的变量输入 Watch 窗口的"Expression"输入框中，然后按回车键，系统就会实时地将该变量的调试结果显示在 Watch 窗口中。在调试过程中，可以借助调试按钮来观察变量值的变化情况，如图 2.37 和 2.38 所示。

Watch 窗口变量调试方法：将需要调试的变量输入 Watch 窗口的"Expression"输入框中，然后按回车键，系统就会实时地将该变量的调试结果显示在 Watch 窗口中。在调试过程中，还可以借助调试按钮来观察变量值的变化情况，如图 2.37 和图 2.38 所示。

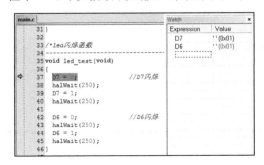

图 2.37　Watch 窗口变量调试（1）

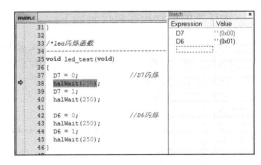

图 2.38　Watch 窗口变量调试（2）

（5）查看寄存器。在嵌入式系统的程序开发中，很重要的调试功能就是查看寄存器的值，IAR 支持在调试的过程中查看寄存器的值。在程序调试过程中，单击菜单"View→Register"即可打开寄存器窗口。在默认情况下，寄存器窗口显示的是基础寄存器的值，单击寄存器下拉框选项可以看到不同设备的寄存器，如图 2.39 所示。

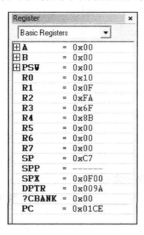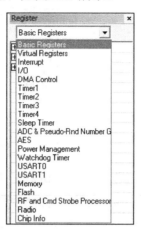

图 2.39　寄存器窗口

2.2.3　开发实践：实现一个工程项目

1. 开发设计

CC2530 在开发过程中需要使用 IAR for 8051 开发环境对 CC2530 的程序进行创建、编辑和调试。其中 CC2530 工程的建立可分为三个步骤：创建工程、添加源代码和工程配置。

CC2530 工程建立之后，需要使用 IAR for 8501 集成开发环境的代码在线调试功能，在线调试功能又分为三个方面的调试方法，这三个方面分别是代码单步调试、查看代码变量参数、查看微处理器寄存器状态。

通过工程建立的三个步骤，以及代码调试的三个方面内容完成对 CC2530 程序在 IAR for 8051 开发环境上的操作步骤。

2. 功能实现

本任务的驱动程序源代码如下：

```
#define D7      P1_0              //定义 D7 为 P1_0 口控制
#define D6      P1_1              //定义 D6 为 P1_1 口控制
void led_init(void);
void led_test(void);
void halWait(unsigned char wait);
/*********************************************************************************
* 名称：main()
* 功能：主函数
```

```
*********************************************************************/
void main(void)
{
    led_init();
    while(1) {
        led_test();
    }
}
/*********************************************************************
* 名称：void led_init(void)
* 功能：LED 初始化
*********************************************************************/
void led_init(void)
{
    P1SEL &= ~0x03;              //P1.0 和 P1.1 为普通 I/O 口
    P1DIR |= 0x03;               //输出
    D7 = 1;                      //关 LED
    D6 = 1;
}
/*********************************************************************
* 名称：void led_test(void)
* 功能：LED 闪烁函数
*********************************************************************/
void led_test(void)
{
    D7 = 0;                      //D7（LED7）闪烁
    halWait(250);
    D7 = 1;
    halWait(250);

    D6 = 0;                      //D6（LED6）闪烁
    halWait(250);
    D6 = 1;
    halWait(250);
}
/*********************************************************************
* 名称：void halWait(unsigned char wait)
* 功能：延时函数
*********************************************************************/
void halWait(unsigned char wait)
{
    unsigned long largeWait;

    if(wait == 0)
    {return;}
    largeWait = ((unsigned short) (wait << 7));
```

```
        largeWait += 114*wait;

        largeWait = (largeWait >> ( CLKCONCMD & 0x07 ));
        while(largeWait--);

        return;
}
```

2.2.4　小结

通过本节的学习和实践，读者可以通过 IAR for 8051 开发环境创建 CC2530 工程，并使用 IAR for 8051 开发环境对 CC2530 工程代码进行在线调试。学会使用 IAR for 8051 开发环境的调试工具可以更加深入地了解 CC2530 工程代码的运行原理以及 CC2530 程序在运行时微处理器内部的寄存器的数值变化。

2.2.5　思考与拓展

（1）IAR for 8051 开发环境在建立 CC2530 工程时需要配置哪些参数？

（2）IAR for 8051 开发环境调试窗口的每个按钮都是什么功能？

（3）如何将 CC2530 工程代码中的参数加载到 Watch 窗口中？

（4）在 IAR for 8051 开发环境中如何打开窗口寄存器？

CC2530 接口技术开发

本章主要介绍 CC2530 微处理器的各种接口技术，如 GPIO、外部中断、定时器、ADC、电源管理、看门狗、串口和 DMA，并进行应用开发实践，分别实现智能手机信号灯控制、电梯楼层按钮检测设计、脉冲发生器设计、电子秤设计、低功耗智能手环检测设计、车辆控制器复位重启设计、智能工厂的设备交互系统设计、设备间高速数据传输设计，最后给出了一个综合性开发项目：计算机 CPU 温度调节系统设计与实现，从而实现对 CC2530 系统功能的应用，并掌握系统的需求分析、逻辑功能分解和软/硬件架构设计方法。

通过理论学习和开发实践，以及综合项目开发，读者可掌握 CC2530 的接口原理、功能和开发技术，从而具备基本的开发能力。

3.1 CC2530 GPIO 应用开发

GPIO（General Purpose Input Output，GPIO）为通用输入/输出接口的总称。微处理器通过向 GPIO 控制寄存器写入数据可以控制 GPIO 输入/输出模式，实现对某些设备的控制或信号采集的功能。另外，也可以将 GPIO 进行组合配置，实现较为复杂的总线控制接口和串行通信接口。

3.1.1 微处理器 GPIO

1. 微处理器 GPIO 电路驱动

GPIO 电路可分为很多种，GPIO 电路不同，效果也不同。根据 GPIO 电路的区别，可将 GPIO 分为弱驱动 GPIO、强驱动 GPIO、高压 GPIO、低压 GPIO，同时电压与驱动能力可以相互组合。

（1）弱驱动 GPIO。弱驱动 GPIO 指引脚输出的电流较小，无法为相关的控制设备提供足够的驱动电流，因此电路在设计时需要额外添加上拉电阻以提高 GPIO 的驱动能力。例如，CC2530 中除了 P1_0、P1_1 为强驱动 GPIO，其他引脚驱动能力均无法满足驱动 LED

的需要，因此需要通过添加额外的电路以达到驱动外接设备的目的。

（2）强驱动 GPIO。顾名思义，强驱动 GPIO 是指驱动能力较强的 GPIO。通常情况下，当输入电压与芯片电源相同时，强驱动 GPIO 可以驱动功率更大的外接设备。例如，STM32 系列微处理器基本上都属于强驱动 GPIO。

（3）高压 GPIO 与低压 GPIO。目前，微处理器的 GPIO 输出电压有两种，一种为早期传统 8051 微处理器的 5 V 的 GPIO，另一种为通用型的 3.3 V 的 GPIO。5 V 的 GPIO 是由于微处理器输入电压为 5 V，因此微处理器引脚输出的电平同样为 5 V；而低压 GPIO 的输入电压为 3.3 V，因此微处理器引脚输出的电压为 3.3 V。与高压 GPIO 相比，低压 GPIO 采用的工艺更加先进，引脚的开关效率也更高，可以满足高速总线的引脚电压跳变需求，因此高性能微处理器的 GPIO 引脚通常为低压 GPIO。

2. 微处理器 GPIO 工作模式

GPIO 在工作时有三种工作模式：输入、输出和高阻态。这三种模式的使用和功能有所不同，需要根据实际的外接设备来对引脚进行配置。下面对 GPIO 的这三种模式进行简单的叙述。

（1）输入模式。输入模式是指 GPIO 被配置为接收外接电平信息的模式，通常读取的信息为电平信息，即高电平为 1，低电平为 0。这时读取的高/低电平是根据微处理器的电源高低来划分的，相对于 5 V 电源的微处理器，判断为高电平时的检测电压为 3.3～5 V；小于 2 V 时则微处理器判断为低电平。相对于 3.3 V 电源的微处理器，判断为高电平时的检测电压为 2～3.3 V；小于 0.8 V 时则微处理器判断为低电平。

（2）输出模式。输出模式是指 GPIO 被配置为主动向外部输出电压的模式，通过向外输出电压可以实现对一般开关类设备的实时主动控制。当程序中向相应引脚写 1 时，GPIO 会向外输出高电平，通常这个电平为微处理器的电源电压；当程序中向相应引脚写 0 时，GPIO 会向外输出低电平，通常这个低电平为电源地的电压。

（3）高阻态模式。高阻态模式是指 GPIO 引脚内部电阻的阻值无限大，大到几乎占有外接输出的全部电压。这种模式通常在微处理器采集外部模拟电压时使用，通过将相应GPIO 引脚配置为高阻态模式和输入模式，通过配合微处理器的 ADC 可以准确读取模拟量电平。

3.1.2　CC2530 与 GPIO

1. CC2530 的 GPIO

CC2530 的 GPIO 引脚可以组成 3 个 8 位端口，即端口 0、端口 1 和端口 2，分别表示为 P0、P1 和 P2，其中 P0 和 P1 是 8 位端口，而 P2 只有 5 位可用，所有端口均可以通过 SFR 寄存器来进行 P0、P1、P2 位寻址和字节寻址。

寄存器 PxSEL 中的 x 表示端口标号 0～2，用来设置端口的每个引脚为 GPIO 或者外部设备 I/O 信号，在默认情况下，当复位之后，所有数字输入/输出引脚都设置为通用输入引脚。

寄存器 P*x*DIR 用来改变一个端口引脚的方向，可设置为输入或输出，当设置 P*x*DIR 的指定位为 1 时，对应的引脚口为输出；当设置为 0 时，对应的引脚口为输入。

当读取寄存器 P0、P1 和 P2 的值时，不管引脚如何配置，输入引脚的逻辑值都被返回，但在执行读-修改-写期间不适用。当读取的是寄存器 P0、P1 和 P2 中的一个独立位时，寄存器的值（不是引脚上的值）可以被读取、修改并写回端口寄存器。CC2530 引脚分布如图 3.1 所示。

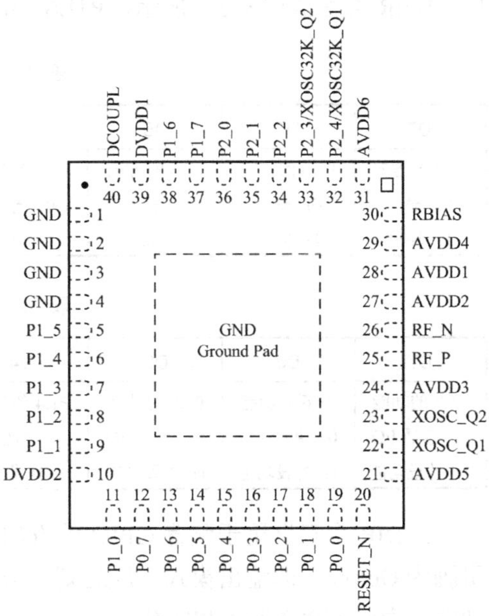

2. CC2530 的 GPIO 寄存器

CC2530 内核为增强型 8051 内核，同时芯片在内部总线上也有较大的优化和改进。因此，CC2530 的 GPIO 寄存器众多。CC2530 的 GPIO 寄存器如表 3.1 所示。

图 3.1　CC2530 引脚分布

表 3.1　CC2530 的 GPIO 寄存器

序号	端口	功能	序号	端口	功能
1	P0	端口 0	15	P0IFG	端口 0 中断状态标志寄存器
2	P1	端口 1	16	P1IFG	端口 1 中断状态标志寄存器
3	P2	端口 2	17	P2IFG	端口 2 中断状态标志寄存器
4	PERCFG	外设控制寄存器	18	PICTL	中断边缘寄存器
5	APCFG	模拟外设 GPIO 配置	19	P0IEN	端口 0 中断掩码寄存器
6	P0SEL	端口 0 功能选择寄存器	20	P1IEN	端口 1 中断掩码寄存器
7	P1SEL	端口 1 功能选择寄存器	21	P2IEN	端口 2 中断掩码寄存器
8	P2SEL	端口 2 功能选择寄存器	22	PMUX	掉电信号 Mux 寄存器
9	P0DIR	端口 0 方向寄存器	23	OBSSEL1	观察输出控制寄存器 1
10	P1DIR	端口 1 方向寄存器	24	OBSSEL2	观察输出控制寄存器 2
11	P2DIR	端口 2 方向寄存器	25	OBSSEL3	观察输出控制寄存器 3
12	P0INP	端口 0 输入模式寄存器	26	OBSSEL4	观察输出控制寄存器 4
13	P1INP	端口 1 输入模式寄存器	27	OBSSEL5	观察输出控制寄存器 5
14	P2INP	端口 2 输入模式寄存器			

GPIO 的控制寄存器众多，但是用于输入/输出配置的寄存器只有特定的几个，所以驱动 GPIO 只需要配置 P1DIR（端口 1 方向寄存器）和 P1SEL（端口 1 功能选择寄存器），其

中 P1DIR 寄存器如表 3.2 所示，P1ESL 寄存器如表 3.3 所示。

表 3.2　P1DIR 寄存器

D7	D6	D5	D4	D3	D2	D1	D0
P1.7 的方向 0：输入 1：输出	P1.6 的方向 0：输入 1：输出	P1.5 的方向 0：输入 1：输出	P1.4 的方向 0：输入 1：输出	P1.3 的方向 0：输入 1：输出	P1.2 的方向 0：输入 1：输出	P1.1 的方向 0：输入 1：输出	P1.0 的方向 0：输入 1：输出

表 3.3　P1SEL 寄存器

D7	D6	D5	D4	D3	D2	D1	D0
P1.7 的功能 0：普通 I/O 1：外设功能	P1.6 的功能 0：普通 I/O 1：外设功能	P1.5 的功能 0：普通 I/O 1：外设功能	P1.4 的功能 0：普通 I/O 1：外设功能	P1.3 的功能 0：普通 I/O 1：外设功能	P1.2 的功能 0：普通 I/O 1：外设功能	P1.1 的功能 0：普通 I/O 1：外设功能	P1.0 的功能 0：普通 I/O 1：外设功能

P1DIR 寄存器用于配置 GPIO 的方向，即输入/输出方向，当某一位为 1 时表示对应的引脚为 Output，即输出模式，反之则为 Input，即输入模式。P1SEL 用于设置 GPIO 引脚的功能，表示 GPIO 是 GPIO 模式还是外设模式，当某一位为 1 时表示对应的引脚为外设模式，反之则为 GPIO 模式，因此对 GPIO 的配置其实就是对控制寄存器的配置。

3．GPIO 的位操作

GPIO 一般是通过位操作完成寄存器设置的，常用的位操作运算符有按位与 "&"、按位或 "|"、按位取反 "~"、按位异或 "^"，以及左移 "<<" 和右移 ">>" 等运算符。

（1）按位或运算符 "|"。当参加运算的两个运算量的位至少有一个是 1 时，结果为 1，否则为 0，按位或运算常用来将一个数据的某些特定的位置 1。例如，"P1DIR |= 0X02"，0X02 为十六进制数，转换成二进制数为 0000 0010，若 P1DIR 原来的值为 0011 0000，或运算后 P1DIR 的值为 0011 0010。根据上面给出的取值可知，按位或运算后，P1_1 的方向改为输出，其他 I/O 口方向保持不变。

（2）按位与运算符 "&"。当参加运算的两个运算量相应的位都是 1 时，结果为 1，否则为 0。按位与运算常用于清除一个数据中的某些特定位。

（3）按位异或运算符 "^"。当参加运算的两个运算量相应的位相同，即均为 0 或者均为 1 时，结果值中该位为 0，否则为 1。按位异或运算常用于将一个数中某些特定位翻转。

（4）按位取反 "~"。用于对一个二进制数按位取反，即 0 变 1，1 变 0。

（5）左移运算符 "<<"。左移运算用于将一个数的各个二进制全部左移若干位，移到左端的高位被舍弃，右边的低位补 0。

（6）右移运算符 ">>"。用于对一个二进制数位全部右移若干位，移到右端的低位被舍弃。

例如，"P1DIR &= ~0x02"，&表示按位与运算，~运算符表示取反，0x02 为 0000 0010，
~0x02 为 1111 1101。若 P1DIR 原来的值为 0011 0010，进行与运算后 P1DIR 的值为
0011 0000。

3.1.3 开发实践：智能手机信号灯控制

智能手机越来越普及，人们通过智能手机获取的信息也越来越多。在这些信息中，除
了智能手机本身的状态信息外，还有接收的软件信息、短信等。一个 LED 灯除了颜色上发
生变化外，还可以通过信号灯的闪烁变化对信息进行显示。如图 3.2 所示的智能手机信号
灯，通过下方的 RGB LED 灯能够实现多种颜色的变化，通过信号灯可以实现软件消息提
示，通过 LED 灯的颜色变化可以显示电池充电状态，通过闪烁可以显示短信信息。

接下来，本节将使用 CC2530 上的发光二极管（LED）模拟信号指示灯，先实现对连
接在 CC2530 的 GPIO 引脚上按键电平状态检测识别其开关状态，然后根据检测结果对 LED
进行状态读取和实时控制，LED 状态（亮或灭）的改变可表示智能手机接收消息与手机状
态。

1. 开发设计

1）硬件设计

本项目的硬件架构设计如图 3.3 所示。

图 3.2 智能手机信号灯　　　　图 3.3 硬件架构设计

要通过 CC2530 模拟按键动作的检测和信号灯的控制，首先要了解信号灯的控制原理，
其次要掌握按键动作的捕获原理，将捕获按键动作和信号灯控制结合起来就可以实现两者
的联动控制，从而达到项目设计效果。

（1）LED 控制。将信号灯的控制转化成对 GPIO 的主动控制，即高电平输出和低电平
输出，信号灯 LED1 与 LED2 接口电路如图 3.4 所示。

图中，D1 与 D2 两个 LED 一端接电阻，另一端接在 CC2530 上，电阻的另一端连接
在 3.3 V 的电源上，D1 与 D2 采用的是正向连接导通方式，当 P1_0 和 P1_1 为高电平（3.3
V）时 D1 与 D2 两电压相同，无法形成压降，因此 D1 与 D2 不导通，即 D1 与 D2 熄灭。
反之，当 P1_0 和 P1_1 为低电平时，D1 与 D2 两端形成压降，即 D1 与 D2 点亮。

（2）按键控制。按键的状态检测方式主要是使用了 CC2530 的 GPIO 引脚电平读取功

能，相关引脚为高电平时引脚读取值为 1，反之则为 0。而按键是否按下，按下前后的电平状态则需要按照实际的按键原理图来确认。按键接口电路如图 3.5 所示。

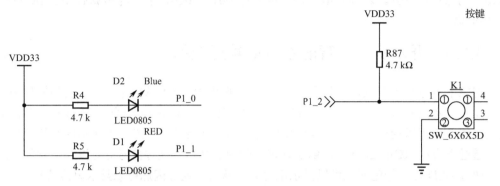

图 3.4　信号灯 LED1（D1）和 LED2（D2）接口电路　　　　图 3.5　按键接口电路

图中，按键 K1 的引脚一端接 GND，另一端接电阻和 CC2530 的 P1_2 引脚，电阻的另一端连接 3.3 V 的电源。当按键没有按下时，K1 的引脚 1 和引脚 2 断开，由于 CC2530 引脚在输入模式时为高阻态，所以引脚 P1_2 采集的电平为高电平，当 K1 按键按下时，K1 的引脚 1 和引脚 2 导通，此时引脚 P1_2 导通接地，所以此时引脚检测电平为低电平。

通常按键所用的开关都是机械弹性开关，当机械触点断开或闭合时，由于机械触点的弹性作用，一个按键开关在闭合时不会马上就稳定地接通，在断开时也不会一下子彻底断开，而是在闭合和断开的瞬间伴随着一连串的抖动。按键抖动电信号波形如图 3.6 所示。

按键稳定闭合的时间长短是由操作人员决定的，通常都会在 100 ms 以上，刻意快速按的话能达到 40～50 ms，很难再低了。抖动时间是由按键的机械特性决定的，一般都会在 10 ms 以内，为了确保程序对按键的一次闭合或者一次断开只响应一次，必须进行按键的消抖处理。当检测到按键状态变化时，CC2530 不会立即去响应动作，而是先等待闭合或断开稳定后再进行处理。按键消抖可分为硬件消抖和软件消抖。

本项目使用软件实现消抖，当检测到按键状态变化后，先等待一段时间，让抖动消失后再检测一次按键状态，如果与刚才检测到的状态相同，就可以确认按键已经稳定地动作了。

2）软件设计

掌握硬件设计之后，再来分析软件设计。首先需要将 CC2530 的 GPIO 配置为输入模式和输出模式，配置输入模式与输出模式涉及两个寄存器，分别为 PxSEL（模式选择寄存器）和 PxDIR（输入/输出方向控制寄存器）。其次，程序设计的按键输入检测需要使用延时消抖和松手检测方法，通过延时消抖屏蔽开关动作时的电平抖动防止误操作。使用松手检测作为对 LED 控制的触发条件。

软件设计流程如图 3.7 所示。

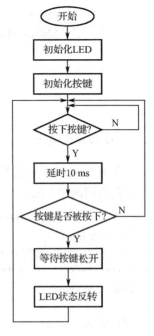

图 3.7 软件设计流程

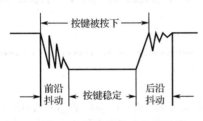

图 3.6 按键抖动电信号波形

2．功能实现

通过原理学习可知，要实现 LED1 和 LED2 的亮灭，只需配置 P1_0 和 P1_1 引脚即可，然后输出高/低电平，即可实现 LED1、LED2 的闪烁控制。这两个引脚只需配置为输入模式读取电平即可。下面是源代码实现的解析过程。

1）主函数模块

首先进行 LED 端口和按键端口的初始化，然后进入循环以检测按键状态，当按键按下时，进行 LED 状态控制。

```
/***********************************************************************
* 名称：main()
* 功能：LED 驱动逻辑代码
***********************************************************************/
void main(void)
{
    led_io_init();                          //LED 端口初始化
    key_io_init();                          //按键端口初始化
    LED2 = ON;                              //打开 LED2

    while(1){
        if(KEY1 == ON){                     //按键按下，改变两个 LED 的状态
            delay_ms(10);                   //按键防抖 10 ms
            if(KEY1 == ON){                 //按键按下，改变两个 LED 的状态
                while(KEY1 == ON);          //松手检测
```

第 3 章

```
                LED2 = ~LED2;                        //LED 翻转闪烁
                LED1 = ~LED1;                        //LED 翻转闪烁
            }
        }
    }
}
```

2）LED 初始化模块

LED 的初始化需要先配置 P1SEL 寄存器为 GPIO 模式，然后配置 P1DIR 寄存器为输出模式，并先关闭两个 LED，源代码如下。

```
/*************************************************************************
* 名称：led_init()
* 功能：LED 控制引脚初始化
**************************************************************************/
void led_io_init(void)
{
    P1SEL &= ~0x03;              //配置控制引脚（P1_0 和 P1_1）为 GPIO 模式
    P1DIR |= 0x03;               //配置控制引脚（P1_0 和 P1_1）为输出模式

    LED1 = OFF;                  //初始状态为关闭
    LED2 = OFF;                  //初始状态为关闭
}
```

3）按键初始化模块

按键初始化时先配置 P1SEL 寄存器为 GPIO 模式，然后配置 P1DIR 寄存器为输入模式，源代码如下。

```
/*************************************************************************
* 名称：key_init()
* 功能：按键初始化
**************************************************************************/
void key_init(void)
{
    P1SEL &= ~0x0C;              //配置按键检测引脚（P1_2 和 P1_3）为 GPIO 模式
    P1DIR &= ~0x0C;             //配置按键检测引脚（P1_2 和 P1_3）为通用输出模式
}
```

4）延时模块

```
/*************************************************************************
* 名称：delay_ms()
* 功能：硬件延时，大于 250 ms
* 参数：times—延时时间
**************************************************************************/
```

```
void delay_ms(u16 times)
{
    u16 i,j;                                        //定义临时参数
    i = times / 250;                                //获取要延时时长的 250 ms 倍数部分
    j = times % 250;                                //获取要延时时长的 250 ms 余数部分
    while(i --) hal_wait(250);                      //延时 250 ms
    hal_wait(j);                                    //延时剩余部分
}
/*****************************************************************************
* 名称：hal_wait(u8 wait)
* 功能：硬件延时函数
* 参数：wait—延时时间（wait＜255）
*****************************************************************************/
void hal_wait(u8 wait)
{
    unsigned long largeWait;                        //定义硬件计数的临时参数

    if(wait == 0) return;                           //如果延时参数为 0，则跳出
    largeWait = ((u16) (wait << 7));                //将数据扩大 64 倍
    largeWait += 114*wait;                          //将延时数据扩大 114 倍并求和
    largeWait = (largeWait >> CLKSPD);              //根据系统时钟频率对延时进行缩放
    while(largeWait --);                            //等待延时自减完成
}
```

3.1.4　小结

通用输入/输出接口是微处理器最常用的基本接口。本节先学习了 GPIO 的概念、工作模式，然后进一步学习了 CC2530 的 GPIO 的基本功能和控制，并掌握了 GPIO 的位操作。通过实际项目开发，将理论知识应用于实践中，实现了信号灯驱动开发，完成该系统的硬件设计和软件设计，实现了通过 CC2530 的 GPIO 端口控制相关设备的信息状态。

3.1.5　思考与拓展

每当手机接收到短信时信号灯就会像人呼吸一样闪烁，并且信号灯逐渐变亮，达到最亮后又逐渐熄灭，通过这样一种有反差的闪烁效果，既能体现科技时尚感，又能达到很好的来电消息提醒效果。以手机信号灯为项目目标，请读者思考如何实现基于 CC2530 的 LED 闪烁的呼吸灯效果。

3.2　CC2530 外部中断应用开发

当 CPU 与外部设备交换信息时，由于 CPU 运行速度很快，而外部设备相对速度较慢，

为处理快速的 CPU 与慢速的外部设备之间的问题，加快系统的处理速度而产生了中断。

中断装置和中断处理程序统称为中断系统。中断系统是计算机的重要组成部分，实时控制、故障自动处理、计算机与外围设备间的数据传输传输往往采用中断系统。中断系统的应用大大提高了计算机效率。

中断系统在嵌入式硬件开发平台当中起着重要作用，它是提高基于 ARM 嵌入式开发平台工作效率的一个重要手段，能够较好地解决微处理器速度与外设速度不匹配的问题。而中断控制器是中断系统中重要的部分，控制着外设和 CPU 的交互过程，因此越来越多的嵌入式开发平台都把中断控制器集成在微处理器上。任何一个复杂的嵌入式系统都离不开与之匹配的中断控制器。

3.2.1 微处理器的中断

1. 中断基本概念与定义

1）中断概念

中断指微处理器在执行某段程序的过程中，由于某种原因，暂时中止原程序的执行，转去执行相应的处理程序，在中断服务程序执行完后，再回来继续执行被中断的原程序的过程。中断过程示意如图 3.8 所示。

如果你正在专心看书，突然电话铃响，去接听电话，接完电话后再回来继续看书。电话铃响后接听电话的过程称为中断。正在看书相当于计算机执行程序，电话铃响起相当于事件发生（中断请求及响应），接听电话相当于中断处理，回来继续看书相当于中断返回（继续执行程序），因此中断的定义指微处理器在执行某段程序的过程中，由于某种原因暂时中止原程序的执行，转去执行相应的处理程序，中断服务程序执行完后，再回来继续执行被中断的原程序的过程。中断事件处理原理如图 3.9 所示。

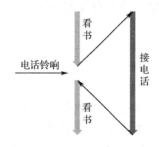

图 3.8　中断过程示意

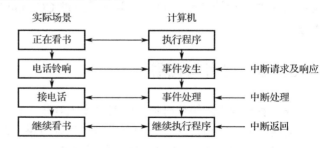

图 3.9　中断事件处理原理

2）中断的响应过程

中断事件处理指微处理器处理程序运行中出现紧急事件的整个过程。在程序运行过程中，若系统外部、系统内部或现行程序本身出现紧急事件，则微处理器立即中止当前程序的运行，自动转入相应的处理程序（中断服务程序），待处理完后，再返回原来的程序运行。

这个过程称为程序中断。

中断响应过程如图 3.10 所示，按照事件发生的顺序，包括：

（1）中断源发出中断请求。

（2）判断微处理器是否允许中断，以及该中断源是否被屏蔽。

（3）优先权排队。

（4）当微处理器执行完当前指令或当前指令无法执行完时，立即停止当前程序，保护断点地址和微处理器的当前状态，转入相应的中断服务程序。

（5）执行中断服务程序。

（6）恢复被保护的状态，执行中断返回指令，回到被中断的程序或转入其他程序。

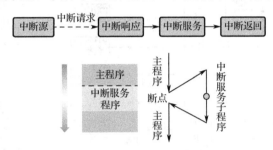

图 3.10　中断响应过程

3）中断的作用

在电子应用领域，很多时候需要实时处理各种事件，微处理器作为控制应用，要处理的数据不仅仅是来自程序本身，也要对外部事件做出响应，如某个按键被按下、逻辑电路某个脉冲出现等。为了对外部事件做出快速响应，微处理器引入了中断，作用如下：

（1）微处理器与外设并行工作：解决微处理器速度快、外设速度慢的矛盾。

（2）实时处理：控制系统往往有许多数据需要采集或输出，实时控制中有的数据难以估计何时需要交互。

（3）故障处理：计算机系统的故障往往是随机发生的，如电源断电、运算溢出、存储器出错等，采用中断机制，系统故障一旦出现，就能及时得到处理。

（4）实现人机交互：人和微处理器的交互一般采用键盘和按键，可以采用中断的方式实现，采用中断方式时微处理器的执行效率较高，而且可以保证人机交互的实时性，故中断方式在人机交互中得到了广泛的应用。

4）中断优先级

微处理器应用中的大部分情况都需要处理多个来自多个中断源的中断申请，需要根据中断请求的紧急度或系统设置确定所有中断请求的次序并依次做出响应，所以微处理器会在系统中设置确定不同中断请求的优先级别，也就是中断优先级。

微处理器在接收到中断请求后，在对中断请求进行响应并执行中断处理指令时，需要知道被执行的中断处理指令的具体位置，也就是中断处理执行的地址，即中断矢量（也称为中断向量）。系统中所有的中断矢量构成了系统的中断矢量表，在中断矢量表中，所有中断类型依次排序。中断矢量表中的每个中断矢量号都连接着相应的操作命令，这些操作命令都放置在系统内的存储单元，中断矢量表包含了这些操作命令的读取地址。在中断请求得到响应时，可以通过查询中断矢量表来调用对应的中断处理指令并执行操作。例如，C51 微处理器有 5 个中断，分别是外部中断 0 中断（IE0）、计数/定时器 0 中断（TF0）、外部中断 1 中断（IE1）、计数/定时器 1 中断（TF1）和串行接口中断（TI/RI），如图 3.11 所示。

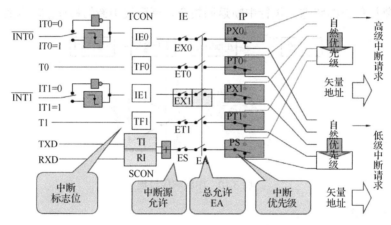

图 3.11　C51 微处理器的中断

当某一时刻有几个中断源同时发出中断请求时，微处理器只响应其中优先权最高的中断源。当微处理器正在运行某个中断服务程序期间出现另一个中断源的请求时，如果后者的优先权低于前者，则微处理器不予理睬；反之，微处理器立即响应后者，进入所谓的"嵌套中断"。中断优先权的排序由其性质、重要性以及处理的方便性决定，由硬件的优先权仲裁逻辑或软件的顺序询问程序来实现。中断嵌套如图 3.12 所示。

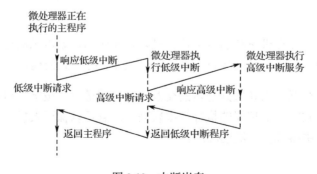

图 3.12　中断嵌套

2．外部中断

在没有干预的情况下，微处理器的程序会在"封闭状态"下自主运行，如果在某一时刻需要响应一个外部事件（如键盘或者鼠标），这时就会用到外部中断。具体来讲，外部中断是指在微处理器的一个引脚上，由于外部因素导致了一个电平的变化（如由高变低），而通过捕获这个变化，微处理器内部自主运行的程序就会被暂时中断，转而去执行相应的中断服务程序，执行完后又回到中断的地方继续执行原来的程序。这个引脚上的电平变化，就申请了一个外部中断事件，而这个能申请外部中断的引脚就是外部中断的触发引脚。

因此外部中断是微处理器实时处理外部事件的一种内部机制，当某种外部事件发生时，中断系统将迫使微处理器暂停正在执行的程序，转而去进行中断事件的处理；中断处理完毕后又返回被中断的程序处，继续执行下去。

1）外部中断触发条件

外部中断触发条件是指在程序运行时触发外部中断的方式。外部中断的触发方式是由程序定义的，根据微处理器外部电平的变化特性，可将外部中断触发方式分为三种，分别是上升沿触发、下降沿触发和跳变沿触发。由于上升沿触发与下降沿触发都属于电平一次变化触发，因此这两种触发可归结为电平触发方式。

（1）电平触发方式。在数字电路中，电平从低电平变为高电平的瞬间称为上升沿；相反，从高电平变为低电平的瞬间称为下降沿。这种电平变化同样可以用微处理器来检测，当配置了外部中断的引脚检测到相应的电压变化后会触发外部中断，从而执行中断服务程序。上升沿、下降沿的电平变化如图 3.13 所示。

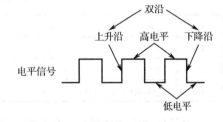

图 3.13　上升沿、下降沿的电平变化

（2）跳变沿触发方式。若外部中断定义为跳变沿触发方式，则外部中断申请触发器可以锁存外部中断输入线上的跳变沿，即使微处理器暂时不能响应，中断申请标志也不会丢失。在这种方式中，如果连续两次采样，在一个机器周期采样到外部中断输入为高电平，在下一个机器周期采样为低电平，则置 1 中断申请触发器，直到微处理器响应此中断后才清 0，这样不会丢失中断。但输入的脉冲宽度应至少保持 12 个时钟周期（晶振频率为 12 MHz），才能被微处理器采样到。外部中断跳变沿触发方式适合以脉冲形式输入的外部中断请求。

2）CC2530 与外部中断

中断是 CC2530 实时处理内部或外部事件的一种机制，当发生某个内部事件或外部事件时，CC2530 的中断系统将迫使其暂停正在执行的程序，转而去进行中断事件的处理，中断处理完毕后，再返回被中断的程序位置继续执行下去。中断又分为外部中断和内部中断。

GPIO 引脚设置为输入模式后，可以用于产生中断，并设置为外部信号的上升沿或下降沿触发。CC2530 的外部中断配置寄存器主要有 7 个，这 7 个寄存器分别是 P0IFG（端口 0 中断状态标志寄存器）、P1IFG（端口 1 中断状态标志寄存器）、P2IFG（端口 2 中断状态标志寄存器）、P1CTL（端口 1 中断控制寄存器）、P0IEN（端口 0 中断屏蔽寄存器）、P1IEN（端口 1 中断屏蔽寄存器）、P2IEN（端口 2 中断屏蔽寄存器）。P0、P1 和 P2 都有中断使能位，对于 IEN1～IEN2 寄存器内的端口所有的位都是公共的，如下所述。

- IEN1.P0IE：P0 中断使能。
- IEN2.P1IE：P1 中断使能。
- IEN2.P2IE：P2 中断使能。

P0～P2 的中断屏蔽寄存器如表 3.4 到表 3.6 所示。

表 3.4　P0 中断屏蔽寄存器

位	名称	复位	R/W	描　述
7:0	P0_[7:0]IEN	0x00	R/W	端口 P0_7 到 P0_0 中断使能，0 表示中断禁用，1 表示中断使能

表 3.5　P1 中断屏蔽寄存器

位	名称	复位	R/W	描　述
7:0	P1_[7:0]IEN	0x00	R/W	端口 P1_7 到 P1_0 中断使能，0 表示中断禁止，1 表示中断使能

表 3.6　P2 中断屏蔽寄存器

位	名称	复位	R/W	描　述
7:6	—	00	R0	未使用
5	DPIEN	0	R/W	USB D+中断使能，0 表示 USB D+中断禁止，1 表示 USB D+中断使能
4:0	P2_[4:0]IEN	0 0000	R/W	端口 P2_4 到 P2_0 为中断使能，0 表示中断禁止，1 表示中断使能

除了公共中断使能位，每个端口都有位于 SFR 寄存器 P0IEN、P1IEN 和 P2IEN 的单独中断使能位，配置外设 I/O 或 GPIO 引脚使能都会有中断产生。

当中断发生时，不管引脚是否设置了它的中断使能位，P0～P2 中断状态标志寄存器 P0IFG、P1IFG 或 P2IFG 中相应的中断状态标志都将被置 1；当中断执行时，中断状态标志被清 0，且该标志必须在清除微处理器端口中断标志（PxIF）之前清除，功能如下。

- PICTL：P0、P1、P2 的触发设置。
- P0IFG：P0 中断状态标志。
- P1IFG：P1 中断状态标志。
- P2IFG：P2 中断状态标志。

PICTL（中断控制寄存器）如表 3.7 所示。

表 3.7　中断控制寄存器

位	名称	复位	R/W	描　述
7	PADSC	0	R/W	控制 I/O 引脚在输出模式下的驱动能力。选择输出驱动能力增强来补偿引脚 DVDD 的低 I/O 电压（这是为了确保在较低的电压下的驱动能力和较高电压下相同）。0 表示最小驱动能力增强，DVDD/2 等于或大于 2.6 V；1 表示最大驱动能力增强，DVDD/2 小于 2.6 V
6:4	—	000	R	未使用
3	P2ICON	0	R/W	端口 2：输入 4 到 0 进行中断配置，该位为端口 2 所有的输入选择中断请求条件。0 表示输入的上升沿触发中断，1 表示输入下降沿触发中断
2	P1ICONH	0	R/W	端口 1：输入 7 到 4 进行中断配置。该位为端口 1 所有的输入选择中断请求条件。0 表示输入的上升沿触发中断，1 表示输入的下降沿触发中断
1	P1ICONL	0	R/W	端口 1：输入 3 到 0 进行中断配置，该位为端口 1 所有的输入选择中断请求条件。0 表示输入的上升沿触发中断，1 表示输入的下降沿触发中断
0	P0ICON	0	R/W	端口 0：输入 7 到 0 进行中断配置，该位为端口 0 所有的输入选择中断请求条件。0 表示输入的上升沿触发中断，1 表示输入的下降沿触发中断

P0IFG（端口 0 中断状态标志寄存器）如表 3.8 所示。

表 3.8　端口 0 中断状态标志寄存器

位	名称	复位	R/W	描　述
7:0	P0IF[7:0]	0x00	R/W	端口 0：位 7 到位 0 为中断状态标志，当输入端口引脚有未处理的中断请求信号时，其相应的标志位将置 1

P1IFG（端口 1 中断状态标志寄存器）如表 3.9 所示。

表 3.9　端口 1 中断状态标志寄存器

位	名称	复位	R/W	描　述
7:0	P1IF[7:0]	0x00	R/W	端口 1：位 7 到位 0 为中断状态标志，当输入端口引脚有未处理的中断请求信号时，其相应的标志位将置 1

P2IFG（端口 2 中断状态标志寄存器）如表 3.10 所示。

表 3.10　端口 2 中断状态标志寄存器

位	名称	复位	R/W	描　述
7:6	—	00	R	不使用
5	DPIF	0	R/W0	USB D+中断状态标志。当 D+线有一个中断请求未决时设置该标志，用于检测 USB 挂起状态下的 USB 恢复事件；当 USB 控制器没有挂起时不设置该标志
4:0	P2IF[4:0]	0 0000	R/W0	端口 2：位 4 到位 0 为中断状态标志，当输入端口引脚有未处理的中断请求信号时，其相应的标志位将置 1

3.2.2 开发实践：电梯楼层按键检测设计

现代的建筑设计得越来越高，配套的电梯也越来越精良，但始终不变的是对楼层的输入，不管是触摸屏输入也好还是机械按键也好，在原理上都是触发按钮给电梯一个信号，当电梯接收到信号后对楼层或开关门信息进行处理。电梯楼层按钮如图 3.14 所示。

本节使用 CC2530 模拟电梯按键功能，通过编程使用 CC2530 的外部中断对连接在 CC2530 引脚上按键动作进行捕捉，由连接在 CC2530 上的指示灯变化实现对按键动作的反馈。

1. 开发设计

1）硬件设计

本项目的硬件架构设计如图 3.15 所示。

图 3.14　电梯楼层按钮　　　　　图 3.15　硬件架构设计

按键的接口电路如图 3.5 所示，按键 K1 的引脚一端接地，另一端接电阻和 CC2530 的 P1_2 引脚，电阻的另一端连接 3.3 V 的电源。

按键的状态检测方式主要使用 CC2530 的 GPIO 引脚电平读取功能，当相关引脚为高电平时引脚的读取值为 1，反之则为 0。而按键是否按下，按下前后的电平状态则需要按照实际的按键原理图来确认。如图 3.5 所示，当按键没有按下时，K1 的引脚 1 和引脚 2 断开，由于 CC2530 的引脚在输入模式时为高阻态，所以引脚 P1_2 采集的电平为高电平；当 K1 被按下后，K1 的引脚 1 和引脚 2 导通，此时引脚 P1_2 导通接地，所以此时引脚检测电平为低电平。

要实现对按键的检测中断，在于对 CC2530 中断的使用。按键没有按下时，引脚检测到的电压为高电平，当按键按下后电压变为低电平。外部中断的电平判断则可以理解为低电平触发外部中断，可以选择外部中断的触发方式为低电平触发。

本项目用到的是 CC2530 的外部中断，所涉及的寄存器有 P1IEN 和 P1INP。其中 P1IEN 用于设置每个端口的中断使能，0 为中断禁止，1 为中断使能，表 3.11 是 P1IEN

端口分配表。

表 3.11　P1IEN 端口分配表

D7	D6	D5	D4	D3	D2	D1	D0
P1_7	P1_6	P1_5	P1_4	P1_3	P1_2	P1_1	P1_0

P1INP：设置每个 I/O 端口的输入模式，0 为上拉/下拉，1 为三态模式，端口分配表如表 3.12 所示。

表 3.12　P1INP 端口分配表

D7	D6	D5	D4	D3	D2	D1	D0
P1_7	P1_6	P1_5	P1_4	P1_3	P1_2	P1_1	P1_0

PICTL：D0～D3 设置每个端口的中断触发方式，0 为上升沿触发，1 为下降沿触发，端口分配表如表 3.13 所示。D7 控制 I/O 引脚在输出模式下的驱动能力，选择输出驱动能力增强来补偿引脚 DVDD 的低 I/O 电压,确保在较低的电压下的驱动能力和较高电压下相同，0 为最小驱动能力增强，1 为最大驱动能力增强。

表 3.13　PICTL 端口分配表

D7	D6	D5	D4	D3	D2	D1	D0
I/O 驱动能力	未用	未用	未用	P2_0～P2_4	P1_4～P1_7	P1_0～P1_3	P0_0～P0_7

表 3.14 为 PICTL 功能分配表。

表 3.14　PICTL 功能分配表

D7	D6	D5	D4	D3	D2	D1	D0
未用	未用	端口 0	定时器 4	定时器 3	定时器 2	定时器 1	DMA 传输

P1IFG：端口 1 中断状态标志寄存器，当输入端口有中断请求时，相应的标志位将置 1。当输入端口有中断请求时，相应的标志位将置 1，表 3.15 是 P1IFG 端口分配表。

表 3.15　P1IFG 端口分配表

D7	D6	D5	D4	D3	D2	D1	D0
P1_7	P1_6	P1_5	P1_4	P1_3	P1_2	P1_1	P1_0

按键 K1 所连接的引脚为 P1_2，因此中断应配置端口 1 的 P1_2 的外部中断。按键 K1 的外部中断配置步骤如下。

- 通过 IEN1 初始化引脚端口 1 的中断使能；
- 通过 P1IEN 配置端口 P1_2 的外部中断使能；
- 通过 PICTL 将中断触发方式配置为下降沿触发；

● 开启总中断 EA。

2）软件设计

本任务的软件设计流程如图 3.16 所示。

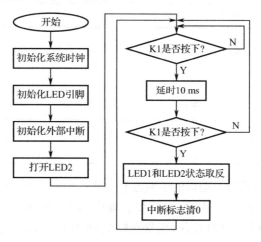

图 3.16　软件设计流程

2. 功能实现

1）相关头文件模块

```
/************************************************************************
* 文件：led.h
*************************************************************************/
#define D1      P1_1                       //宏定义 D1 灯（即 LED1）控制引脚 P1_1
#define D2      P1_0                       //宏定义 D2 灯（即 LED2）控制引脚 P1_0

#define ON      0                          //宏定义打开状态 ON
#define OFF     1                          //宏定义关闭状态 OFF
```

2）主函数模块

主函数完成初始化系统时钟、LED 引脚和外部中断后，初始化 LED2 状态，然后进入主循环等待中断触发，主函数代码如下。

```
/************************************************************************
* 名称：main()
* 功能：主函数
*************************************************************************/
void main(void)
{
    xtal_init();                           //系统时钟初始化
    led_io_init();                         //LED 引脚初始化
    ext_init();                            //外部中断初始化
```

```
    LED2 = ON;                              //打开 LED2
    while(1);                               //进入主循环
}
```

3）系统时钟初始化模块

本模块主要启动 CC2530 的系统时钟，初始化系统时钟存在一个等待时钟稳定的过程，因此需要待系统时钟稳定后再执行程序。系统时钟的初始化函数代码如下。

```
/*********************************************************************
 * 名称：xtal_init()
 * 功能：CC2530 系统时钟初始化
 *********************************************************************/
void xtal_init(void)
{
    CLKCONCMD &= ~0x40;                     //选择 32 MHz 的外部晶体振荡器
    while(CLKCONSTA & 0x40);                //晶体振荡器开启且稳定
    CLKCONCMD &= ~0x07;                     //选择 32 MHz 的系统时钟
}
```

4）外部中断初始化模块

外部中断初始化为该项目的重要环节，可将外部中断配置为低电平触发（下降沿触发）。外部中断初始化函数代码如下。

```
/*********************************************************************
 * 名称：ext_init()
 * 功能：外部中断初始化
 *********************************************************************/
void ext_init(void)
{
    IEN2 |= 0x10;                           //端口 1 中断使能
    P1IEN |= 0x04;                          //端口 P1_2 外部中断使能
    PICTL |= 0x02;                          //端口 P1_2 低电平触发
    EA = 1;                                 //使能总中断
}
```

5）中断服务函数模块

3.1 节中的按键检测与本项目中的外部中断检测按键动作有着本质的区别，通过外部中断检测按键动作具有更高的实时性，同时执行 LED 操作函数也有所不同，外部中断的 LED 操作函数是在中断服务函数中完成的。外部中断服务函数（程序）如下：

```
/*********************************************************************
 * 名称：中断服务程序
 * 功能：外部中断
 *********************************************************************/
```

```
#pragma vector = P1INT_VECTOR
__interrupt void P1_ISR(void)
{
    EA = 0;                              //关中断
    if((P1IFG & 0x04 ) >0 ){             //按键中断
        P1IFG &= ~0x04;                  //中断标志清 0
        delay_ms(10);                    //按键防抖
        if(KEY1 == ON){                  //判断按键按下
            LED2 = ~LED2;                //翻转 LED2 状态
            LED1 = ~LED1;                //翻转 LED1 状态
        }
    }
    EA = 1;                              //开中断
}
```

3.2.3 小结

通用本节的学习与开发，读者可以学习微处理器中断以及 CC2530 外部中断的基本原理，并通过按键触发外部中断的开发过程来学习 CC2530 的外部中断功能，采用 CC2530 外部中断响应连接在 CC2530 处理器的按键控制，从而达到实时响应键盘按键效果。

3.2.4 思考与拓展

（1）简述中断的概念、作用及其响应过程。

（2）如何配置 CC2530 的外部中断？

（3）如何编写 CC2530 的外部中断服务程序？

（4）在使用过程中，按键除了按下与弹起两种状态外，还拥有两种按下的状态。这两种按下的状态分别是长按和短按，如智能手机，当短按电源键时实现的功能为手机熄屏，长按则为关机或重启。读者尝试通过查询方式实现开或关一个 LED 和两个 LED 功能，短按按键时开或关一个 LED，长按时开或关两个 LED。

3.3 CC2530 定时器应用开发

定时/计数器是一种能够对时钟信号或外部输入信号进行计数的模块，当计数值达到设定值时便向 CPU 发出处理请求，从而实现定时或计数的功能。

定时器中断是由单片机中的定时器溢出而申请的中断，本节重点学习 CC2530 处理器的定时器，掌握 CC2530 定时器的基本原理和功能和驱动方法，并实现脉冲发生器的设计。

3.3.1 定时器

定时/计数器的基本功能是实现定时和计数，且在整个工作过程中不需要 CPU 过多参与，它将 CPU 从相关任务中"解放"出来，提高了 CPU 的使用效率。例如 3.1 节中信号灯控制采用的是软件延时方法，在延时过程中 CPU 通过执行循环指令来消耗时间，在整个延时过程中会一直占用 CPU，降低了 CPU 的工作效率。若使用定时/计数器来实现延时，则在延时过程中 CPU 可以去执行其他工作任务。CPU 与定时/计数器之间的交互关系如图 3.17 所示。

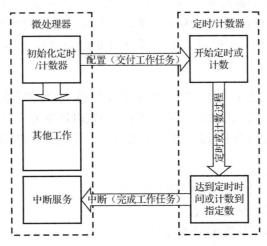

图 3.17　CPU 与定时/计数器之间的交互关系

1．微处理器中的定时/计数器功能

定时/计数器包含三个功能，分别是定时器功能、计数器功能和脉冲宽度调制（Pulse Width Modulation，PWM）输出功能，具体如下。

（1）定时器功能：对规定时间间隔的输入信号的个数进行计数，当计数值达到指定值时，说明定时时间已到。这是定时/计数器的常用功能，可用来实现延时或定时控制，其输入信号一般是微处理器内部的时钟信号。

（2）计数器功能：对任意时间间隔的输入信号的个数进行计数，一般用来对外界事件进行计数，其输入信号一般来自微处理器外部的开关型传感器，可用于生产线产品计数、信号数量统计和转速测量等方面。

（3）PWM 输出功能：对规定时间间隔的输入信号的个数进行计数，根据设定的周期和占空比从 I/O 端口输出控制信号，一般用来控制 LED 亮度或电机转速。

2．定时/计数器基本工作原理

无论使用定时/计数器的哪种功能，其最基本的工作原理是进行计数。定时/计数器的核心是一个计数器，可以进行加 1（或减 1）计数，每出现一个计数信号，计数器就自动加 1（或自动减 1），当计数值从最大值变成 0（或从 0 变成最大值）时，定时/计数器便向微处理器提出中断请求。计数信号的来源可以是周期性的内部时钟信号（如定时功能）或非周期性的外界输入信号（如计数功能）。

3.3.2　CC2530 定时器

1．CC2530 定时器概述

CC2530 一共有 4 个定时器，分别是定时器 1、定时器 2、定时器 3 和定时器 4。这 4 个定时器根据硬件特性被分为了三类，分别是 16 位定时器（定时器 1）、MAC 定时器（定时器 2）、8 位定时器（定时器 3 和定时器 4），下面详细介绍每个定时器的特性。

（1）定时器 1。定时器 1 是一个独立的 16 位定时器，支持输入捕获、输出比较和 PWM 输出功能；有 5 个独立的捕获/比较通道，每个通道定时器使用一个 I/O 引脚，这 5 个通道的正计数/倒计数模式可应用于诸如电机控制等场合。定时器 1 的功能如下：

- 5 个捕获/比较通道；
- 上升沿、下降沿或任何边沿的输入捕获；
- 设置、清除或切换输出比较；
- 自由运行、模或正计数/倒计数操作；
- 可作为被 1、8、32 或 128 整除的时钟分频器；
- 在每个捕获/比较和最终计数时生成中断请求；
- DMA 触发功能。

（2）定时器 2。定时器 2 主要用于为 IEEE 802.15.4 CSMA-CA 算法提供定时，以及为 IEEE 802.15.4 MAC 层提供一般的计时功能。当定时器 2 和睡眠定时器一起使用时，即使系统进入低功耗模式也会提供定时功能，定时器 2 运行在 CLKCONSTA.CLKSPD 指定的速度上。如果定时器 2 和睡眠定时器一起使用，则时钟速度必须设置为 32 MHz，且必须使用一个频率为 32 kHz 的外部晶体振荡器（简称晶振）以获得精确的结果。定时器 2 的主要特性如下：

- 16 位定时器提供正计数功能，如 16 μs、32 μs 的符号/帧周期；
- 具有可变周期，可精确到 31.25 ns；
- 2×16 位定时器比较功能；
- 24 位溢出计数；
- 2×24 位溢出计数比较功能；
- 帧首定界符捕获功能；
- 定时器启动/停止与外部 32 kHz 时钟同步，或由睡眠定时器提供定时；
- 比较和溢出时会产生中断；

● 具有 DMA 触发功能；

● 通过引入延迟可调整定时器值。

（3）定时器 3 与定时器 4。定时器 3 和定时器 4 是两个 8 位的定时器，每个定时器都有两个独立的捕获/比较通道，每个通道使用一个 I/O 引脚。定时器 3 和定时器 4 的特性如下：

● 2 个捕获/比较通道；

● 可设置、清除或切换输出比较；

● 时钟分频器，可以被 1、2、4、8、16、32、64、128 整除；

● 在每次捕获/比较和最终计数事件发生时会产生中断请求；

● DMA 触发功能。

在通常情况下，在没有使用到 CC2530 射频部分的模块时，基本上不会用到定时器 2，而定时器 1 可以理解为定时器 3 与定时器 4 的增强版，因此本节着重对定时器 1 进行详细分析。

2. CC2530 定时器 1

定时器 1 的 16 位计数器计数值的大小会在每个活动时钟边沿递增或递减，活动时钟边沿周期由寄存器位 CLKCON.TICKSPD 定义，它设置了全球系统时钟的划分，提供了 0.25～32 MHz 不同的时钟频率（可以使用 32 MHz 的 XOSC 作为时钟源）。在定时器 1 中，由 T1CTL.DIV 对分频器值进一步划分，分频器系数可以为 1、8、32 或 128。因此，当使用 32 MHz 晶振作为系统时钟源时，定时器 1 可以使用的最低时钟频率是 1953.125 Hz，最高时钟频率是 32 MHz；当使用 16 MHz 的 RC 振荡器作为系统时钟源时，定时器 1 可以使用的最高时钟频率是 16 MHz。

定时器 1 的计数器可以作为一个自由运行计数器、一个模计数器或一个正计数/倒计数器，以及用于中心对齐的 PWM 输出。

定时器 1 在获取计数器值时可以通过 2 个 8 位的 SFR 读取 16 位的计数器值，分别是 T1CNTH 和 T1CNTL，这两个寄存器存储的计数器值分别表示计数器数值的高位字节和低位字节。当读取 T1CNTL 时，计数器的高位字节被缓冲到 T1CNTH，以便高位字节从 T1CNTH 中读出，因此 T1CNTL 需要提前从 T1CNTH 读取。

对 T1CNTL 寄存器的所有写入内容进行访问操作时，将复位 16 位计数器，当达到最终计数值（溢出）时，计数器将产生一个中断请求；可以用 T1CTL 控制寄存器设置启动或者停止该计数器，当向 T1CTL.MODE 写入 01、10 或 11 时，计数器开始运行；如果向 T1CTL.MODE 写入 00 时，计数器将停止运行但计数值不会被清空。

1）CC2530 定时器 1 的计数模式

CC2530 定时器 1 拥有三种不同的计数模式,这三种模式分别是自由运行模式、模模式、正计数/倒计数模式。自由运行模式适用于产生独立的时间间隔，输出信号频率。模模式适用于周期不是 0xFFFF 的应用程序。正计数/倒计数模式适用于周期必须是对称输出脉冲而不是固定值的应用程序。三种模式分别分析如下。

（1）自由运行模式。计数器从 0x0000 开始，在每个活动时钟边沿增加 1，当计数器达到 0xFFFF（溢出）时，计数器载入 0x0000，继续递增，如图 3.18 所示；当达到最终计数值 0xFFFF 时，将设置标志 IRCON.T1IF 和 T1STAT.OVFIF。如果设置了相应的中断屏蔽位 TIMIF.OVFIM 和 IEN1.T1EN，将产生一个中断请求。自由运行模式可以用于产生独立的时间间隔。

（2）模模式。16 位计数器从 0x0000 开始，在每个活动时钟边沿增加 1，当计数器达到 T1CC0（溢出）时，寄存器 T1CC0H:T1CC0L 保存的最终计数值，计数器将复位到 0x0000，并继续递增。如果定时器开始于 T1CC0 以上的一个值，当达到最终计数值（0xFFFF）时，将设置标志 IRCON.T1IF 和 T1CTL.OVFIF。如果设置了相应的中断屏蔽位 TIMIF.OVFIM 及 IEN1.T1EN，将产生一个中断请求，模模式可以用于周期不是 0xFFFF 的应用程序，如图 3.19 所示。

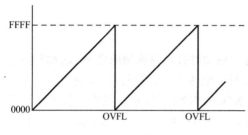

图 3.18　自由运行模式

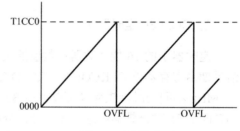

图 3.19　模模式

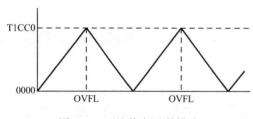

图 3.20　正计数/倒计数模式

（3）正计数/倒计数模式。计数器反复从 0x0000 开始，当正计数直到达到 T1CC0 时保存的值，然后计数器将倒计数直到 0x0000，如图 3.20 所示。这个定时器用于周期必须是对称的输出脉冲，而不是 0xFFFF 的应用程序，因此允许用于中心对齐的 PWM 输出应用。在正计数/倒计数模式，当达到最终计数值时，将设置标志 IRCON.T1IF 和 T1CTL.OVFIF。如果设置了相应的中断屏蔽位 TIMIF.OVFIM 和 IEN1.T1EN，将产生一个中断请求。

比较三种模式可以看出：自由运行模式的溢出值为 0xFFFF 不可变；而其他两种模式则可通过对 T1CC0 赋值，以精确控制定时器的溢出值。

2）CC2530 定时器 1 中断

CC2530 为定时器分配了一个中断向量，当下列事件发生时，将产生一个中断请求：

（1）计数器达到最终计数值（溢出或回到零）；

（2）输入捕获事件；

（3）输出比较事件。

寄存器状态寄存器 T1STAT 包括最终计数值事件和 5 个通道比较/捕获事件的中断标志，仅当设置了相应的中断屏蔽位和 IEN1.T1EN 时才能产生一个中断请求。中断屏蔽位是 n 个通道的 T1CCTLn.IM 和溢出事件 TIMIF.OVFIM。如果有其他未决中断，则必须在一个新的中断请求产生之前，通过软件清除相应的中断标志；而且如果设置了相应的中断标志，则使能一个中断屏蔽位将产生一个新的中断请求。

3）CC2530 定时器 1 寄存器

定时器 1 是 16 位定时器，在时钟上升沿或下降沿递增或递减，时钟边沿周期由寄存器 CLKCON.TICKSPD 定义，设置了系统时钟的划分，提供的频率范围为 0.25～32 MHz。定时器 1 由 T1CTL.DIV 分频器进一步分频，分频值为 1、8、32 或 128；具有定时器/计数器/脉宽调制功能，它有 3 个单独可编程输入捕获/输出比较信道，每个信道都可以当成 PWM 输出或捕获输入信号的边沿时间。

CC2530 定时器 1 的配置寄存器共 7 个，这 7 个寄存器分别是：T1CNTH（定时器 1 计数高位寄存器）、T1CNTL（定时器 1 计数低位寄存器）、T1CTL（定时器 1 控制寄存器）、T1STAT（定时器 1 状态寄存器）、T1CCTLn（定时器 1 通道 n 捕获/比较控制寄存器）、T1CCnH（定时器 1 通道 n 捕获/比较高位值寄存器）、T1CCnL（定时器 1 通道 n 捕获/比较低位值寄存器），其中 T1CCTLn、T1CCnH、T1CCnL 均有多个且结构相同，这里只介绍通道 1。下面分析定时器 1 的每个寄存器的各个位的配置含义。

（1）T1CTL：定时器 1 的控制，D1D0 控制运行模式，D3D2 设置分频划分值，表 3.16 所示为 T1CTL 功能表。

（2）T1STAT：定时器 1 的状态寄存器，D4～D0 为通道 4～0 的中断标志，D5 为溢出标志位，当计数到最终技术值是自动置 1，表 3.17 所示为 T1STAT 功能表。

表 3.16　T1CTL 功能表

位	名称	复位	R/W	描　　述
7:4	—	0000 0	R0	保留
3:2	DIV[1:0]	00	R/W	分频器划分值。产生主动的时钟边沿用来更新计数器，00 表示不分频；01 表示 8 分频；10 表示 32 分频；11 表示 128 分频
1:0	MODE[1:0]	00	R/W	选择定时器 1 模式。定时器操作模式可通过下列方式选择：00 表示暂停运行；01 表示自由运行，反复从 0x0000 到 0xFFFF 计数；10 表示模计数，从 0x000 到 T1CC0 反复计数；11 表示正计数/倒计数，从 0x0000 到 T1CC0 反复计数，并且从 T1CC0 倒计数到 0x0000

表 3.17 T1STAT 功能表

位	名称	复位	R/W	描述
7:6	—	0	R0	保留
5	OVFIF	0	R/W0	定时器 1 计数器溢出中断标志：当计数器在自由运行模式或模模式下达到最终计数值时被设置，当在正计数/倒计数模式下达到 0 时倒计数，写 1 没有影响
4	CH4IF	0	R/W0	定时器 1 通道 4 中断标志：当通道 4 中断条件发生时被设置，写 1 没有影响
3	CH3IF	0	R/W0	定时器 1 通道 3 中断标志：当通道 3 中断条件发生时被设置，写 1 没有影响
2	CH2IF	0	R/W0	定时器 1 通道 2 中断标志：当通道 2 中断条件发生时被设置，写 1 没有影响
1	CH1IF	0	R/W0	定时器 1 通道 1 中断标志：当通道 1 中断条件发生时被设置，写 1 没有影响
0	CH0IF	0	R/W0	定时器 1 通道 0 中断标志：当通道 0 中断条件发生时被设置，写 1 没有影响

（3）T1CCTL0：D1、D0 为捕捉模式选择，00 表示不捕捉，01 表示上升沿捕获，10 表示下降沿捕获，11 表示上升或下降沿都捕获；D2 位为捕获或比较的选择，0 表示捕获模式，1 表示比较模式。D5、D4、D3 为比较模式的选择，000 表示发生比较式输出端置 1，001 表示发生比较时输出端清 0，010 表示比较时输出翻转，其他模式较少使用。T1CCTL0（定时器 1 通道 n 捕获/比较控制寄存器）如表 3.18 所示。

表 3.18 定时器 1 通道 n 捕获/比较控制寄存器

位	名称	复位	R/W	描述
7	RFIRQ	0	R/W	当设置时，使用 RF 中断捕获，而不是常规捕获输入
6	IM	1	R/W	通道 0 中断屏蔽：设置时使能中断请求
5:3	CMP[2:0]	000	R/W	通道 0 比较模式选择：当定时器的值等于 T1CC0 中的比较值时，选择操作输出。000 表示在比较时设置输出；001 表示在比较时清除输出；010 表示在比较时翻转输出；011 表示在上升沿比较时设置输出，用 0 清除；100 表示在上升沿比较时清除输出，用 0 设置；101 和 110 表示没有使用；111 表示初始化输出引脚
2	MODE	0	R/W	模式：选择定时器 1 通道 0 捕获或比较模式。0 表示捕获模式，1 表示比较模式
1:0	CAP[1:0]	00	R/W	通道 0 捕获模式选择：00 表示未捕获，01 表示上升沿捕获，10 表示下降沿捕获，11 表示所有边沿都捕获

（4）T1CNTH（定时器 1 计数高位寄存器）如表 3.19 所示。

表 3.19 定时器 1 计数高位寄存器

位	名称	复位	R/W	描述
7:0	CNT[15:8]	0x00	R	定时器计数器高字节,包含在读取 T1CNTL 时的定时/计数器缓存的高 16 位字节

（5）T1CNTL（定时器 1 计数低位寄存器）如表 3.20 所示。

表 3.20　定时器 1 计数低位寄存器

位	名称	复位	R/W	描　述
7:0	CNT[7:0]	0x00	R/W	定时器计数器低字节，包括 16 位定时/计数器低字节。往该寄存器中写任何值，都会导致计数器被清除为 0x0000，初始化所有相通道的输出引脚

（6）T1CC0H（定时器 1 通道 0 捕获/比较高位值寄存器）如表 3.21 所示。

表 3.21　定时器 1 通道 0 捕获/比较寄存器高位

位	名称	复位	R/W	描　述
7:0	T1CC0[15:8]	0x00	R/W	定时器 1 通道 0 捕获/比较值高位字节，当 T1CCTL0.MODE = 1（比较模式）时，写 0 到该寄存器将导致 T1CC0[15:0]更新写入值延迟到 T1CNT = 0x0000

（7）T1CC0L（定时器 1 通道 0 捕获/比较低位值寄存器）如表 3.22 所示。

表 3.22　定时器 1 通道 0 捕获/比较寄存器低位

位	名称	复位	R/W	描　述
7:0	T1CC0[7:0]	0x00	R/W	定时器 1 通道 0 捕获/比较值低位字节，写到该寄存器的数据将被存储到一个缓存中，但不写入 T1CC0[7:0]，之后与 T1CC0H 一起写入生效

3.3.3　开发实践：脉冲发生器设计

在高频电路中，为了调制一个信号需要向已有的信号中添加一个激励信号或混合一个外来信号，一台精准、稳定的脉冲发生器尤为重要，脉冲发生器可以通过定时器实现较高频率的输出，同时通过结合数/模转换等外部电路可以实现正弦波、方波、三角波等。脉冲发生器如图 3.22 所示。

使用 CC2530 模拟表的功能，通过编程使用 CC2530 的定时器外设实现每秒产生一次脉冲信号，使用 I/O 接口连接的信号灯闪烁来表示定时器秒脉冲的发生，同时使用模拟延时来比较定时 1 s 与延时 1 s 的准确性。

1．开发设计

1）硬件设计

本任务的硬件架构设计如图 3.22 所示。

使用 CC2530 定时器可以实现像秒表一样实现精确的秒脉冲，CC2530 秒脉冲信号的精确与否取决于定时器的配置。根据 CC2530 定时器的性质，定时器无法产生 1 s 以上的延时，要实现 1 s 的延时就需要产生一个稳定的延时，这个延时乘以一个倍数就等于 1 s，因此可以配置 1 个 10 ms 的延时，然后循环计数 100 次即可产生一个脉冲控制信号，以此实现 1 s 的精确延时。

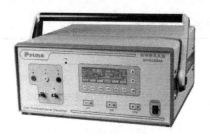

图 3.21 脉冲发生器

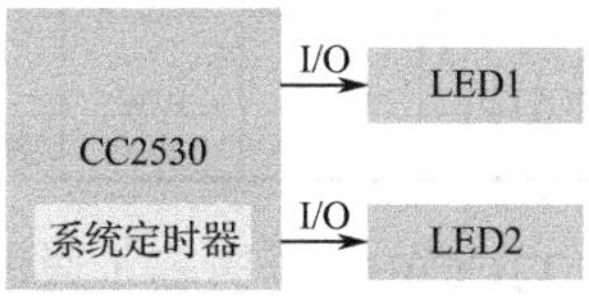

图 3.22 硬件架构设计

定时计算公式为：

$$X = M - N / T , \qquad T = 1 / f$$

式中，定时的最大值为 M，N 为计数值，初值为 X，f 为晶振频率。

先配置定时器的工作模式为模模式，然后将系统时钟（32 MHz）进行 8 分频，8 分频后系统时钟为 4 MHz，要实现 10 ms 延时就需要在 4 MHz 的时钟下计数 40000 次，即 $1/4000000 \times 40000=0.001$ s，然后设置每完成一个定时周期触发一次中断，使循环计数加 1，循环加 100 次就可以实现 10 ms 延时。

2）软件设计

本项目的软件设计流程如图 3.23 所示。

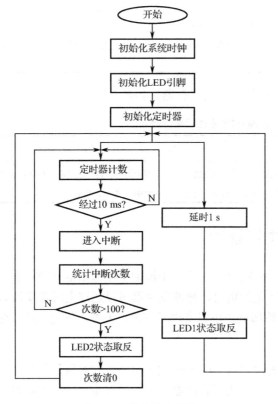

图 3.23 软件设计流程

2. 功能实现

1）相关头文件模块

```
/************************************************************************
* 文件：led.h
*************************************************************************/
#define D1        P1_1                  //宏定义 D1 灯（LED1）控制引脚 P1_1
#define D2        P1_0                  //宏定义 D2 灯（LED2）控制引脚 P1_0

#define ON        0                     //宏定义打开状态为 ON
#define OFF       1                     //宏定义关闭状态为 OFF
```

2）主函数模块

主函数在完成初始化系统时钟、LED 引脚和定时器后，进入主循环，通过软件延时 1 s 控制 LED1 闪烁。主函数程序如下。

```
/*********************************************************************
* 名称：main()
* 功能：主函数
*********************************************************************/
void main(void)
{
    xtal_init();                        //CC2530 系统时钟初始化
    led_io_init();                      //LED 引脚初始化
    time1_init();                       //定时器 1 初始化

    while(1){
        delay_ss(1);                    //软件延时 1 s
        D1 = !D1;                       //改变 LED1 的状态
    }
}
```

3）系统时钟初始化模块

CC2530 系统时钟初始化源代码如下。

```
/*********************************************************************
* 名称：xtal_init()
* 功能：CC2530 系统时钟初始化
*********************************************************************/
void xtal_init(void)
{
    CLKCONCMD &= ~0x40;                 //选择 32 MHz 的外部晶振
    while(CLKCONSTA & 0x40);            //晶振开启且稳定
    CLKCONCMD &= ~0x07;                 //选择 32 MHz 系统时钟
    CLKCONCMD &= ~0x38;                 //选择 32 MHz 定时器时钟
}
```

4）定时器初始化模块

将定时器初始化为模模式，时钟 8 分频，重新装载寄存器，高位写入 0x90，低位写入 0x40，配置为中断模式，使能定时器中断，开总中断。定时器初始化源代码如下。

```
/*********************************************************************
* 名称：time1_init()
* 功能：定时器 1 初始化
*********************************************************************/
void time1_init(void)
```

```
{
    T1CTL |= 0x06;              //8 分频，模模式，从 0 计数到 T1CC0
    T1CC0L = 0x40;             //定时器 1 通道 0 捕获/比较值低位
    T1CC0H = 0x9C;            //定时器 1 通道 0 捕获/比较值高位，定义 10 ms 产生一次中断
    T1CCTL0 |= 0x44;          //定时器 1 通道 0 捕获/比较控制
    T1IE = 1;                    //设定定时器 1 中断使能
    EA = 1;                      //设定总中断使能
}
```

5）LED 引脚初始化模块

LED 引脚初始化源代码如下。

```
/******************************************************************************
* 名称：led_init()
* 功能：LED 引脚初始化
******************************************************************************/
void led_init(void)
{
    P1SEL &= ~0x03;            //配置控制引脚（P1_0 和 P1_1）为 GPIO 模式
    P1DIR |= 0x03;             //配置控制引脚（P1_0 和 P1_1）为输出模式

    D1 = OFF;                  //初始状态为关闭
    D2 = OFF;                  //初始状态为关闭
}
```

6）定时器中断服务函数模块

该模块有两个功能，分别完成 1 s 循环计数和控制 LED2 反转。定时器中断服务函数源代码如下。

```
/******************************************************************************
* 名称：void T1_ISR(void)
* 功能：中断服务子程序
******************************************************************************/
#pragma vector = T1_VECTOR
__interrupt void T1_ISR(void)
{
    EA=0;               //关总中断
    counter++;          //统计进入中断的次数
    if(counter>100){    //初始化中定义 10 ms 产生一次中断，经过 100 次中断，10 ms×100 = 1 s
        counter=0;      //统计的复位次数
        D2 = !D2;       //改变 LED2 的状态，打开 LED2 延时 1 s，关闭 LED2 延时 1 s
    }
    T1IF=0;             //中断标志位清 0
    EA=1;               //开总中断
}
```

3.3.4　小结

本项目通过配置 CC2530 的定时器来实现每秒产生一次脉冲，由信号灯闪烁显示脉冲输出，从而实现基于 CC2530 定时器完成脉冲发生器的开发。

通过本项目的开发，读者理解 CC2530 定时器的工作原理和功能特点，通过定时器的学习来掌握其技术模式、寄存器配置，并掌握定时器的中断初始化以及中断服务函数，理解秒脉冲发生工作原理的理解。

3.3.5　思考与拓展

（1）CC2530 定时器的功能和特点有哪些？

（2）定时器计数模式有哪些？

（3）CC2530 有几个定时器？分别有哪些寄存器？

（4）如何正确对 CC2530 定时器进行中断初始化？

（5）定时器除了能够实现 1 s 的精确延时，还可以产生 PWM（脉冲宽度调制）波形。PWM 波形可用来控制直流电机转速、屏幕亮度、旋转速度等，信号指示灯实验中的呼吸灯效果便是使用了模拟 PWM 波形的效果，但相比模拟 PWM 波形而言，通过定时中断实现的 PWM 波形具有更高的灵活性。请读者尝试以呼吸灯效果为目的，通过使用定时器产生 PWM 波形，由 PWM 波形控制 LED1 和 LED2 产生呼吸灯的效果。

3.4　CC2530 ADC 应用开发

本节重点学习 CC2530 的 ADC，掌握 CC2530 ADC 的基本原理和功能和驱动方法。

3.4.1　A/D 转换

1．A/D 转换的概念

模/数转换器（Analog-to-Digital Converter，ADC）也称为 A/D 转换器，是指将连续变化的模拟信号转换为离散的数字信号的器件。

数字信号输出可能会使用不同的编码结构，通常会使用二进制数来表示，3 位电压转换原理如图 3.24 所示。

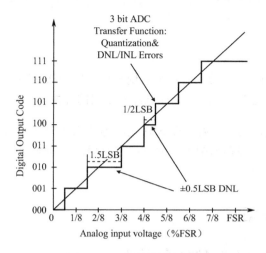

图 3.24　3 位电压转换原理

2．A/D 转换的信号采样率

模拟信号在时域上是连续的，因此可以将它转换为在时间上连续的一系列数字信号。要求定义一个参数来表示新的数字信号采样自模拟信号速率，这个速率称为转换器的采样率（Sampling Rate）或采样频率（Sampling Frequency）。

可以采集连续变化、带宽受限的信号（即每隔一时间测量并存储一个信号值），然后通过插值将转换后的离散信号还原为原始信号。这一过程的精确度受量化误差的限制。然而，仅当采样率比信号频率的两倍还高时才可能达到对原始信号的真实还原，这一规律在采样定理有所体现。

由于实际使用的 A/D 转换器不能进行完全实时的转换，所以在对输入信号进行一次转换的过程中必须通过一些外加方法使之保持恒定。常用的有采样-保持电路，可以使用一个电容器可以存储输入的模拟电压，并通过开关或门电路来闭合、断开这个电容和输入信号的连接。许多 A/D 转换集成电路在内部就已经包含了这样的采样-保持子系统。

3．A/D 转换的分辨率

A/D 转换的分辨率指使输出数字量变化一个最小量时模拟信号的变化量，常用二进制的位数表示。例如，8 位的 A/D 转换器，可以描述 256 个刻度的精度（2 的 8 次方），在它测量一个 5 V 左右的电压时，分辨率是 5 V 除以 256，大约改变一个的刻度时电压改变的最小值必须是 0.02 V。

$$分辨率 = \frac{V}{2^n}$$

式中，n 为 A/D 转换器的二进制位数，n 越大，分辨率超高。例如，一个刻度电压为 10 V 的 8 位 A/D 转换器，分辨率为

$$\frac{10\ \mathrm{V}}{2^8} = 39.06\ \mathrm{mV}$$

一般地,分辨率以 A/D 转换器的转换位数 n 表示。

4.A/D 转换器的转换精度

转换精度是一个实际的 A/D 转换器和理想的 A/D 转换器相比的转换误差,绝对精度一般以分辨率为单位给出,相对精度则是绝对精度与满量程的比值。

5.A/D 转换器的量化误差

A/D 转换器用于把模拟量转化为数字量,用数字量近似值表示模拟量。这个过程被称为量化。量化误差是由 A/D 转换器的有限位数对模拟量进行量化而引起的误差。

要准确地表示模拟量,A/D 转换器的位数需要很大甚至无穷大。一个分辨率有限 ADC 的阶梯转换特性曲线与具有无限分辨率 A/D 转换器的转化特性曲线(直线)之间的最大偏差就是量化误差,如图 3.25 和图 3.26 所示。

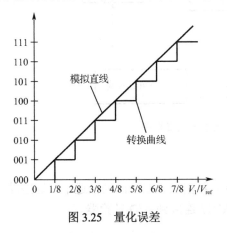

图 3.25　量化误差

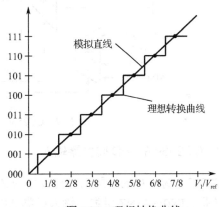

图 3.26　理想转换曲线

6.A/D 转换器的参考电压

A/D 转换器的参考电压也称为基准电压,如果没有基准电压,就无法确定被测信号的准确幅值。例如,基准电压为 2.5 V,则当被测信号达到 2.5 V 时 A/D 转换器输出满量程读数,可以知道 A/D 转换器输出的满量程等于 2.5 V。有的 A/D 转换器是外接基准电压,有的是内置基准电压,无须外接,还有的 A/D 转换器外接基准电压和内置基准电压都可以用,但外接基准电压优先于内置基准。A/D 转换器在使用参考电压时,通常使用的是微处理器外接的电源电压。例如,CC2530 的电源电压为 3.3 V,那么 A/D 转换器的参考电压也是 3.3 V。

3.4.2　CC2530 与 A/D 转换

1.CC2530 的 A/D 转换器简介

CC2530 的 A/D 转换器支持多达 14 位的 A/D 转换,具有多达 12 位的 ENOB(有效数字位）。它包括一个模拟多路转换器、多达 8 个独立的可配置通道及一个参考电压发生器，转换结果通过 DMA 写入存储器，具有多种运行模式。A/D 转换器的主要特性如下：

● 可选的抽取率，这也设置了分辨率（7 到 12 位）；
● 8 个独立的输入通道，可接收单端或差分信号；
● 参考电压可选为内部单端、外部单端、外部差分或 AVDD；
● 产生中断请求；
● 转换结束时触发 DMA；
● 温度传感器输入；
● 电池测量功能。

CC2530 的 A/D 转换器功能框图如图 3.27 所示。

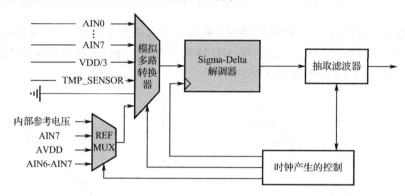

图 3.27　CC2530 的 A/D 转换器功能框图

2. CC2530 的 A/D 转换器输入

CC2530 端口 0 的引脚信号可以作为 A/D 转换器输入。在下面的描述中，这些端口引脚指的是 AIN0～AIN7 引脚，输入引脚 AIN0～AIN7 连接到 A/D 转换器。

可以把输入配置为单端或差分输入，在选择差分输入的情况下，差分输入包括输入对 AIN0-AIN1、AIN2-AIN3、AIN4-AIN5 和 AIN6-AIN7。注意，负电压不适用于这些引脚，大于 VDD（未调节电压）的电压也不适用。它们之间的差别是一个在差分模式下转换，另一个在差分模式下转换的输入对之间的差。

除了输入引脚 AIN0～AIN7，片上温度传感器的输出也可以作为 A/D 转换器的输入（用于温度测量）。AVDD5/3 的电压也可以作为 A/D 转换器输入，这个输入允许在应用中实现电池监测器的功能。注意，在这种情况下，参考电压不能采用电源电压，如 AVDD5 电压不能作为参考电压。

单端电压输入 AIN0～AIN7 以通道 0～7 表示，通道 8～11 表示差分输入，由 AIN0-AIN1、AIN2-AIN3、AIN4-AIN5 和 AIN6-AIN7 组成。通道 12～15 分别表示 GND（通道 12）、保留（通道 13）、温度传感器（通道 14）和 AVDD5/3（通道 15）。这些值在 ADCCON2.SCH 和 ADCCON3.SCH 中使用。

3. CC2530 的 A/D 转换器运行模式

A/D 转换器有三种控制寄存器：ADCCON1、ADCCON2 和 ADCCON3，这些寄存器可用于配置 A/D 转换器并报告结果。

（1）ADCCON1.EOC 是一个状态位，当一个转换结束时，设置为高电平；当读取 ADCH 时，它就被清除。

（2）ADCCON1.ST 用于启动一个转换序列，当该位设置为高电平时，ADCCON1.STSEL 是 11，且当前没有转换正在运行时，就启动一个转换序列；当这个序列转换完成时，该位就被自动清除。

（3）ADCCON1.STSEL 用于选择哪个事件启动一个新的转换序列，可以选择外部引脚 P2_0 上升沿、外部引脚事件、之前序列的结束事件、定时器 1 的通道 0 比较事件，以及 ADCCON1.ST 是 1 的启动转换事件。

（4）ADCCON2 寄存器用于控制转换序列的执行方式。

（5）ADCCON2.SREF 用于选择参考电压，参考电压只能在没有转换运行时修改。

（6）ADCCON2.SDIV 用于选择抽取率（同时也会设置分辨率、完成一个转换所需的时间和样本率），抽取率只能在没有转换运行时修改，转换序列的最后一个通道由 ADCCON2.SCH 位选择。

（7）ADCCON3 寄存器用于控制单个转换的通道号、参考电压和抽取率。单个转换在寄存器 ADCCON3 写入后将立即发生，如果一个转换序列正在进行，则在该序列结束之后立即发生。该寄存器位的编码和 ADCCON2 是完全一样的。

ADCCON1（A/D 转换器通用控制寄存器 1）、ADCCON2（A/D 转换器通用控制寄存器 2）、ADCCON3（A/D 转换器通用控制寄存器 3）详细分析如表 3.23 到表 3.25 所示。

表 3.23　A/D 转换器通用控制寄存器 1

位	名称	复位	R/W	描　述
7	EOC	0	R/W	转换结束：当 ADCH 被读取时清除。如果已读取前一数据之前，完成一个新的转换，EOC 保持为高电平。0 表示转换没有完成，1 表示转换完成
6	ST	0	—	开始转换：读为 1，直到转换完成。0 表示没有转换正在进行，1 表示如果 ADCCON1.STSEL = 11 且没有序列正在运行时就启动一个转换序列
5:4	STSEL[1:0]	11	R/W1	启动选择：选择该事件将启动一个新的转换序列。00 表示 P2_0 引脚的外部触发；01 表示全速，不等待触发器；10 表示定时器 1 通道 0 比较事件；11 表示 ADCCON1.ST = 1
3:2	RCTRL[1:0]	00	R/W	控制 16 位随机数发生器：写入 01 时，当操作成功完成时将自动返回到 00。00 表示正常运行；01 表示 LFSR 的计时一次；10 表示保留；11 表示停止，关闭随机数发生器
1:0	—	11	R/W	保留，一直设为 11

表 3.24　A/D 转换器通用控制寄存器 2

位	名称	复位	R/W	描　　述
7:6	SREF[1:0]	00	R/W	选择参考电压用于序列转换：00 表示内部参考电压；01 表示 AIN7 引脚上的外部参考电压；10 表示 AVDD5 引脚上的外部参考电压；11 表示 AIN6～AIN7 差分输入外部参考电压
5:4	SDIV[1:0]	01	R/W	为包含在转换序列内的通道设置抽取率：抽取率也决定完成转换需要的时间和分辨率，00 表示 64 抽取率（7 位 ENOB）；01 表示 128 抽取率（9 位 ENOB）；10 表示 256 抽取率（10 位 ENOB）；11 表示 512 抽取率（12 位 ENOB）
3:0	SCH[3:0]	0000	R/W	序列通道选择，选择序列结束：序列可以是 AIN0～AIN7（SCH≤7），也可以是差分输入 AIN0-AIN1 到 AIN6-AIN7（8≤SCH≤11）。对于其他的设置，只能执行单个转换。读取时，这些位将代表有转换进行的通道号，0000 表示 AIN0，0001 表示 AIN1，0010 表示 AIN2，0011 表示 AIN3，0100 表示 AIN4，0101 表示 AIN5，0110 表示 AIN6，0111 表示 AIN7，1000 表示 AIN0-AIN1，1001 表示 AIN2-AIN3，1010 表示 AIN4-AIN5，1011 表示 AIN6-AIN7，1100 表示 GND，1101 表示正电压参考，1110 表示温度传感器，1111 表示 VDD/3

表 3.25　A/D 转换器通用控制寄存器 3

位	名称	复位	R/W	描　　述
7:6	EREF[1:0]	00	R/W	选择用于额外转换的参考电压：00 表示内部参考电压，01 表示 AIN7 引脚上的外部参考电压，10 表示 AVDD5 引脚上的外部参考电压，11 表示在 AIN6-AIN7 差分输入的外部参考电压
5:4	EDIV[1:0]	00	R/W	设置用于额外转换的抽取率：抽取率也决定了完成转换需要的时间和分辨率。00 表示 64 抽取率（7 位 ENOB），01 表示 128 抽取率（9 位 ENOB），10 表示 256 抽取率（10 位 ENOB），11 表示 512 抽取率（12 位 ENOB）
3:0	ECH[3:0]	0000	R/W	单个通道选择：选择写 ADCCON3 触发的单个转换所在的通道号，当单个转换完成时，该位自动清除。0000 表示 AIN0，0001 表示 AIN1，0010 表示 AIN2，0011 表示 AIN3，0100 表示 AIN4，0101 表示 AIN5，0110 表示 AIN6，0111 表示 AIN7，1000 表示 AIN0-AIN1，1001 表示 AIN2-AIN3，1010 表示 AIN4-AIN5，1011 表示 AIN6-AIN7，1100 表示 GND，1101 表示正电压参考，1110 表示温度传感器，1111 表示 VDD/3

4. CC2530 的 A/D 转换结果

A/D 转换结果通常以二进制的补码形式表示。对于单端配置，结果总是为正，这是因为结果是输入信号和地面之间的差值，这个差值总是一个正符号数（$V_{conv}=V_{inp}-V_{inn}$，其中 $V_{inn}=0$ V），当输入幅度等于所选的电压参考 V_{REF} 时达到最大值；对于差分配置，两个引脚对之间的差分被转换，这个差分可以是负符号数。

例如，抽取率为 512 的一个 A/D 转换结果有 12 位 MSB（最高有效字节），当 $V_{conv}=V_{REF}$ 时，A/D 转换结果是 2047；当模拟输入等于 $-V_{REF}$ 时，A/D 转换结果是 -2048。

当 ADCCON1.EOC 设置为 1 时，A/D 转换结果是可以获得的，且结果放在 ADCH 和 ADCL 中。注意，转换结果总是驻留在 ADCH 和 ADCL 寄存器组合的 MSB 段中。

ADCH（A/D 转换结果高位存放寄存器）如表 3.26 所示。

表 3.26　A/D 转换结果高位存放寄存器

位	名称	复位	R/W	描　述
7:2	ADC[5:0]	0000 00	R	A/D 转换结果的低位部分
1:0	—	00	R	没有使用，读出来一直是 0

ADCL（A/D 转换结果低位存放寄存器）如表 3.27 所示。

表 3.27　A/D 转换结果低位存放寄存器

位	名称	复位	R/W	描　述
7:0	ADC[13:6]	0x00	R	A/D 转换结果的高位部分

当读取 ADCCON2.SCH 时，它们将指示转换在哪个通道上进行。ADCL 和 ADCH 中的结果一般适用于之前的转换，如果转换序列已经结束，则 ADCCON2.SCH 的值大于最后一个通道号，但是如果最后写入 ADCCON2.SCH 的通道号是 12 或更大，则将读回同一个值。

5. CC2530 的 ADC 测试寄存器

ADCTR0（A/D 转换器的测试寄存器）如表 3.28 所示。

表 3.28　A/D 转换器的测试寄存器

位	名称	复位	R/W	描　述
7:1	—	0000000	R	保留，写为 0
0	ADCTM	00	R/W	写 1 用于连接温度传感器，从而连接 SOC_ADC

3.4.3　开发实践：电子秤设计

1. 开发设计

自然界里的很多数据是模拟量，如气温、海拔、压力、电压等。这些模拟量需要经过处理才可以使用。传感器在处理这些模拟量时，先将自然界的线性物理量转换为电压的线性物理量，再将模拟量转换为数字量，便于微处理器的处理。

一个常见的例子是电子秤（见图 3.28），电子秤在我们生活中应用得十分广泛，无论称体重，还是在购买商品，都会用到。电子秤的工作流程：当将物体放在秤盘上时，压力传给传感器，使传感器发生形变，从而使阻抗发生变化，同时使用激励电压发生变化，输出一个变化的模拟信号。该信号经放大电路放大输出到 A/D 转换器，转换成便于处理的数字信号后输入微处理器，微处理器根据键盘命令和程序将结果输出到显示器，显示结果。

本项目将围绕这个场景展开对 CC2530 的 A/D 转换器的学习与实践，使用 CC2530 模拟电子秤采集转换的电压，通过编程使用 CC2530 的 A/D 转换器实现对 CC2530 底板电源电压的检测，通过使用 IAR for 8051 开发环境的调试窗口查看 A/D 转换器的电压转换值，并将电压采集值转换为电压物理量。

1）硬件设计

本任务的硬件架构设计如图 3.29 所示。

图 3.28　电子秤

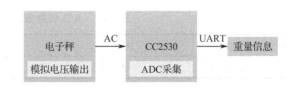

图 3.29　硬件架构设计

要实现将模拟的电压信号转换为 CC2530 可识别的数字量信号，需要使用 CC2530 的 A/D 转换外设。在项目中，CC2530 要采集的电压值为节点板自身的电池电压，以该电压模拟电子秤传感器采集的电压数值，由于标准电池电压为 12 V，远高于 CC2530 的 3.3 V 工作电压，因此电池电压需要通过相应的硬件电路进行处理，将电池电压等比例地减小到 CC2530 的工作电压。电池电压分压电路如图 3.30 所示。

图 3.30 看似复杂，R81 左侧可以整体理解为一个 12 V 电源，分压电路主要依靠 R81 及其右侧的电阻 R85，R81 和 R85 两个电阻的阻值比为 10∶3.6。由于 ADC 外设的输入端引脚为高阻态状态，可将输入端 BAT 直接看成电子秤的电压输入端。当 12 V 电源接入时，根据欧姆定律可知，通过分压电路 BAT 的电压将为 3.17 V，满足 CC2530 的正常工作电压。

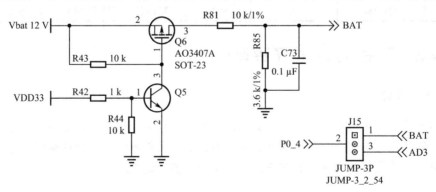

图 3.30　电池电压分压电路

2）软件设计

在得到符合要求的线性电压后就需要对 ADC 进行配置了，配置时，需要通过 APCFG 寄存器将引脚配置为模拟 I/O，通过 ADCCON3 配置 ADC 的转换分辨率为 12 位，通过 ADCCON1 配置 A/D 转换模式为手动模式，在 A/D 转换过程中，检测 ADCCON1 的第 8

位 A/D 转换是否完成，读取 ADCH 和 ADCL 两个寄存器就可以获得 A/D 转换值。

A/D 转换软件设计流程如图 3.31 所示。

2. 功能实现

1）主函数模块

主函数处理比较简单，主要是在初始化系统时钟后进入主循环配置 A/D 转换器、检测电压值。主函数程序如下。

```
void main(void)
{
    unsigned int   out_data;
    xtal_init();                    //CC2530 时钟初始化
    while(1){
        out_data = adc_get();       //ADC 采集函数
    }
}
```

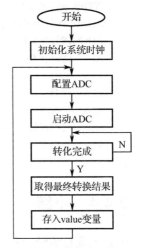

图 3.31　A/D 转换软件设计流程

2）时钟初始化模块

CC2530 的时钟初始化程序如下。

```
/*********************************************************************
* 名称：xtal_init()
* 功能：CC2530 时钟初始化
*********************************************************************/
void xtal_init(void)
{
    CLKCONCMD &= ~0x40;                //选择 32 MHz 的外部晶体振荡器
    while(CLKCONSTA & 0x40);           //晶体振荡器开启且稳定
    CLKCONCMD &= ~0x07;                //选择 32 MHz 系统时钟
    CLKCONCMD &= ~0x38;                //选择 32 MHz 定时器时钟
}
```

3）A/D 转换模块

CC2530 的 A/D 转换模块配置程序如下。

```
int adc_get(void)
{
    unsigned int   value;

    APCFG |= 0x10;                     //模拟 I/O 使能
    P0SEL |= 0x10;                     //端口 P0_4 选择外设
```

```
        P0DIR &= ~0x10;              //设置输入模式
        ADCCON3   = 0xB4;            //选择 AVDD5 为参考电压，12 分辨率，P0_4 连接 ADC
        ADCCON1 |= 0x30;             //选择 ADC 的启动模式为手动模式
        ADCCON1 |= 0x40;             //启动 A/D 转换

        while(!(ADCCON1 & 0x80));    //等待 A/D 转换结束
        value =    ADCL >> 2;
        value |= (ADCH << 6)>> 2;    //取得最终转换结果并存入 value 变量中
        return ((value) );
}
```

3.4.4 小结

通过本项目的学习和开发，读者可以理解 A/D 转换原理，掌握 CC2530 的 A/D 转换的功能和特点，并理解使用 CC2530 模拟电子秤采集转换的电压与测量原理，学会配置 CC2530 的 A/D 转换器，并使用 CC2530 的 A/D 转换器实现对电源电压的采集，从而达到读取电源电压的效果。

3.4.5 思考与拓展

（1）什么是 A/D 转换器的量化误差？

（2）如何配置 CC2530 的 A/D 转换器的寄存器？

（3）CC2530 的 A/D 转换精度是如何计算的？

（4）如何使用 CC2530 驱动 A/D 转换器？

（5）模拟量通过 A/D 转换所获得的数字量除了与硬件本身造成的精度问题有关，还与 A/D 转换器设置的转换精度有关，分辨率越高，A/D 转换器的精度越高，分辨率越低，A/D 转换器的精度越低。以测试在不同精度下的 A/D 转换为目的，实现在不同精度下的同一模拟信号的数据获取，并将数字量转换为同一物理量来比较数据采集差异。

3.5 CC2530 电源管理应用开发

电源对电子设备的重要性不言而喻，是保证系统稳定运行的基础。除了要保证系统能稳定运行，还有低功耗的要求。很多应用场合都对电子设备的功耗有非常苛刻的要求，如某些传感器信息采集设备，仅靠小型的电池提供电源，要求工作长达数年之久，且期间不需要任何维护；由于智慧穿戴设备的小型化要求，电池体积不能太大，这将导致电池容量也比较小，所以很有必要从控制功耗入手，提高设备的运行时间。

本节重点学习 CC2530 的电源管理，掌握 CC2530 低功耗的电源的基本原理和功能，通过配置 CC2530 的相关寄存器，从而实现对低功耗智能手环设计。

3.5.1 嵌入式系统的电源管理

1. 电源管理基本概念

电源管理是一个老生常谈的问题，指将电源有效分配给系统的不同组件，电源管理对于依赖电池供电的移动式设备至关重要，好的电源管理方案能够将大大延长电池寿命，大大提升产品的性能和效率。

采用各种技术和方法对具有电能消耗且运行嵌入式系统的便携式设备进行动态管理与控制，目的是提升嵌入式系统电源的利用效率。电源管理随处可见，例如，个人计算机的 Windows 的电源管理方案，能够实现各种电源状态的切换，也设计了很多体验不错的电源管理软件。便携式设备多数易携带、体积相对较小，采用的是嵌入式系统，利用电源供电，其电源管理具有以下特点。

（1）可裁减：嵌入式系统的应用环境不尽相同，因此需要针对设备所要求的具体功能来决定实际的需求，要求电源管理可裁减的，满足嵌入式系统的各种需求，实现产品的个性化设计和开发。

（2）工作效率高：当引入电源管理后，必然会占用嵌入式系统的内存空间，从而导致电能消耗量的增加。因此，嵌入式系统在运行电源管理时，消耗的电能要尽量小，运行时的效率要尽量高，实现嵌入式系统的高效率运行，满足便携式设备的要求。

（3）软件的容量不能过大：嵌入式设备的容量大小有严格的限制，要求在设备上运行的应用程序不能太大，因此需要去除不必要的功能，使得软件尽量小，满足嵌入式设备性能和存储空间的要求。

（4）精度高：便携式设备一般采用电池供电，因此，需要计算电池的剩余工作时间，实现电池的监控。

2. 电源管理与低功耗

目前电源管理低功耗设计主要是从芯片设计和系统设计两个方面考虑的。随着半导体工艺的高速发展和微处理器工作频率的提高，微处理器的功耗在迅速增加，而功耗增加又将导致微处理器发热量的增大和可靠性的下降。微处理器作为数字系统的核心部件，其低功耗设计对降低整个系统的功耗意义非凡。

嵌入式系统被广泛应用于便携式的产品中，这些产品往往需要靠电池来供电，因此在嵌入式系统设计中，低功耗设计共同的问题，，所以需要降低功率消耗，从而提高产品的工作时间。

目前众多电子设备采用了低功耗技术,目前常用的低功耗处理器有 AVR、CC3200、CC2530 和 CC2540 等等,常用的低功耗无线通信技术有 BLE4.0、ZigBee 和低功耗 Wi-Fi 等。

3. 低功耗设计技术

在进行微处理器的低功耗设计时,首先要了解不同模块的功耗,其中时钟单元功耗最高,因为时钟单元有时钟发生器、时钟驱动、时钟树和时钟控制单元等;数据通路是功耗仅次于时钟单元的部分,其功耗主要来自运算单元、总线和寄存器堆;此外还有存储单元、控制部分和输入/输出部分,存储单元的功耗与容量相关。

微处理器的功耗会随着性能的提升而增加,追求高速度、高负荷能力、高准确度都会增加功耗。低功耗技术包括硬件低功耗技术和软件低功耗技术。

1)硬件低功耗技术

硬件方面比较常用的方法包括以下几种:

(1)使用低功耗器件。便携式设备内部的大部分元器件都采用比 TTL 电路功耗更低的 CMOS 电路,在采用嵌入式系统的便携式设备中,CMOS 电路可以将低功耗与高速度完美地结合起来。

(2)门控时钟。在微处理器中,时钟信号的跳变占用了系统大部分的功耗,但不能通过降频的方式来降低功耗,因为降频的同时系统的性能随之降低,微处理器完成工作的功耗仍旧不会降低。对于某些空闲的模块和信号来说,在某个的时间段内,其内部进行操作并不会影响系统状态,通过门控时钟可以将那些空闲的模块或信号切断以降低功耗。

(3)降低时钟频率。在满足性能指标的前提下,选用频率较低的元器件,有利于降低功耗。例如,使用 Intel 公司的控制器,当时钟频率为 12 MHz 时周期是 1 μs;但使用摩托罗拉的控制器,只需时钟频率为 4 MHz 就能达到相同的速度。降低时钟频率可降低电磁干扰,同时也可以减少高频干扰。

2)软件低功耗技术

在硬件允许的前提下,可以使用软件手段来控制设备的低功耗,用采用好的调度算法、优秀的驱动程序和应用函数接口等等。

(1)调度算法。在功耗方面,微处理器作为系统里面最主要的部分,占据了大部分的功耗比例,因此,在微处理器的管理方面,需要设计比较好的调度算法,使得微处理器既能正常地完成系统所分配的工作,又能够大幅地降低功耗,微处理器包括多种工作模式,频率越低,对应的功耗也会有所减低,但会对微处理器的处理能力有一定的影响。因此,当 CPU 处于空闲状态,则进入低功耗模式;长期处于没有任务请求的单元也应进入休眠模式。

微处理器的功耗与电压是二次方的关系,而微处理器电压与频率成正比例。因此,微处理器使用平均大小的频率来完成批量工作,比使用高频率完成批量任务再空闲下来的方式更加能降低功耗。

（2）低功耗设备驱动。设备驱动给上层应用层提供设备驱动接口。因此，上层的应用软件如果想获得低功耗的属性，需要优化驱动层。

（3）应用函数接口。驱动层仅提供低功耗硬件特性的函数接口，然而在策略层中，则有不同的低功耗策略供应用层选择使用。应用层可以决定使用不同的策略达到降低功耗的目的，所选择的策略包括：对于 CPU，可以决定什么时候进入低频模式，什么时候进入休眠模式等；对于外部设备，哪些设备在闲置的时候选择立刻关闭、延时关闭或者发生其他情况的时候才关闭。

在嵌入式系统的电子设备中，想要更好地降低功耗，可以采用适当的电源管理策略，实现优化产品的性能和提升用户体验。

3.5.2　CC2530 的电源管理

1．CC2530 电源管理简介

CC2530 在低功耗设计上采用不同的运行模式和供电模式用于低功耗运行。CC2530 超低功耗运行的实现是通过关闭电源模块以避免静态（泄漏）功耗，同时通过使用门控时钟和关闭振荡器来降低动态功耗的。

CC2530 提供了五种不同的运行模式（供电模式），这五种模式分别为主动模式、空闲模式、PM1 模式、PM2 模式和 PM3 模式。主动模式是一般模式，PM3 模式为最低功耗模式。不同的供电模式对系统运行的影响不同，表 3.29 所示为在不同 CC2530 供电模式下稳压器和振荡器的选择。

表 3.29　在不同 CC2530 供电模式下振荡器和稳压器的选择

运行模式	高频振荡器	低频振荡器	稳压器
配置	A：32 MHz 的晶体振荡器；B：16 MHz 的 RC 振荡器	C：32 kHz 的晶体振荡器、D：32 kHz 的 RC 振荡器	
主动模式和空闲模式（PM0 模式）	A 或 B	C 或 D	ON
PM1	无	C 或 D	ON
PM2	无	C 或 D	OFF
PM3	无	无	OFF

根据晶体振荡器（简称晶振）的使用情况将芯片的时钟资源分为 5 种配置模式，具体如下。

1）主动模式和空闲模式

主动模式和空闲模式是完全功能模式，稳压器开启，运行 16 MHz 的 RC 振荡器或 32 MHz 的晶体振荡器，或者运行 32 kHz 的 RC 振荡器或 32kHz 的晶体振荡器。

主动模式的微处理器、外设和 RF 收发器都是活动的，用于一般操作。在主动模式下（SLEEPCMD.MODE = 0x00），通过使能 PCON.IDLE 位，可停止运行微处理器内核，进入空闲模式，其他外设将正常工作，且微处理器内核可被任何使能的中断唤醒，即从空闲模式转换到主动模式。

2）PM1 模式

在 PM1 模式，稳压器是开启的，32 MHz 的晶体振荡器和 16 MHz 的 RC 振荡器都不运行，运行 32 kHz 的 RC 振荡器或 32 kHz 的晶体振荡器，在复位、外部中断或睡眠定时器到期时，系统将转到主动模式。

在 PM1 模式下，高频振荡器（32 MHz 的晶体振荡器和 16 MHz 的 RC 振荡器）是掉电的，稳压器和使能的 32 kHz 振荡器是开启的，进入 PM1 模式后将运行一个掉电序列。

由于 PM1 模式使用的上电/掉电序列较快，因此在等待唤醒事件的预期时间相对较短（小于 3 ms）时，就使用 PM1 模式。

3）PM2 模式

在 PM2 模式，稳压器是关闭的，32 MHz 的晶体振荡器和 16 MHz 的 RC 振荡器都不运行，运行 32 kHz 的 RC 振荡器或 32 kHz 的晶体振荡器运行，在复位、外部中断或睡眠定时器到期时，系统将转到主动模式。

PM2 模式具有较低的功耗，在 PM2 模式下的上电复位时刻，外部中断、所选的 32 kHz 的振荡器和睡眠定时器外设是活动的，I/O 引脚保留在进入 PM2 模式之前设置的 I/O 模式和输出值，其他内部电路是掉电的，稳压器也是关闭的，进入 PM2 模式后将运行一个掉电序列。

当使用睡眠定时器作为唤醒事件，并结合外部中断时，一般会进入 PM2 模式。相比于 PM1 模式，当睡眠时间超过 3 ms 时，一般选择 PM2 模式。与使用 PM1 模式相比，使用较长的睡眠时间不会增加系统的功耗。

4）PM3 模式

在 PM3 模式，稳压器是关闭的，所有的振荡器都不运行，在复位或外部中断时系统将转到主动模式。

PM3 模式是功耗最低的运行模式，在 PM3 模式下，稳压器供电的所有内部电路都关闭（基本上包括所有的数字模块，除了中断探测和 POR 电平传感），内部稳压器和所有振荡器也都关闭。

复位（POR 或外部）和外部 I/O 端口中断是该模式下仅有的运行的功能，I/O 引脚保留进入 PM3 模式之前设置的 I/O 模式和输出值，复位条件或使能的外部 I/O 中断事件将唤醒设备，系统将进入主动模式（外部中断从它进入 PM3 模式的地方开始，而复位返回到程序执行的开始）。RAM 和寄存器的内容在这个模式下可以部分保留。PM3 模式使用和 PM2 模式相同的上电/掉电序列。当等待外部事件时，使用 PM3 模式获得超低功耗，当睡眠时间超过 3 ms 时应该使用该模式。

2. CC2530 电源管理寄存器

CC2530 的电源管理控制寄存器主要有三个，分别为 PCON（供电模式控制寄存器）、SLEEPCMD（睡眠模式控制寄存器）、SLEEPSTA（睡眠模式控制状态寄存器），三种寄存器功能如表 3.30 到表 3.32 所示。

表 3.30　供电模式控制寄存器

位	名称	复位	R/W	描　　述
7:1	—	0000 000	R/W	未使用，总为 0000000
0	IDLE	0	R/W	供电模式控制：写 1 到该位时将强制设备进入 SLEEP.MODE（注意 MODE=0x00 且 IDLE=1 将停止微处理器内核活动）设置的供电模式，该位读出来的值一直是 0。当活动时，所有的使能中断均可将清除这个位，设备将重新进入主动模式

表 3.31　睡眠模式控制寄存器

位	名称	复位	R/W	描　　述
7	OSC32K_CALDIS	0	R/W	禁用使能 32 kHz 的 RC 振荡器校准：0 表示使能 32 kHz 的 RC 振荡器校准，1 表示禁用 32 kHz 的 RC 振荡器校准。这个设置可以在任何时间写入，但是在运行 16 MHz 的高频 RC 振荡器之前不起作用
6:3	—	0000	R	保留
2	—	1	R/W	保留，总为 1
1:0	MODE[1:0]	00	R/W	供电模式设置：00 表示主动/空闲模式，01 表示供电模式 1，10 表示供电模式 2，11 表示供电模式 3

表 3.32　睡眠模式控制状态寄存器

位	名称	复位	R/W	描　　述
7	OSC32K_CALDIS	0	R	32 kHz 的 RC 振荡器校准状态：SLEEPSTA.OSC32K_CALDIS 显示禁用 32 kHz 的 RC 振荡器校准的当前状态。在芯片运行 32 kHz 的 RC 振荡器之前，该位设置的值不等于 SLEEPCMD.OSC32K_CALDIS。这一设置可以在任何时间写入，但是在运行 16 MHz 的高频 RC 振荡器之前不起作用
6:5	—	00	R	保留
4:3	RST[1:0]	XX	R	状态位，表示上一次复位的原因。如果有多个复位，寄存器只包括最新的事件。00 表示上电复位和掉电探测，01 表示外部复位，10 表示看门狗定时器复位，11 表示时钟丢失复位
2:1	—	00	R	保留
0	CLK32K	0	R	32 kHz 的时钟信号（与系统时钟同步）

3.5.3　开发实践：低功耗智能手环设计

作为便携式移动设备中最关键的技术之一，电源管理充当着重要的角色。目前的智能手机、移动、平板电脑、便携卫星通信设施等，其一般都具有较大屏幕、高频、多核微处理器、超大内存、各种各样的外设，以及多任务处理操作系统等特点，这些都导致整个系统的功耗上升，电源管理变得尤其重要。

一个上百毫安时的智能手环内置的电池却可以坚持 10 天，而通常电池容量更大的智能手机却每天都要充电，这是为什么呢？由于智能手环普遍采用电源管理技术，通过电源管理实现低功耗设计。这种低功耗设计的省电方式除了芯片本身的硬件低功耗设计，如整体的硬件功耗低，还有程序方面的功耗设计，如不需要工作时可以休眠、低负荷工作时降低功耗等。

通过电源管理设计，不仅智能手环一类的电子产品，类似于偏远地区的一些环境数据采集节点也都能有很好的持续工作效果，在某些极端环境下的低功耗设备，两节干电池甚至可以连续工作一年以上。

因此为了增加电子产品的使用寿命，电源管理的低功耗设计在电子产品中被使用得越来越广泛。本项目将围绕智能手环展开对微处理器电源管理的学习与实践。智能手环如图 3.32 所示。

使用 CC2530 模拟运动手环的低功耗设计，使用电源管理功能实现 CC2530 及其硬件的低功耗设计，通过使用连接在 CC2530 引脚上的指示灯的不同闪烁模式来表示 CC2530 低功耗模式的每个阶段。

1．开发设计

1）硬件设计

本项目的硬件架构设计如图 3.33 所示。

图 3.32　智能手环

图 3.33　硬件架构设计

2）软件设计

要实现类似于可穿戴设备的低功耗设计，需要使用 CC2530 的电源管理功能。CC2530 的电源管理功能配置方式较为简单，主要针对 SLEEPCMD 和 PCON 两个寄存器进行配置，通过配置 SLEEPCMD 寄存器可实现 CC2530 电源模式的切换，通过 PCON 寄存器可实现对 CC2530 唤醒模式的配置。

本项目的软件设计流程如图 3.34 所示。

2. 功能实现

1）主函数模块

主函数依据软件设计流程初始化系统时钟以及 LED 控制端口，初始化完成后再进行电源模式的切换，切换过程通过 LED 闪烁来表示。主函数程序内容如下。

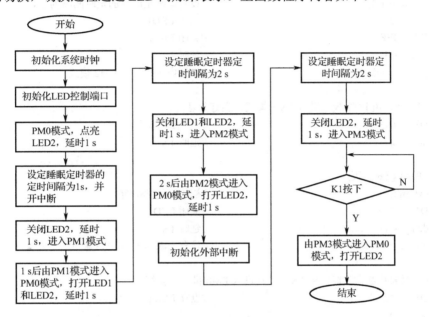

图 3.34　软件设计流程

```
/************************************************************************
 * 名称：main()
 * 功能：主函数
 ************************************************************************/
void main(void)
{
    xtal_init();                    //CC2530 系统时钟初始化
    led_init();                     //LED 控制端口初始化

    //PM0 模式，亮灯并延时
    D1 = ON;                        //亮 D1（LED1），表示系统工作在 PM0 模式
    delay_s(1);                     //延时 1 s

    //PM1 模式，灭灯
    set_stimer(1);                  //设置睡眠定时器的定时间隔为 1 s
    stimer_init();                  //开睡眠定时器中断
    D1 = OFF;                       //关闭 LED1
    delay_s(1);                     //延时 1 s
    power_mode(1);                  //设置电源模式为 PM1
```

```
//1 s 后，由 PM1 模式进入 PM2 模式，亮灯并延时
D1 = ON;                                    //点亮 LED1
D2 = ON;                                    //点亮 D2（LED2）
delay_s(1);                                 //延时 1 s

//PM2，灭灯
set_stimer(2);                              //设置睡眠定时器的定时间隔为 2 s
D1 = OFF;                                    //关闭 LED1
D2 = OFF;                                    //关闭 LED2
delay_s(1);                                 //延时 1 s
power_mode(2);                              //设置电源模式为 PM2 模式

//1 s 后，由 PM2 模式进入 PM3 模式，亮灯并延时
D1 = ON;                                    //点亮 LED1
delay_s(1);                                 //延时 1 s

//PM3 模式，灭灯
ext_init();                                 //初始化外部中断
D1 = OFF;                                    //关闭 LED1
delay_s(1);                                 //延时 1 s
power_mode(3);                              //设置电源模式为 PM3 模式

//当外部中断发生时，由 PM3 模式进入 PM0 模式，亮灯
D1 = ON;                                    //点亮 LED1
while(1);
}
```

2）系统时钟初始化模块

CC2530 的系统时钟初始化程序内容如下。

```
/********************************************************************
* 名称：xtal_init()
* 功能：CC2530 系统时钟初始化
********************************************************************/
void xtal_init(void)
{
    SLEEPCMD &= ~0x04;                      //上电
    while(!(CLKCONSTA & 0x40));             //晶体振荡器开启且稳定
    CLKCONCMD &= ~0x47;                     //选择 32 MHz 晶体振荡器
    SLEEPCMD |= 0x04;
}
```

3）外部中断初始化模块

CC2530 的外部中断初始化程序内容如下。

```
/********************************************************************
```

```
* 名称：ext_init()
* 功能：外部中断初始化
*************************************************************************/
void ext_init(void)
{
    IEN2 |= 0x10;                    //P1 端口中断使能
    P1IEN |= 0x04;                   //开 P1 端口中断
    PICTL |= 0x02;                   //下降沿触发
    EA = 1;                          //总中断使能
}
```

4）LED 初始化模块

CC2530 的 LED 控制端口初始化程序内容如下。

```
/*************************************************************************
* 名称：led_init()
* 功能：LED 控制端口（引脚）初始化
*************************************************************************/
void led_init(void)
{
    P1SEL &= ~0x03;                  //配置控制引脚（P1_0 和 P1_1）为 GPIO 模式
    P1DIR |= 0x03;                   //配置控制引脚（P1_0 和 P1_1）为输出模式

    D1 = OFF;                        //初始状态为关闭
    D2 = OFF;                        //初始状态为关闭
}
```

5）电源模式选择模块

CC2530 的电源模式的选择是通过对 SLEEPCMD 寄存器的低两位进行配置来实现的，电源模式选择程序代码如下。

```
/*************************************************************************
* 名称：power_mode(unsigned char mode)
* 功能：选择电源模式
*************************************************************************/
void power_mode(unsigned char mode)
{
    if(mode < 4)
    {
        SLEEPCMD &= 0xfc;            //将 SLEEP.MODE 清 0
        SLEEPCMD |= mode;           //选择电源模式
        PCON |= 0x01;               //启用此电源模式
    }                               //通过中断唤醒系统
}
```

6）睡眠定时器初始化模块

CC2530 的睡眠定时器初始化程序如下。

```
/**********************************************************************************
 * 名称：stimer_init()
 * 功能：睡眠定时器的初始化
 **********************************************************************************/
void stimer_init(void)
{
    ST2 = 0x00;
    ST1 = 0x00;
    ST0 = 0x00;
    EA = 1;                  //开中断
    STIE = 1;                //睡眠定时器中断使能，0 表示中断禁止，1 表示中断使能
    STIF = 0;                //睡眠定时器中断标志，0 表示无未决中断，1 表示有未决中断
}
```

7）设置睡眠定时器模块

CC2530 设置睡眠定时器的代码如下。

```
/**********************************************************************************
 * 名称：set_stimer(unsigned int sec)
 * 功能：设置睡眠定时器的定时间隔
 **********************************************************************************/
void set_stimer(unsigned int sec)
{
    unsigned long sleepTimer = 0;

    sleepTimer |= ST0;                                    //取得目前睡眠定时器的计数值
    sleepTimer |= (unsigned long)ST1 << 8;
    sleepTimer |= (unsigned long)ST2 << 16;

    sleepTimer += ((unsigned long)sec * (unsigned long)32768);   //加上所需要的定时时长

    ST2 = (unsigned char)(sleepTimer >> 16);             //设置睡眠定时器的比较值
    ST1 = (unsigned char)(sleepTimer >> 8);
    ST0 = (unsigned char)sleepTimer;
}
```

8）中断服务函数模块

CC2530 的睡眠模式唤醒是通过中断来实现的，中断服务函数会对睡眠定时器进行置位，通过置位可达到唤醒 CC2530 的目的。中断服务函数代码如下。

```
#pragma vector= ST_VECTOR
```

```
__interrupt void sleepTimer_IRQ(void)
{
    EA=0;                                  //关中断
    STIF=0;                                //睡眠定时器的中断标志位清 0
    EA=1;                                  //开中断
}
```

9）延时函数模块

延时函数程序代码如下。

```
/**********************************************************************
* 名称：hal_wait(u8 wait)
* 功能：硬件毫秒延时函数
* 参数：wait—延时时间（wait < 255）
**********************************************************************/
void hal_wait(u8 wait)
{
    unsigned long largeWait;               //定义硬件计数临时参数
    if(wait == 0) return;                  //如果延时参数为 0，则跳出
    largeWait = ((u16) (wait << 7));       //将数据扩大 64 倍
    largeWait += 114*wait;                 //将延时数据扩大 114 倍并求和

    largeWait = (largeWait >> CLKSPD);     //根据系统时钟频率对延时进行缩放
    while(largeWait --);                   //等待延时自减完成
}
/**********************************************************************
* 名称：delay_ms()
* 功能：在硬件上延时 255 ms 以上
* 参数：times—延时时间
**********************************************************************/
void delay_ms(u16 times)
{
    u16 i,j;                               //定于临时参数
    i = times / 250;                       //获取要延时时长的 250 ms 倍数部分
    j = times % 250;                       //获取要延时时长的 250 ms 余数部分
    while(i --) hal_wait(250);             //延时 250 ms
    hal_wait(j);                           //延时剩余部分
}
/**********************************************************************
* 名称：delay_s()
* 功能：在延时毫秒的基础上延时 1 s
* 参数：times—延时时间
* 注释：延时为 990，用于抵消 while 函数的指令周期
**********************************************************************/
void delay_s(u16 times)
{
```

```
    while(times --){
        delay_ms(990);                    //延时 1 s
    }
}
```

3.5.4　小结

通过本项目的设计和开发，读者可以理解嵌入式设备的低功耗工作原理，并掌握 CC2530 的电源管理功能和基本配置，通过使用 CC2530 的电源管理功能实现三个不同层次的低功耗功能，从而实现低功耗的设计。

3.5.5　思考与拓展

（1）电源管理的功能和用途是什么？

（2）嵌入式系统低功耗有哪些实现方式？

（3）CC2530 的电源管理的模式有哪几种？

（4）如何驱动 CC2530 的电源？

（5）电源管理可以为 CC2530 提供低功耗的功能，但在实际的应用过程中，硬件往往会在特定条件下从睡眠模式唤醒，既可实时解决任务又可有效降低功耗的目的。请读者尝试以 CC2530 休眠唤醒为目的，实现对 CC2530 工作 10 s 后被唤醒的效果。

3.6　CC2530 看门狗应用开发

本节重点学习 CC2530 的看门狗，掌握 CC2530 看门狗的基本原理和功能，通过驱动 CC2530 的看门狗，从而实现车辆控制器复位重启设计。

3.6.1　看门狗

1. 看门狗基本原理

看门狗定时器（Watch Dog Timer，WDT）也称为看门狗，用于在系统设计中通过软件或硬件方式在一定的周期内监控微处理器的运行状况。如果在规定时间内没有收到来自微处理器的触发信号，则说明软件操作不正常（陷入死循环或掉入陷阱等），这时监控复位芯片就会立即产生一个复位脉冲去复位微处理器，以保证系统在受到干扰时仍然能够维持正常的工作状态，看门狗的核心是计数/定时器。

看门狗是微处理器的一个组成部分，它实际上是一个计数器，一般给看门狗一个数字，程序开始运行后看门狗开始倒计数。如果程序运行正常，过一段时间 CPU 应发出指令让看门狗复位，重新开始计数。如果看门狗减到 0 或者自加到设定值，就认为程序没有正常工作，将强制整个系统复位。看门狗工作流程如图 3.35 所示。

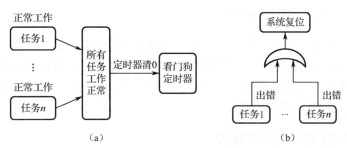

图 3.35　看门狗工作原理

看门狗是一个定时器电路，一般有一个输入，称为喂狗；一个输出到 MCU 的 RST 端。MCU 正常工作的时候，每隔一段时间便输出一个信号来喂狗，给看门狗清 0。如果超过规定的时间不喂狗（一般在程序跑飞时），看门狗定时超过，就会输出一个复位信号到 MCU，使 MCU 复位以此防止 MCU 死机。看门狗的作用就是防止程序发生死循环，或者说程序跑飞。

如果配置了看门狗，微处理器系统运行以后可以同时启动看门狗，这时看门狗就开始自动计数，如果计数时间到了系统设定的时间还不去清看门狗，即喂狗操作，那么看门狗就会溢出，从而引起看门狗中断并发出系统复位信号，使系统复位，其工作原理如图 3.36 所示。

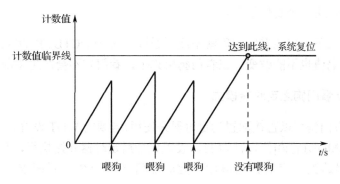

图 3.36　看门狗工作原理图

2. CC2530 看门狗

看门狗可作为一个系统复位的方法，当软件在规定时间间隔内不能清除看门狗时，看门狗就复位系统。看门狗可用于受到电气噪声、电源故障、静电放电等影响的应用，或需要高可靠性的环境。如果一个应用不需要看门狗功能，可以配置看门狗定时器为一个间隔定时器，这样可以用于在规定的时间间隔产生中断。

CC2530 看门狗定时器有以下特性：

- 4 个可选的定时器间隔；
- 看门狗模式；
- 定时器模式；
- 在定时器模式下产生中断请求。

WDT 可以配置为一个看门狗定时器或一个通用的定时器，WDT 模块的运行由 WDCTL 寄存器控制。看门狗定时器包括一个 15 位计数器，其频率由 32 kHz 时钟源规定。注意，用户不能获得 15 位计数器的内容。在所有供电模式下，15 位计数器的内容保留，且当重新进入主动模式时，看门狗定时器继续计数。

3. CC2530 看门狗之看门狗模式

系统复位之后，看门狗定时器就被禁用。要设置 WDT 工作在看门狗模式，必须设置 WDCTL.MODE[1:0]位为 10，然后看门狗的计数器从 0 开始递增。在看门狗模式下，一旦看门狗使能，就不可以禁用，因此，如果 WDT 已经运行在看门狗模式下，再往 WDCTL.MODE[1:0]写入 00 或 10 就不起作用了。

看门狗运行在一个频率为 32.768 kHz（当使用 32 kHz 的晶体振荡器时）的时钟上，这个时钟频率的超时期限为 1.9 ms、15.625 ms、0.25 s 和 1 s，分别对应计数值为 64、512、8192 和 32768。如果计数器达到设定的计数值，看门狗就为系统产生一个复位信号；如果在计数器达到设定的计数值之前，执行了一个看门狗清除序列，计数器就复位到 0，并继续递增。看门狗清除序列包括在一个看门狗时钟周期内，写 0xA 到 WDCTL.CLR[3:0]，然后写 0x5 到同一个寄存器位。如果这个序列没有在看门狗周期结束之前执行完毕，看门狗定时器就为系统产生一个复位信号。

当看门狗模式下，使能看门狗后就不能再通过写入 WDCTL.MODE[1:0]位改变这个模式，且定时器间隔值也不能改变。在看门狗模式下，看门狗不会产生中断请求。

4. CC2530 看门狗之定时器模式

CC2530 的看门狗可以直接配置为定时器来使用，若要将 WDT 设置为一般定时器模式，必须把 WDCTL.MODE[1:0]位设置为 11。设置成功后定时器开始执行，且计数器从 0 开始递增。当计数器达到设定的计数值后，定时器将产生一个中断请求（IRCON2.WDTIF/IEN2.WDTIE）。

在定时器模式下，可以通过写 1 到 WDCTL.CLR[0]来清除定时器内容。当定时器被清除时，定时器中的计数器寄存器将被清 0。通过向 WDCTL.MODE[1:0]写入 00 或 01 可停止定时器，同时清 0 计数器寄存器。

定时器的定时时长可通过 WDCTL.INT[1:0]位设置。在定时器操作期间，定时器的定时时长不能改变，且当定时器定时开始时必须设置定时时长。在定时器模式下，当达到定时器的定时时长时，不会产生复位信号。注意如果选择了看门狗模式，定时器模式不能在芯片复位之前选择。

5．CC2530看门狗的寄存器

CC2530 的看门狗的寄存器只有一个，该寄存器为 WDCTL（看门狗控制寄存器），如表 3.33 所示。

表 3.33　看门狗控制寄存器

位	名称	复位	R/W	描　述
7:4	CLR[3:0]	0000	R0/W	清除定时器：当 0xA 跟随 0x5 写入这些位时，定时器将被清除（即加载 0）。注意定时器仅写入 0xA 后，在 1 个看门狗时钟周期内写入 0x5 时被清除。当看门狗运行在 IDLE 时写这些位没有影响；当运行在定时器模式时，写 1 到 CLR[0] 位时（不管其他 3 位），定时器将被清除为 0x0000（但是不停止）
3:2	MODE[1:0]	00	R/W	模式选择：该位用于选择 WDT 处于看门狗模式还是定时器模式。当处于定时器模式时，设置这些位为 IDLE 时将停止定时器。注意：若要从正在运行的定时器模式转换到看门狗模式，首先应停止 WDT，然后在启动 WDT 时选择看门狗模式。当运行在看门狗模式时，写这些位没有影响。00 表示 IDLE，01 表示 IDLE（未使用，等于 00），10 表示看门狗模式，11 表示定时器模式
1:0	INT[1:0]	00	R/W	定时器时间间隔选择：用于定时器的时间间隔定义为 32 kHz 振荡器周期。注意，时间间隔只能在 WDT 处于 IDLE 时改变，且必须在定时器启动时设置。当运行在 32 kHz XOSC 时，00 表示定时周期×32768（约 1 s），01 表示定时周期×8192（约 0.25 s），10 表示定时周期×512（约 15.625 ms），11 表示定时周期×64（约 1.9 ms）。 当通过 CLKCONCMD.CLKSPD 使能时钟分频时，看门狗定时器的时间间隔减少为 1/n（n 为当前振荡器时钟频率除以设定的时钟频率）。例如，如果选择 32 MHz 的晶体振荡器且时钟频率为 4 MHz，则看门狗超时时间将减少 32 MHz / 4 MHz = 8 倍；如果看门狗的时间间隔由 WDCTL.INT 设置为 1 s 时，则是这个时钟分频因子的 1/8

3.6.2　开发实践：车辆控制器复位重启设计

汽车在我国的使用量越来越高，在方便人们生产生活的同时，汽车安全也越来越受到人们的重视，这种重视是多方面的，如交通事故、城市拥堵、汽车安全等，其中最关心的就是汽车安全，汽车安全直接影响到道路安全、交通安全和人身安全，所以保证汽车的使用安全变得尤为重要。汽车安全由车辆的控制系统来保障。当一个系统出现故障时，最为重要的是能够快速修复，而修复的方法就是通过重新启动，在短时间内重新启动能够保证汽车的安全。

本项目通过车辆设备检测器对 CC2530 的看门狗进行学习与实践，车辆设备检测器如图 3.37 所示。

使用 CC2530 模拟车辆设备复位重启，使用看门狗外设实现 CC2530 宕机后的系统复位重启，使用按键输入作为 CC2530 正常运行的条件，通过连接在 CC2530 引脚上的指示灯表示 CC2530 当前的工作状态。

图 3.37　车辆设备检测器

第 3 章

1．开发设计

1）硬件设计

本项目的硬件架构设计如图 3.38 所示。

2）软件设计

图 3.38　硬件架构设计

程序宕机后要让设备自动重启就需要用到
CC2530 的看门狗，通过配置 CC2530 的看门狗进行喂狗以保持程序的正常运行，中断喂狗
则程序复位重启。CC2530 看门狗的配置比较简单，主要就是对 WDCTL 寄存器的配置，首
先开启 IDLE 功能，然后通过 WDCTL 寄存器低 2 位配置喂狗时间即可。喂狗操作则是依
次向 WDCTL 寄存器写入 0x0A 和 0x05。

软件设计流程如图 3.39 所示。

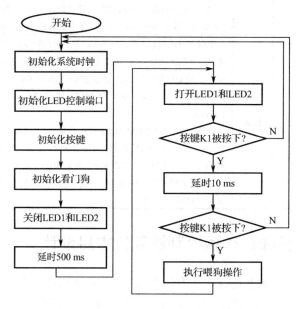

图 3.39　软件设计流程

2．功能实现

1）主函数模块

主函数在初始化系统时钟、LED 控制端口、按键、看门狗后，关闭 LED1 和 LED2，
延时 0.5 s 后开始执行主循环程序。主函数程序代码如下。

```
void main(void)
{
    xtal_init();                    //CC2530 系统时钟初始化
    led_io_init();                  //LED 控制端口初始化
    key_io_init();                  //按键初始化
```

```
    watchdog_init();                        //看门狗初始化

    LED2 = OFF;
    LED1 = OFF;
    delay_ms(500);

    while(1)
    {
        LED2 = ON;                          //没有按键按下时系统自动复位，所以 LED1 会闪烁
        LED1 = ON;

        if(KEY1 == ON){                     //按键按下，执行喂狗操作，LED1 点亮
            delay_ms(10);                   //按键防抖
            if(KEY1 == ON){                 //再次检测按键按下
                feed_dog();                 //喂狗操作
            }
        }
    }
}
```

2）系统时钟初始化模块

CC2530 系统时钟初始化源代码如下。

```
/*************************************************************************
* 名称：xtal_init()
* 功能：CC2530 系统时钟初始化
*************************************************************************/
void xtal_init(void)
{
    CLKCONCMD &= ~0x40;                     //选择 32 MHz 的外部晶体振荡器
    while(CLKCONSTA & 0x40);                //晶体振荡器开启且稳定
    CLKCONCMD &= ~0x07;                     //选择 32 MHz 系统时钟
}
```

3）LED 模块

LED 控制端口初始化程序代码如下。

```
/*************************************************************************
* 名称：led_init()
* 功能：LED 控制端口初始化
*************************************************************************/
void led_init(void)
{
    P1SEL &= ~0x03;                         //配置控制引脚（P1_0 和 P1_1）为 GPIO 模式
    P1DIR |= 0x03;                          //配置控制引脚（P1_0 和 P1_1）为输出模式
```

```
    D1 = OFF;                          //初始状态为关闭
    D2 = OFF;                          //初始状态为关闭
}
```

4）按键初始化模块

按键初始化程序代码如下。

```
/************************************************************
* 名称：key_init()
* 功能：按键初始化
************************************************************/
void key_init(void)
{
    P1SEL &= ~0x0C;                    //配置按键检测引脚（P1_2 和 P1_3）为 GPIO
    P1DIR &= ~0x0C;                    //配置按键检测引脚（P1_2 和 P1_3）为输出模式
}
```

5）看门狗初始化模块

看门狗初始化程序代码如下。

```
/************************************************************
* 名称：watchdog_init()
* 功能：看门狗初始化
************************************************************/
void watchdog_init(void)
{
    WDCTL = 0x00;                      //打开 IDLE 才能设置看门狗
    WDCTL |= 0x08;                     //定时器间隔选择，间隔 1 s
}
```

6）喂狗模块

喂狗程序内容如下。

```
/************************************************************
* 名称：feet_dog()
* 功能：喂狗操作
************************************************************/
void feet_dog(void)
{
    WDCTL = 0xa0;          //清除定时器，当 0xA 跟随 0x5 写入这些位，定时器被清除
    WDCTL = 0x50;
}
```

7）延时函数模块

延时函数程序内容如下。

```
/***********************************************************************
* 名称：hal_wait(u8 wait)
* 功能：硬件毫秒延时函数
* 参数：wait—延时时间（wait < 255）
***********************************************************************/
void hal_wait(u8 wait)
{
    unsigned long largeWait;                    //定义硬件计数临时参数
    if(wait == 0) return;                       //如果延时参数为 0，则跳出
    largeWait = ((u16) (wait << 7));            //将数据扩大 64 倍
    largeWait += 114*wait;                      //将延时数据扩大 114 倍并求和

    largeWait = (largeWait >> CLKSPD);          //根据系统时钟频率对延时进行缩放
    while(largeWait --);                        //等待延时自减完成
}
/***********************************************************************
* 名称：delay_ms()
* 功能：在硬件延时 255 ms 以上
* 参数：times—延时时间
***********************************************************************/
void delay_ms(u16 times)
{
    u16 i, j;                                   //定于临时参数
    i = times / 250;                            //获取要延时时长的 250 ms 倍数部分
    j = times % 250;                            //获取要延时时长的 250 ms 余数部分
    while(i --) hal_wait(250);                  //延时 250 ms
    hal_wait(j);                                //延时剩余部分
}
```

3.6.3 小结

通过对车辆控制器复位重启项目的学习和实践，读者可以掌握在实际使用环境中车辆控制器是如何在宕机后自动复位重启的，对看门狗的学习可以加深对设备宕机复位重启的理解。本节学习 CC2530 的看门狗，通过使用 CC2530 的看门狗外设实现对 CC2530 的复位重启操作，按键作为程序运行条件，指示灯反映程序运行状态，从而达到车辆控制器设备宕机重启的设计效果。

3.6.4 思考与拓展

（1）简述看门狗的基本工作原理。

（2）CC2530 的看门狗有几种模式？

（3）如何实现 CC2530 看门狗的喂狗？

（4）如何驱动 CC2530 的看门狗？

（5）由于看门狗的特性使其在很多的领域都有应用，思考看门狗还具有哪些应用场景。

3.7 CC2530 串口通信技术应用开发

本节重点学习串口基本知识以及 CC2530 的串口，掌握 CC2530 串口的基本原理和通信协议，通过串口通信实现智能工厂的设备交互系统设计。

3.7.1 串口

1．串口基本概念

串口自 20 世纪 80 年代提出以来后，虽然其数据传输速率比较低，相对其他数据传输方式，其误码率相对偏高，但其传输线路简单，只要一对传输线就可以实现双向通信，传输长度最长也可达 1200 m，因此，直至今天，由于其简单、方便、易用等特性，串口传输在嵌入式设备数据传输中依然起着十分重要的作用。

串行接口简称串口，也称为串行通信接口，是采用串行通信方式的扩展接口。串行通信指数据一位一位地顺序传输，其特点是通信线路简单，只要一对传输线就可以实现双向通信，从而大大降低了成本，特别适合远距离通信，但其传输速率较低。DB9 串口线如图3.40 所示。

2．串口的通信协议

串行通信的特点是：数据的传输是按位顺序一位一位地发送或接收的，最少只需一根传输线即可完成通信；成本低但传输速率低；串行通信的距离为从几米到几千米；根据信息的传输方向，串行通信可以进一步分为单工、半双工和全双工三种。串行通信的分类如图 3.41 所示。

图 3.40　DB9 串口线

图 3.41　串行通信的分类

串口在数据传输过程中采用串行逐位传输方式，计算机上的 9 针 COM 端口即串行通信接口，按通信方式的不同，可以分为同步串行通信（同步通信）和异步串行通信（异步通信）。异步通信中，数据通常是以字符（或字节）为单位组成字符帧为单位传输的，字符帧由发送端一帧一帧地发送，通过传输线被接收设备一帧一帧地接收，发送端和接收端由各自的时钟来控制数据的发送和接收，这两个时钟源彼此独立，互不同步。在异步通信中，单一帧内的每个位之间的时间间隔是一定的，而相邻帧之间的时间间隔是不固定的。

并行通信和串行通信如图 3.42 和图 3.43 所示。

图 3.42　并行通信　　　　　　　　　　　图 3.43　串行通信

串口通信常用的参数有波特率、数据位、停止位和奇偶校验，两个设备相互通信时，其参数必须一致。以下四种位组成了异步串行通信的一个帧：起始位、数据位、校验位、停止位。异步通信的数据帧格式如图 3.44 所示，异步通信的最大传输波特率为 115200 bps。

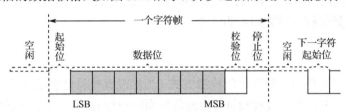

图 3.44　异步通信的数据帧格式

起始位：位于字符帧开头，只占 1 位，始终为逻辑 0 低电平。

数据位：根据情况可取 5 位、6 位、7 位或 8 位，低位在前高位在后。若所传输传输的数据为 ASCII 字符，则取 7 位。

校验位：仅占 1 位，用于表征串行通信中采用的是奇校验还是偶校验。

停止位：位于字符帧末尾，为逻辑 1 高电平，通常可取 1 位、1.5 位或 2 位。

1）比特率与波特率

在数字信道中，比特率是数字信号的传输速率，它用单位时间内传输的二进制代码的有效位（Bit）数来表示，其单位为 bps、kbps 或 Mbps。

波特率指每秒传输传输信号的数量，单位为波特（Baud）。在异步通信中，波特率是最重要的指标，用于表征数据传输的速率，波特率越高，数据传输速率越快。

波特率与比特率的关系为：比特率=波特率×单个调制状态对应的二进制位数，即

$$I=S\log_2 N$$

式中，I 为比特率，S 为波特率，N 为每个符号负载的信息量，以比特为单位。

（1）波特率与比特率有区别，每秒传输二进制数的位数定义为比特率。由于在单片机串行通信中传输的信号就是二进制信号，因此波特率与比特率数值上相等，单位也采用 bps。

（2）波特率与字符的实际传输速率不同，字符的实际传输速率指每秒内所传字符的帧数。例如，假如数据的传输速率是 120 字符/秒，而每个字符包含 10 位（1 个起始位、8 个数据位和 1 个停止位），则其波特率为 10 bit×120 字符/秒=1200 波特/秒。

2）数据位

数据位是衡量通信中实际数据位的参数。当计算机发送一个信息包时，实际的数据往往不会是 8 位的，标准的值是 6、7 和 8 位。如果数据使用标准 ASCII 码，那么每个数据帧使用 7 位数据。每个数据帧包括起始位、停止位、数据位和校验位。

3）停止位

停止位为每个数据帧的最后一位，用于数据传输时的定时。由于每一个设备有其自己的时钟，很可能在通信中两台设备间出现不同步现象，因此停止位不仅仅表示传输的结束，同时也提供了计算机校正时钟同步的机会。

4）校验位

校验位是串口通信中一种简单的检错方式（当然没有校验位也是可以的），对于偶校验和奇校验的情况，串口会设置校验位（数据位后面的一位），用一个值确保传输的数据有偶数个或者奇数个逻辑高位。例如，如果数据是 01111，那么对于偶校验，校验位为 0，保证有偶数个逻辑高电平；如果是奇校验，校验位为 1，这样就有奇数个逻辑高电平。

3. 串口的接口标准

串行接口按电气标准及协议来分包括 RS-232、RS-422、RS485 等，这三种标准只对接口的电气特性做出规定，不涉及接插件、电缆或协议。

1）RS-232

RS-232 称为标准串口，是最常用的一种串行通信接口，它是在 1970 年由美国电子工业协会（EIA）联合贝尔实验室、调制解调器厂家及计算机终端生产厂家共同制定的用于串行通信的标准。传统的 RS-232-C 接口标准有 22 根线，采用标准 25 芯 D 形插头（DB25），后来使用简化为 9 芯 D 形插头（DB9）。

RS-232 采取不平衡传输方式，即单端通信。由于其发送电平与接收电平的差仅为 2～3 V，共模抑制能力差，再加上双绞线上的分布电容，其最大传输距离约为 15 m，最高传输速率为 20 kbps。RS-232 是为点对点通信而设计的，适合本地设备之间的通信。RS-232 接口的定义如图 3.45 所示。

2）RS-422

RS-422 是四线制接口，实际上还有一根信号地线，共 5 根线。由于接收器采用高输入阻抗和发送驱动器，相比 RS-232 有更强的驱动能力，允许在相同传输线上连接多个接收节点，最多可连接 10 个节点，一个主设备，其余为从设备，从设备之间不能通信，所以 RS-422 支持一对多的双向通信。接收器输入阻抗为 4 kΩ，故发送端最大负载能力是 10×4 kΩ+100 Ω（终接电阻）。由于 RS-422 四线接口采用单独的发送和接收通道，因此不必控制数据方向，各设备之间任何必需的信号交换均可以按软件方式（XON/XOFF 握手）或硬件方式（一对单独的双绞线）实现。

RS-422 的最大传输距离为 1219 m，最大传输速率为 10 Mbps，其平衡双绞线的长度与传输速率成反比，在 100 kbps 以下时，才可能达到最大传输距离；只有在很短的距离下才能获得最高速率传输。一般 100 m 长的双绞线上所能获得的最大传输速率仅为 1 Mbps。RS-422 接口的定义如图 3.46 所示。

3）RS-485

RS-485 是在 RS-422 基础上发展而来的，所以 RS-485 的许多电气规定与 RS-422 相同，例如，都采用平衡传输方式、都需要在传输线上接终接电阻等。RS-485 可以采用二线制与四线制方式，二线制可实现多点双向通信；而采用四线制连接时，与 RS-422 一样只能实现一对多的通信，即只能有一个主设备，其余为从设备，但比 RS-422 有改进，无论四线制还是二线制连接方式总线上可连接 32 个设备。

RS-485 与 RS-422 的不同之处是它们的共模输出电压是不同的，RS-485 为-7～+12 V，而 RS-422 为-7～+7 V；RS-485 接收器最小输入阻抗为 12 kΩ，RS-422 是 4 kΩ。由于 RS-485 满足所有 RS-422 的规范，所以 RS-485 的驱动器可以在 RS-422 网络中应用。

RS-485 与 RS-422 一样，其最大传输距离约为 1219 m，最大传输速率为 10 Mbps，平衡双绞线的长度与传输速率成反比，速率在 100 kbps 以下，才可能使用规定最长的电缆长度。只有在很短的距离下才能获得最高速率传输，一般长度为 100 m 的双绞线最大传输速率仅为 1 Mbps。RS-485 接口的定义如图 3.47 所示。

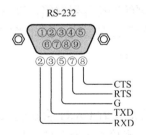

图 3.45　RS-232 接口的定义

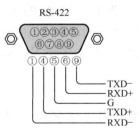

图 3.46　RS-422 接口的定义

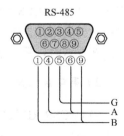

图 3.47　RS-485 接口的定义

3.7.2　CC2530 串口

1. CC2530 串口功能

CC2530 的串口提供 UART（Universal Asynchronous Receiver/Transmitter）模式，在该模式中，串口接口使用二线制方式或者含有引脚 RXD、TXD，可选 RTS 和 CTS 的四线制方式。UART 模式的操作具有下列特点：

- 8 位或者 9 位数据；
- 奇校验、偶校验或者无奇偶校验；
- 可配置起始位和停止位电平；
- 可配置 LSB 或者 MSB 首先传输传输；
- 独立地收发中断；
- 独立地收发 DMA 触发；
- 奇偶校验和帧校验出错状态。

CC2530 的 UART 模式提供全双工传输，接收器中的位同步不影响发送功能。传输 1 个 UART 字节包含 1 个起始位、8 个数据位、1 个作为可选项的第 9 位数据（校验位）、1 个或 2 个停止位。注意，虽然真实的数据包含 8 位或者 9 位，但是数据传输只涉及 1 个字节。

UART 操作由 UART 控制和状态寄存器 UxCSR，以及 UART 控制寄存器 UxUCR 来控制，这里的 x 是 UART 的编号，其值为 0 或者 1。当 UxCSR.MODE 设置为 1 时，表示选择 UART 模式。

2. CC2530 串口收发数据

1）串口发送数据

当向 USART 收发数据缓冲寄存器 UxBUF 写入数据时，该字节将发送到输出引脚 TXDx。UxBUF 寄存器是双缓冲的。

当字节传输传输开始时，UxCSR.ACTIVE 变为高电平；当字节传输传输结束时变为低电平，并且 UxCSR.TX_BYTE 设置为 1。当 USART 接收/发送数据缓冲寄存器就绪，准备接收新的发送数据时，就会产生一个中断请求，该中断在传输开始后立刻发生，因此当字节正在发送时，新的字节能够装入 USART 接收/发送数据缓冲寄存器。

2）串口接收数据

当 UxCSR.RE 设置为 1 时，就可以在 UART 上开始接收数据了，这时 UART 会在输入引脚 RXDx 中寻找有效起始位，并且将 UxCSR.ACTIVE 设置为 1。当检测出有效的起始位时，接收到的字节就传入接收寄存器，UxCSR.RX_BYTE 设置为 1，该操作完成时将产生接收中断，同时 UxCSR.ACTIVE 变为低电平，通过 UxBUF 寄存器接收数据字节，当读取 UxBUF 寄存器时，UxCSR.RX_BYTE 将由硬件清 0。

3. CC2530 串口波特率发生器

当 CC2530 的串口工作在 UART 模式时，内部的波特率发生器将设置 UART 波特率，由寄存器 UxBAUD.BAUD_M[7:0]和 UxGCR.BAUD_E[4:0]定义波特率，该波特率为 UART 传输的波特率，可由下式给出。

$$BaudRate = \frac{(256 + BAUD\_M) \times 2^{BAUD\_E}}{2^{28}} \times f$$

式中，f 是系统时钟频率，为 16 MHz 的 RC 振荡器或者 32 MHz 的晶体振荡器。

标准波特率所需的寄存器值配置表如表 3.34 所示，适合典型的 32 MHz 系统时钟。真实波特率与标准波特率之间的误差，用百分数表示。

表 3.34　标准波特率所需的寄存器配置表

波特率/bps	UxBAUD.BAUD_M	UxGCR.BAUD_E	误差/%
2400	59	6	0.14
4800	59	7	0.14
9600	59	8	0.14
14400	216	8	0.03
19200	59	9	0.14
28800	216	9	0.03
38400	59	10	0.14
57600	216	10	0.03
76800	59	11	0.14
115200	216	11	0.03
230400	216	12	0.03

当 BAUD_E=16 且 BAUD_M=0 时，UART 模式的最大波特率是 $f/16$（f 是系统时钟频率）。

注意：波特率必须在 UART 操作发生之前通过 UxBAUD 和寄存器 UxGCR 设置。

4. CC2530 串口清除

CC2530 的串口可通过设置寄存器的 UxUCR.FLUSH 位取消当前的操作，这会立即停止当前的操作并清除全部数据缓冲寄存器。应注意，在 TX/RX 位中设置清除位时，不会立即清除数据缓冲寄存器，这个位结束后数据缓冲寄存器将被立即清除，但是指导位持续时间的定时器不会被清除。因此，使用清除位时应符合 USART（Universal Synchronous Asynchronous Receiver Transmitter）中断，或在 UART 接收更新的数据或配置之前使用当前波特率的等待时间位。

5. CC2530 串口中断

每个 USART 都有两个中断：接收数据完成中断（URXx）和发送数据完成中断（UTXx），

当传输开始时触发 TX 中断。

USART 的中断使能位在寄存器 IEN0 和寄存器 IEN2 中，中断标志位在寄存器 TCON 和寄存器 IRCON2 中。中断使能和中断标志总结如下。

中断使能：

- USART0 RX：IEN0.URX0IE。
- USART1 RX：IEN0.URX1IE。
- USART0 TX：IEN2.UTX0IE。
- USART1 TX：IEN2.UTX1IE。

中断标志：

- USART0 RX：TCON.URX0IF。
- USART1 RX：TCON.URX1IF。
- USART0 TX：IRCON2.UTX0IF。
- USART1 TX：IRCON2.UTX1IF。

6. CC2530 串口寄存器

为了实现有效的串口配置，CC2530 的每个 USART 通道都有 5 个配置寄存器，用于综合配置其串口特性，这 5 个控制寄存器分别为 UxCSR（USARTx 控制和状态寄存器）、UxUCR（USARTx 控制寄存器）、UxGCR（USARTx 通用控制寄存器）、UxBUF（USARTx 接收/发送数据缓冲寄存器）、UxBAUD（USARTx 波特率控制寄存器）。

U0CSR（USART0 控制和状态寄存器）如表 3.35 所示。

表 3.35　USART0 控制和状态寄存器

位	名称	复位	R/W	描　述
7	MODE	0	R/W	USART 模式选择：0 表示 SPI 模式，1 表示 UART 模式
6	RE	0	R/W	UART 接收器使能：注意在 UART 完成配置之前不能使能接收，0 表示禁用接收器，1 表示使能接收器
5	SLAVE	0	R/W	SPI 主模式或者从模式选择：0 表示 SPI 主模式，1 表示 SPI 从模式
4	FE	0	R/W0	UART 帧错误状态：0 表示无帧错误，1 表示收到不正确停止位
3	ERR	0	R/W0	UART 奇偶错误状态：0 表示无奇偶错误，1 表示收到奇偶错误检测
2	RX_BYTE	0	R/W0	接收字节状态：UART 模式和 SPI 从模式。当读 U0DBUF 时，该位将自动清除，也可通过写 0 清除，这样可有效丢弃 U0DBUF 中的数据。0 表示没有收到字节，1 表示准备好接收字节
1	TX_BYTE	0	R/W0	传输传输字节状态：URAT 模式和 SPI 主模式，0 表示字节没有被传输传输，1 表示写到数据缓冲寄存器的最后字节被传输传输
0	ACTIVE	0	R	USART 传输传输/接收主动状态：在 SPI 从模式下该位等同于从模式选择。0 表示 USART 空闲，1 表示传输传输或者接收模式，USART 忙碌

U0UCR（USART0 UART 控制寄存器）如表 3.36 所示。

表 3.36　USART0 UART 控制寄存器

位	名称	复位	R/W	描　述
7	FLUSH	0	R/W	清除单元：设置该位时，将会立即停止当前操作并且返回空闲状态
6	FLOW	0	R/W	UART 硬件流控制使能：使用 RTS 引脚和 CTS 引脚选择硬件流控制的使用，0 表示禁止硬件流控制，1 表示使能硬件流控制
5	D9	0	R/W	UART 奇偶校验位：当使能奇偶校验时，写入 D9 的值将决定发送的第 9 位的值，如果收到的第 9 位的值与收到字节的奇偶校验不匹配，则报告奇偶校验错误。如果使能奇偶校验，那么该位可设置奇偶校验类型，0 表示奇校验，1 表示偶校验
4	BIT9	0	R/W	UART 9 位数据模式使能：当该位是 1 时，使能奇偶校验位传输（即第 9 位）；如果通过 PARITY 使能奇偶校验，第 9 位的内容是通过 D9 给出的。0 表示 8 位传输传输，1 表示 9 位传输传输
3	PARITY	0	R/W	UART 奇偶校验使能：0 表示禁用奇偶校验，1 表示使能奇偶校验
2	SPB	0	R/W	UART 停止位的位数：选择要传输传输的停止位的位数，0 表示 1 位停止位，1 表示 2 位停止位
1	STOP	1	R/W	UART 停止位的电平必须与起始位的电平不同，0 表示停止位为低电平，1 表示停止位为高电平
0	START	0	R/W	UART 起始位电平：闲置线的极性采用与起始位电平相反的电平。0 表示起始位为低电平，1 表示起始位为高电平

U0GCR（USART0 通用控制寄存器）如表 3.37 所示。

表 3.37　USART0 通用控制寄存器

位	名称	复位	R/W	描　述
7	CPOL	0	R/W	SPI 的时钟极性：0 表示负时钟极性，1 表示正时钟极性
6	CPHA	0	R/W	SPI 时钟相位：0 表示当 SCK 从倒置 CPOL（CPOL Inverted）到 CPOL 时数据输出到 MOSI，并且当 SCK 从 CPOL 到倒置 CPOL 时数据输入抽样到 MISO；1 表示当 SCK 从 CPOL 到倒置 CPOL 时数据输出到 MOSI，并且当 SCK 从倒置 CPOL 到 CPOL 时数据输入抽样到 MISO
5	ORDER	0	R/W	位传输传输顺序：0 表示 LSB 先传输传输，1 表示 MSB 先传输传输
4:0	BAUD_E[4:0]	00000	R/W	波特率指数值：BAUD_E 和 BAUD_M 决定 UART 的波特率和 SPI 的主 SCK 时钟频率

U0BUF（USART0 接收/发送数据缓冲寄存器）如表 3.38 所示。

表 3.38　USART0 接收/发送数据缓冲寄存器

位	名称	复位	R/W	描　述
7:0	DATA[7:0]	0x00	R/W	USART 接收和传输传输数据：当写该寄存器时，数据被写到内部传输传输数据寄存器；当读取该寄存器时，数据来自内部读取的数据寄存器

U0BAUD（USART0 波特率控制寄存器）如表 3.39 所示。

表 3.39　USART0 波特率控制寄存器

位	名称	复位	R/W	描　述
7:0	BAUD_M[7:0]	0x00	R/W	波特率小数部分的值：由 BAUD_E 和 BAUD_M 决定 UART 的波特率以及 SPI 的主 SCK 时钟频率

U1CSR（USART1 控制和状态寄存器）如表 3.40 所示。

表 3.40　USART1 控制和状态寄存器

位	名称	复位	R/W	描　述
7	MODE	0	R/W	USART 模式选择：0 表示 SPI 模式，1 表示 UART 模式
6	RE	0	R/W	启动 UART 接收器：注意在 UART 完成配置之前不能使能接收器。0 表示禁用接收器，1 表示使能接收器
5	SLAVE	0	R/W	SPI 主模式或者从模式选择：0 表示 SPI 主模式，1 表示 SPI 从模式
4	FE	0	R/W	UART 帧错误状态：0 表示无帧错误，1 表示收到不正确停止位
3	ERR	0	R/W	UART 奇偶校验错误状态：0 表示无奇偶错误，1 表示收到奇偶错误
2	RX_BYTE	0	R/W	接收字节状态：UART 模式和 SPI 从模式。当读 U0DBUF 时该位将自动清除，也可通过写 0 清除，这样可有效丢弃 U0DBUF 中的数据。0 表示没有收到字节，1 表示准备好接收字节
1	TX_BYTE	0	R/W	传输传输字节状态：UART 模式和 SPI 从模式。0 表示字节没有传输传输，1 表示写到数据缓存寄存器的最后字节已经传输传输
0	ACTIVE	0	R	USART 传输传输/接收主动状态：0 表示 USART 空闲，1 表示传输传输或者接收模式，USART 忙碌

U1UCR（USART1 UART 控制寄存器）如表 3.41 所示。

表 3.41　USART1 UART 控制寄存器

位	名称	复位	R/W	描　述
7	FLUSH	0	R/W	清除单元：当设置该位时，该事件将会立即停止当前操作并且返回单元的空闲状态
6	FLOW	0	R/W	UART 硬件流使能：用 RTS 引脚和 CTS 引脚选择硬件流控制的使用。0 表示禁用硬件流控制，1 表示使能硬件流控制
5	D9	0	R/W	UART 奇偶校验位：当使能奇偶校验，写入 D9 的值决定发送的第 9 位的值，如果收到的第 9 位和收到字节的奇偶校验不匹配，接收时报告 ERR。如果奇偶校验使能，那么该位可以设置奇偶校验类型，0 表示奇校验，1 表示偶校验
4	BIT9	0	R/W	使能 UART9 位数据模式：当该位是 1 时，使能奇偶校验位传输（即第 9 位）；如果通过 PARITY 位使能奇偶校验，第 9 位的内容是通过 D9 给出的。0 表示 8 位传输传输，1 表示 9 位传输传输
3	PARITY	0	R/W	USART 奇偶校验使能：0 表示禁用奇偶校验，1 表示使能奇偶校验
2	SPB	0	R/W	UART 的停止位的个数：选择要传输传输的停止位个数，0 表示停止位为 1 位，1 表示停止位为 2 位

续表

位	名称	复位	R/W	描　述
1	STOP	1	R/W	UART 停止位电平必须与起始位电平不同，0 表示停止位为低电平，1 表示停止位为高电平
0	START	0	R/W	UART 起始位电平：闲置线的极性采用与起始位电平相反的电平，0 表示起始位为低电平，1 表示起始位为高电平

U1GCR（USART1 通用控制寄存器）如表 3.42 所示。

表 3.42　USART1 通用控制寄存器

位	名称	复位	R/W	描　述
7	CPOL	0	R/W	SPI 的时钟极性：0 表示负时钟极性，1 表示正时钟极性
6	CPHA	0	R/W	SPI 时钟相位：0 表示当 SCK 从倒置 CPOL 到 CPOL 时数据输出到 MOSI，当 SCK 从 CPOL 到倒置 CPOL 时数据输入抽样到 MISO；1 表示当 SCK 从倒置 CPOL 到 CPOL 时数据输出到 MOSI，并且当 SCK 从 CPOL 到倒置 CPOL 时数据输入抽样到 MISO
5	ORDER	0	R/W	位传输传输顺序：0 表示 LSB 先传输传输，1 表示 MSB 先传输传输
4:0	BAUD_E[4:0]	00000	R/W	波特率指数值：由 BAUD_E 和 BAUD_M 决定 UART 的波特率以及 SPI 的主 SCK 时钟频率

U1BUF（USART1 接收/发送数据缓冲寄存器）如表 3.43 所示。

表 3.43　USART1 接收/发送数据缓冲寄存器

位	名称	复位	R/W	描　述
7:0	DATA[7:0]	0x00	R/W	USART 接收和传输传输数据：当写该寄存器时，数据写到内部传输传输数据寄存器；当读该寄存器时，数据来自内部读取的数据寄存器

U1BAUD（USART1 波特率控制寄存器）如表 3.44 所示。

表 3.44　USART1 波特率控制寄存器

位	名称	复位	R/W	描　述
7:0	BAUD_M[7:0]	0x00	R/W	波特率小数部分的值：由 BAUD_E 和 BAUD_M 决定 UART 的波特率和 SPI 的主 SCK 时钟频率

3.7.3　开发实践：智能工厂的设备交互系统设计

随着工业化的进程不断深入，工厂的生产逐渐从劳动密集型的工业生产模式逐渐向智能化机器生产发展，低技术的人力劳动逐渐被自动化机器取代，这样的变化提高了工业生产效率，缩短了社会必要劳动时间，降低了生产成本，提高了产品的市场竞争力。

而一条完整的全功能的工业生产线上往往集成了成千上万的机器设备，这些设备除了机械方面的联动，还有独立的产品识别系统，这些设备是如何更新程序或者说是如何与生产线的中央控制台交互的呢？

生产车间往往都是有金属阻隔，电磁环境复杂，不利于无线信号的通信，只有抗干扰能力较强的有线信号才能保证数据的传输稳定，同时中央控制台又需要一次控制多个设备，但设定多个控制端是不现实的。为了解决这种问题，实现工厂设备与控制台的交互就需要以一种可靠的通信方式来建立连接，由于串口实现简单、数据传输稳定、可远距离传输数据、抗干扰能力强且一般电子设备都有这种接口全，因此可以满足需求，在工业领域得到了广泛的使用。

本项目将围绕这个场景展开对微处理器串口的学习与实践。使用 CC2530 模拟设备与中央控制台间的数据交互，将配置好的串口通过串口线与 PC 连接，通过 PC（上位机）上的串口上位机向 CC2530（主控单片机）发送数据。CC2530 通过串口接收到特定的字符后向 PC 打印接收到的所有数据，以此实现 CC2530 与 PC 的交互。交互模型如图 3.48 所示。

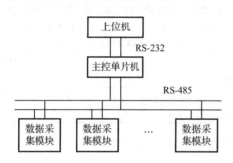
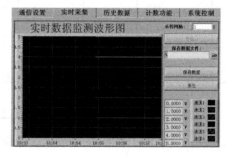

图 3.48　交互模型

1. 开发设计

1）硬件设计

本项目的硬件架构设计如图 3.49 所示。

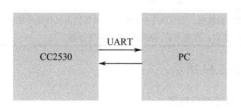

图 3.49　硬件架构设计

2）软件设计

要实现 CC2530 与 PC 之间的通信，通常需要使用的 CC2530 的串口，通过串口建立连接后可自行设计交互协议以实现 CC2530 与 PC 之间的数据交互。CC2530 与 PC 交互的重点在于对 CC2530 串口的配置，通常需要事先约定串口的各项参数，配置完成后将 PC 上的串口调试助手的串口配置成与 CC2530 的串口相同的参数。

本任务约定将串口的通用属性配置为波特率 38400，8 位数据位，1 位奇偶校验位，无硬件数据流控制。

通信设计：字符识别码为"@"，在接收到"@"之前可接收不超过 256 字节的数据。要实现这样的串口功能就需要对 CC2530 的相关串口寄存器进行配置。首先需要通过 P0SEL 寄存器将引脚属性配置为外设模式，然后通过 PERCFG 寄存器选择要配置的串口通道，接下来选择 P0 为串口并将双线总线模式配置为串口模式，最后配置串口波特率、停止位和奇偶校验位。

接收数据设计：接收数据则只需要对 URX0IF 位进行识别，如果接收到数据，则可直接从 U0DBUF 寄存器中获取接收到的数据。程序的发送数据与接收数据方式的操作顺序正好相反，首先向 U0DBUF 寄存器写入要发送的值，然后等到 UTX0IF 位置位，如果置位则发送数据。

程序设计为：首先初始化系统时钟和串口；接着在 PC 上显示"Please Input string end with '@'"；然后程序进入主循环，在主循环中先接收串口收到的字符，再将字符都存储到数组中，当接收到"@"字符或者数据大于或等于 256 字节时，串口将数组中的字符依次发送出去；最后清空数组中的字符，重新开始接收字符。

软件设计流程如图 3.50 所示。

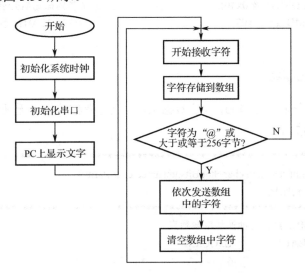

图 3.50　软件设计流程

2. 功能实现

1）主函数模块

主函数初始化系统时钟和串口，然后通过串口向 PC 打印操作提示信息，最后进入主循环监测串口数据的收发。主函数程序内容如下：

```
void main(void)
{
    xtal_init();                                        //CC2530 系统时钟初始化
    //初始化串口：波特率为 38400 bps，8 位数据位，无奇偶校验，1 位停止位
    uart0_init(0x00, 0x00);
    uart_send_string("Please Input string end with '@'\r\n");   //在 PC 上打印一段文字

    while(1){
```

```
        uart_test();                                //串口通信程序
    }
}
```

2）时钟初始化模块

CC2530 系统时钟初始化的源代码如下。

```
/************************************************************************
* 名称：xtal_init()
* 功能：CC2530 系统时钟初始化
************************************************************************/
void xtal_init(void)
{
    CLKCONCMD &= ~0x40;                          //选择 32 MHz 的外部晶体振荡器
    while(CLKCONSTA & 0x40);                      //晶体振荡器开启且稳定
    CLKCONCMD &= ~0x07;                          //选择 32 MHz 系统时钟
}
```

3）串口初始化模块

初始化串口为波特率 38400，8 位数据位，1 位奇偶校验位，无硬件数据流控制。串口初始化的程序代码如下。

```
/************************************************************************
* 名称：uart0_init(unsigned char StopBits,unsigned char Parity)
* 功能：串口 0 初始化
************************************************************************/
*   CC2530 32 MHz 系统时钟波特率参数表     *
*   波特率    UxBAUD         UxGCRM      *
*   240      59             6           *
*   4800     59             7           *
*   9600     59             8           *
*   14400    216            8           *
*   19200    59             9           *
*   28800    216            9           *
*   38400    59             10          *
*   57600    216            10          *
*   76800    59             11          *
*   115200   216            11          *
*   23040    216            12          *
************************************************************************/
void uart0_init(unsigned char StopBits,unsigned char Parity)
{
    P0SEL |=   0x0C;                             //初始化 UART0 端口
    PERCFG&= ~0x01;                             //选择 UART0 为可选位置 1
    P2DIR &= ~0xC0;                             //P0 优先作为串口 0
```

```
    U0CSR = 0xC0;                          //设置为 UART 模式，而且使能接收器

    U0GCR = 10;
    U0BAUD = 59;                           //波特率设置为 38400

    U0UCR |= StopBits|Parity;              //设置停止位与奇偶校验位
}
```

4）串口监测收发模块

串口的数据收发和关键字符的监测均是在串口测试函数中完成的，当 CC2530 微处理器接收到字符"@"或者数据大于或等于 256 字节时，串口将数组中的字符依次发送出去。串口测试代码程序内容如下。

```
/********************************************************************************
* 名称：uart_test()
* 功能：串口输出函数
********************************************************************************/
void uart_test(void)
{
    unsigned char ch;
    ch = uart_recv_char();                 //串口接收的字节
    if (ch == '@' || recvCnt >= 256) {     //接收到字符"@"或者大于或等于 256 个字节时结束
        recvBuf[recvCnt] = 0;
        uart_send_string(recvBuf);         //串口发送字符串函数
        uart_send_string("\r\n");
        recvCnt = 0;                       //收到数据后清空
    } else {
        recvBuf[recvCnt++] = ch;           //用数组存储接收到的数据
    }
}
```

5）串口接收模块

CC2530 微处理器串口接收函数如下。

```
/********************************************************************************
* 名称：int uart_recv_char()
* 功能：串口接收字节函数
********************************************************************************/
int uart_recv_char(void)
{
    int ch;                                //等待数据接收完成
    while (URX0IF == 0);                   //提取接收到的数据
    ch = U0DBUF;
    URX0IF = 0;                            //发送标志位清 0
    return ch;                             //返回获取到的串口数据
}
```

6）串口发送模块

CC2530 微处理器串口发送函数如下。

```
/************************************************************************
* 名称：uart_send_char()
* 功能：串口发送字节函数
************************************************************************/
void uart_send_char(char ch)
{
    U0DBUF = ch;                            //将要发送的数据写入发送缓存寄存器
    while(UTX0IF == 0);                     //等待数据发送完成
    UTX0IF = 0;                             //发送完成后将数据清 0
}
/************************************************************************
* 名称：uart_send_string(char *Data)
* 功能：串口发送字符串函数
************************************************************************/
void uart_send_string(char *Data)
{
    while (*Data != '\0') {                 //如果检测到空字符则跳出
        uart_send_char(*Data++);            //循环发送数据
    }
}
```

3.7.4　小结

通过本项目的开发和实践，读者可以理解 CC2530 串口的工作原理和功能特点，并掌握串口参数、寄存器配置，以及数据收发过程，通过使用 CC2530 的串口与 PC 进行通信，从而实现设备与主机间的数据交互。

3.7.5　思考与拓展

（1）串口工作原理是什么？通信协议有什么特点？

（2）串口通信时常用参数有哪些？有什么特点？

（3）请列举几个常见的串口实例。

（4）如何驱动 CC2530 的串口？

（5）当两个设备之间建立起连接后，两者的功能性就会大大增强，例如，在工控领域中央控制台通过串口向其他设备发送数据以配置生产参数。请读者尝试以生产线设备控制为目的，实现 PC 通过串口向 CC2530 发送数据，CC2530 接收到数据后控制 LED 的亮灭来反映远程控制效果。

3.8　CC2530 DMA 通信技术应用开发

本节重点学习 CC2530 的 DMA，掌握 CC2530 DMA 的基本原理和通信协议，通过 DMA 通信来实现设备间高速数据传输。

3.8.1　DMA

1．DMA 概念

直接存储器访问（Direct Memory Access，DMA）是一种接口技术，在没有 CPU 干预的情况下实现存储器与外围设备、存储器与存储器之间的数据传输，从而解放 CPU，加快存储器之间的数据传输，同时提高 CPU 的利用率。通过 DMA 控制器进行数据传输传输时，需要配置 DMA 控制器的内部寄存器，从配置数据传输过程中的源基地址、目标基地址等参数；然后在 DMA 控制器发送出传输请求时，CPU 启动 DMA 控制器的数据传输，不需要 CPU 进一步参与控制。

2．DMA 技术的必要性

I/O 接口技术用于实现系统与外部设备之间数据传输，主要有查询方式和中断方式两种传输传输方式。

查询方式通过软件查询 I/O 状态，来完成数据传输传输的。当 CPU 启动外设工作后，软件不断地读取外设的状态，查询设是否准备就绪，外设一旦准备好，则进行数据传输传输；否则，CPU 一直查询外设的状态信息，直到外设准备好。

采用程序查询方式进行数据传输传输时，在外设准备就绪之前，CPU 一直处于等待状态，这时候 CPU 的利用率很低。如果 CPU 按这种方式与多个外设传输传输数据时，就需要周期性地查询每个外设的状态，效率就更低。

中断方式是一种硬软件结合的高效率技术，中断请求和处理依赖于中断系统，相关数据交换和任务执行采用中断服务程序实现。该方式在外设工作期间，CPU 无须等待，可以处理其他任务，当有中断请求时，先暂停目前的工作，而转去处理中断请求，完成后再继续完成后当前的任务，CPU 与外设可以并行工作，提高了效率。中断方式但在进行数据传输传输时，仍需要通过软件程序来完成。采用中断方式提高了 CPU 的利用率缺点需要暂停目前执行的任务，启动中断控制器，保留和恢复现场以便能继续原程序的执行，降低了工作效率。

DMA 方式可以在存储器与外设之间开辟一条高速数据通道，使外设与存储器之间可以直接进行批量数据传输传输。在进行 DMA 数据传输传输之前，DMA 控制器向 CPU 申请总线控制权，在 CPU 授予 DMA 控制器总线控制权后，马上开启 DMA 传输。在数据传输时，DMA 控制器控制总线，传输结束后，DMA 控制器再将总线控制权还给 CPU。

3．DMA 控制器的基本组成

DMA 控制器，实际上是采用 DMA 方式的外围设备与系统总线之间的接口电路，这个接口电路是在中断接口的基础上再加 DMA 机构组成的。DMA 控制器结构如图 3.51 所示。

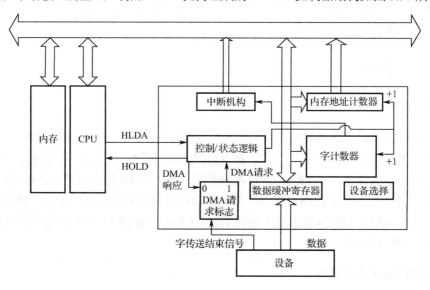

图 3.51　DMA 控制器结构

（1）内存地址计数器：用于存放内存中要交换的数据的地址。在 DMA 传输传输前，通过程序将数据在内存中的起始位置送到内存地址计数器。当 DMA 传输传输时，每传输一次数据，内存地址计数器加 1，以增量方式给出内存中要传输数据的地址。

（2）字计数器：用于记录传输传输数据块的长度。其内容在数据传输之前由程序预置。当计数器溢出，表示数据传输完毕，DMA 控制器向 CPU 发出中断信号。

（3）数据缓冲寄存器：用于暂存每次传输的数据。输入时，从设备送往数据缓冲寄存器，再由缓冲寄存器通过数据总线送到内存；输出时，从内存通过数据总线送到数据缓冲寄存器，然后送到设备。

（4）DMA 请求标志：当设备准备好数据字后发出一个信号，将 DMA 请求标志置 1。并向控制/状态逻辑发出 DMA 请求，然后向 CPU 发出总线使用权的请求（HOLD），CPU 响应此请求后发回响应信号 HLDA，控制/状态逻辑接收此信号后发出 DMA 响应信号，使 DMA 请求标志复位，为下一次传输做准备。

（5）控制/状态逻辑：该逻辑用于修改内存地址计数器和字计数器、指定传输类型（输入或输出），并协调和同步 DMA 请求信号和 CPU 响应信号。

（6）中断机构：当计数器溢出时，数据交换完毕，由溢出信号触发中断机构，向 CPU 发出中断请求。

4．DMA 的基本原理

DMA 传输可将数据从一个地址空间复制到另外一个地址空间，当 CPU 初始化这个传输动作时，传输动作本身是由 DMA 控制器来实行和完成的

一个完整的 DMA 传输过程必须经过 DMA 请求、DMA 响应、DMA 传输、DMA 结束四个步骤。

（1）DMA 请求。DMA 控制器初始化，并向 I/O 接口发出操作命令，I/O 接口提出 DMA 请求。

（2）DMA 响应。对 DMA 请求的优先级进行判别，并向总线裁决逻辑提出总线请求，系统输出总线应答，表示 DMA 已经响应，通过 DMA 控制器通知 I/O 接口，开始 DMA 传输。

（3）DMA 传输。CPU 即刻挂起或只执行内部操作，由 DMA 控制器直接控制 RAM 与 I/O 接口，进行 DMA 传输。

在 DMA 控制器的控制下，存储器和外部设备之间可直接进行数据传输，开始时需提供要传输的数据的起始位置和数据长度。

（4）DMA 结束。数据传输完成后，DMA 控制器释放总线控制权，并向 I/O 接口发出结束信号。当 I/O 接口收到结束信号后，一方面停止 I/O 设备的工作，另一方面向 CPU 提出中断请求，使 CPU 从不介入的状态解脱。

因此，DMA 传输方式无须 CPU 直接控制传输，也不用像中断处理方式那样保留现场和恢复现场的过程，通过硬件为内存与 I/O 设备开辟一条数据传输通路，使 CPU 的效率大为提高。

5．DMA 的传输方式

DMA 技术使得外围设备可以通过 DMA 控制器直接访问内存，CPU 可以继续执行程序。DMA 控制器与 CPU 怎样分时使用内存呢？有以下三种方法：停止 CPU 访问内存、周期挪用，以及 DMA 控制器与 CPU 交替访问内存。

（1）停止 CPU 访问内存。当外围设备要求传输数据时，由 DMA 控制器发一个停止信号要求 CPU 放弃对地址总线、数据总线和有关控制总线的使用权。DMA 控制器获得总线控制权以后，开始进行数据传输。在一批数据传输完毕后，CPU 可以使用内存，并把总线控制权交还给 CPU。图 3.52 所示为数据总线使用权的交替，显然，在这种 DMA 传输过程中，CPU 基本处于不工作状态或者保持状态。

停止 CPU 访问方式适用于高速外设的数据传输。采用这种方式的 I/O 设备，一般包含有小容量的存储器，外部设备先与小容量存储器传输数据，然后小容量存储器与内存传输数据，减少 DMA 传输占用总线的时间。

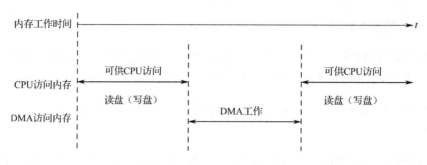

图 3.52　数据总线使用权交替

优点：适用于数据传输速度很高的设备。

缺点：在 DMA 控制器访问内存阶段，内存的效能没有充分发挥，相当一部分内存工作周期是空闲的，因为外围设备传输两个数据之间的间隔一般大于内存存储周期，即使高速 I/O 设备存在同样的问题。

（2）周期挪用。在正常的状态下，CPU 按照要求对内存进行访问，一旦外部设备发起 DMA 请求，并且这个 DMA 请求获得授权以后，CPU 让出总线的一个周期的控制权，由 DMA 控制器独立控制系统总线，占用一个存取周期并进行数据的传输，完成以后 DMA 控制器再把总线的使用权归还给 CPU，CPU 继续进行工作，等待下一个 DMA 请求的到来。如果恰好在 DMA 传输期间，CPU 无须访问主存，这种方式对 CPU 没有影响。如果 CPU 和 DMA 控制器同时访问内存，会优先执行 DMA 控制器对内存的访问操作，等到下一个存取周期的时候才进行 CPU 的操作，周期挪用如图 3.53 所示。

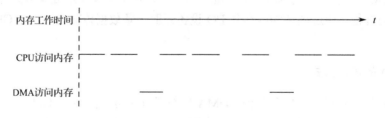

图 3.53　周期挪用

（3）DMA 与 CPU 交替访问内存。

没有 DMA 请求时，CPU 按常规访问内存，一旦有 DMA 请求，则由 I/O 设备挪用一个或几个内存周期。这种工作方式又是一种解决 DMA 和 CPU 访问内存冲突的方法，将定量的时间划分为两部分，这两部分时间分别交给 DMA 和 CPU，两者交替进行，互不冲突地访问内存。这种方法不需要进行总线申请和归还，对 CPU 和 DMA 控制器而言，都不会感觉到对方的存在，如图 3.54 所示。

如果 CPU 的工作周期比内存存取周期长很多，采用交替访问内存的方法可以同时提高 DMA 传输和 CPU 效率。

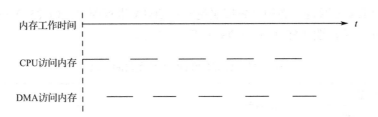

图 3.54　DMA 控制器与 CPU 交替访问内存

这种方式的最大的缺点就是对于 CPU 而言，内存的存取时间比较长，不利于 CPU 工作效率的提高。另外，这种方式访问内存的方式还有一个缺点，由于很多的外部设备的速度比 CPU 本身的速度相差甚远，分派给 DMA 使用的时间段不能充分利用，会造成资源的浪费。

3.8.2　CC2530 与 DMA

1. CC2530 的 DMA

CC2530 的 DMA 可以用来减轻 CPU 传输数据操作的负担，只需要 CPU 极少的干预，DMA 就可以将数据从诸如 ADC 或 RF 收发器的外设单元传输到存储器。

DMA 控制器协调所有的 DMA 传输，确保 DMA 请求和 CPU 存储器访问之间按照优先等级协调、合理地进行。DMA 控制器包含若干可编程的 DMA 通道，用来实现存储器之间的数据传输。

DMA 控制器控制整个 XDATA 存储空间的数据传输。由于大多数 SFR 寄存器映射到 DMA 控制器空间，这些灵活的 DMA 通道的操作能够减轻 CPU 的负担，例如，从存储器传输数据到 USART，或定期在 ADC 和存储器之间传输数据样本等。使用 DMA 还可以保持 CPU 在低功耗模式下与外设单元之间传输数据，不需要唤醒 CPU，这就降低了整个系统的功耗。DMA 控制器的主要功能如下：

- 5 个独立的 DMA 通道；
- 3 个可以配置的 DMA 通道优先级；
- 32 个可以配置的传输触发事件；
- 源地址和目标地址的独立控制；
- 单独传输、数据块传输和重复传输模式；
- 支持长域数据的传输，可设置传输长度；
- 既可以工作在字模式，又可以工作在字节模式。

2. CC2530 的 DMA 操作

CC2530 DMA 控制器有 5 个通道，即 DMA 通道 0 到通道 4，每个 DMA 通道能够从 DMA 控制器空间的一个位置的传输数据到另一个位置，如 XDATA 位置之间。

为了使用 DMA 通道，必须首先按照说明对 DMA 进行配置。CC2530 DMA 触发事件列表如表 3.41 所示，图 3.55 所示为 DMA 工作状态图。

表 3.45   CC2530 DMA 触发时间列表

DMA 触发器		功能单元	描　述
序号	名称		
0	NONE	DMA	没有触发器，设置 DMAREQn 位开始传输
1	PREV	DMA	DMA 通道是通过完成前一个通道来触发的
2	T1_CH0	定时器 1	定时器 1 比较通道 0
3	T1_CH1	定时器 1	定时器 1 比较通道 1
4	T1_CH2	定时器 1	定时器 1 比较通道 2
5	T2_EVENT1	定时器 2	定时器 2 时间脉冲 1
6	T2_EVENT2	定时器 2	定时器 2 时间脉冲 2
7	T3_CH0	定时器 3	定时器 3 比较通道 0
8	T3_CH1	定时器 3	定时器 3 比较通道 1
9	T4_CH0	定时器 4	定时器 4 比较通道 0
10	T4_CH1	定时器 4	定时器 4 比较通道 1
11	ST	睡眠定时器	睡眠定时器比较
12	IOC_0	I/O 控制器	端口 0 的 I/O 引脚输入比较
13	IOC_1	I/O 控制器	端口 1 的 I/O 引脚输入比较
14	URX0	USART0	USART0 接收完成
15	UTX0	USART0	USART0 发送完成
16	URX1	USART1	USART1 接收完成
17	UTX1	USART1	USART1 发送完成
18	FLASH	闪存控制器	写闪存数据完成
19	RADIO	无线模块	接收 RF 字节包
20	ADC_CHALL	ADC	ADC 结束一次转换，采样已经准备好
21	ADC_CH11	ADC	ADC 结束通道 0 的一次转换，采样已经准备好
22	ADC_CH21	ADC	ADC 结束通道 1 的一次转换，采样已经准备好
23	ADC_CH32	ADC	ADC 结束通道 2 的一次转换，采样已经准备好
24	ADC_CH42	ADC	ADC 结束通道 3 的一次转换，采样已经准备好
25	ADC_CH53	ADC	ADC 结束通道 4 的一次转换，采样已经准备好
26	ADC_CH63	ADC	ADC 结束通道 5 的一次转换，采样已经准备好
27	ADC_CH74	ADC	ADC 结束通道 6 的一次转换，采样已经准备好
28	ADC_CH84	ADC	ADC 结束通道 7 的一次转换，采样已经准备好
29	ENC_DW	AES	AES 加密微处理器请求下载输入数据
30	ENC_UP	AES	AES 加密微处理器请求上传输出数据
31	DBG_BW	调试接口	调试接口突发写

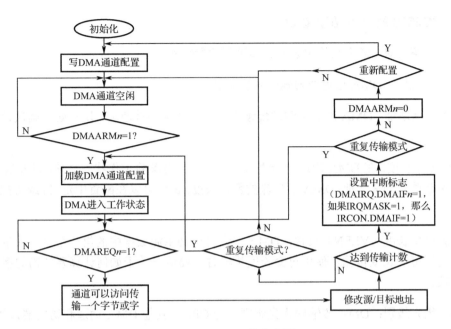

图 3.55　DMA 工作状态图

当 DMA 通道配置完毕后，在允许任何传输发起之前必须进入工作状态。通过将 DMA 通道工作状态寄存器 DMAARM 中指定位置 1，DMA 通道就可以进入工作状态。

一旦 DMA 通道进入工作状态，当配置的 DMA 触发事件发生时，传输就开始了。注意一个通道准备工作状态（即获得配置数据）需要 9 个系统时钟的时间，因此如果相应的 DMAARM 位被置位，触发在需要配置通道的时间内出现，期望的触发将丢失。如果多于一个 DMA 通道同时进入工作状态，所有通道配置的时间将长一些（按顺序读取内存）。如果 5 个通道都进入工作状态，则需要 45 个系统时钟，通道 1 首先准备好，然后是通道 2，最后是通道 0（所有都在最后 8 个系统时钟内）。可能的 DMA 触发事件有 32 个，如 UART 传输、定时器溢出等。DMA 通道要使用的触发事件由 DMA 通道配置设置，因此直到配置被读取之后才能知道。

为了通过 DMA 触发事件开始 DMA 传输，用户可以通过软件设置对应的 DMAREQ 位，强制使一个 DMA 传输开始。

应该注意，如果之前配置的触发器源在 DMA 正在配置的时候产生了触发事件，就被当成错过的事件，一旦 DMA 通道准备好，传输就立即开始。即使新的触发和之前的触发不同也是这样。在某些情况下，这会导致传输错误。为了纠正这一点，触发源 0 必须是重新配置之前的触发源。这可通过设置虚拟源和目标地址、使用一个字节的固定长度、块传输和触发源 0 实现。使能软件触发器（DMAREQ）清除错过的触发数，从存储器中取出一个新的配置之前（除非软件为该通道写 DMAREQ），不产生新的触发。

DMAREQ 位只能在相应的 DMA 传输发生时清除。当通道解除准备工作状态时，DMAREQ 位不被清除。

3. CC2530 的 DMA 配置参数

本节介绍 DMA 通道在使用之前必须进行的参数配置。

（1）源地址：DMA 通道要传输的数据块的首地址。

（2）目标地址：DMA 通道从源地址读出的要写数据的首地址，用户必须确认该目标地址可写。

（3）传输长度：在 DMA 通道重新进入工作状态或者解除工作状态之前，以及告知 CPU 即将有中断请求到来之前，DMA 要传输的数据长度。长度可以在配置中定义，或可控 VLEN 设置。

（4）可变长度（VLEN）设置：DMA 通道可以利用源数据中的第一个字节或字作为传输长度进行可变长度传输。使用可变长度传输时，要给出关于如何计算要传输的字节数的各种选项。

（5）优先级别：DMA 传输的优先级别，与 CPU、其他 DMA 通道和访问端口相关。

（6）触发事件：所有 DMA 传输通过所谓的 DMA 触发事件来触发，这个触发可以启动一个 DMA 块传输或单个 DMA 传输。除了已经配置的触发，DMA 通道可以通过设置 DMAREQn 标志来触发。

（7）源地址和目标地址增量：源地址和目标地址可以控制为增加、减少或不变。

（8）传输模式：传输模式确定传输是否是单个传输，或块传输，或是它们的重复传输。

（9）字节传输或字传输：确定每个 DMA 传输应该是 8 位（字节）或是 16 位（字）。

（10）中断屏蔽：在完成 DMA 通道传输时，产生一个中断请求，这个中断屏蔽位控制中断产生是使能还是禁用。

（11）M8：决定是采用 7 位还是 8 位长的字节作为传输长度，此模式仅适用于字节传输。

4. CC2530 的 DMA 配置方法

CC2530 的 DMA 通道参数（如地址模式、传输模式和优先级别等）必须在 DMA 通道进入工作状态之前配置并激活。DMA 的配置参数不直接通过 SFR 寄存器配置，而是通过写入存储器中特殊的 DMA 配置数据结构配置的。对于所要使用的每个 DMA 通道，需要有它自己的 DMA 配置数据结构。DMA 配置数据结构包含 8 字节，可以存放在由用户软件设定的配置，而地址通过一组 SFR 的 DMAxCFGH:DMAxCFGL 送到 DMA 控制器。一旦 DMA 通道进入工作状态，DMA 控制器就会读取该通道的配置数据结构，这个数据结构由 DMAxCFGH:DMAxCFGL 地址给出。

需要注意的是，指定 DMA 配置数据结构开始地址的方法十分重要，这些地址对于 DMA 通道 0 和 DMA 通道 1～4 是不同的。DMA0CFGH:DMA0CFGL 给出的是 DMA 通道 0 配置数据结构的开始地址。DMA1CFGH:DMA1CFGL 给出的是 DMA 通道 1 配置数据结构的开始地址，其后跟着通道 2～4 的配置数据结构。因此 DMA 控制器希望 DMA 通道 1～4 的 DMA 配置数据结构存储在存储器连续的区域内，以 DMA1CFGH:DMA1CFGL 保存的地址开始，包含 32 个字节。CC2530 DMA 的配置数据结构如表 3.46 所示。

表 3.46　CC2530 DMA 配置数据结构

偏移量	位	名称	描　述
0	7:0	SRCADDR[15:8]	DMA 通道源地址，高位
1	7:0	SRCADDR[7:0]	DMA 通道源地址，低位
2	7:0	DESTADDR[15:8]	DMA 通道目的地址，高位。请注意，闪存存储器不能直接写入
3	7:0	DESTADDR[7:0]	DMA 通道目的地址，高位。请注意，闪存存储器不能直接写入
4	7:5	VLEN[2:0]	可变长度传输模式。在字模式中，第一个字的 12:0 位是传输长度。000 表示采用 LEN 作为传输长度；001 表示第一个字节/字+1 为指定的字节/字的长度（上限到由 LEN 指定的最大值），因此传输长度不包括字节/字的长度；010 表示第一个字节/字为指定的字节/字的长度（上限到由 LEN 指定的最大值），因此传输长度包括字节/字的长度；011 表示第一个字节/字+2 为指定的字节/字的长度（上限到由 LEN 指定的最大值），因此传输长度不包括字节/字的长度；100 表示第一个字节/字+3 为指定的字节/字的长度（上限到由 LEN 指定的最大值），因此传输长度不包括字节/字的长度；101 和 110 保留；111 表示使用 LEN 作为传输长度的备用
4	4:0	LEN[12:8]	DMA 的通道传输长度。当 VLEN 从 000 到 111 时采用最大允许长度且当处于 WORDSIZE 模式时，DMA 通道数以字为单位，否则以字节为单位
5	7:0	LEN[7:0]	DMA 的通道传输长度。当 VLEN 从 000 到 111 时采用最大允许长度且当处于 WORDSIZE 模式时，DMA 通道数以字为单位，否则以字节为单位
6	7	WORDSIZE	选择每个 DMA 传输是采用 8 位（0）还是 16 位（1）
6	6:5	TMODE[1:0]	DMA 通道传输模式。00 表示单个，01 表示块，10 表示重复单个，11 表示重复块
6	4:0	TRIG[4:0]	选择要使用的 DMA 触发。00000 表示无触发(写到 DMAREQ 仅仅是触发)；00001 表示前一个 DMA 通道完成；00010～11110 表示选择表 3.45 所示的触发，触发的选择按照表中序号
7	7:6	SRCINC[1:0]	源地址递增模式（每次传输之后）。00 表示不变，01 表示增加 1 字节/字，10 表示增加 2 字节/字，11 表示减小 1 字节/字
7	5:4	DESTINC[1:0]	目的地址递增模式（每次传输之后）。00 表示不变，01 表示增加 1 字节/字，10 表示增加 2 字节/字，11 表示减小 1 字节/字
7	3	IRQMASK	该通道的中断屏蔽。0 表示禁止中断发生，1 表示 DMA 通道完成时使能中断发生
7	2	M8	采用 7 位或 8 位作为传输长度，仅应用在 WORDSIZE=0 且 VLEN 从 000 到 111 时。0 表示采用所有 8 位作为传输长度，1 表示采用字节的低 7 位作为传输长度
7	1:0	PRIORITY[1:0]	DMA 通道的优先级别。00 表示低级，CPU 优先；01 表示保证级，DMA 至少在每秒一次的尝试中优先；10 表示高级，DMA 优先；11 表示保留

5. CC2530 的 DMA 寄存器

CC2530 的 DMA 配置寄存器一共有 7 个,这 7 个寄存器分别是 DMAARM、DMAREQ、DMA0CFGH、DMA0CFGL、DMA1CFGH、DMA1CFGL、DMAIRQ,每个寄存器的位含义如下。

DMAARM（DMA 通道工作状态寄存器）如表 3.47 所示。

表 3.47 DMA 通道工作状态寄存器

位	名称	复位	R/W	描 述
7	ABORT	0	R0/W	DMA 停止。此位用来停止正在进行的 DMA 传输。通过写入 1 到这个位,能中止通过设置相应的 DAMARM 位为 1 而被选择的所有通道。 0 表示正常运行,1 表示停止所有选择的通道
6:5	—	00	R/W	不使用
4	DMAARM4	0	R/W1 H0	DMA 进入工作状态通道 4。为了任何 DMA 传输能够在该通道上发生,该位必须置 1。对非重复性传输模式,该位在完成传输后自动清 0
3	DMAARM3	0	R/W1 H0	DMA 进入工作状态通道 3。为了任何 DMA 传输能够在该通道上发生,该位必须置 1。对非重复性传输模式,该位在完成传输后自动清 0
2	DMAARM2	0	R/W1 H0	DMA 进入工作状态通道 2。为了任何 DMA 传输能够在该通道上发生,该位必须置 1。对非重复性传输模式,该位在完成传输后自动清 0
1	DMAARM1	0	R/W1 H0	DMA 进入工作状态通道 1。为了任何 DMA 传输能够在该通道上发生,该位必须置 1。对非重复性传输模式,该位在完成传输后自动清 0
0	DMAARM0	0	R/W1 H0	DMA 进入工作状态通道 0。为了任何 DMA 传输能够在该通道上发生,该位必须置 1。对非重复性传输模式,该位在完成传输后自动清 0

DMAREQ（DMA 通道发送请求状态寄存器）如表 3.48 所示。

表 3.48 DMA 通道发送请求状态寄存器

位	名称	复位	R/W	描 述
7:5	—	000	R0	不使用
4	DMAREQ4	0	R/W1 H0	DMA 传输请求通道 4。当设置为 1 时,激活 DMA 通道 4（与一个触发事件具有相同的效果）。当 DMA 传输开始时清除该位
3	DMAREQ3	0	R/W1 H0	DMA 传输请求通道 3。当设置为 1 时,激活 DMA 通道 3（与一个触发事件具有相同的效果）。当 DMA 传输开始时清除该位
2	DMAREQ2	0	R/W1 H0	DMA 传输请求通道 2。当设置为 1 时,激活 DMA 通道 2（与一个触发事件具有相同的效果）。当 DMA 传输开始时清除该位

位	名称	复位	R/W	描 述
1	DMAREQ1	0	R/W1 H0	DMA 传输请求通道 1。当设置为 1 时，激活 DMA 通道 1（与一个触发事件具有相同的效果）。当 DMA 传输开始时清除该位
0	DMAREQ0	0	R/W1 H0	DMA 传输请求通道 0。当设置为 1 时，激活 DMA 通道 0（与一个触发事件具有相同的效果）。当 DMA 传输开始时清除该位

DMA0CFGH（DMA0 地址高位配置寄存器）如表 3.49 所示。

表 3.49　DMA0 地址高位配置寄存器

位	名称	复位	R/W	描 述
7:0	DMA0CFG[15:8]	0x00	R/W	DMA 通道 0 配置地址，高位字节

DMA0CFGL（DMA0 地址低位配置寄存器）如表 3.50 所示。

表 3.50　DMA0 地址低位配置寄存器

位	名称	复位	R/W	描 述
7:0	DMA0CFG[7:0]	0x00	R/W	DMA 通道 0 配置地址，低位字节

DMA1CFGH（DMA1 地址高位配置寄存器）如表 3.51 所示。

表 3.51　DMA1 地址高位配置寄存器

位	名称	复位	R/W	描 述
7:0	DMA1CFG[15:8]	0x00	R/W	DMA 通道 1～4 配置地址，高位字节

DMA1CFGL（DMA1 地址地位配置寄存器）如表 3.52 所示。

表 3.52　DMA1 地址低位配置寄存器

位	名称	复位	R/W	描 述
7:0	DMA1CFG[7:0]	0x00	R/W	DMA 通道 1～4 配置地址，低位字节

DMAIRQ（DMA 中断标志状态寄存器）如表 3.53 所示。

表 3.53　DMA 中断标志状态寄存器

位	名称	复位	R/W	描 述
7:5	—	000	R/W0	不使用
4	DMAIF4	0	R/W0	DMA 通道 4 中断标志。0 表示 DMA 通道 4 传输未完成，1 表示 DMA 通道 4 传输完成/中断未决
3	DMAIF3	0	R/W0	DMA 通道 3 中断标志。0 表示 DMA 通道 3 传输未完成，1 表示 DMA 通道 3 传输完成/中断未决
2	DMAIF2	0	R/W0	DMA 通道 2 中断标志。0 表示 DMA 通道 2 传输未完成，1 表示 DMA 通道 2 传输完成/中断未决

位	名称	复位	R/W	描 述
1	DMAIF1	0	R/W0	DMA 通道 1 中断标志。0 表示 DMA 通道 1 传输未完成，1 表示 DMA 通道 1 传输完成/中断未决
0	DMAIF0	0	R/W0	DMA 通道 0 中断标志。0 表示 DMA 通道 0 传输未完成，1 表示 DMA 通道 0 传输完成/中断未决

3.8.3　CC2530 的 DMA 配置

1. CC2530 的 DMA 配置场景

CC2530 首先初始化系统时钟、初始化字符数组等，配置 DMA，配置完成后即可开始 DMA 传输，在传输完成后校验数据的正确性，最后将结果发送给 PC。

2. CC2530 的 DMA 配置

使用 DMA 的基本流程是：配置 DMA → 启用配置 → 开启 DMA 传输 → 等待 DMA 传输完毕。分析如下：

（1）配置 DMA：必须首先配置 DMA，但 DMA 的配置不是直接对某些寄存器赋值，而是在外部定义一个结构体，对其赋值，然后将此结构体的首地址的高 8 位赋给 DMA0CFGH，将其低 8 位赋给 DMA0CFGL。

```
/*用于配置 DMA 的结构体*/
#pragma bitfields=reversed
typedef struct
{
    unsigned char SRCADDRH;                //源地址高 8 位
    unsigned char SRCADDRL;                //源地址低 8 位
    unsigned char DESTADDRH;               //目的地址高 8 位

    unsigned char DESTADDRL;               //目的地址低 8 位
    unsigned char VLEN        :3;          //长度域模式选择
    unsigned char LENH        :5;          //传输长度的高字节
    unsigned char LENL        :8;          //传输长度的低字节
    unsigned char WORDSIZE    :1;          //字节或字传输
    unsigned char TMODE       :2;          //传输模式选择
    unsigned char TRIG        :5;          //触发事件选择

    unsigned char SRCINC      :2;          //源地址增量：-1/0/1/2
    unsigned char DESTINC     :2;          //目的地址增量：-1/0/1/2
    unsigned char IRQMASK     :1;          //中断屏蔽
    unsigned char M8          :1;          //7 位或 8 位传输长度，仅在字节传输模式下适用
    unsigned char PRIORITY    :2;          //优先级
}DMA_CFG;
#pragma bitfields=default
```

注：关于配置结构体中的详细说明，请参考 CC2530 数据手册。

关于上面源码中对配置结构体的定义，需做一点说明的是：在定义此结构体时，用到了很多冒号（:），后面还跟着一个数字，这种语法称为位域。位域是指信息在存储时，并不需要占用一个完整的字节，而只需占几个或一个二进制位。例如，在存放一个开关量时，只有 0 和 1 两种状态，用一位二进制位即可。为了节省存储空间，并使处理简便，C 语言提供了一种数据结构，称为位域或位段。所谓位域，是把一个字节中的二进制位划分为几个不同的区域，并说明每个区域的位数。每个域有一个域名，允许在程序中按域名进行操作，这样就可以把几个不同的对象用一个字节的二进制位域来表示。

（2）启用配置：首先将结构体的首地址"&dmaConfig"的高/低 8 位分别赋给 SFR DMA0CFGH 和 DMA0CFGL（其中的 0 表示对通道 0 配置，CC2530 包含 5 个 DMA 通道，此处使用通道 0）；然后对 DMAARM0 赋值 1，启用通道 0 的配置，使通道 0 处于工作模式。

（3）开启 DMA 传输：对 DMAREQ0 赋值 1，开启通道 0 的 DMA 传输。

（4）等待 DMA 传输完毕：通道 0 的 DMA 传输完毕后，就会触发中断，通道 0 的中断标志 DMAIRQ0 会被自动置 1，然后对两个字符串的每一个字符进行比较，并将校验结果发送至 PC。

3.8.4 开发实践：设备间高速数据传输

工业不断发展，对工业设备控制精度的要求越来越高，精度的提高同时带来的是数据量的变化，一个数据参数需要多个参数来对其修正，因此工业设备与控制台的数据流量也越来越大。为了提高数据传输效率，通常使用 DMA 来实现数据传输，通过 DMA 实现的数据传输可以发挥通信总线的数据传输潜力，提高硬件资源的利用效率。

本项目设计过程中使用串口的 DMA 功能，通过 DMA 使用串口向 PC 端的串口工具打印信息，通过这种程序设计实现数据的快速传输。

1．开发设计

1）硬件设计

本项目的硬件架构设计如图 3.56 所示。

CC2530 与 PC 是通过串口连接的，但串口的数据发送方式为 DMA，与一般的串口发送方式有所不同。

2）软件设计

软件设计主要有两方面，一方面是配置串口驱动，另一方面是配置 DMA。DMA 的内部数据传输，首先将内部的 A 地址的数据通过 DMA 传递给 B 地址，然后比较 A 地址和 B

地址的数据内容，如果 A 地址与 B 地址的数据内容相同则串口向 PC 打印数据正确信息；否则向 PC 打印数据错误信息。

软件设计流程如图 3.57 所示。

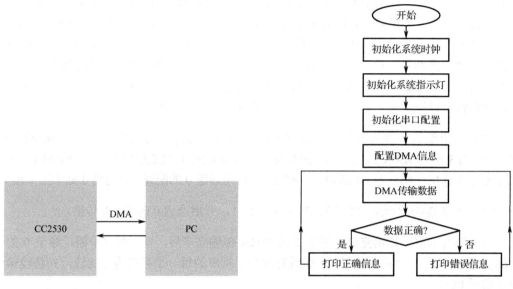

图 3.56　硬件架构设计图　　　　　图 3.57　软件设计流程

DMA 数据会循环发送，每次发送完成后系统都会检测发送的数据，通过对数据进行对比分析从而给出对比结果。DMA 在配置完成后将数据从原地址发送到设定地址，然后进行数据校对，最后通过串口向 PC 发送校验结果，如果校验结果为"{data=Correct!}"，表示DMA 数据发送成功；如果校验结果为"{data=Error!}"，表示 DMA 数据发送失败。

2．功能实现

串口配置主要针对串口的引脚配置，中断配置，串口的波特率、有效位、停止位、数据位、校验位等信息。

1）主函数模块

```
/*主函数*/
void main(void)
{
    xtal_init();                        //系统时钟初始化
    led_init();
    uart0_init(0x00,0x00);              //初始化串口
    lcd_dis();                          //在 LCD 上显示实验内容、MAC 地址等相关信息
    while(1) {
        dma_test();
    }
}
```

2）串口配置模块

```c
#include "uart.h"
char recvBuf[256];                                  //收到的数据存储在数组里
int recvCnt = 0;                                    //收到数据的数量
void uart0_init(unsigned char StopBits,unsigned char Parity)
{
    P0SEL |= 0x0C;                                  //初始化 UART0 端口
    PERCFG&= ~0x01;                                 //选择 UART0 为可选位置 1
    P2DIR &= ~0xC0;                                 //P0 优先作为串口 0
    U0CSR = 0xC0;                                   //设置为 UART 模式并使能接收
    U0GCR = 0x0A;
    U0BAUD = 0x3B;                                  //波特率设置为 38400
    U0UCR |= StopBits|Parity;                       //设置停止位与奇偶校验位
}
void uart_send_char(char ch)
{
    U0DBUF = ch;                                    //将要发送的数据填入发送缓存寄存器
    while(UTX0IF = = 0);                            //等待数据发送完成
    UTX0IF = 0;                                     //发送完成后将数据清 0
}
void uart_send_string(char *Data)
{
    while (*Data != '\0')                           //如果检测到空字符则跳出
    {
        uart_send_char(*Data++);                    //循环发送数据
    }
}
int uart_recv_char(void)
{
    int ch;
    while (URX0IF = = 0);                           //等待数据接收完成
    ch = U0DBUF;                                    //提取接收数据
    URX0IF = 0;                                     //发送标志位清 0
    return ch;                                      //返回获取到的串口数据
}
void uart_test(void)
{
    unsigned char ch;
    ch = uart_recv_char();                          //接收串口接收到的字节
    uart_send_char(ch);                             //串口发送接收到的字节
    if (ch = = '@' || recvCnt >= 256) {             //接收到@字符或者数据大于或等于256字节则结束
        recvBuf[recvCnt] = 0;
        uart_send_string("\r\n");
        uart_send_string(recvBuf);                  //串口发送字符串函数
        uart_send_string("\r\n");
```

```
            recvCnt = 0;                            //清空收到的数据
    } else {
            recvBuf[recvCnt++] = ch;                //用数组存储收到的数据
    }
}
```

3) DMA 配置模块

DMA 的配置方式主要是配置 DMA 使用的接口，配置内容有配置 DMA 的起始地址和目的地址，数据传输的数据块大小，数据传输过程中的数据长度，以及数据发送的先后顺序和源地址数据位增量。

```
/*DMA 传输函数*/
void dma_test(void){
    DMA_CFG dmaConfig;                                      //定义配置数据结构体

    char sourceString[]="{data=I'm the sourceString!}";                //源字符串
    char destString[sizeof(sourceString)]="{data=I'm the destString!}"; //目的字符串
    char i;
    char error=0;
    Uart_Send_String(sourceString);                        //传输前的原字符数组
    halWait(250);
    halWait(250);
    Uart_Send_String(destString);                          //传输前的目的字符数组
    // DMA 配置数据结构体
    dmaConfig.SRCADDRH=(unsigned char)((unsigned int)&sourceString >> 8);  //源地址
    dmaConfig.SRCADDRL=(unsigned char)((unsigned int)&sourceString);
    dmaConfig.DESTADDRH=(unsigned char)((unsigned int)&destString >> 8);   //目的地址
    dmaConfig.DESTADDRL=(unsigned char)((unsigned int)&destString);
    dmaConfig.VLEN=0x00;                                    //选择 LEN 作为传输长度
    dmaConfig.LENH=(unsigned char)((unsigned int)sizeof(sourceString) >> 8);  //传输长度
    dmaConfig.LENL=(unsigned char)((unsigned int)sizeof(sourceString));
    dmaConfig.WORDSIZE=0x00;                                //选择字节传输
    dmaConfig.TMODE=0x01;                                   //选择块传输模式
    dmaConfig.TRIG=0;                                       //无触发（可以理解为手动触发）
    dmaConfig.SRCINC=0x01;                                  //源地址增量为 1
    dmaConfig.DESTINC=0x01;                                 //目的地址增量为 1
    dmaConfig.IRQMASK=0;                                    //DMA 中断屏蔽
    dmaConfig.M8=0x00;                                      //选择 8 位长的字节来传输数据
    dmaConfig.PRIORITY=0x02;                                //传输优先级为高
    //将配置结构体的首地址赋予相关 SFR
    DMA0CFGH=(unsigned char)((unsigned int)&dmaConfig >> 8);
    DMA0CFGL=(unsigned char)((unsigned int)&dmaConfig);
    DMAARM=0x01;                                            //启用配置
    DMAIRQ=0x00;                                            //清除中断标志
    DMAREQ=0x01;                                            //启动 DMA 传输
    while(!(DMAIRQ&0x01));                                  //等待传输结束
```

```
halWait(250);
halWait(250);
for(i=0;i<sizeof(sourceString);i++)                    //校验传输的正确性
{
    if(sourceString[i]!=destString[i])
    error++;
}
if(error==0)                                            //将结果通过串口传输到 PC
{
    Uart_Send_String("{data=Correct!}");
    halWait(250);
    halWait(250);
    Uart_Send_String(destString);                       //传输后的目的字符数组
}
else
    Uart_Send_String("{data=Error!}");
    halWait(250);
    halWait(250);
}
}
```

3.8.5 小结

通过学习本节的内容，读者可以了解 DMA 的工作原理和模式，并学会配置 CC2530 的 DMA 接口，能够独立地进行一些简单的 CC2530 外设的驱动开发。

3.8.6 思考与拓展

（1）DMA 在实际应用中有什么优势？

（2）CC2530 在使用 DMA 时要配置哪些参数？

（3）DMA 由于避开了对 CPU 的使用，因此数据的发送可以达到理论的速率，通过这种方式可以极大地提高数据传输效率，现尝试使用串口的 DMA 模式通过串口向 PC 发送相关数据，通过改变串口波特率体会不同波特率下对数据传输速率的影响。

▌3.9 综合应用开发：计算机 CPU 温度调节系统设计与实现

在本章的理论分析和项目开发中，介绍了 CC2530 的工作机制、系统组件和工作原理，同时通过在不同场合的应用介绍了 CC2530 使用的广泛性及其在智能设备领域应用的重要性。但要掌握对 CC2530 的使用就需要在实际的项目案例中强化相关的知识，在项目中实现 CC2530 系统功能的应用，使用 CC2530 的接口技术进行综合性项目的开发。

3.9.1 理论回顾

1. GPIO

GPIO（General Purpose Input Output），即微处理器通用输入/输出接口，微处理器通过向 GPIO 控制寄存器写入数据可以控制 GPIO 口输入/输出模式，实现对某些设备的控制或信号采集的功能；另外也可以将 GPIO 进行组合配置，实现较为复杂的总线控制接口和串行通信接口。

CC2530 的 I/O 引脚作为 GPIO 时，可以组成 3 个 8 位端口，即端口 0、端口 1 和端口 2，分别表示为 P0、P1 和 P2，其中 P0 和 P1 是 8 位端口，而 P2 只有 5 位可用，所有端口均可以通过 SFR 寄存器对 P0、P1、P2 进行位寻址和字节寻址。

寄存器 PxSEL 中的 x 为端口标号（0～2），用来设置端口的每个引脚为 GPIO 或者外部设备 I/O 信号，默认情况下，系统复位后所有数字输入、输出引脚都设置为通用输入引脚。

寄存器 PxDIR 用来改变一个端口引脚的方向，设置为输入或输出，其中设置 PxDIR 的指定位设置为 1，对应的引脚设为输出；设置为 0，对应的引脚设为输入。

当读取 P0、P1 和 P2 的寄存器值时，不管引脚配置如何，输入引脚的逻辑值都被返回，但在执行读-修改-写期间不适用。当读取的是 P0、P1 和 P2 的寄存器中一个独立位时，返回的是寄存器的值而不是引脚上的值，可以被读取、修改并写回寄存器。

2. 外部中断

中断处理是指微处理器处理在程序运行中出现的紧急事件的过程。在程序运行过程中，系统外部、系统内部或者现行程序本身若出现紧急事件，微处理器将中止现行程序的运行，自动转入相应的处理程序（中断服务程序），待处理完后再返回原来的程序运行，这个过程称为程序中断。

在没有干预的情况下，微处理器的程序是在封闭状态下自主运行的，如果在某一时刻需要响应一个外部事件（如键盘或者鼠标），这时就会用到外部中断。具体来讲，外部中断是指在微处理器的一个引脚上，由于外部因素导致了一个电平的变化（如由高变低），通过捕获这个变化，微处理器内部自主运行的程序就会被暂时打断，转而去执行相应的中断服务程序，执行完后又回到原来中断的地方继续执行原来的程序。这个引脚上的电平变化，就申请了一个外部中断事件，而这个能申请外部中断的引脚就是外部中断的触发引脚。

外部中断是微处理器实时处理外部事件的一种内部机制，当某种外部事件发生时，微处理器的中断系统将迫使 CPU 中止正在执行的程序，转而去进行中断事件的处理；中断处理完毕后又返回被中断的程序处，继续执行原程序。

3. 定时/计数器

定时/计数器是一种能够对时钟信号或外部输入信号进行计数的器件，当计数值达到设定值时便向 CPU 提出处理请求，从而实现定时或计数的功能。

定时/计数器包含 3 个功能，分别是定时器功能、计数器功能和 PWM 输出功能，分析如下。

（1）定时器功能。对规定时间间隔的输入信号的个数进行计数，当计数值达到设定值时，说明定时时间已到。这是定时/计数器的常用功能，可用来实现延时或定时控制，其输入信号一般使用微处理器内部的时钟信号。

（2）计数器功能。对任意时间间隔的输入信号的个数进行计数，一般用来对外界事件进行计数，其输入信号一般来自微处理器外部开关型传感器，可用于生产线产品计数、信号数量统计和转速测量等方面。

（3）脉冲宽度调制（Pulse Width Modulation，PWM）输出功能。对规定时间间隔的输入信号的个数进行计数，根据设定的周期和占空比从 I/O 口输出控制信号，一般用来控制 LED 亮度或电机转速。

3. A/D 转换器

A/D 转换器可将连续变化的模拟信号转换为离散的数字信号。

模拟信号在时域上是连续的，可以将它转换为时间上离散的一系列数字信号。要求定义一个参数来表示新的数字信号采样来自模拟信号的速率，这个速率称为转换器的采样率（Sampling Rate）或采样频率（Sampling Frequency）。

A/D 转换器的分辨率指使输出数字量变化一个最小量时模拟信号的变化量，常用二进制的位数表示。例如，8 位的 A/D 转换器，其输出的刻度是 0～255，可以描述 256 个刻度的精度（2^8），当它测量一个 5 V 左右的电压信号时，其分辨率是 5 V 除以 256，即 0.02 V。

转换精度是指一个实际的 A/D 转换器和理想的 A/D 转换器相比的转换误差，绝对精度一般以分辨率为单位给出，相对精度则是绝对精度与满量程的比值。

4. 电源管理

电源管理技术在物联网领域更加侧重于低功耗方向，目前的电源管理低功耗设计主要从芯片设计和系统设计两个方面考虑。随着半导体工艺的飞速发展和芯片工作频率的提高，芯片的功耗迅速增加，而功耗增加又会导致芯片发热量的增大和可靠性的下降。因此，功耗已经成为深亚微米集成电路设计中的一个重要考虑因素。微处理器作为数字系统的核心部件，其低功耗设计对降低整个系统的功耗具有重要的意义。

CC2530 提供了四种不同的运行模式（供电模式），分别为 PM0（主动模式和空闲模式）、PM1、PM2 和 PM3。主动模式是一般模式，PM3 则为最低功耗模式。

5. 看门狗

微处理器系统运行以后可以同时启动看门狗，启动后看门狗就开始自动计数，如果计数时间到了系统设定的时间还不去清除看门狗，即喂狗操作，那么看门狗就会溢出从而引起看门狗中断，发出系统复位信号，使系统复位。

看门狗可以作为一个系统复位的方法，如果在设定时间内没有清除看门狗，看门狗就复位系统。看门狗可用于受到电气噪声、电源故障、静电放电等影响的应用，或需要高可靠性的环境。如果一个应用不需要看门狗功能，可以将看门狗配置为一个间隔定时器，这样可以用于在设定的时间产生中断。

WDT 模块的运行由 WDCTL 寄存器控制，看门狗包括一个 15 位计数器，它的频率由 32 kHz 时钟源规定。注意用户不能获得 15 位计数器的内容。在所有的供电模式下，15 位计数器的内容保留，且当重新进入主动模式，看门狗将继续计数。

6. 串口通信

串行通信的特点是：数据的传输是按位顺序一位一位地发送或接收的，最少只需一根传输线即可完成；成本低但传输速率慢。串行通信的距离可以从几米到几千米；根据信息的传输方向，串行通信可以进一步分为单工、半双工和全双工三种。

串口通信常用的参数有波特率、数据位、停止位和校验位，两个通信的端口的参数必须匹配。异步串行通信的数据帧由起始位、数据位、校验位、停止位构成，异步串行通信的最大传输波特率是 115200 bps。

3.9.2　开发实践：计算机 CPU 温度调节系统

CPU 在运算过程中会产生大量热量，为了保证 CPU 能够稳定、正常工作，需要实时保证 CPU 工作环境的稳定。CPU 环境工作稳定有几方面要素，除了最基本的供电保证，CPU 在工作时本身也会发热，运算量越大，发热量就越大，因此对 CPU 的温度调节也是重要环节。CPU 内部拥有一个功耗墙设计，简称 TDP。TDP 用于对 CPU 温度的调节，通过 TDP 可以保证 CPU 在过热时降频，以防止烧毁芯片。本节介绍的综合开发实例使用 CC2530 模拟 CPU 温度调节系统，通过 CC2530 开发平台，按键 KEY1 和 KEY2 模拟 PC 的开机键和重启键，按一次 KEY1 开机，再按一次 KEY1 则休眠（PM3 模式），再按一次退出休眠；每按一次 KEY2 就重启一次系统；使用 ADC 对芯片的片上温度进行采集，通过串口向串口调试助手发送芯片温度信息，发送一次 LED2 闪烁一次，通过看门狗对系统运行进行保障，喂一次狗 LED1 闪烁一次；喂狗、片上温度采集、LED 灯闪烁由定时器控制，所有操作结果会在串口调试上打印；通过继电器模拟风扇，大于设定温度时开启风扇，温度降下来后关闭风扇。

1. 开发设计

计算机 CPU 温度调节系统的开发分为两个方面，一方面针对硬件，另一方面针对软件，硬件方面主要是系统的硬件设计和组成，软件方面则是针对硬件设备的设备驱动和软件的控制逻辑。

1）硬件设计

本次综合设计并未使用传感器设备，因此计算机 CPU 调节系统的开发硬件部分主要是针对 CC2530 的基本外设，其中使用到按键、LED 和继电器，按键模拟 PC 的开/关机和重启按钮，继电器则作为风扇的控制开关。计算机 CPU 温度调节系统硬件框架设计如图 3.58 所示。

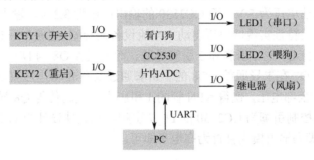

图 3.58　硬件架构设计

图中有三类外设，分别是控制设备、采集设备和通信设备。采集设备为按键 KEY1 和 KEY2，通过捕获按键按动引起的电平变化，由电平变化触发系统的相关操作。控制设备则为 LED 和继电器，CC2530 通过控制引脚的电平控制 LED 和继电器。通信设备是 PC，通过串口与 PC 相连可从串口调试助手接收到串口数据。

（1）按键硬件设计。按键 KEY1 和按键 KEY2 的硬件原理图如图 3.59 所示。

按键在没有按下时按键 KEY1 的 1 引脚和 2 引脚时断开的，此时 CC2530 的 P1_2 引脚通过电阻 R87 与 3.3 V 电源相连，由于 CC2530 引脚在输入模式时为高阻态，所以此时 P1_2 测得电压为 3.3 V，为高电平。当按键 KEY1 按下时按键的 1 引脚和 2 引脚导通，P1_2 引脚的电压被拉低，所以此时检测到按键的电平为低电平。Lite 节点的两个按键 KEY1 和 KEY2 分别对应 CC2530 的 P1_2 和 P1_3 引脚，因此对按键检测主要是配置这两个引脚。

（2）指示灯硬件设计。控制设备指示灯 LED1（即 D1）和 LED2（即 D2）的硬件原理图如图 3.60 所示。

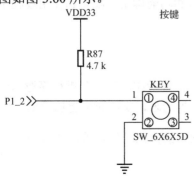

图 3.59　按键的硬件原理图

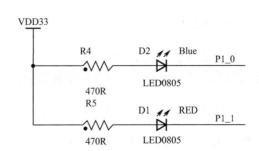

图 3.60　控制设备指示灯 LED1 和 LED2 的硬件原理图

LED1 与 LED2 的一端接电阻，另一端接在 CC2530 端口上，电阻的另一端连接在 3.3 V 的电源上。LED1 与 LED2 采用的是正向连接导通的方式，当 P1_0 和 P1_1 引脚为高电平（3.3 V）时 LED1 与 LED2 电压相同，无法形成压降，因此 LED1 与 LED2 不导通，LED1 与 LED2 熄灭。反之当 P1_0 和 P1_1 引脚为低电平时 LED1 与 LED2 两端形成压降则 LED1 与 LED2 点亮。

（3）继电器硬件设计。继电器的硬件原理图如图 3.61 所示。

由于继电器驱动电压为 5 V，而 CC2530 的输出电压为 3.3 V，输出能力不足，因此需要通过三极管的开关特性实现低电压驱动大电流设备的控制，电路中三极管 Q7 为 PNP 管，通过输入低电平可使 Q7 的 2 引脚和 3 引脚导通。而三极管 Q8 为 NPN 管，NPN 管需要提供高电平导通，但 Q7 在未导通前，Q8 的 1 引脚通过 R95 使得电压置低。因此当 Q7 导通时因为 R95 分担了全部电压，使得 NPN 管的 1 引脚电平变高使得 Q8 导通，此时继电器被驱动。继电器 1 的控制引脚为 CC2530 的 P0_7 引脚，在软件设计中如果要控制继电器 1，只需配置 P0_7 引脚为输出模式且置为高电平即可。

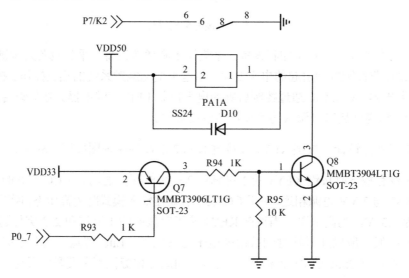

图 3.61　继电器的硬件原理图

（4）串口。通信模块串口属于 CC2530 的外设，引脚和功能确定，配置和使用过程中注意设置串口的基本参数和中断配置即可。

2）软件设计

系统的软件设计需要从软件的项目原理和业务逻辑来综合考虑，通过分析程序逻辑中每个部分的程序逻辑分层，以便使软件的设计脉络变得更加清晰，实施起来更加简单。

（1）需求分析。通过认真阅读项目需求后可以得出项目的几点功能需求，具体如下：

● 按键控制系统开机、关机和重启。
● CC2530 调节 CPU 的温度。

● 对系统进行监控，维持系统的正常运行。

● 能够通过串口向 PC 打印相关数据。

（2）功能分解。一个比较大的系统可以拆分为多个事件，而计算机 CPU 温度控制系统就可以拆分为 4 个事件，这 4 个事件既相互独立又相互关联。任何一个系统项目都可以根据实际的设计情况将系统分解为四层，这四层分别为应用层、逻辑层、硬件抽象层、驱动层。应用层主要用于实现系统项目事件，逻辑层为单个事件提供逻辑实现，硬件抽象层则是在项目任务场景下抽象出来的设备并为逻辑层提供操作素材，驱动层则与硬件抽象层进行交互，以实现硬件抽象层的功能。软件设计逻辑分层如图 3.62 所示。

对这 4 个事件进行分析可以了解到，可以将计算机 CPU 温度控制系统分解为 4 个独立的事件，系统中这 4 个事件的协调工作，能够保证系统的顺利运行，因此梳理它们之间的关系可以让系统的设计脉络变得更加清晰。

要实现项目系统分解出来的单个事件，就是需要分析事件的操作逻辑，如事件的实现需要用到哪些系统设备，系统设备之间又具有怎样的逻辑关系等。例如，CC2530 调节 CPU 温度需要获取 CPU 温度并控制风扇转动，而这两者之间又存在阈值限制的逻辑关系；又如监测系统工作维持系统正常运行，这

图 3.62　软件设计逻辑分层

需要用到 CC2530 的看门狗，同时喂狗要操作要通过 LED2 来指示等，这些工作都是由逻辑层来完成的。

（3）实现方法。通过对项目系统的分析得出事件后，就可以考虑事件的实现方式。事件的实现方式需要根据项目本身的设定和资源来进行相对应的分析，通过分析可以确定系统中抽象出来的硬件外设，通过对硬件外设操作可以实现对事件的操作。例如，控制系统开、关机和重启的外设为按键 KEY1 和 KEY2，但实际抽象到事件本身可以将其理解为系统的操作按钮；又如调节 CPU 温度的继电器在系统场景中被直接抽象成风扇。

（4）功能逻辑分解。将事件的实现方式设置为项目场景设备的实现抽象以后，就可以轻松地建立项目设计模型了，因此接下来要做的事情是将硬件与硬件抽象的部分进行一一对应即可。例如，获取 CPU 温度对应的硬件是 CC2530 的 ADC，而项目系统中对开、关机和重启操作的操作按钮则是与系统的按键对应起来的等。在对应的过程中可以实现硬件设备与项目系统本身的联系，同时又让应用层与驱动层的设计变得更加独立，具有较好的耦合性。通过上述分析可知，计算机 CPU 温度调节系统的逻辑分解如图 3.63 所示。

通过系统的逻辑分解，可以清晰地了解系统的每个功能细节。程序的实现过程中应按照从下至上的思路进行，上一层的功能设计均以下层为基础，只有下层的软件设计稳定才能保证上层程序不出现功能性的问题。

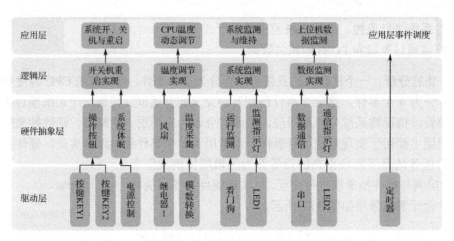

图 3.63　计算机 CPU 温度调节系统的逻辑分解图

2．功能实现

由于代码较长，后文中代码主要以头文件展示为主，仅展示部分重要代码的源文件。

1）驱动层软件设计

驱动层软件设计主要是对系统相关的硬件外设与和驱动进行编程，驱动层编程的对象有按键、LED、继电器、电源管理、串口、看门狗、定时器等。

（1）按键驱动模块。按键的驱动文件名为 key.c，该文件主要用于完成按键的初始化、按键监测状态与反馈等，该文件为硬件抽象层提供操作接口。按键操作函数头文件如下：

```
/************************************************************************
* 宏条件编译
************************************************************************/
#ifndef __KEY_H__
#define __KEY_H__
#include <ioCC2530.h>                    //引入 CC2530 所对应的头文件（包含各 SFR 的定义）
#include "sleep.h"
#include "delay.h"
#define K1                P1_2           //引脚宏定义
#define K2                P1_3           //引脚宏定义
#define KEY_N             0              //未操作标号
#define KEY_1             1              //KEY1 操作标号
#define KEY_2             2              //KEY2 操作标号
#define NONE_PRESS        0              //未按标号
#define SHORT_PRESS       1              //短按标号
#define LONG_PRESS        2              //长按标号
#define TIME_SHORT        2              //短按时长定义
#define TIME_LONG         10             //长按时长定义
typedef struct
{
    unsigned char key_position;         //按键键位
```

```
    unsigned char press_state;                    //按下状态
}keyPressStruct;
/****************************** 函数声明*******************************/
void key_init(void);                              //引脚初始化函数
keyPressStruct* key_status(void);                 //按键状态获取，返回按键键位和按下状态
#endif /* __KEY_H_ */
```

（2）继电器驱动模块。继电器驱动头文件如下：

```
#include <ioCC2530.h>
#define RELAY1          P0_6                       //引脚宏定义
#define RELAY2          P0_7                       //引脚宏定义
define RELAY_1          0x01                       //继电器 1 操作标号
#define RELAY_2         0x02                       //继电器 2 操作标号
#define RELAY_ALL       0x03                       //继电器全部操作标号
#define RELAY_ON        0                          //开操作宏定义
#define RELAY_OFF       1                          //关操作宏定义
//继电器操作结构体
typedef struct
{
    unsigned char relay_num;                       //继电器操作标号
    unsigned char relay_state;                     //继电器控制状态
}relayCtrlStruct;
```

继电器驱动源代码如下：

```
#include "relay.h"
/****************************************************************
* 名称：relay_init()
* 功能：继电器初始化
****************************************************************/
void relay_init(void)
{
    P0SEL &= ~0xC0;                                //配置引脚为通用 IO 模式
    P0DIR |= 0xC0;                                 //配置控制引脚为输入模式
    RELAY1 = RELAY2 = RELAY_OFF;
}
unsigned char relay_ctrl(unsigned char cmd)
{
    switch(cmd){
    case 0:
        RELAY1 = RELAY_OFF;
        RELAY2 = RELAY_OFF;
        return 1;
    case 1:
        RELAY1 = RELAY_ON;
        RELAY2 = RELAY_OFF;
```

```
                return 1;
        case 2:
            RELAY1 = RELAY_OFF;
            RELAY2 = RELAY_ON;
            return 1;
        case 3:
            RELAY1 = RELAY_ON;
            RELAY2 = RELAY_ON;
            return 1;
        default:
            return 0;
    }
}
```

（3）LED 信号灯驱动模块。LED 信号灯驱动头文件如下：

```
include <ioCC2530.h>                        //引入 CC2530 所对应的头文件（包含各 SFR 的定义）
#define D1              P1_1                 //宏定义 LED1 灯控制引脚 P1_1
#define D2              P1_0                 //宏定义 LED2 灯控制引脚 P1_0
#define LED_ON          0                    //宏定义灯开状态控制为 NO
#define LED_OFF         1                    //宏定义关闭状态控制为 OFF
#define LED_1           0x01
#define LED_2           0x02
#define LED_ALL         0x03
void led_init(void);                        //LED 控制引脚初始化函数
signed char led_ctrl(unsigned char cmd);    //LED 控制
```

LED 信号灯驱动源代码如下：

```
#include "led.h"
/*******************************************************************************
 * 名称：led_init()
 * 功能：LED 控制引脚初始化
 ******************************************************************************/
void led_init(void)
{
    P1SEL &= ~0x03;         //配置控制引脚（P1_0、P1_1）为通用 IO 模式
    P1DIR |= 0x03;          //配置控制引脚（P1_0、P1_1）为输出模式
    D1 = LED_OFF;           //初始状态为关闭
    D2 = LED_OFF;           //初始状态为关闭
}
/*******************************************************************************
 * 名称：led_ctrl()
 * 功能：LED 控制开关函数
 * 参数：LED 号，在 led.h 中宏定义为 D1，D2
 * 返回：0 表示打开 LED 成功，-1 表示参数错误
 ******************************************************************************/
```

```
signed char led_ctrl(unsigned char cmd)
{
    switch(cmd){
    case 0:
        D1 = LED_OFF;
        D2 = LED_OFF;
        return 1;
    case 1:
        D1 = LED_ON;
        D2 = LED_OFF;
        return 1;
    case 2:
        D1 = LED_OFF;
        D2 = LED_ON;
        return 1;
    case 3:
        D1 = LED_ON;
        D2 = LED_ON;
        return 1;
    default:
        return 0;
    }
}
```

（4）CC2530 的 ADC 温度采集模块。ADC 温度采集驱动源代码如下：

```
#include "cputemper.h"
void internalADC_init(void)
{
    ATEST = 0X01;                        //开启温度传感器
    TR0 = 0X01;                          //将温度传感器与 ADC 连接起来
}
float get_CPUtemper(void)
{
    unsigned int    value;
    ADCCON3   = (0x3E);                  //选择 1.25 V 为参考电压，12 位分辨率，对片内温度传感器采样
    ADCCON1 |= 0x30;                     //选择 ADC 的启动模式为手动
    ADCCON1 |= 0x40;                     //启动 A/D 转化
    while(!(ADCCON1 & 0x80));            //等待 A/D 转化结束
    value =    ADCL >> 4;
    value |= ((unsigned short)ADCH << 4);  //取得最终转化结果，存入 value 中
    return (value - 1367.5)/4.5;         //获取温度
}
```

（5）电源控制驱动模块。

```
#include "sleep.h"
```

```
void PowerMode(unsigned char mode)
{
    if(mode<4)
    {
        SLEEPCMD &= 0xfc;                    //将 SLEEP.MODE 清 0
        SLEEPCMD |= mode;                    //选择电源模式
        PCON |= 0x01;                        //启用此电源模式
    }
}
void quit_PowerMode(void)
{
    PCON = 0x00;                             //唤醒系统，进入正常模式
}
```

（6）看门狗驱动模块。

```
#include "watch_dog.h"
/*************************************************************************
* 名称：watchdog_init()
* 功能：看门狗代码初始化
*************************************************************************/
void watchdog_init(void)
{
    WDCTL   = 0x00;                          //IDLE 时才能设置看门狗
    WDCTL |= 0x08;                           //定时器间隔选择，间隔 1 s
}
/*************************************************************************
* 名称：feet_dog()
* 功能：喂狗操作
*************************************************************************/
void feet_dog(void)
{
    WDCTL = 0xA0;                            //清除定时器，当 0xA0 跟随 0x5 写到这些位，定时器被清除
    WDCTL = 0x50;
}
```

（7）串口操作驱动模块

```
#include "uart.h"
char recvBuf[256];                           //收到的数据存储在数组里
int recvCnt = 0;                             //收到数据的数量
/*************************************************************************
* 名称：uart0_init(unsigned char StopBits,unsigned char Parity)
* 功能：串口 0 初始化
*************************************************************************/
void uart1_init(unsigned char StopBits,unsigned char Parity)
{
```

```
        P1SEL |= 0xC0;                          //初始化 UART1 端口
        PERCFG|= 0x02;                          //选择 UART1 为可选位置二
        P2DIR &= ~0x80;                         //P0 优先作为串口 0
        U1CSR = 0xC0;                           //设置为 UART 模式，而且使能接收器
        U1GCR = 0x0A;
        U1BAUD = 0x3B;                          //波特率设置为 38400
        U1UCR |= StopBits|Parity;               //设置停止位与奇偶校验位
}
/********************************************************************************
* 名称：uart_send_char()
* 功能：串口发送字节函数
********************************************************************************/
void uart_send_char(char ch)
{
        U1DBUF = ch;                            //将要发送的数据填入发送缓存寄存器
        while(UTX1IF == 0);                     //等待数据发送完成
        UTX1IF = 0;                             //发送完成后将数据清 0
}
/********************************************************************************
* 名称：uart_send_string(char *Data)
* 功能：串口发送字符串函数
********************************************************************************/
void uart_send_string(char *Data)
{
        while (*Data != '\0')                   //如果检测到空字符则跳出
        {
                uart_send_char(*Data++);        //循环发送数据
        }
}
/********************************************************************************
* 名称：int uart_recv_char()
* 功能：串口接收字节函数
********************************************************************************/
int uart_recv_char(void)
{
        int ch;
        while (URX1IF == 0);                    //等待数据接收完成
        ch = U1DBUF;                            //提取接收数据
        URX1IF = 0;                             //发送标志位清 0
        return ch;                              //返回获取到的串口数据
}
```

（8）定时器驱动模块。系统定时器没有直接参与抽象层和逻辑层的操作，而是作为事件的调度功能使用的，通过配置定时器中断发生的时基，以时基为最小时间片，通过累计最小时间片，当累计到事件设定的时间间隔数量时，则通过设定标志位来触发事件。定时器配置头文件如下：

```
#include <ioCC2530.h>
#include "led.h"
#define FEET_DOG_TIME          90              //配置 900 ms 喂一次狗
#define GET_TEMPER_TIME        200             //配置 2 s 采集一次温度数据
#define KEY_CHECK_TIME         10              //配置 100 ms 检测一次按键
#define LED_ON_TIME            10              //LED 闪烁时长为 100 ms
typedef struct
{
    unsigned char keyCheckFlag;               //喂狗操作标志位
    unsigned char getTemperFlag;              //温度获取标志位
    unsigned char feetdogFlag;                //喂狗操作标志位
}sysflagstruct;
void tim1_init(void);                         //定时器初始化
```

定时器的操作函数如下：

```
#include "systim.h"
extern sysflagstruct sysflagstructure;
extern unsigned char ledState;
unsigned int counter = 0;
unsigned char led1_on_time = 0;
unsigned char led2_on_time = 0;
void tim1_init(void)
{
    T1CTL |= 0x06;              //8 分频，模模式，从 0 计数到 T1CC0
    T1CC0L = 0x40;             //定时器 1 通道 0 捕获/比较值低位
    T1CC0H = 0x9C;             //定时器 1 通道 0 捕获/比较值高位，定义 10 ms 进一次中断
    T1CCTL0 |= 0x44;           //定时器 1 通 0 捕获/比较控制
    T1IE = 1;                  //设定定时器 1 中断使能
    EA = 1;                    //设定总中断使能
}
#pragma vector = T1_VECTOR
__interrupt void T1_ISR(void)
{
    EA=0;                      //关总中断
    counter++;                 //统计进入中断的次数
    if((counter % FEET_DOG_TIME) == 0){        //如果事件满足喂狗操作
        sysflagstructure.feetdogFlag = 1;      //喂狗标志位置 1
        ledState |= LED_1;                     //配置 LED1 为打开
    }
    if((counter % GET_TEMPER_TIME) == 0){      //如果时间满足则执行温度获取操作
        sysflagstructure.getTemperFlag = 1;    //温度操作标志位置 1
        ledState |= LED_2;                     //配置 LED2 为打开
    }
    if((counter % KEY_CHECK_TIME) == 0){       //如果时间满足则执行按键检测
        sysflagstructure.keyCheckFlag = 1;     //按键检测标志位置 1
```

```
    }
    if(ledState != 0){                                  //如果 LED 打开
        if(ledState & LED_1) led1_on_time ++;            //LED1 延时
        if(ledState & LED_2) led2_on_time ++;            //LED2 延时
        if(led1_on_time == LED_ON_TIME){                 //如果计数超时
            ledState &= ~LED_1;                          //关闭 LED1
            led1_on_time = 0;                            //计时清 0
        }
        if(led2_on_time == LED_ON_TIME){                 //如果计数超时
            ledState &= ~LED_2;                          //关闭 LED2
            led2_on_time = 0;                            //计数清 0
        }
    }
    T1IF=0;                                              //中断标志位清 0
    EA=1;                                                //开总中断
}
```

2）硬件抽象层软件设计

硬件抽象层主要是将系统底层的驱动封装成系统场景下对应的控制设备，从而使系统硬件与系统应用联系起来，为逻辑层操作提供素材和支撑。

硬件抽象层主要有操作按钮、系统休眠、风扇、指示灯等，为了方便操作，有些硬件抽象层函数直接在驱动层处理了，此处只展示与硬件抽象层相关源代码。

（1）操作按钮模块。操作按钮的操作函数主要是在按键基础上进行的封装，操作按钮的函数内容如下：

```
#include "buttonmonitor.h"
extern keyPressStruct *keyPressStructure;               //按键状态反馈结构体
unsigned char reset_system = 1;                         //系统重启标志位
unsigned char sleep_flag = 0;                           //系统休眠标志位
/*****************************************************************************
* 名称：buttonMonitor_Operation()
* 功能：系统功能按键监测
*****************************************************************************/
void buttonMonitor_Operation(void)
{
    keyPressStructure = key_status();                   //获取按键状态
    /*进行按键操作*/
    if(keyPressStructure->key_position == KEY_1){       //如果按键 1 按下
        if(keyPressStructure->press_state == SHORT_PRESS){  //如果为短按
            uart_send_string("KEY1 is short press !");   //打印短按信息
        }
        if(keyPressStructure->press_state == LONG_PRESS){  //如果为长按
            uart_send_string("KEY1 is long press !");    //打印长按信息
        }
```

```
            uart_send_string("\r\n");                              //打印换行信息
            if(sleep_flag == 0){                                   //如果系统睡眠标志位无效
                sleep_flag = 1;                                    //配置系统睡眠标志位有效
            }
        }
        if(keyPressStructure->key_position == KEY_2){              //如果按键 2 按下
            if(keyPressStructure->press_state == SHORT_PRESS){     //如果为短按
                uart_send_string("KEY2 is short press !");         //打印短按信息
            }
            if(keyPressStructure->press_state == LONG_PRESS){      //如果为长按
                uart_send_string("KEY2 is long press !");          //打印长按信息
            }
            uart_send_string("\r\n");                              //打印换行
            uart_send_string("The system will be restarted!\r\n"); //打印系统重启信息
            reset_system = 0;                                      //系统重启标志位有效
        }
    }
```

（2）信号指示灯模块。信号指示灯主要是在 LED 灯的操作基础上进行的，将 LED 控制封装为系统信号指示灯可以使软件操作更加清晰，系统信号灯操作内容如下：

```
#include "signallamp.h"
extern unsigned char ledState;                                    //LED 状态标志位
/********************************************************************************
 * 名称：signalLamp_Operation()
 * 功能：信号指示灯操作函数
 ********************************************************************************/
void signalLamp_Operation(void)
{
    led_ctrl(ledState);                                           //执行 LED 操作函数
}
```

（3）系统检测模块。系统检测主要是通过软件定时喂狗完成的，通常情况下单纯的看门狗并不能表现出系统检测的特性，将看门狗函数进行封装后，从函数上表现系统运行检测可以让系统检测的功能变得更加清晰。系统检测操作函数如下：

```
#include "syscheck.h"
extern unsigned char reset_system;                                //系统重启参数标志位
/********************************************************************************
 * 名称：systemCheck_Operation()
 * 功能：系统监测操作
 ********************************************************************************/
void systemCheck_Operation(void)
{
    if(reset_system){                                             //如果系统重启标志位无效
        feet_dog();                                               //喂狗
```

```
        uart_send_string("System feet dog is OK!");              //打印喂狗信息
        uart_send_string("\r\n");                                //打印换行
    }
}
```

（4）系统开、关机操作模块。系统开、关机主要是通过将 CC2530 的电源功耗调节为最低，即 PM3 模式，该模式下 CC2530 的时钟、晶振均停止，电功耗配置为最低，只保留中断唤醒功能。由于按键操作是通过循环检测来完成的，中断会对系统操作造成影响，所以此处需要在系统关机前配置按键中断，在系统唤醒后再关闭中断。系统开关机操作设计如下：

```
#include "sysdormancy.h"
extern unsigned char sleep_flag;
/*******************************************************************
* 名称：systemDormancy_Operation()
* 功能：系统休眠关机操作
*******************************************************************/
void systemDormancy_Operation(void)
{
    if(sleep_flag){                                              //如果休眠关机标志位有效
        /*打印系统即将休眠信息*/
        uart_send_string("System entry into the shutdown program!\r\n");
        /*配置并开启按键中断，通过中断唤醒，以达到开机的效果*/
        EA = 0;                                                  //关总中断
        IEN2 |= 0x10;                                            //端口 1 中断使能
        P1IFG &= ~0x04;                                          //中断标志清 0
        P1IF = 0;                                                //中断已判决
        EA = 1;                                                  //开总中断
        PowerMode(PM3);                                          //系统进入深度休眠模式
    }
}
```

（5）风扇控制模块。风扇在硬件上对应的是继电器，所以实际是针对继电器的操作，风扇的操作函数是将继电器操作函数进行的封装。风扇操作函数内容如下：

```
#include "dissipateheat.h"
extern unsigned char relayState;                                //继电器操作状态
unsigned char last_fan_state;                                   //上一次继电器状态
/*******************************************************************
* 名称：dissipateHeat_Operation()
* 功能：系统休眠关机操作
*******************************************************************/
void dissipateHeat_Operation(void)
{
    if(relayState != last_fan_state){                           //检测此次继电器操作变化
        relay_ctrl(relayState);                                 //继电器控制操作
```

```
        last_fan_state = relayState;                              //存储上一次状态
        if(relayState & RELAY_1){                                 //判断继电器的控制状态
            uart_send_string("Dissipate heat fan is ON !");       //打开风扇打开信息
        }else{
            uart_send_string("Dissipate heat fan is OFF !");      //关闭风扇关闭信息
        }
        uart_send_string("\r\n");                                 //打印换行信息
    }
}
```

3）系统逻辑层软件设计

逻辑层设计主要针对风扇的控制这部分，风扇的开关操作涉及芯片温度的采集、阈值判断以及风扇的开关控制。温度调节功能相关函数如下：

```
#include "temperadjust.h"
extern unsigned char relayState;                                 //继电器状态控制标志位
float cpu_temperature = 0;                                       //芯片温度采集参数
char buff[128];                                                  //内存缓冲
/*******************************************************************************
* 名称：cpuTemperAdjust_Operation()
* 功能：芯片温度操作
*******************************************************************************/
void cpuTemperAdjust_Operation(void)
{
    cpu_temperature = get_CPUtemper();                           //获取芯片温度信息
    /*将芯片温度信息写入数组中*/
    sprintf(buff,"The CUP temperature is: %2.2f℃\r\n", cpu_temperature);
    uart_send_string(buff);                                      //发送系统温度信息
    /*更新风扇控制继电器标志*/
    if(CPU_TEMPER_THRESHOLD <= cpu_temperature) relayState |= RELAY_1;//温度大于阈值开启风扇
    else relayState &= ~RELAY_1;                                 //温度小于阈值关闭风扇
}
```

4）应用层软件设计

应用层软件设计主要是针对系统的事件调度，前面已经讲到系统的事件调度是通过定时器设定标志位来实现的，当设定任务的时间到达时相应的标志位会被置 1 从而执行任务，通过这种方式可以防止系统因为某个事件的操作而对另一个事件的操作造成影响，从而提高系统的利用率。应用层软件设计主要是在 main 函数中实现的。main 函数的源代码如下：

```
#include <ioCC2530.h>                                            //CC2530 芯片头文件
#include "sysinit.h"                                             //系统初始化头文件
#include "syscheck.h"                                            //系统运行检测头文件
#include "signallamp.h"                                          //信号指示灯操作头文件
#include "temperadjust.h"                                        //芯片温度监测头文件
#include "dissipateheat.h"                                       //散热系统控制头文件
```

```
#include "buttonmonitor.h"                              //按键控制头文件
#include "sysdormancy.h"                                //系统休眠与关机控制头文件

extern sysflagstruct sysflagstructure;                 //系统运行条件控制结构体
/************************************************************************
* 名称：main()
************************************************************************/
void main(void)
{
    systemInit();                                       //系统初始化

    while(1){                                           //系统主循环
        /*系统喂狗操作条件判断*/
        if(sysflagstructure.feetdogFlag){               //判断喂狗标志位
            systemCheck_Operation();                    //执行喂狗操作
            sysflagstructure.feetdogFlag = 0;           //清空喂狗标志位
        }
        /*芯片温度监测条件判断*/
        if(sysflagstructure.getTemperFlag){             //判断芯片温度监控标志位
            cpuTemperAdjust_Operation();                //执行芯片温度监控操作
            sysflagstructure.getTemperFlag = 0;         //清空温度监控标志位
        }
        /*外部按键监测条件判断*/
        if(sysflagstructure.keyCheckFlag){              //判断按键监测标志位
            buttonMonitor_Operation();                  //执行按键监测
            sysflagstructure.keyCheckFlag = 0;          //清空按键监测标志位
        }
        systemDormancy_Operation();                     //系统开关机操作
        dissipateHeat_Operation();                      //系统芯片散热控制
        signalLamp_Operation();                         //系统信号指示灯操作
    }
}
```

至此整个软件的设计就算完成了，通过测试保证系统稳定即可实现应用。

3.9.3　小结

通过项目综合应用开发，本节对 CC2530 的外设属性和原理进行了回顾。针对 CC2530 的外设，在实际的应用中都只是实现某些特定的功能，更重要的是项目工程编程思想的学习。项目工程可以分解为四层：应用层、逻辑层、硬件抽象层和驱动层，在更大的项目中层次可能会更加细化。总体来讲，将一个综合项目通过细化分解为这四个层次，可以使得系统程序设计的逻辑变得更加清晰，加快程序开发速度，缩短开发周期。

3.9.4 思考与拓展

（1）一个综合项目可以被分解为哪几个层次？

（2）软件设计的层次之间是什么关系？

（3）在软件设计中，为何要在关机功能的代码中设计按键的中断配置？

（4）系统的事件调度是如何实现的？

第4章 嵌入式系统

本章引导读者初步认识对嵌入式的发展概况，学习 ARM 微处理器的基本原理和功能，学习 STM32 开发平台的构成以及开发环境的搭建，初步探索 IAR for ARM 的开发环境和在线调试，掌握 STM32 开发环境的搭建和调试。

4.1 ARM 嵌入式开发平台

ARM 微处理器具有体积小、低功耗、低成本、高性能等优点，采用 32 位精简指令集（RISC）微处理器架构，被广泛应用于多个领域的嵌入式系统设计中，如消费类多媒体、教育类多媒体、嵌入控制、移动式应用以及 DSP 等。ARM 技术被授权于多个厂家，每个厂家都有各自特有的 ARM 产品和服务。经过近年来的发展，ARM 很快成为 RISC 标准的缔造者和引领者，并在嵌入式系统微处理器领域中稳坐"霸主"地位。

ARM 微处理器具有不同的产品系列，其使用方式也不同。Cortex-A 系列微处理器常用来作为全功能微处理器使用，可运行 Android、Linux 或 Windows 等操作系统，需要使用特殊的方法进行程序编译和烧录。Cortex-M 系列微处理器是作为具有特定功能的嵌入式微处理器而设计的，芯片既可运行裸机程序，也可运行小型的嵌入式操作系统，但本质上都是一次性程序下载，因此 Cortex-M 系列微处理器的程序需要在特定的开发环境上开发，调试完成后再通过仿真器将程序下载到微处理器中。ARM Cortex-M4 结构示意图如图 4.1 所示。

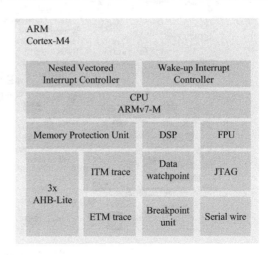

图 4.1　ARM Cortex-M4 结构

4.1.1　嵌入式 ARM

1. ARM 简介

ARM 是 32 位精简指令集（RISC）微处理器，具有低成本、高性能、低功耗等优点，被广泛用于多个领域的嵌入式系统中。ARM 是对一类微处理器的称统，也是一个公司的名字。ARM 于 1983 年开始由 Acorn 电脑公司（Acorn Computers Ltd）设计，在 1985 年时开发出了 ARM1。在 20 世纪 80 年代晚期，Acorn 公司开始与苹果公司合作开发新版的 ARM 内核，并在 1990 年成立 ARM（Advanced RISC Machines Ltd.）公司。在 1991 年发布了 ARM6，从 ARM7 开始 ARM 内核被普遍认可和广泛使用，以后陆续推出了 ARM9TDMI、ARM9E、ARM10E、XScale、ARM11、ARMv6T2、ARMv6KZ、ARMv6K、Cortex。ARM 公司的经营模式在于出售其半导体知识产权核心（IP Core），由合作公司生产各具特色的芯片。

目前，有几十家大的半导体公司在使用 ARM 公司的授权，使得 ARM 技术获得更多第三方工具和软件的支持，有更好的软件开发和调试环境，从而加快了产品的开发。目前，ARM 微处理器广泛应用在消费电子产品、便携式设备、电脑外设、军用设施中。

ARM 微处理器之所以能够在 32 位微处理器市场上占有较大的市场份额，主要是由于 ARM 微处理器具有功耗小、成本低、功能强，非常适合作为嵌入式微处理器使用。目前，ARM 微处理器已经深入工业控制、无线通信、网络应用、消费类电子产品和安全产品等多个领域。ARM 产品链如图 4.2 所示。

图 4.2　ARM 产品链

2．ARM 系列微处理器

由于 ARM 公司成功的商业模式，使得 ARM 微处理器在嵌入式市场上取得了巨大的成功。ARM 微处理器体系结构的发展经历了 v1 到 v6 的变迁，在 v6 后 ARM 微处理器的体系结构采用了新的分类。ARM 公司于 2004 年开始推出基于 ARMv7 架构的 Cortex 系列内核，该内核又可细分为三大系列：Cortex-A、Cortex-M、Cortex-R。目前嵌入式行业主流的 ARM 微处理器包括 Cortex、ARM7、ARM9、ARM11 等系列。ARM 微处理器系列如图 4.3 所示。

图 4.3　ARM 微处理器系列

1）ARM7 系列

ARM7 系列微处理器内核采用冯·诺依曼体系结构，包括 ARM7 TDMI、ARM7 TDMI-S、ARM720T 及 ARM7EJ-S。其中，ARM7 TDMI 内核的应用较为广泛，它属于低端微处理器内核，支持 64 位的乘法，支持半字、有符号字节存取；支持 32 位寻址空间，即 4 GB 线性地址空间；包含了嵌入式 ICE 模块以支持嵌入式系统调试；广泛的第三方支持，并与 ARM9 Thumb 系列、ARM10 Thumb 系列微处理器相兼容。典型产品是三星公司的 S3C44B0 系列。ARM7 系列微处理器主要用于对成本和功耗要求比较苛刻的消费类电子产品。

2）ARM9 系列

ARM9 系列微处理器的内核采用哈佛体系结构，将数据总线与指令总线分开，从而提高了对指令和数据访问的并行性，提高了效率。ARM9 TDMI 将流水线的级数从 ARM7 TDMI 的 3 级增加到了 5 级，ARM9 TDMI 的性能在相同的工艺条件下为 ARM7 TDMI 的 2 倍。

ARM9 系列微处理器包含 ARM920T、ARM922T 和 ARM940T 等类型,可以在高性能和低功耗特性方面提供最佳的性能;采用 5 级流水线,指令执行效率更高;支持数据缓存和指令缓存,具有更高的指令和数据处理能力;支持 32 位 ARM 指令集和 16 位 Thumb 指令集;支持 32 位的高速 AMBA 总线接口;全性能的 MMU,支持 Windows CE、Linux、Palm OS 等多种主流嵌入式操作系统。

ARM920T 微处理器在 ARM9 TDMI 微处理器的基础上,增加了分离式的指令缓存和数据缓存(并带有相应的存储器管理单元 I-MMU 和 D-MMU)、写缓冲器以及 AMBA 接口等。

ARM9 系列微处理器主要应用于无线通信设备、仪器仪表、安全系统、机顶盒、高端打印机、数码相机和数码摄像机等场合,典型产品是三星公司的 S3C2410A 系列。

3)ARM11 系列

ARM11 系列微处理器在提高性能的同时允许在性能和功耗之间进行权衡,以满足某些特殊应用,通过动态调整时钟频率和供电电压,可以完全控制两者的平衡。ARM11 系列微处理器主要有 ARM1136J、ARM1156T2、ARM1176JZ 三个型号。

4)ARM Cortex 系列

ARM Cortex 系列微处理器采用哈佛体系结构,使用的指令集是 ARMv7,是目前使用的 ARM 嵌入式微处理器中指令集版本最高的一个系列。采用了 Thumb-2 技术,该技术比纯 32 位代码少使用 31% 的内存,减小了系统开销,同时能够提供比已有的基于 Thumb 技术的解决方案高 38% 的性能。ARMv7 架构还采用了 NEON 技术,将 DSP 和媒体处理能力提高了近 4 倍,并支持改良的浮点运算,满足下一代 3D 图形、游戏应用以及传统嵌入式控制应用的需求。另外,ARMv7 架构对于早期的 ARM 微处理器也提供了很好的兼容性。

ARM Cortex-A 是高端应用微处理器,可实现高达 2 GHz 的标准频率,用于支持下一代移动互联设备。这些微处理器具有单核和多核两类,主要应用在智能手机、智能本、上网本、电子书阅读器和数字电视等产品。

ARM Cortex-R 是实时微处理器,适用于具有严格的实时响应嵌入式系统,主要应用在家庭消费性电子产品、医疗行业、工业控制和汽车行业。

ARM Cortex-M 系列微处理器主要是针对控制领域开发的,是低成本和低功耗的微处理器,主要应用在智能测量、人机接口设备、汽车和工业控制系统、大型家用电器、消费性产品和医疗器械等方面。

4.1.2　嵌入式 ARM 的组成及结构

ARM 架构是构建每个 ARM 微处理器的基础,随着技术的不断发展,ARM 架构也在

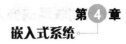

不断发展以满足不断增长的新功能、高性能需求以及新兴市场的需要。有关最新公布的版本信息请参见 ARM 公司官网。

1. 精简指令集计算机

早期的计算机采用复杂指令集计算机（Complex Instruction Set Computer，CISC）体系，如 Intel 公司的 x86 系列微处理器。在 CISC 指令集的各种指令中，大约有 20% 的指令会被反复使用，占整个程序代码的 80%；而余下的大约 80% 的指令却不经常使用，在程序代码中只占 20%。在 CISC 中有许多复杂的指令，通过增强指令系统的功能，虽然简化了软件，但却增加了硬件的复杂程度。

精简指令集计算机（Reduced Instruction Set Computer，RISC）体系结构优先选取使用频率最高的简单指令，避免复杂指令；将指令长度固定，减少指令格式和寻址方式种类，以控制逻辑为主，不用或少用微码控制等，RISC 已经成为当前计算机发展不可逆转的趋势。

2. 哈佛结构

在 ARM7 以前的微处理器采用的是冯·诺依曼结构，从 ARM9 以后的微处理器大多采用哈佛结构。哈佛结构的主要特点是将程序和数据存储在不同的存储空间中，即程序存储器和数据存储器是两个相互独立的存储器，每个存储器独立编址、独立访问。系统具有程序存储器的数据总线与地址总线，以及数据存储器的数据总线与地址总线，这种分离的程序总线和数据总线允许在一个机器周期内同时获取指令字（程序存储器）和操作数（数据存储器），从而提高了执行速度及数据的吞吐率；又由于程序存储器和数据存储器在两个独立的物理空间中，因此取址和执行能完全重叠，具有较高的执行效率。

3. 流水线技术

流水线技术应用于计算机系统结构的各个方面，其基本思想是将一个重复的时序分解成若干个子过程，而每个子过程都可以有效地在其专用功能段上与其他子过程同时执行。

指令流水线就是将一条指令分解成一连串执行的子过程，例如，把指令的执行过程细分为取指令、指令译码和执行三个过程。在微处理器中，流水线技术把一条指令的串行执行子过程变为若干条指令的子过程在微处理器中重叠执行。

4. ARM 微处理器的工作模式

ARM 微处理器支持 7 种工作模式，分别为：用户模式（USR）、快中断模式（FIQ）、中断模式（IRQ）、管理模式（SVR）、中止模式（ABT）、未定义模式（UND）和系统模式（SYS），这样的好处是可以更好地支持操作系统并提高工作效率。

4.1.3　STM32 系列微处理器

1．STM32 系列微处理器简介

STM32 系列微控制器是 ST 公司以 ARM 公司的 Cortex-M0、Cortex-M3、Cortex-M4 和 Cortex-M7 四种 RISC 内核开发的系列产品，芯片型号与内核的对应关系如表 4.1 所示。

表 4.1　STM32 芯片型号与内核的对应关系

内　核	型　号	特　点
Cortex-M0	STM32F0	低成本、入门级微处理器
Cortex-M0+	STM32L0	低功耗
Cortex-M3	STM32F1	通用型微处理器
	STM32F2	大存储器、硬件加密
	STM32L1	低功耗
	STM32T	触摸键应用模块
	STM32M	具有遵循 IEEE 802.15.4 协议的无线通信模块
Cortex-M4	STM32F3	模拟通道、更灵活的数据通信矩阵
	STM32F4	168 MHz 时钟频率下，0 等待访问 Flash 存储器、动态功率调整技术
Cortex-M7	STM32F7	L1 一级缓存、200 MHz 时钟频率

STM32 系列微处理器在指令集方面是向后兼容的，对于相同封装的芯片，大部分引脚的功能也是基本相同的（少数电源与新增功能引脚有区别），用户可以在不修改印制电路板的条件下，根据需要更换不同资源（如 Flash、RAM），甚至可以更换不同内核的芯片来完善自己的设计工作。

2．STM32F407 系统架构

STM32F407/417 系列微处理器面向需要在小至 10 mm×10 mm 的封装内实现高集成度、高性能、嵌入式存储器和外设，广泛应用在医疗、工业与消费类领域。STM32F407/417 系列微处理器提供了工作频率为 168 MHz 的 Cortex-M4 内核（具有浮点单元）的性能。在 168 MHz 的时钟频率下，在 Flash 存储器上执行时，STM32F407/417 系列微处理器就能够提供 210 DMIPS/566 CoreMark 的性能，并且利用意法半导体的 ART 加速器实现了 0 等待访问 Flash 存储器，同时 DSP 指令和浮点单元扩大了产品的应用范围。STM32F407 的系统架构如图 4.4 所示。

主系统由 32 位多层 AHB 总线矩阵构成，总线矩阵用于主控总线之间的访问仲裁管理，仲裁采取循环调度算法。总线矩阵可实现以下部分的互连。

八条主控总线是：

● Cortex-M4 内核 I 总线（S0）、D 总线（S1）和 S 总线（S2）；

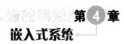

- DMA1 存储器总线（S3）和 DMA2 存储器总线（S4）；
- DMA2 外设总线（S5）；
- 以太网 DMA 总线（S6）；
- USB OTG HS DMA 总线（S7）。

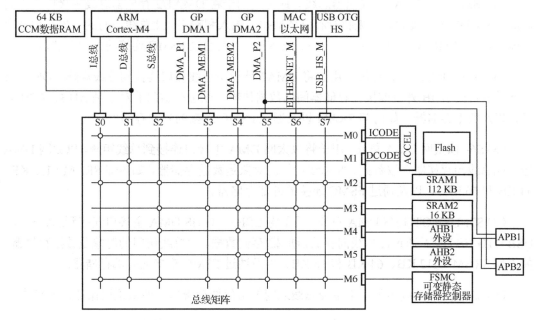

图 4.4　STM32F407 的系统架构

七条被控总线是：

- 内部 Flash ICODE；
- 内部 Flash DCODE；
- 主要内部 SRAM1（112 KB）；
- 辅助内部 SRAM2（16 KB）或者辅助内部 SRAM3（64 KB），后者仅适用 STM32F42xx 和 STM32F43xx 系列器件；
- AHB1 外设和 AHB2 外设；
- FSMC（Flexible Static Memory Controller，可变静态存储器控制器）。

几条总线的解释如下：

（1）S0：I 总线。于将 Cortex-M4F 内核的指令总线连接到总线矩阵，内核可通过此总线获取指令。此总线访问的对象是存储代码的存储器（内部 Flash、SRAM 或通过 FSMC 连接的外部存储器）。

（2）S1：D 总线。用于将 Cortex-M4F 数据总线和 64 KB 的 CCM 数据 RAM 连接到总线矩阵，内核通过此总线进行立即数加载和调试访问。此总线访问的对象是存储代码或数据的存储器（内部 Flash 或通过 FSMC 连接的外部存储器）。

（3）S2：S 总线。用于将 Cortex-M4F 内核的系统总线连接到总线矩阵，用于访问位于外设或 SRAM 中的数据，也可通过此总线获取指令（效率低于 ICODE）。此总线访问的对象是 112 KB、64 KB 和 16 KB 的内部 SRAM，包括 APB 外设在内的 AHB1 外设、AHB2 外设，以及通过 FSMC 连接的外部存储器。

（4）S3、S4：DMA1/2 存储器总线。此总线用于将 DMA1/2 存储器总线主接口连接到总线矩阵，DMA 通过此总线来执行存储器数据的输入和输出。此总线访问的对象是数据存储器，如内部 SRAM（112 KB、64 KB、16 KB）以及通过 FSMC 连接的外部存储器。

（5）S5：DMA2 外设总线。用于将 DMA2 外设主总线接口连接到总线矩阵，DMA 通过此总线访问 AHB 外设或执行存储器间的数据传输。此总线访问的对象是 AHB、APB 外设，以及数据存储器，如内部 SRAM 以及通过 FSMC 连接的外部存储器。

（6）S6：以太网 DMA 总线。用于将以太网 DMA 主接口连接到总线矩阵，以太网 DMA 通过此总线向存储器存取数据。此总线访问的对象是数据存储器，如内部 SRAM（112 KB、64 KB 和 16 KB），以及通过 FSMC 连接的外部存储器。

（7）S7：USB OTG HS DMA 总线。用于将 USB OTG HS DMA 主接口连接到总线矩阵，USB OTG HS DMA 通过此总线向存储器加载/存储数据。此总线访问的对象是数据存储器，如内部 SRAM（112 KB、64 KB 和 16 KB）以及通过 FSMC 连接的外部存储器。

（8）总线矩阵。线矩阵用于主控总线之间的访问仲裁管理，仲裁采用循环调度算法。

（9）AHB/APB 总线桥（APB）。借助两个 AHB/APB 总线桥 APB1 和 APB2，可在 AHB 总线与两个 APB 总线之间实现完全同步的连接，从而灵活地选择外设频率。

本书将基于 STM32 微处理器来讲述嵌入式接口技术开发。STM32F407VET6 采用 32 位 ARM Cortex-M4 内核且集成由自适应计算单元（FPU）的微处理器内核，拥有 0 等待访问的内置存储器数据读取和内存保护机制，该芯片工作频率为 168 MHz，指令处理能力为 1.25 DMIPS/MHz，具有 DSP 浮点运算单元。STM32F407VET6 微处理器如图 4.5 所示。

图 4.5　STM32F407VET6 微处理器

4.1.4　STM32 开发平台

本章使用的开发平台为 xLab 未来开发平台中的 ZXBeePlusB STM32 无线开发平台，ZXBeePlusB 增强型无线节点集成 ARM Cortex-M4 STM32F407 控制器，具有 2.8 英寸真彩 LCD 液晶屏，板载 HTU21D 型高精度数字温湿度传感器，RGB 三色高亮 LED 指示灯，两路继电器，蜂鸣器，摄像头接口；板载信号指示灯（电源、电池、网络、数据），四路功能按键，四路 LED 灯；集成锂电池接口，集成电源管理芯片，支持电池的充电管理和电量测量；板载 USB 串口，Ti 仿真器接口，ARM 仿真器接口；集成以太网；集成四路 RJ45 工业接口；提供 ARM 芯片功能输出，硬件包含 I/O、DC 3.3 V、DC 5 V、UART、RS-485、两路继电器等功能；提供四路 3.3 V、5 V、12 V 电源输出。xLab 未来开发平台如图 4.6 所示。

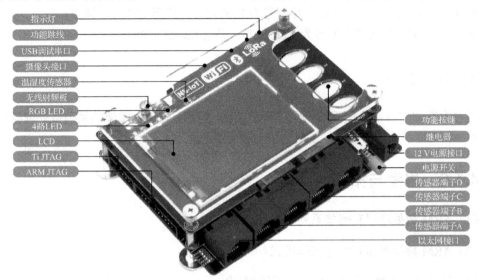

图 4.6　xLab 未来开发平台

开发平台按照传感器类别设计了丰富的传感设备，涉及采集类、控制类、安防类、显示类、识别类、创意类等，其中采集类开发平台、控制类开发平台、安防类开发平台在 2.1.4 节中有详细介绍，显示类开发平台包括 LCD 屏、数码管、五向开关、传感器端子，如图 4.7 所示。

图 4.7　显示类开发平台

- 两路 RJ45 工业接口，包含 I/O、DC 3.3 V、DC 5 V、UART、RS-485、两路继电器输出等功能，提供两路 3.3 V、5 V、12 V 电源输出；
- 采用磁吸附设计，可通过 RJ45 工业接口接入无线节点进行数据通信；

- 硬件分区设计，丝印框图清晰易懂，包含的传感器已编号，模块采用亚克力防护；
- LCD 的驱动芯片型号为 ST7735，65K 色，分辨率为 128×160，采用 SPI 通信接口，1.8 英寸；
- 4 位共阴极数码管，驱动芯片型号为 ZLG7290，采用 I2C 通信接口；
- 五向开关的驱动芯片型号为 ZLG7290，采用 I2C 通信接口。

4.1.5　小结

通过本节的学习，读者可以了解嵌入式 ARM 基于不同核心发展的系列微处理器型号；通过对 ARM 体系结构的学习，了解 ARM 的工作原理。

4.1.6　思考与拓展

（1）ARM 微处理器有哪些系列？

（2）ARM 微处理器有哪些工作模式？

（3）简述 ARM 微处理器的存储器组织方式。

（4）简述 STM32 系列微处理器常见型号与特性。

4.2　工程创建与调试

图 4.8　J-Link 仿真器

要将 STM32 真正地使用起来，就必须编程并将程序烧录到芯片中，但芯片的编程与烧录涉及开发环境的使用。STM32F407VET6 使用的开发环境是 IAR for ARM，在这个开发环境下创建 STM32F407VET6 的微处理器工程，通过使用下载器将程序下载到 STM32F407VET6 中，使用 IAR for ARM 的开发环境的程序调试工具实现 STM32F407VET6 程序的在线调试。通过在线调试得到逻辑功能正确的代码后就可以固化到 STM32F407VET6 中长期运行了。ARM 微处理器所使用的 J-Link 仿真器如图 4.8 所示。

4.2.1　IAR for ARM 开发环境

1. IAR for ARM 开发环境简介

IAR 是一家公司的名称，也是一种开发环境的名称，我们平时所说的 IAR 主要是指开发环境。IAR 公司的发展也是经历了一系列历史变化，从开始针对 8051 研制 C 编译器，逐渐发展至今，已经是一家庞大的、技术力量雄厚的公司。

本节主要讲述 IAR for ARM 开发环境，IAR 拥有多个版本，支持的芯片多达上万种，针对不同内核微处理器，IAR 有不同的开发环境。IAR 开发环境工具版本如图 4.9 所示。

IAR for ARM 开发环境其实是 IAR Embedded Workbench for ARM，即嵌入式工作平台，在有些地方也称为 IAR EWARM，其实它们都是同一个开发环境工具软件，只是叫法不同而已。

图 4.9　IAR 开发环境工具版本

与其他的 ARM 开发环境相比，IAR for ARM 开发环境具有入门容易、使用方便和代码紧凑等特点。

IAR for ARM 开发环境的主要组成包括：高度优化的 IAR ARM C/C++ Compiler，IAR ARM Assembler，一个通用的 IAR XLINK Linker，IAR XAR 和 XLIB 建库程序以及 IAR DLIB C/C++运行库，功能强大的编辑器，项目管理器，命令行实用程序，IAR C-SPY 调试器（先进的高级语言调试器）。

2．IAR-ARM 开发环境的安装

IAR for ARM 开发环境的安装比较简单，按照安装向导即可完成安装操作，具体如下。

（1）解压。双击安装包，进入准备安装（解压）界面，如图 4.10 所示。

（2）进入安装就绪界面，如图 4.11 所示，选择"Install IAR Embedded Workbench"。

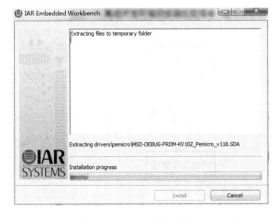

图 4.10　准备安装（解压）界面

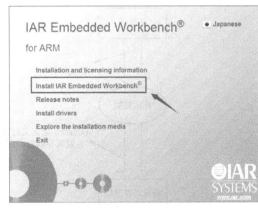

图 4.11　安装就绪界面

（3）进入安装向导界面，如图 4.12 所示，按照提示单击"Next"按钮进行后续安装。

（4）IAR for ARM 工具安装成功后，软件启动界面如图 4.13 所示。

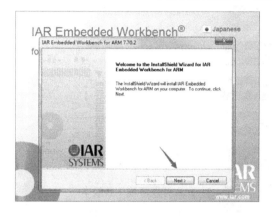

图 4.12 安装向导界面

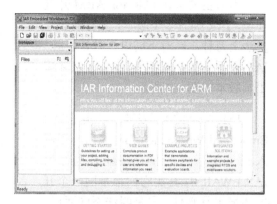

图 4.13 软件启动界面

4.2.2 STM32 标准函数库

1. STM32 标准外设库

学习 STM32 最好的方法是使用软件库，然后在软件库的基础上了解底层、学习寄存器的使用。软件库是指 STM32 标准函数库，它是由 ST 公司针对 STM32 提供的应用程序（函数）接口（Application Program Interface，API），开发者可调用这些 API 来配置 STM32 的寄存器，使开发人员无须关心底层的寄存器操作，具有开发快速、易于阅读、维护成本低等优点。

用户在调用软件库的 API 时不需要了解库底层的寄存器操作，实际上，软件库是架设在寄存器与用户驱动层之间的代码，向下处理与寄存器直接相关的配置，向上为用户提供配置寄存器的接口。软件库开发方式与直接配置寄存器方式的区别如图 4.14 所示。

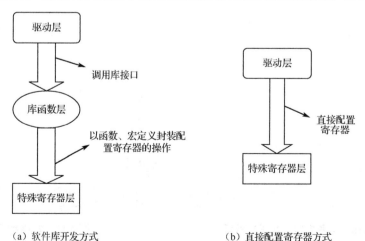

（a）软件库开发方式   （b）直接配置寄存器方式

图 4.14 开发方式的区别

在 8 位机时代的程序开发中，一般采用直接配置寄存器方式来控制芯片的工作方式，如中断、定时器等。在配置时，常常要查阅寄存器表，查阅相关配置位，为了配置某功能，需要将相关配置位置 1 或清 0，这些都是很琐碎、机械的工作。因为 8 位机的软件相对来说比较简单，而且资源很有限，所以可以采用直接配置寄存器方式来进行开发。

STM32 的外设资源丰富（带来的必然是寄存器的数量和复杂度的增加），同时为开发者提供了非常方便的开发库（软件库）。到目前为止，有标准外设库（STD）、HAL 库、LL 库三种，前两者都是常用的库，LL 库是 ST 公司最近才添加的。

标准外设库（Standard Peripherals Library，STD）是对 STM32 芯片的一个完整的封装，包括所有标准器件外设的驱动器，这是目前使用最多的软件库，几乎全部使用 C 语言实现。但是，标准外设库也是针对某一系列芯片而言的，没有可移植性。

相对于 HAL 库，标准外设库仍然接近于寄存器操作，主要任务是将一些基本的寄存器操作封装成了 C 函数。

ST 公司为各系列微处理器提供的标准外设库稍微有些区别。例如，STM32F1x 的标准外设库和 STM32F3x 的标准外设库在文件结构上就有些不同。此外，在内部的实现上也稍微有些区别，这在具体使用（移植）时应特别注意。但是，不同系列之间的差别并不是很大，而且在设计上是相同的。

STM32 微处理器标准外设库下载方式为：登录 ST 官网，根据芯片型号下载对应的标准外设库（如芯片为 STM32F103ZE，则下载对应的 STM32F10x_StdPeriph_Lib），如图 4.15 所示。

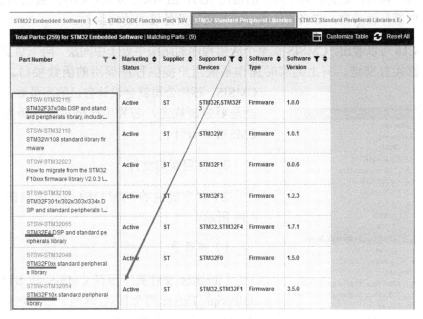

图 4.15　STM32 标准外设库下载

2. CMSIS 标准

为了让不同的芯片公司生产的 Cortex 芯片能在软件上基本兼容，ARM 公司和芯片生产商共同提出了 CMSIS（Cortex Microcontroller Software Interface Standard），即 ARM Cortex 微处理器软件接口标准。基于 CMSIS 的应用程序基本结构如图 4.16 所示。

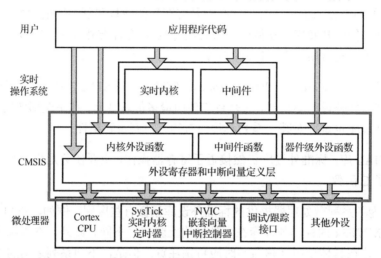

图 4.16　基于 CMSIS 的应用程序基本结构

CMSIS 包括 3 个基本功能模块。

- 内核外设函数：由 ARM 公司提供，定义微处理器内部寄存器地址及功能函数。
- 中间件函数：定义访问中间件的通用 API，由 ARM 提供，芯片厂商根据需要更新。
- 器件级外设函数：定义硬件寄存器的地址及外设的访问函数。

从图 4.16 可以看出，CMSIS 在整个应用程序的结构中处于中间层，向下负责与内核和各个外设直接打交道，向上为实时操作系统用户提供程序调用的函数接口。如果没有 CMSIS，芯片公司就会设计自己的库函数，而 CMSIS 就是要强制规定，芯片生产公司的库函数必须按照 CMSIS 来设计。

3. 库目录与文件

ST 官方提供的 STM32F4 固件库包的结构如图 4.17 所示。

1）库目录

Libraries 文件夹下面有 CMSIS 和 STM32F4xx_StdPeriph_Driver 两个目录，这两个目录包含固件库核心的所有子文件夹和文件。

CMSIS 文件夹存放的是一些符合 CMSIS 的文

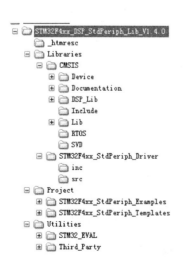

图 4.17　STM32F4 固件库包的结构

件，包括 STM32F4 核内外设访问层代码、DSP 软件库、RTOS API，以及 STM32F4 片上外设访问层代码等。新建工程时可从从这个文件夹中复制一些文件到工程。

STM32F4xx_StdPeriph_Driver 存放的是 STM32F4 标准外设固件库源码文件和对应的头文件，inc 目录存放的是 stm32f4xx_ppp.h 头文件，无须改动；src 目录下面放的是 stm32f4xx_ppp.c 格式的固件库源文件。每一个.c 文件（固件库源文件）和一个.h 文件（头文件）相对应，这些文件也是外设固件库的关键文件，每个外设对应一组文件。

Libraries 文件夹里面的文件在建立工程时都会使用到。

Project 文件夹下面有两个文件夹：STM32F4xx_StdPeriph_Examples 文件夹下面存放的是 ST 公司提供的固件实例源码，在以后的开发过程中，可参考修改这个由官方提供的实例来快速驱动自己的外设；STM32F4xx_StdPeriph_Templates 文件夹下面存放的是工程模板。

Utilities 文件夹存放的是官方评估板的一些对应源码。

根目录中还有一个 STM32F4xx_dsp_StdPeriph_lib_um.chm 文件，这是一个固件库的帮助文档。

2）关键文件

首先来看一个基于固件库的 STM32F4 工程需要哪些关键文件，以及文件之间的关系。STM32F4 固件库文件之间的关系如图 4.18 所示，其实这个可以从 ST 提供的英文版的 STM32F4 固件库说明里面找到。

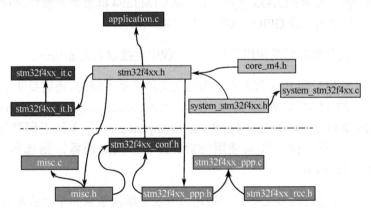

图 4.18   STM32F4 固件库文件关系图

core_cm4.h 文件位于"\STM32F4xx_DSP_StdPeriph_Lib_V1.4.0\Libraries\CMSIS\Include"目录下，是 CMSIS 的核心文件，提供 Cortex-M4 内核接口。

stm32f4xx.h 和 system_stm32f4xx.h 文件存放在文件夹"\STM32F4xx_DSP_StdPeriph_Lib_ V1.4.0\Libraries\CMSIS\Device\ST\STM32F4xx\Include"下面。

system_stm32f4xx.h 是片上外设接入层系统头文件，主要用于声明设置系统及总线时钟相关的函数。与其对应的源文件 system_stm32f4xx.c 可以在目录"\STM32F4xx_DSP_StdPeriph_Lib_V1.4.0\Project\STM32F4xx_StdPeriph_Templates"找到。这个文件里面有一个 SystemInit()函数声明，在系统启动时会调用这个函数，用来设置整个系统和总线时钟。

stm32f4xx.h 是 STM32F4 片上外设访问层头文件。在进行 STM32F4 开发时，几乎时刻都要查看这个文件相关的定义。打开这个文件可以看到，里面非常多的结构体及宏定义，这个文件主要是系统寄存器定义声明以及包装内存操作，同时该文件还包含了一些时钟相关的定义，如 FPU 和 MPU 单元开启定义、中断相关定义等。

stm32f4xx_it.c、stm32f4xx_it.h 及 stm32f4xx_conf.h 等文件可在"\STM32F4xx_DSP_StdPeriph_Lib_V1.4.0\Project\STM32F4xx_StdPeriph_Templates"文件夹中找到，这几个文件在新建工程时也会用到。stm32f4xx_it.c 和 stm32f4xx_it.h 用来编写中断服务函数，中断服务函数也可以随意编写在工程里面的任意一个文件里面。stm32f4xx_conf.h 是外设驱动配置文件，打开该文件可以看到很多#include，在建立工程时可以注释掉一些不用的外设头文件。

misc.c、misc.h、stm32f4xx_ppp.c、stm32f4xx_ppp.h、stm32f4xx_rcc.c 和 stm32f4xx_rcc.h 文件存放在目录"Libraries\STM32F4xx_StdPeriph_Driver"下，这些文件是 STM32F4 标准的外设库文件，其中 misc.c 和 misc.h 用于定义中断优先级分组以及 Systick 定时器相关的函数；stm32f3xx_rcc.c 和 stm32f4xx_rcc.h 包含与 RCC 相关的一些操作函数，主要作用是一些时钟的配置和使能，在任何一个 STM32 工程中，RCC 相关的源文件和头文件是必须添加的。

stm32f4xx_ppp.c 和 stm32f4xx_ppp.h 文件是 STM32F4 标准外设固件库对应的源文件和头文件，包括一些常用外设 GPIO、ADC、USART 等。

application.c 文件实际就是应用层代码，工程中直接取名为 main.c。

一个完整的 STM32F4 的工程光有上面这些文件还是不够的，还需要非常关键的启动文件。STM32F4 的启动文件存放在目录"\STM32F4xx_DSP_StdPeriph_Lib_V1.4.0\Libraries\CMSIS\Device\ST\STM32F4xx\Source\Templates\arm"下。不同型号的 STM32F4 对应的启动文件也不一样，如果使用 STM32F407 微处理器，则选择的启动文件为 startup_stm32f40_41xxx.s。

启动文件主要是进行堆栈之类的初始化，以及中断向量表和中断函数的定义。启动文件要引导进入 main 函数。Reset_Handler 中断函数是唯一实现了的中断处理函数，其他的中断函数基本都是死循环。在系统启动时会调用 Reset_handler，下面是调用 Reset_handler 的代码。

```
;Reset handler
Reset_Handler PROC
EXPORT Reset_Handler [WEAK]
IMPORT SystemInit
IMPORT __main
```

```
LDR R0, =SystemInit
BLX R0
LDR R0, = __main
BX R0
ENDP
```

这段代码的作用是在系统复位之后引导进入 main 函数，同时在进入 main 函数之前，首先要调用 SystemInit 系统初始化函数。

4．库函数简介

库函数就是 STM32 的库文件中编写好的函数接口，开发时只要调用这些库函数，就可以对 STM32 进行配置，达到控制目的。可以不知道库函数是如何实现的，但调用函数必须要知道函数的功能、可传入的参数及其意义和函数的返回值。所以学会查阅库帮助文档是很有必要的。打开库帮助文档 stm32f4xx_dsp_stdperiph_lib_um.chm，如图 4.19 所示。

打开文档的目录"Modules\STM32F4xx_StdPeriph_Driver\"，可看到 STM32F4xx_StdPeriph_Driver 标签下有很多外设驱动文件的名字，如 MISC、ADC、BKP、CAN 等。

如果要查看 GPIO 的位设置函数 GPIO_SetBits，可以打开"Modules\STM32F4xx_StdPeriph_Driver\GPIO\Functions\GPIO_SetBits"，如图 4.20 所示。

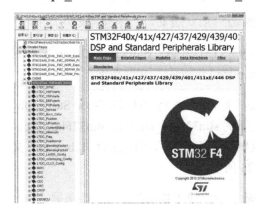

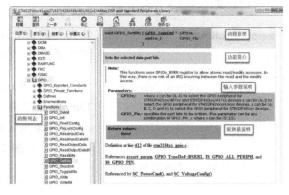

图 4.19　库帮助文档　　　　　图 4.20　位设置函数 GPIO_SetBits

GPIO_SetBits 的函数原型为

`void GPIO_SetBits(GPIO_TypeDef * GPIOx, uint16_t GPIO_Pin)`

它的功能是：输入一个类型为 GPIO_TypeDef 的指针 GPIOx 参数，选定要控制的 GPIO 端口；输入 GPIO_Pin_*x* 宏，其中 *x* 指端口的引脚号，指定要控制的引脚。其中输入的参数 GPIOx 为 ST 标准库中定义的自定义数据类型。

STM32F407 有非常多的寄存器，配置起来会有些难度，为此 ST 公司提供了对 STM32 的寄存器进行操作的库函数。当需要配置寄存器或者读取寄存器时，只需要调用这些库函数就可以快速开发程序了。在调用库函数之前，需要将这些库函数添加到工程中。

5. 创建工程文件

（1）新建一个文件夹 Template，在此文件夹下新建三个文件夹 Libraries、Project、Source，其中 Libraries 文件夹用于放置 ST 官方提供的 STM32F407 库文件，Project 用于放置 IAR for ARM 开发环境产生的系统工程文件，Source 文件夹下用于放置用户自己编辑的用户代码文件，同时用户代码功能的细分可在该文件夹下完成，如图 4.21 所示。

（2）在 Libraries 文件中添加库文件，找到 STM32F407 库文件包 STM32F4xx_DSP_StdPeriph_Lib_V1.4.0，解压后打开如图 4.22 所示，其中_htmresc 文件夹中放置的是意法半导体图标，Libraries 文件夹中放置的是 STM32 的库文件，Project 文件夹中放置的是官方提供的代码例程，Utilities 文件夹中放置的是官方提供的系统工程样板，stm32f4xx_dsp_stdperiph_lib_um.chm 为库函数手册。

图 4.21　Template 文件夹

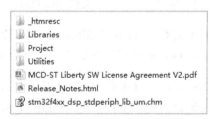

图 4.22　STM32F407 库文件包目录下的文件

打开 Libraries 文件夹，将文件夹下的 CMSIS 和 STM32F4xx_StdPeriph_Driver 复制到刚才新建的"Template/Libraries"文件夹下。

打开 Project 文件夹，将 STM32F4xx_StdPeriph_Templates 文件夹下的 stm32f4xx_conf.h、stm32f4xx_it.c、stm32f4xx_it.h 复制到刚才新建的"Template/Libraries"文件夹下，如图 4.23 所示。

图 4.23　添加库文件到项目目录

经过上述步骤后就完成了基本的工程文件部署。

6. 创建项目工程

（1）打开 IAR for ARM，选择菜单"File→New→Workspace"即可新建一个工作空间，如图 4.24 所示。

（2）选择菜单"Project→Create New Project"，弹出"Create New Project"对话框，在"Tool chain"选项中选择"ARM"，单击"OK"按钮，如图 4.25 所示。

（3）输入文件名为 template，保存到新建的"Template\Project"文件夹内。

（4）在工程中创建工程文件目录，单击鼠标右键选择"template→Debug"，在弹出的菜单中选择"Add→Add Group..."，在 STM32F4 工程中建立 Libraries、Source 两个文件夹，

分别用于放置库文件和用户文件；在 Libraries 文件夹下分别建立 CMSIS、FWLIB、STARTUP 三个文件夹，用于放置库文件，如图 4.26 所示。

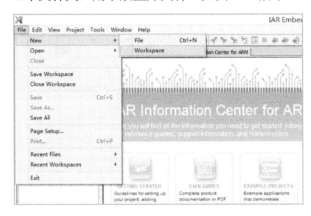

图 4.24　新建一个工作空间

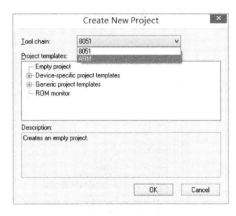

图 4.25　选择微处理器架构类型

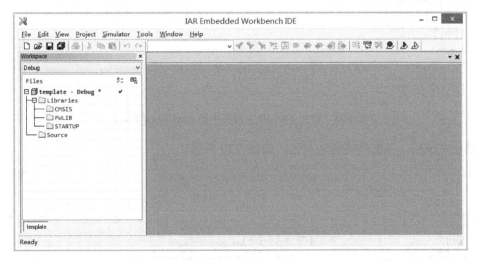

图 4.26　工程中创建工程文件目录

（5）添加官方库文件到工程目录中。右键单击"CMSIS"，在弹出的菜单中选择"Add →Add Files"，进入创建的 Template 文件夹，将"Template\Libraries\CMSIS\Device\ ST\STM32F4xx\Source\ Templates"下的 system_stm32f4xx.c 添加到工程目录 CMSIS 中；右键单击"FWILB"，在弹出的菜单中选择"Add→Add Files"，进入创建的 Template 文件夹，将 " Template\Libraries\ STM32F4xx_ StdPeriph_ Driver\src"下的所有.c 添加到工程目录 FWLIB 中；右键单击"STARTUP"，在弹出的菜单中选择"Add →Add Files"，将"Template\Libraries\CMSIS\ Device\ ST\STM32F4xx\Source\ Templates\iar"下的 startup_ stm32f40xx.s 添加到工程目录 STARTUP 中，如图 4.27 所示。

图 4.27　添加官方库文件到工程目录

将 FWLIB 文件夹中的 stm32f4xx_fmc.h 禁止。右键单击"stm32f4xx_fmc.h",在弹出的菜单中选择"Option",勾选左上角的"Exclude from build",单击"OK"按钮即可完成禁止设置,如图 4.28 所示。

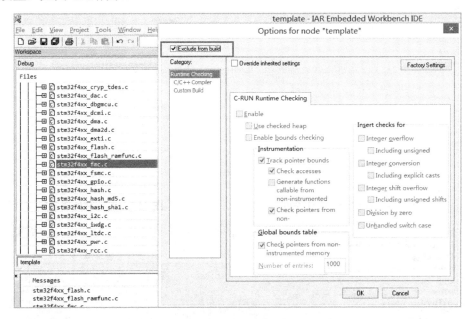

图 4.28　禁止 FWLIB 文件夹中的 stm32f4xx_fmc.h

禁止完成后,该文件将变为灰色,如图 4.29 所示。

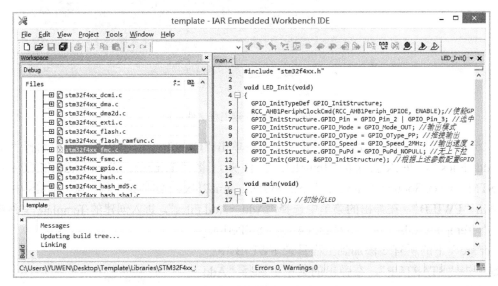

图 4.29　禁止设置完成效果

(6)添加主函数。单击开发环境左上角的"□",选择菜单"File→Save As",将文件保存到 Source 文件夹下,命名为 main.c,然后单击"Save"按钮,即可将"Template\Source"内的 main.c 添加到工程目录 Source 中,添加完成的后工程文件目录如图 4.30 所示。

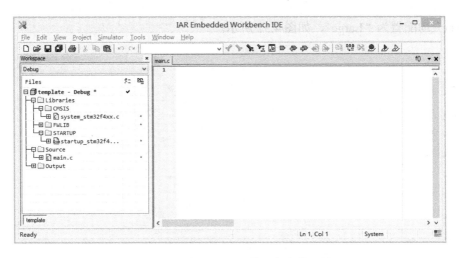

图 4.30　添加 main.c 后的工程文件目录

（7）在 main.c 文件中添加有效代码段，在 main.c 文件中输入下列内容。

```c
#include "stm32f4xx.h"
void LED_Init(void)
{
    GPIO_InitTypeDef GPIO_InitStructure;
    RCC_AHB1PeriphClockCmd(RCC_AHB1Periph_GPIOE, ENABLE);      //使能 GPIOE 时钟
    GPIO_InitStructure.GPIO_Pin = GPIO_Pin_2 | GPIO_Pin_3;     //选中 2、3 引脚
    GPIO_InitStructure.GPIO_Mode = GPIO_Mode_OUT;              //输出模式
    GPIO_InitStructure.GPIO_OType = GPIO_OType_PP;             //推挽输出
    GPIO_InitStructure.GPIO_Speed = GPIO_Speed_2MHz;          //输出速度
    GPIO_InitStructure.GPIO_PuPd = GPIO_PuPd_NOPULL;           //无上/下拉
    GPIO_Init(GPIOE, &GPIO_InitStructure);     //根据上述参数配置 GPIOE2、GPIOE3
}
void main(void)
{
    LED_Init();                                //初始化 LED
    GPIO_ResetBits(GPIOE, GPIO_Pin_2);         //配置 GPIOE2 为低电平
    GPIO_ResetBits(GPIOE, GPIO_Pin_3);         //配置 GPIOE3 为低电平
    while(1);                                  //主循环
}
```

至此完成工程项目创建。

7. 配置工程参数

（1）选择芯片型号。选择工程（选择菜单"Template→Debug"），单击鼠标右键后在弹出的菜单中选择"Options"，在"Target"标签下的"Device"处选择"ST STM32F407VE"，如图 4.31 所示。

（2）设置 Printf 输出格式。将"Library Options"标签下的"Printf formatter"和"Scanf formatter" 均配置为 "Large", 如图 4.32 所示。

图 4.31 选择芯片型号

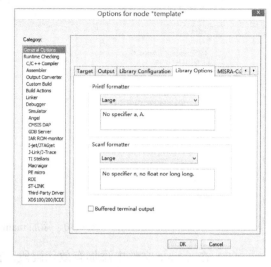

图 4.32 设置 Printf 输出格式

（3）配置头文件位置。配置头文件的位置为 "C/C++ Complier→Preprocessor", 如图 4.33 所示。选择好地址后通过箭头选择文件目录为相对目录, 如图 4.34 所示。

图 4.33 配置头文件位置

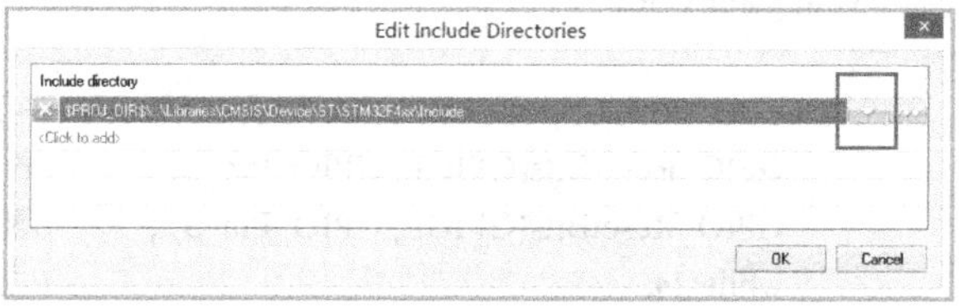

图 4.34 选择文件目录为相对目录

位置如下：

- Template\Source；
- Template\Libraries；
- Template\Libraries\STM32F4xx_StdPeriph_Driver\inc；
- Template\Libraries\CMSIS\Device\ST\STM32F4xx\Include；
- Template\Libraries\CMSIS\Include。

配置完成后的头文件目录如图 4.35 所示。

（4）配置项目宏。在"C/C++ Complier→Preprocessor"下的"Defined symbols"中添加库函数外设驱动宏定义"USE_STDPERIPH_DRIVER"和芯片内核宏定义"STM32F40XX"，如图4.36所示。

图4.35　配置完成后的头文件目录

图4.36　配置项目宏

（5）配置项目输出文件。在"Output Converter→Output"中配置输出为.Hex文件，如图4.37所示。

（6）配置系统链接文件。在"Linker→Config"中勾选"Override default"项，如图4.38所示。

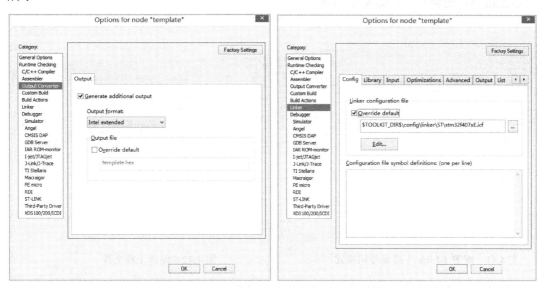

图4.37　配置项目输出文件　　　　　　　图4.38　配置系统链接文件

（7）配置系统调试工具。在"Debugger→Steup"中配置"Driver"为"J-Link/J-Trace"工具，如图4.39所示。

第
4
章

配置程序下载过程中的相关操作：在"Debugger→Download"中勾选"Verify download"和"Use flash loader(s)"，如图 4.40 所示。

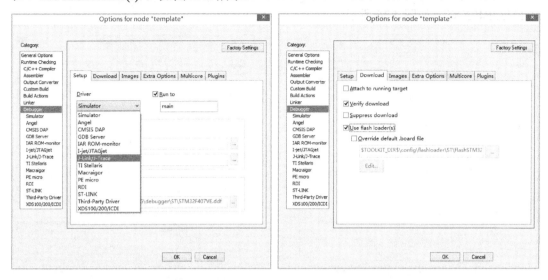

图 4.39　配置系统调试工具　　　　　　图 4.40　配置程序下载选项

（8）配置 J-Link 下载器使用模式。在"J-Link/J-Trace"中将"Connection"中的"Interface"选项配置为"SWD"，单击"OK"按钮即可完成配置，如图 4.41 所示。

（9）配置验证。单击" 🖳 "图标编译工程文件并将工作空间保存到"Template/Project"文件夹中，命名为 template，保存完成后 IAR 将编译工程，编译成功后"Build"窗口中将显示无错误、无警告，如图 4.42 所示。

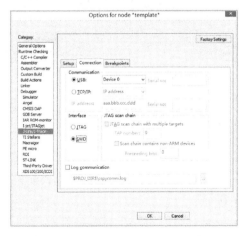

图 4.41　配置 J-Link 下载器使用模式　　　　图 4.42　编译工程文件

将程序下载到开发平台中可以看到 LED3 和 LED4 点亮。

4.2.3　IAR 开发环境的使用

1．主窗口界面

IAR 默认的主窗口界面如图 4.43 所示。

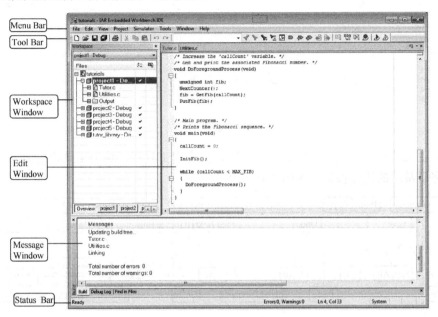

图 4.43　IAR 默认的主窗口界面

（1）Menu Bar（菜单栏）：该工具栏是 IAR 比较重要的一个部分，里面包含 IAR 的所有操作及内容，注意，在编辑模式和调试模式下存在一些不同。

（2）Tool Bar（工具栏）：该工具栏是一些常见的快捷按钮，本书后面会讲述。

（3）Workspace Window（工作空间窗口）：一个工作空间可以包含多个工程，该窗口主要显示工作空间下工程项目的内容。

（4）Edit Window（编辑窗口）：代码编辑区域。

（5）Message Window（信息窗口）：该窗口包括编译信息、调试信息、查找信息等窗口。

（6）Status Bar（状态栏）：主要包含错误警告、光标行列等状态信息。

2．工具栏

工具栏其实就是在主菜单下面的快捷按钮，这些快捷按钮之所以放在工具栏里面，是因为它们的使用频率较高。例如，编译按钮在编程时使用的频率相当高。这些快捷按钮大部分也都有对应的快捷键。

第
4
章

工具栏共有两个：主（Main）工具栏和调试（Debug）工具栏。在编辑（默认）状态下只显示主工具栏，在进入调试模式后才会显示调试工具栏。

工具栏可以通过菜单"View→Toolbars"进行设置，如图 4.44 所示。

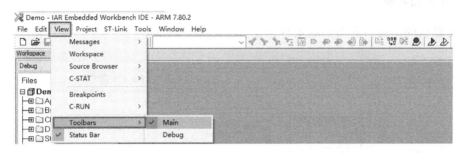

图 4.44　设置工具栏

（1）主工具栏。在编辑（默认）状态下，只有主工具栏，这个工具栏里面内容也是在编辑状态下常用的快捷按钮，如图 4.45 所示。

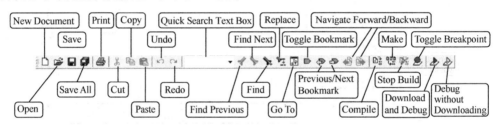

图 4.45　IAR 主工具栏

（2）调试工具栏。调试工具栏上的快捷按钮在程序调试时候才有效，在编辑状态下，这些快捷按钮是无效的。调试工具栏如图 4.46 所示。

图 4.46　调试工具栏

4.2.4　IAR 程序的开发及在线调试

工程配置完成后，就可以编译、调试并下载程序了，下面依次介绍程序的下载、调试等功能。编译工程的方法为：选择菜单"Project→Rebuild All"，或者直接单击工具栏中的"Make" 按钮。

1．STM32 代码的单步调试

单步调试按钮为" "，在调试页面下单击此按钮可实现代码的单步调试，如图 4.47 所示。

2．STM32 代码的断点调试

断点调试是指在有效代码段前通过单击左键添加断点，当程序运行到断点处时程序会停止，并可以查看断点附近的参数值，如图 4.48 所示。

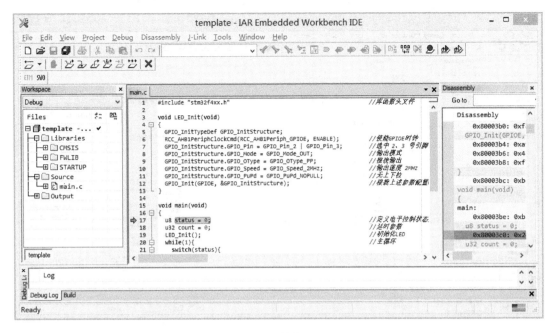

图 4.47　单步调试

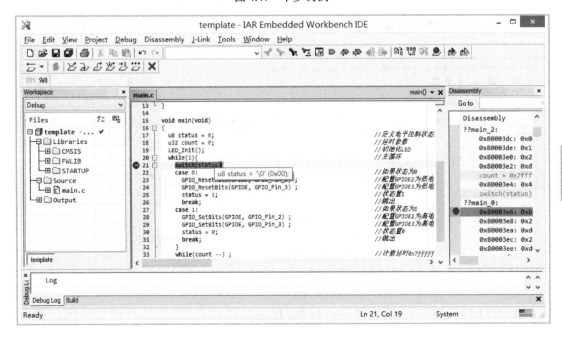

图 4.48　断点调试

3. 在 Watch 窗口查看 STM32 代码变量

通过将变量添加到 Watch 窗口并配合断点可以实现对相关数据的观察。在菜单栏中选择"View→Watch"即可打开 Watch 窗口，如图 4.49 所示。

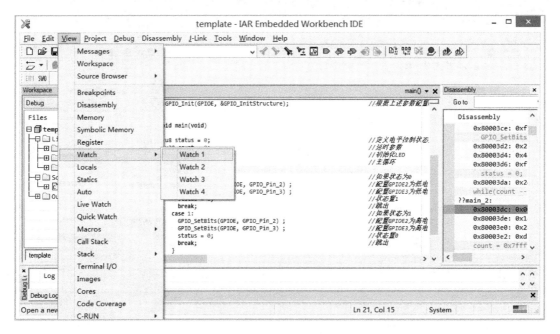

图 4.49　打开 Watch 窗口

在 Watch 窗口中单击要查看的变量名就可将变量添加到窗口中，如图 4.50 所示。

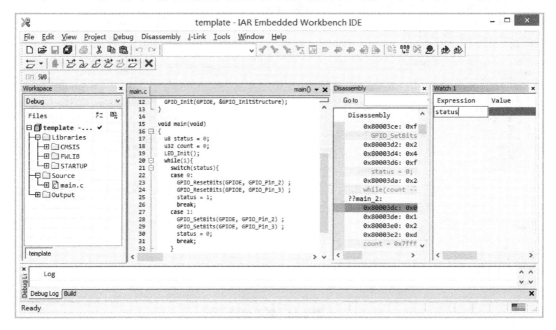

图 4.50　将变量添加到 Watch 窗口

在要查看的变量名附近添加断点就可以实现对变量的监控，本例设置了 4 个断点，如图 4.51 所示。

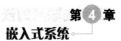

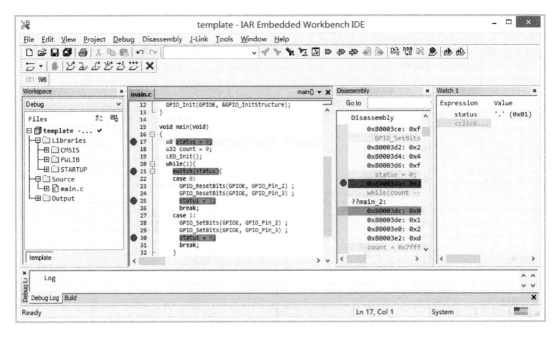

图 4.51　设置断点查看变量

断点 1 处的参数值如图 4.52 所示。

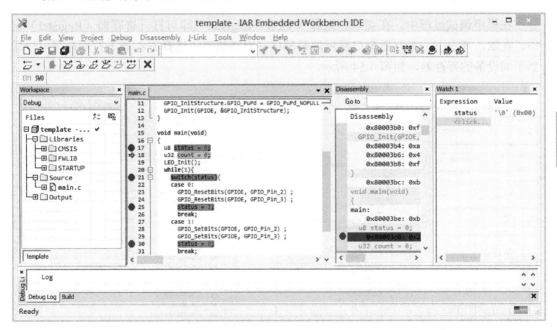

图 4.52　断点 1 处的参数值

断点 2 的参数值如图 4.53 所示。

第4章

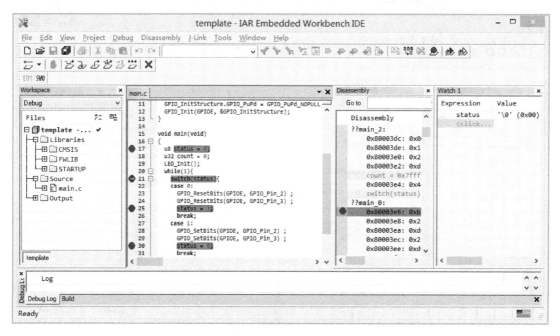

图 4.53　断点 2 处的参数值

4．在 Register 窗口查看 STM32 寄存器值

在程序调试过程中，在菜单栏选择"View→Register"即可打开寄存器（Register）窗口，在默认情况下，寄存器窗口显示的是基础寄存器的值，选择寄存器下拉框选项可以看到不同设备的寄存器，如图 4.54 所示。

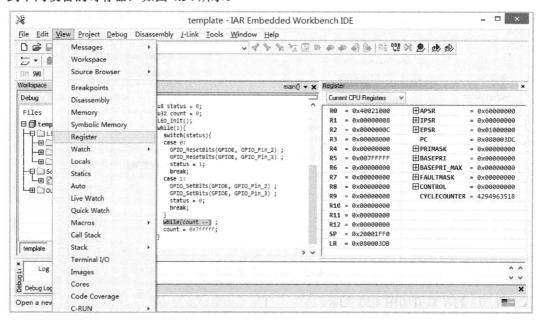

图 4.54　寄存器窗口

通过寄存器窗口的下拉框可选择芯片的外设寄存器，如图 4.55 所示。

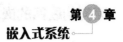

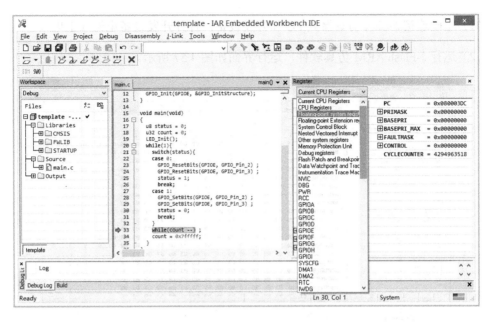

图 4.55 选择芯片的外设寄存器

程序主要是配置 GPIOE 的相关寄存器，所以选择 GPIOE 的寄存器选项。在 GPIOE 寄存器进行操作的代码段设置断点，即可实现对 GPIOE 相关寄存器值的观察，如图 4.56 所示。

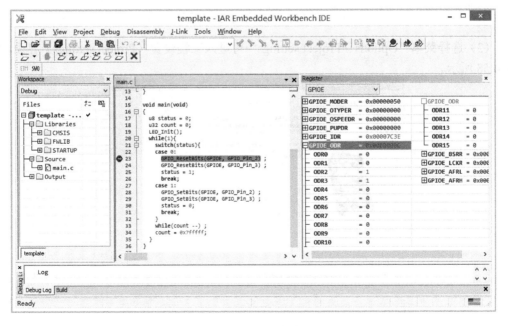

图 4.56 GPIOE 寄存器

5. IAR 程序的下载

下面介绍如何利用 J-Flash ARM 仿真软件将 hex 文件下载到开发设备中。

（1）正确连接 J-Link 仿真器到 PC 和开发设备，打开开发设备电源（上电）。

（2）运行 J-Flash ARM 仿真软件，运行界面如图 4.57 所示。

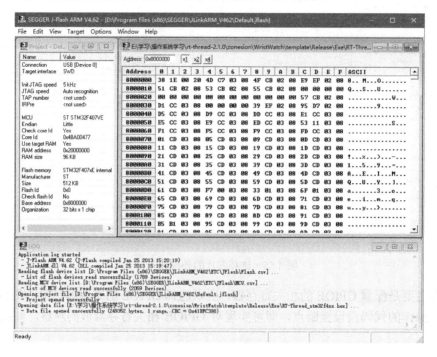

图 4.57　仿真软件运行界面

（3）选择菜单"Options→Project settings"可进入工程设置（Project settings）界面，如图 4.58 所示。

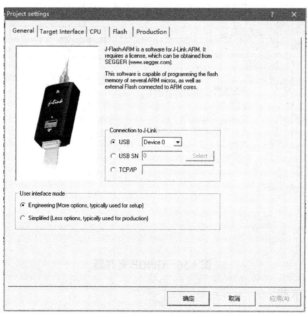

图 4.58　工程设置界面

单击"CPU"标签，选择正确的 CPU 型号如图 4.59 所示。

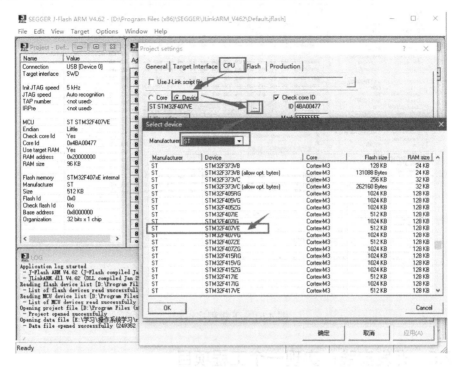

图 4.59　选择正确的 CPU 型号

（4）选择菜单"File→Open data file…"，选择编译生成的 hex 文件，如图 4.60 所示。

图 4.60　选择编译生成的 hex 文件

（5）选择好需要的 hex 文件之后，选择菜单"Target→Program"就可以开始下载程序了，如图 4.61 所示。

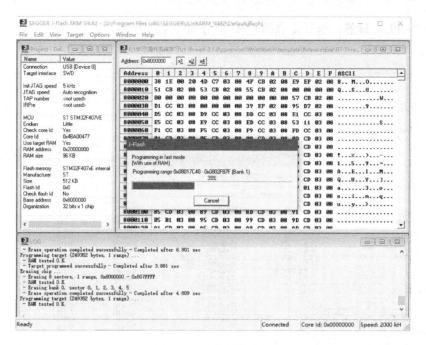

图 4.61　下载程序过程

4.2.5　开发实践：实现一个工程项目

1. 开发设计

STM32 在开发过程中需要使用 IAR for 8051 开发环境对 STM32 的程序进行创建、编辑和调试。其中 STM32 工程建立分为三部分：创建工程、添加源代码、工程配置。在线调试功能又分为了三个方面的调试方法，这三个方面分别为：代码单步调试、查看代码变量参数、查看寄存器状态。

通过工程建立的三个步骤，代码调试的三个方面内容完成对 STM32 程序在 IAR for A 开发环境上的操作步骤。

2. 功能实现

本项目的驱动源代码如下：

```
#include "stm32f4xx.h"                                          //库函数头文件
void LED_Init(void)
{
    GPIO_InitTypeDef GPIO_InitStructure;
    RCC_AHB1PeriphClockCmd(RCC_AHB1Periph_GPIOE, ENABLE);    //使能 GPIOE 时钟
    GPIO_InitStructure.GPIO_Pin = GPIO_Pin_2 | GPIO_Pin_3;   //选中 2、3 号引脚
    GPIO_InitStructure.GPIO_Mode = GPIO_Mode_OUT;            //输出模式
    GPIO_InitStructure.GPIO_OType = GPIO_OType_PP;           //推挽输出
    GPIO_InitStructure.GPIO_Speed = GPIO_Speed_2MHz;         //输出频率为 2 MHz
```

```
        GPIO_InitStructure.GPIO_PuPd = GPIO_PuPd_NOPULL;      //无上/下拉
        GPIO_Init(GPIOE, &GPIO_InitStructure);                //根据上述参数配置 GPIOE2、GPIOE3
    }
    void main(void)
    {
        u8 status = 0;                                         //定义电平控制状态变量
        u32 count = 0;                                         //延时参数
        LED_Init();                                            //初始化 LED
        while(1){                                              //主循环
            switch(status){
            case 0:                                            //如果状态为 0
                GPIO_ResetBits(GPIOE, GPIO_Pin_2) ;            //配置 GPIOE2 为低电平
                GPIO_ResetBits(GPIOE, GPIO_Pin_3) ;            //配置 GPIOE3 为低电平
                status = 1;                                    //状态置 1
                break;                                         //跳出
            case 1:                                            //如果状态为 1
                GPIO_SetBits(GPIOE, GPIO_Pin_2) ;              //配置 GPIOE2 为高电平
                GPIO_SetBits(GPIOE, GPIO_Pin_3) ;              //配置 GPIOE3 为高电平
                status = 0;                                    //状态置 0
                break;                                         //跳出
            }
            while(count --) ;                                  //计数延时 0x7fffff
            count = 0x7fffff;                                  //重新赋值
        }
    }
```

4.2.6　小结

通过本节的学习和实践，读者可以掌握 STM32 代码工程在 IAR for ARM 开发环境上的工程建立，通过使用 IAR for ARM 开发环境可以实现对 STM32 代码的在线调试，学会使用 IAR for ARM 开发环境的调试工具可以更为深入地了解 STM32 代码的运行原理，以及 STM32 程序在运行时微处理器内部的寄存器值变化。

4.2.7　思考与拓展

（1）IAR for ARM 开发环境在建立 STM32 工程时需要配置哪些参数？

（2）IAR for ARM 开发环境调试窗口的每个按钮都是什么功能？

（3）如何将 STM32 代码中的参数加载到 Watch 窗口中？

（4）在 IAR for ARM 开发环境中如何打开窗口查看寄存器值？

第5章

STM32 嵌入式接口开发技术

本章主要介绍 STM32 的接口技术，如 GPIO、外部中断、定时器、ADC、电源管理、看门狗、串口和 DMA，并进行应用开发实践，分别实现车辆指示灯控制设计、按键抢答器设计、电子时钟设计、充电宝电压指示器设计、无线鼠标节能设计、基站监测设备自复位设计、工业串口服务器设计、系统数据高速传输设计，最后通过开发综合性项目（充电桩管理系统）实现对 STM32 系统功能的应用，并掌握系统的需求分析、逻辑功能分解和软/硬件架构设计方法。

通过理论学习和开发实践以及综合项目开发，读者可掌握 STM32 的接口原理、功能和开发技术，从而具备基本的开发能力。

5.1 STM32 的 GPIO 应用开发

本节重点学习 STM32 的通用输入输出接口（GPIO），掌握 GPIO 的基本原理、功能和驱动方法，通过驱动 STM32 的 GPIO，从而实现车辆指示灯控制设计。

5.1.1 GPIO 工作模式

GPIO 在工作时有三种状态，分别是输入、输出和高阻态，这三种状态的使用和功能都有所不同，在选择设置时需要根据实际的外界设备来对引脚进行配置。下面对 GPIO 的这三种状态进行简单的概述。

（1）输入模式。输入模式指 GPIO 引脚被配置为接收外界电平信息的模式，通常读取的信息为电平信息，即高电平为 1，低电平为 0。这个时候读取的高/低电平是根据微处理器的电源属性来划分的，相对于 5 V 电源的微处理器，判断高电平时检测电压为 3.3～5 V，小于 2 V 时微处理器读取电压为低电平；相对于 3.3 V 电源的微处理器，判断高电平时检测电压为 2～3.3 V，小于 0.8 V 时微处理器读取电压为低电平。

（2）输出模式。输出模式指 GPIO 口配置为主动向外部输出电压的状态，通过向外输出电压可以实现对一般开关类设备实时主动控制。当程序中向相应引脚写 1 时，GPIO 会向外输出高电平，通常这个电平为微处理器的电源电压；当程序中向相应引脚写 0 时，GPIO 会向外输出低电平，通常这个低电平为电源地的电压。

（3）高阻态模式。高阻态模式指 GPIO 引脚内部电阻的阻值无限大，大到几乎占有外界输出的全部电压。在这种模式下通常为微处理器采集外部模拟电压时使用，通过将相应 GPIO 引脚配置为高阻态和输入模式时，通过配合微处理器的 ADC 外设可以实现准确的模拟量电平读取。

更多的 GPIO 理论知识请参考 3.1 节中的内容信息。

5.1.2　STM32 的 GPIO

GPIO（General Purpose Input Output），即微处理器通用输入/输出接口。微处理器通过向 GPIO 控制寄存器写入数据可以控制 GPIO 的输入/输出模式，实现对某些设备的控制或信号采集。另外，也可以进行 GPIO 组合配置，实现功能强大的总线控制接口和串行通信接口。

STM32 的 GPIO 可以分成很多组，每组有 16 个引脚，如型号为 STM32F407IGT6 的芯片有 GPIOA 至 GPIOI 共 9 组 GPIO，该芯片共 176 个引脚，其中 GPIO 就占了一大部分，所有的 GPIO 引脚都有输入/输出功能。

GPIO 最基本的输出功能是可以实现引脚输出高/低电平，实现开关控制，如把 GPIO 引脚连接到 LED，就可以控制 LED 的亮灭；引脚连接到继电器，就可以通过继电器控制大功率电路的通断。

最基本的输入功能为检测输入电平，例如可以把 GPIO 引脚连接到按键，按键另一端接地，按键没有按下为高电平，按下为低电平，可通过高/低电平来区分按键是否被按下。

1. 基本结构分析

图 5.1 所示为 GPIO 硬件结构框图，可以从整体上了解 GPIO 外设及其应用模式。该图的最右端代表 STM32 芯片的 GPIO 引脚，其余部件在芯片内部。

1）保护二极管及上拉电阻/下拉电阻

引脚的两个保护二极管可以防止引脚外部过高或过低的电压输入，当引脚电压高于 V_{DD_FT} 时，上方的二极管导通，当引脚电压低于 V_{SS} 时，下方的二极管导通，防止不正常电压引入芯片导致芯片烧毁。但 STM32 的引脚也不能直接外接大功率驱动元器件，比如如果直接驱动电机，强制驱动会导致电机不转，需要提高功率及隔离电路驱动。

通过上/下拉电阻对应的开关配置，可以控制引脚的电压，开启上拉电阻时引脚电压为高电平，开启下拉电阻时引脚电压为低电平，这样可以消除引脚不确定状态的影响。

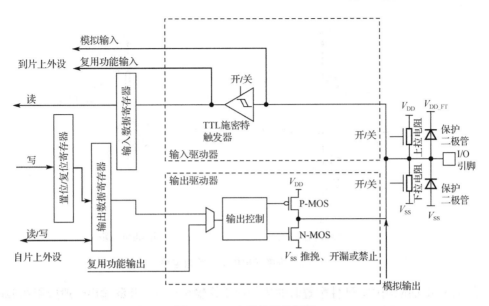

图 5.1　GPIO 硬件结构框图

也可以设置为浮空模式，即既不是上拉模式也不是下拉模式，当配置成浮空模式时，引脚电压为 1 点几伏，是个不确定值，所以一般来说都会选择给引脚设置上拉模式或下拉模式从而有稳定的工作状态。

STM32 的内部上拉指的是通过内部上拉电阻，这时输出的电流是很弱的，如果要求大电流还需要外部上拉电阻，通过上拉/下拉寄存器（GPIOx_PUPDR）可配置引脚的上/下拉模式及浮空模式。

2）P-MOS 管和 N-MOS 管

GPIO 引脚线路经过上/下拉电阻结构后，向上流向输入模式结构，向下流向输出模式结构。输出模式的路经过一个由 P-MOS 管和 N-MOS 管组成的单元电路，从而使 GPIO 具有推挽输出和开漏输出两种功能模式。推挽输出模式输入高电平时，上方的 P-MOS 导通，下方的 N-MOS 截止，对外输出高电平；而输入低电平时，N-MOS 管导通，P-MOS 管截止，对外输出低电平。当引脚高低电平切换时，两个管子轮流导通，一个负责灌电流，一个负责拉电流，负载能力和开关速度有很大提高。推挽输出模式的等效电路如图 5.2 左图所示。

而在开漏输出模式时，上方的 P-MOS 管完全不工作。若控制输出为 0，则 P-MOS 管截止，N-MOS 管导通，使输出接地；若控制输出为 1，则 P-MOS 管和 N-MOS 管都截止，所以引脚为高阻态。使用时必须接上拉电阻，如图 5.2 右图所示的等效电路，它具有"线与"特性，也就是说，当有很多个开漏模式引脚连接到一起时，只有当所有引脚都输出高阻态，才由上拉电阻提供高电平，此高电平的电压为外部上拉电阻所接的电源电压。若其中一个引脚为低电平，那线路就为低电平。

第 5 章

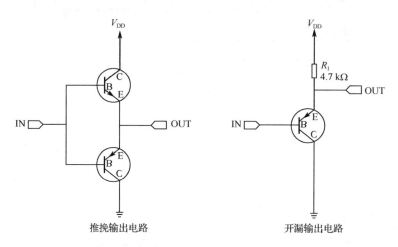

图 5.2　推挽输出模式的等效电路

在 STM32 的应用中，硬件配置时通常使用推挽输出模式，开漏输出一般应用在 I2C 通信等总线电路中。另外，还可以应用在电平不匹配的场合，例如要输出 5 V 电压，可以接一个上拉电阻，上拉电源为 5 V，并把 GPIO 设置为开漏模式，当输出高阻态时，由上拉电阻和电源向外输出 5 V 的电平，通过 GPIOx_OTYPER 输出类型寄存器可以配置推挽模式或者开漏模式。

3）输出数据寄存器

双 MOS 管结构电路的输入信号由 GPIO 的输出数据寄存器提供，通过修改输出数据寄存器的值来改变 GPIO 引脚的输出电平。置位/复位寄存器 GPIOx_BSRR 可以通过修改输出数据寄存器的值来改变电路的输出。

4）复用功能输出

复用是指 STM32 的其他片上外设对 GPIO 引脚进行控制，此时 GPIO 引脚作为该外设功能的一部分。从其他外设引出来的复用功能输出信号与 GPIO 本身的输出数据寄存器都连接到双 MOS 管结构的输入中，通过图 5.1 中的梯形结构作为开关切换选择。

5）输入数据寄存器（GPIOx_IDR）

如图 5.1 上半部分所示，GPIO 引脚经过上/下拉电阻引入并连接到 TTL 施密特触发器，触发器将模拟信号转化为数字信号，然后存储在输入数据寄存器中，通过读取该寄存器可以获得 GPIO 引脚的电平状态。

6）复用功能输入

复用功能输入模式时，GPIO 引脚的信号传输到 STM32 其他片上外设，由该外设读取引脚状态。例如使用 USART 串口通信时，需要用到某个 GPIO 引脚作为通信接收引脚，可以把该 GPIO 引脚配置成 USART 串口复用功能，通过该通信引脚接收远端数据。

7）模拟输入/输出

当 GPIO 引脚用于 ADC 采集电压的输入通道时，作为模拟输入功能，此时信号不经过 TTL 施密特触发器，ADC 外设要采集到原始的模拟信号。同样，当 GPIO 引脚用于 DAC 作为模拟电压输出通道时，此时作为模拟输出功能，DAC 的模拟信号输出将不经过双 MOS 管结构，直接输出到引脚，如图 5.1 的右下角所示。

当 GPIO 用于模拟功能时，引脚的上/下拉电阻不起作用，即使在寄存器配置上拉/下拉模式，也不影响模拟信号的输入/输出。

2．GPIO 特性

每个通用 GPIO 端口都包括 4 个 32 位配置寄存器（GPIOx_MODER、GPIOx_OTYPER、GPIOx_OSPEEDR 和 GPIOx_PUPDR）、2 个 32 位数据寄存器（GPIOx_IDR 和 GPIOx_ODR）、1 个 32 位置位/复位寄存器（GPIOx_BSRR）、1 个 32 位锁定寄存器（GPIOx_LCKR），以及 2 个 32 位复用功能选择寄存器（GPIOx_AFRH 和 GPIOx_AFRL）。

GPIO 的主要特性有：受控 I/O 多达 16 个；输出状态为推挽或开漏+上拉/下拉；从输出数据寄存器（GPIOx_ODR）或外设（复用功能输出）输出数据；可为每个 I/O 选择不同的速率；输入状态为浮空、上拉/下拉、模拟；将数据输入到输入数据寄存器（GPIOx_IDR）或外设（复用功能输入）；置位/复位寄存器（GPIOx_BSRR）对 GPIOx_ODR 具有按位写权限；锁定机制（GPIOx_LCKR）可冻结 I/O 配置；模拟功能；复用功能输入/输出选择寄存器（1 个 I/O 最多具有 16 个复用功能）；快速翻转，每次翻转最快只需要 2 个时钟周期；引脚复用非常灵活，允许将 I/O 引脚作为 GPIO 或多种外设功能中的一种。

根据每个 I/O 端口的特性，可通过软件将 GPIO 端口的各个端口位分别配置为多种工作模式，如输入浮空、输入上拉、输入下拉、模拟功能、具有上拉或下拉功能的开漏输出、具有上拉或下拉功能的推挽输出、具有上拉或下拉功能的复用功能推挽、具有上拉或下拉功能的复用功能开漏。

I/O 端口每位均可自由编程，但 I/O 端口寄存器必须按 32 位字、半字或字节进行访问。GPIOx_BSRR 旨在实现对 GPIOx_ODR 进行原子读取/修改访问，这样可确保即使在读取和修改访问时发生中断请求也不会有问题。

3．GPIO 工作模式

1）输入模式（上拉、下拉、浮空）

在输入模式时，TTL 施密特触发器打开，输出被禁止。数据寄存器每隔 1 个 AHB1 时钟周期更新一次，可通过输入数据寄存器 GPIOx_IDR 读取 I/O 状态，其中 AHB1 的时钟按默认配置为 180 MHz。用于输入模式时，可设置为上拉、下拉或浮空模式。

2）输出模式（推挽/开漏、上拉/下拉）

在输出模式中，输出使能推挽模式时，双 MOS 管均工作，输出数据寄存器 GPIO*x*_ODR 可控制 I/O 输出高低电平。开漏模式时，只有 N-MOS 管工作，输出数据寄存器可控制 I/O 输出高阻态或低电平。输出速度可配置为 2 MHz、25 MHz、50 MHz、100 MHz 等，此处的输出速度即 I/O 支持的高低电平状态最高切换频率，支持的频率越高，功耗越大，若对功耗要求不严格，可将输出速度设置成最大值。

此时 TTL 施密特触发器打开，即输入可用，通过输入数据寄存器 GPIO*x*_IDR 可读取 I/O 的实际状态。用于输出模式时，可使用上拉、下拉模式或浮空（悬空）模式，但由于输出模式的引脚电平会受到 GPIO*x*_ODR 的影响，而 GPIO*x*_ODR 对应引脚为 0，即引脚初始化后默认输出低电平，所以此时上拉只起到小幅提高输出电流能力，但不会影响引脚的默认状态。

3）复用功能（推挽/开漏、上拉/下拉）

在复用功能模式中，输出使能，输出速度可配置，可工作在开漏及推挽模式，但是输出信号源于其他外设，输出数据寄存器（GPIO*x*_ODR）无效；输入可用，通过输入数据寄存器（GPIO*x*_IDR）可获取 I/O 实际状态，但一般直接用外设的寄存器来获取该数据信号。

用于复用功能时，可使用上拉、下拉模式或浮空模式。同输出模式一样，在这种情况下，初始化后引脚默认输出低电平，上拉只起到小幅提高输出电流能力，但不会影响引脚的默认状态。

4）模拟输入/输出

在模拟输入/输出模式中，双 MOS 管被截止，TTL 施密特触发器停用，上/下拉模式也被禁止，其他外设通过模拟通道进行输入/输出。

通过对 GPIO 寄存器写入不同的参数，就可以改变 GPIO 的应用模式，综上所述，在 GPIO 外设中，通过模式寄存器（GPIO*x*_MODER）可配置 GPIO 的输入、输出、复用、模拟模式，通过输出类型寄存器（GPIO*x*_OTYPER）配置推挽/开漏模式，通过配置输出速度寄存器（GPIO*x*_OSPEEDR）可选择 2、25、50 和 100 MHz，通过上拉/下拉寄存器（GPIO*x*_PUPDR）可配置为上拉、下拉、浮空模式。

5.1.3 STM32 GPIO 寄存器

STM32F4 的每组 GPIO 端口包括 4 个 32 位配置寄存器（GPIO*x*_MODER、GPIO*x*_OTYPER、GPIO*x*_OSPEEDR 和 GPIO*x*_PUPDR）、2 个 32 位数据寄存器（GPIO*x*_IDR 和 GPIO*x*_ODR）、1 个 32 位置位/复位寄存器（GPIO*x*_BSRR）、1 个 32 位锁定寄存器（GPIO*x*_LCKR），以及 2 个 32 位复用功能选择寄存器（GPIO*x*_AFRH

和 GPIOx＿AFRL）等。

STM32F4 的每组 GPIO 有 10 个 32 位寄存器，其中常用的有 4 个配置寄存器、2 个数据寄存器、2 个复用功能选择寄存器，共 8 个，若在使用时每次都直接操作寄存器配置 GPIO，代码会比较多，因此在实际应用中要重点掌握使用库函数来配置 GPIO 的方法。

1. 模式寄存器（GPIOx_MODER）

该寄存器是 GPIO 端口模式控制寄存器，用于控制 GPIOx（STM32F4 最多有 9 组 GPIO，分别用大写字母表示，即 x=A、B、C、D、E、F、G、H、I，下同）的工作模式，该寄存器各位描述如表 5.1 所示。

表 5.1　GPIOx_MODER 的位描述

31	30	29	28	27	26	25	24	23	22	21	20	19	18	17	16
MODER15[1:0]		MODER14[1:0]		MODER13[1:0]		MODER12[1:0]		MODER11[1:0]		MODER10[1:0]		MODER9[1:0]		MODER8[1:0]	
RW	RW	RW	RW	RW	RW	RW	RW	RW	RW	RW	RW	RW	RW	RW	RW
15	14	13	12	11	10	9	8	7	6	5	4	3	2	1	0
MODER7[1:0]		MODER6[1:0]		MODER5[1:0]		MODER4[1:0]		MODER3[1:0]		MODER2[1:0]		MODER1[1:0]		MODER0[1:0]	
RW	RW	RW	RW	RW	RW	RW	RW	RW	RW	RW	RW	RW	RW	RW	RW

注：位 $2y$:$2y$+1 为 MODERy[1:0]，端口 x 配置位（y=0～15），这些位由软件写入来配置 I/O 方向模式，00 表示输入（复位状态），01 表示通用输出模式，10 表示备用功能模式，11 表示模拟模式。

该寄存器的各位在复位后，一般都是 0（个别不是 0，例如 JTAG 占用的几个 I/O 端口），也就是默认条件下一般是输入状态。每组 GPIO 下有 16 个 I/O 端口，该寄存器共 32 位，每两位控制 1 个 I/O，不同设置所对应的模式如表 5.1 所示。

2. 输出类型寄存器（GPIOx_OTYPER）

该寄存器用于控制 GPIOx 的输出类型，各位描述如表 5.2 所示。

表 5.2　GPIOx_OTYPER 的位描述

31	30	29	28	27	26	25	24	23	22	21	20	19	18	17	16
Reserved															
15	14	13	12	11	10	9	8	7	6	5	4	3	2	1	0
OT15	OT14	OT13	OT12	OT11	OT10	OT9	OT8	OT7	OT6	OT5	OT4	OT3	OT2	OT1	OT0
RW	RW	RW	RW	RW	RW	RW	RW	RW	RW	RW	RW	RW	RW	RW	RW

注：位 31:16 为保留位，必须保持在复位值。位 15:0 为 OTy，端口 x 配置位（y=0～15），这些位由软件写入来配置 I/O 端口的输出类型，0 表示输出推挽（复位状态），1 表示输出开漏。

该寄存器仅用于输出模式，在输入模式（MODER[1:0]=00 或 11 时）下不起作用。该寄存器低 16 位有效，每位控制一个 I/O 端口，复位后，该寄存器的值均为 0。

3. 速度寄存器（GPIO*x*_OSPEEDR）

该寄存器用于控制 GPIO*x* 的输出速度，各位描述如表 5.3 所示。

表 5.3　GPIO*x*_OSPEEDR 的位描述

31	30	29	28	27	26	25	24	23	22	21	20	19	18	17	16
OSPEEDR 15[1:0]		OSPEEDR 14[1:0]		OSPEEDR 13[1:0]		OSPEEDR 12[1:0]		OSPEEDR 11[1:0]		OSPEEDR 10[1:0]		OSPEEDR 9[1:0]		OSPEEDR 8[1:0]	
RW	RW	RW	RW	RW	RW	RW	RW	RW	RW	RW	RW	RW	RW	RW	RW
15	14	13	12	11	10	9	8	7	6	5	4	3	2	1	0
OSPEEDR 7[1:0]		OSPEEDR 6[1:0]		OSPEEDR 5[1:0]		OSPEEDR 4[1:0]		OSPEEDR 3[1:0]		OSPEEDR 2[1:0]		OSPEEDR 1[1:0]		OSPEEDR 0[1:0]	
RW	RW	RW	RW	RW	RW	RW	RW	RW	RW	RW	RW	RW	RW	RW	RW

注：位 2*y*:2*y*+1 为 OSPEEDR*y*[1:0]，端口 *x* 配置位（*y*=0～15），这些位由软件写入来配置 I / O 输出速度，00 表示低速，01 表示中速，10 表示高速，11 表示超高速。

该寄存器也仅用于输出模式，在输入模式（MODER[1:0]=00 或 11 时）下不起作用。该寄存器每两位控制一个 I/O 端口，复位后，该寄存器值一般为 0。

4. 上拉/下拉寄存器（GPIO*x*_PUPDR）

该寄存器用于控制 GPIO*x* 的上拉/下拉，各位描述如表 5.4 所示。

表 5.4　GPIO*x*_PUPDR 的位描述

31	30	29	28	27	26	25	24	23	22	21	20	19	18	17	16
PUPDR 15[1:0]		PUPDR 14[1:0]		PUPDR 13[1:0]		PUPDR 12[1:0]		PUPDR 11[1:0]		PUPDR 10[1:0]		PUPDR 9[1:0]		PUPDR 8[1:0]	
RW	RW	RW	RW	RW	RW	RW	RW	RW	RW	RW	RW	RW	RW	RW	RW
15	14	13	12	11	10	9	8	7	6	5	4	3	2	1	0
PUPDR 7[1:0]		PUPDR 6[1:0]		PUPDR 5[1:0]		PUPDR 4[1:0]		PUPDR 3[1:0]		PUPDR 2[1:0]		PUPDR 1[1:0]		PUPDR 0[1:0]	
RW	RW	RW	RW	RW	RW	RW	RW	RW	RW	RW	RW	RW	RW	RW	RW

注：位 2*y*:2*y*+1 为 PUPDR*y*[1:0]，端口 *x* 配置位（*y*=0～15），这些位由软件写入来配置 I/O 端口上拉或下拉，00 表示没有上拉和下拉，01 表示上拉，10 表示下拉，11 表示保留。

该寄存器每两位控制一个 I/O 端口，用于设置上拉/下拉，STM32F1 系列微处理器是通过 GPIO*x*_ODR 寄存器来控制上拉/下拉的，而 STM32F4 系列微处理器则由单独的寄存器 GPIO*x*_PUPDR 来控制上拉/下拉，使用起来更加灵活。复位后，该寄存器值一般为 0。

前面分析了 34 个常用的寄存器，配置寄存器用来配置 GPIO 的相关模式和状态，GPIO 相关的函数和定义分布在固件库文件 stm32f4xx_gpio.c 和头文件 stm32f4xx_gpio.h 中。在固件库开发中，操作 4 个配置寄存器初始化 GPIO 是通过 GPIO 初始化函数来完成的。

```
void GPIO_Init(GPIO_TypeDef* GPIOx,GPIO_InitTypeDef* GPIO_InitStruct);
```

该函数有两个参数，第一个参数用来指定需要初始化的 GPIO 组，取值范围为 GPIOA～GPIOK；第二个参数为初始化参数结构体指针，结构体类型为 GPIO_InitTypeDef，其结构体的定义为：

```
typedefstruct
{
    uint32_t GPIO_Pin;
    GPIOMode_TypeDef GPIO_Mode;
    GPIOSpeed_TypeDef GPIO_Speed;
    GPIOOType_TypeDef GPIO_OType;
    GPIOPuPd_TypeDef GPIO_PuPd;
}GPIO_InitTypeDef;
```

初始化 GPIO 的常用格式是：

```
GPIO_InitTypeDef GPIO_InitStructure;
GPIO_InitStructure.GPIO_Pin=GPIO_Pin_9;             //GPIOF9
GPIO_InitStructure.GPIO_Mode=GPIO_Mode_OUT;         //普通输出模式
GPIO_InitStructure.GPIO_Speed=GPIO_Speed_100 MHz;   //100 MHz
GPIO_InitStructure.GPIO_OType=GPIO_OType_PP;         //推挽输出
GPIO_InitStructure.GPIO_PuPd=GPIO_PuPd_UP;           //上拉模式
GPIO_Init(GPIOF,&GPIO_InitStructure);                //初始化 GPIO
```

上面代码的意思是设置 GPIOF 的第 9 个端口为推挽输出模式，同时速度设置为 100 MHz，上拉模式。

从上面初始化代码可以看出，结构体 GPIO_InitStructure 的第一个成员变量 GPIO_Pin 用来设置要初始化的是哪个或者哪些 I/O 端口；第二个成员变量 GPIO_Mode 用来设置对应 I/O 端口的输入/输出模式，这个值实际就是前面讲解的 GPIOx_MODER 的值，在库开发环境中是通过一个枚举类型定义的，程序配置时只需要选择对应的值即可。

```
typedef enum
{
    GPIO_Mode_IN=0x00,
    GPIO_Mode_OUT=0x01,
    GPIO_Mode_AF=0x02,
    GPIO_Mode_AN=0x03
}GPIOMode_TypeDef;
```

GPIO_Mode_IN 用来设置复位状态为通用输入模式，GPIO_Mode_OUT 是通用输出模式，GPIO_Mode_AF 是复用功能模式，GPIO_Mode_AN 是模拟输入模式。

第三个成员变量 GPIO_Speed 用于设置 I/O 端口的输出速度，有 4 个可选值。实际上就是配置对应的 GPIOx_OSPEEDR 的值，可通过枚举类型定义。

```
typedef enum
{
```

```
        GPIO_Low_Speed=0x00,
        GPIO_Medium_Speed=0x01,
        GPIO_Fast_Speed=0x02,
        GPIO_High_Speed=0x03
}GPIOSpeed_TypeDef;
/*Addlegacydefinition*/
#define GPIO_Speed_2 MHz     GPIO_Low_Speed
#define GPIO_Speed_25 MHz   GPIO_Medium_Speed
#define GPIO_Speed_50 MHz   GPIO_Fast_Speed
#define GPIO_Speed_100 MHz GPIO_High_Speed
```

这里需要说明的是，在实际配置时，配置的是 GPIOSpeed_TypeDef 枚举类型中 GPIO_High_Speed 枚举类型值，也可以是 GPIO_Speed_100 MHz 这样的值。实际上 GPIO_Speed_100 MHz 是通过 define 宏定义标识符定义出来的，它和 GPIO_High_Speed 是等同的。

第四个成员变量 GPIO_OType 用于设置 I/O 端口的输出类型，实际上就是配置 GPIOx_OTYPER 的值，枚举类型定义为：

```
typedef enum
{
    GPIO_OType_PP=0x00,
    GPIO_OType_OD=0x01
}GPIOOType_TypeDef;
```

若需要设置为输出推挽模式，则选择 GPIO_OType_PP；若需要设置为输出开漏模式，则选择 GPIO_OType_OD。

第五个成员变量 GPIO_PuPd 用来设置 I/O 端口的上拉/下拉模式，实际上就是设置 GPIOx_PUPDR 的值，可通过一个枚举类型给出。

```
typedef enum
{
    GPIO_PuPd_NOPULL=0x00,
    GPIO_PuPd_UP=0x01,
    GPIO_PuPd_DOWN=0x02
}GPIOPuPd_TypeDef;
```

这三个值的意思很好理解，GPIO_PuPd_NOPULL 表示不使用上拉/下拉模式，GPIO_ PuPd_UP 表示上拉模式，GPIO_PuPd_DOWN 表示下拉模式，根据需要设置相应的值即可。

5. 输入数据寄存器（GPIOx_IDR）

该寄存器用于读取 GPIOx 的输入，各位描述如表 5.5 所示。

表 5.5 GPIOx_IDR 的位描述

31	30	29	28	27	26	25	24	23	22	21	20	19	18	17	16
						Reserved									
15	14	13	12	11	10	9	8	7	6	5	4	3	2	1	0
IDR15	IDR14	IDR13	IDR12	IDR11	IDR10	IDR9	IDR8	IDR7	IDR6	IDR5	IDR4	IDR3	IDR2	IDR1	IDR0
R	R	R	R	R	R	R	R	R	R	R	R	R	R	R	R

注：位 31:16 为保留位，必须保持在复位值。位 15:0 为 IDR*y*：端口输入数据（0～15），这些位是只读的，只能以字模式访问，它们包含相应 I/O 端口的输入值。

该寄存器用于读取某个 I/O 端口的电平，若对应的位为 0（IDR*y*=0），则说明该 I/O 端口输入的是低电平，若为 1（IDR*y*=1），则表示输入的是高电平。库函数中相关函数为：

```
uint8_t GPIO_ReadInputDataBit(GPIO_TypeDef* GPIOx,uint16_t GPIO_Pin);
uint16_t GPIO_ReadInputData(GPIO_TypeDef* GPIOx);
```

第 1 个函数是用来读取一组 GPIO 的一个或者几个 I/O 端口输入电平，第 2 函数用来一次读取一组 GPIO 所有 I/O 端口的输入电平。例如，要读取 GPIOF.5 的输入电平，方法为：

```
GPIO_ReadInputDataBit(GPIOF,GPIO_Pin_5);
```

6．输出数据寄存器（GPIOx_ODR）

该寄存器是 GPIO 输入/输出电平控制相关的寄存器，用于控制 GPIO*x* 的输出，各位描述如表 5.6 所示。

表 5.6 GPIOx_ODR 的位描述

31	30	29	28	27	26	25	24	23	22	21	20	19	18	17	16
						Reserved									
15	14	13	12	11	10	9	8	7	6	5	4	3	2	1	0
ODR15	ODR14	ODR13	ODR12	ODR11	ODR10	ODR9	ODR8	ODR7	ODR6	ODR5	ODR4	ODR3	ODR2	ODR1	ODR0
RW	RW	RW	RW	RW	RW	RW	RW	RW	RW	RW	RW	RW	RW	RW	RW

注：位 31:16 为保留位，必须保持在复位值。位 15:0 为 ODR*y*，端口输出数据（*y*=0～15），这些位可以通过软件读取和写入。对于原子位置位/复位，可以通过写入 GPIO*x*_BSRR 来单独设置和复位 ODR*x* 位（*x*=A～K）。

该寄存器用于设置某个 I/O 端口输出低电平（ODR*y*=0）还是高电平（ODR*y*=1），该寄存器也仅在输出模式下有效，在输入模式（GPIO*x*_MODER[1:0]=00/11 时）下不起作用。

在固件库中设置 GPIO*x*_ODR 的值来控制 I/O 端口的输出状态是通过函数 GPIO_Write 来实现的。

```
voidGPIO_Write(GPIO_TypeDef* GPIOx,uint16_t PortVal);
```

该函数一般用来一次性地往一个 GPIO 写入多个端口设值，使用实例如下：

```
GPIO_Write(GPIOA,0x0000);
```

大部分情况下，设置 I/O 端口通常不使用这个函数，后面会讲解常用的设置 I/O 端口电平的函数。读取 GPIOx_ODR 时还可以读出 I/O 端口的输出状态，库函数为：

```
uint16_t GPIO_ReadOutputData(GPIO_TypeDef* GPIOx);
uint8_t GPIO_ReadOutputDataBit(GPIO_TypeDef* GPIOx,uint16_t GPIO_Pin);
```

这两个函数功能类似，第 1 个函数用来一次读取一组 GPIO 的所有 I/O 端口输出状态，第 2 个函数用来一次读取一组 GPIO 中一个或者几个 I/O 端口的输出状态。

7. 置位/复位寄存器（GPIOx_BSRR）

该寄存器是用来置位或者复位 I/O 端口，该寄存器和 GPIOx_ODR 具有类似的作用，都可以用来设置 GPIO 的输出位是 1 还是 0。寄存器的各位描述如表 5.7 所示。

表 5.7 GPIOx_BSRR 寄存器的位描述

31	30	29	28	27	26	25	24	23	22	21	20	19	18	17	16
BR15	BR14	BR13	BR12	BR11	BR10	BR9	BR8	BR7	BR6	BR5	BR4	BR3	BR2	BR1	BR0
W	W	W	W	W	W	W	W	W	W	W	W	W	W	W	W
15	14	13	12	11	10	9	8	7	6	5	4	3	2	1	0
BS15	BS14	BS13	BS12	BS11	BS10	BS9	BS8	BS7	BS6	BS5	BS4	BS3	BS2	BS1	BS0
W	W	W	W	W	W	W	W	W	W	W	W	W	W	W	W

注：位 31:16 为 BRy，端口 x 复位位 y（y=0~15），这些位是只写的，可以以字、半字或字节模式访问，读这些位的返回值为 0x0000，0 表示对相应的 ODRx 位不做任何处理，1 表示重置相应的 ODRx 位。注意：如果 BSx 和 BRx 都置位，则 BSx 有优先权。位 15:0 为 BSy，端口 x 复位位 y（y=0~15），这些位是只写的，可以以字、半字或字节模式访问，读这些位的返回值为 0x0000，0 表示对相应的 ODRx 位不做任何处理，1 表示设置相应的 ODRx 位。

对于低 16 位（0~15），往相应的位写 1，那么对应的 I/O 端口会输出高电平，往相应的位写 0，对 I/O 端口没有任何影响。高 16 位（16~31）作用刚好相反，对相应的位写 1 会输出低电平，写 0 没有任何影响。

如果要设置某个 I/O 端口电平，只需要将相关位设置为 1 即可。而对于 GPIOx_ODR，如果要设置某个 I/O 端口电平，首先需要读取 GPIOx_ODR 的值，然后对整个 GPIOx_ODR 重新赋值可达到设置某个或者某些 I/O 端口的目的。而对于 GPIOx_BSRR，就不需要先读，可以直接设置。

GPIOx_BSRR 的使用方法如下：

```
GPIOA→BSRR=1<<1;          //设置 GPIOA.1 为高电平
GPIOA→BSRR=1<<(16+1)      //设置 GPIOA.1 为低电平
```

通过库函数操作 GPIOx_BSRR 来设置 I/O 端口电平的函数为：

```
void GPIO_SetBits(GPIO_TypeDef* GPIOx,uint16_t GPIO_Pin);
void GPIO_ResetBits(GPIO_TypeDef* GPIOx,uint16_t GPIO_Pin);
```

8. GPIO 操作函数

（1）设置操作函数：

```
GPIO_SetBits(GPIO_TypeDef* GPIOx, uint16_t GPIO_Pin)
```

功能说明：设置一组 GPIO 中的一个或者多个 I/O 端口为高电平。参数说明：GPIOx 为 I/O 端口，如 GPIOA、GPIOB 等；GPIO_Pin 为 I/O 引脚，如 GPIO_Pin_8、GPIO_Pin_9 等。例如，要设置 GPIOB.5 输出高电平，方法为：

```
GPIO_SetBits(GPIOB,GPIO_Pin_5);          //GPIOB.5 输出高
```

（2）复位操作函数：

```
GPIO_ResetBits(GPIO_TypeDef* GPIOx, uint16_t GPIO_Pin);
```

功能说明：设置一组 GPIO 中一个或者多个 I/O 端口为低电平。参数说明：GPIOx 为 I/O 端口，如 GPIOA、GPIOB 等；GPIO_Pin 为 I/O 引脚，如 GPIO_Pin_8、GPIO_Pin_9 等。例如，设置 GPIOB.5 输出低电平的方法为：

```
GPIO_ResetBits(GPIOB,GPIO_Pin_5);//GPIOB.5 输出低
```

（3）读操作函数：

```
GPIO_WriteBit(GPIO_TypeDef* GPIOx, uint16_t GPIO_Pin, BitAction BitVal);
```

功能说明：将某个 I/O 端口的电平写为高或者低。参数说明：GPIOx 为 I/O 端口，如 GPIOA、GPIOB 等；GPIO_Pin 为 I/O 引脚，如 GPIO_Pin_8、GPIO_Pin_9 等；BitVal 值为 0 或者 1，即低电平或者高电平。

9. I/O 操作总结

I/O 操作步骤很简单，具体如下。

- 使能 I/O 口时钟：调用函数 RCC_AHB1PeriphClockCmd()。
- 初始化 I/O 参数：调用函数 GPIO_Init()。
- 操作 I/O：操作 I/O 的方法就是上面讲解的方法。

5.1.4 开发实践：车辆指示灯控制设计

当家用电器、仪表仪器等常见的设备上具备多种功能时，会用信号指示灯表示当前系统的功能与状态，如图 5.3 所示的车辆指示灯，通过这些灯用户可以方便直观地设置与管理系统。然而这些灯的效果是如何实现的呢？本项目将围绕这个场景展开对嵌入式 GPIO 的学习与开发。

图 5.3　车辆指示灯

使用 STM32 模拟某设备的信号指示灯控制，通过程序使用 STM32 的通用 I/O 实现对连接在引脚上按键和指示灯进行状态读取和实时控制，STM32 通过读取按键的电平状态，当状态改变时，可通过指示灯的亮灭来反映设备电平状态。

1. 开发设计

1）硬件设计

本项目的硬件架构设计如图 5.4 所示。

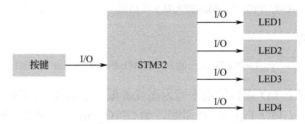

图 5.4　硬件架构设计

要通过 STM32 实现对按键动作的检测和信号灯的控制，首先要了解信号的控制原理和按键动作的捕获原理，通过将捕获按键动作和信号灯控制结合起来就可以实现两者的联动控制。

信号灯的控制方式为对电平输出的主动控制，即高电平输出和低电平输出，具体的输出方式要参考信号灯的相关原理图。LED1、LED2、LED3 和 LED4 接口电路如图 5.5 所示。

开发平台的 LED1、LED2、LED3、LED4 分别连接到 STM32 的处理器的 PE0、PE1、PE2 和 PE3 引脚。图中四个 LED 一端接在 3.3 V 的电源上，电阻的另一端连接在 STM32 上，采用的是正向连接导通的方式，当控制引脚为高电平（3.3 V）时，LED 灯两端电压相同，无法形成压降，因此 LED 不导通，处于熄灭状态。反之当控制引脚为低电平时，LED 两端形成压降，处于点亮状态。

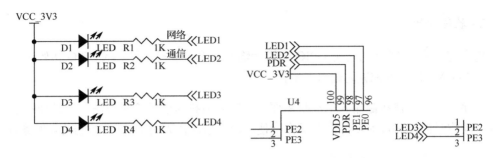

图 5.5　LED1～LED2 接口电路图

　　按键状态的检测主要使用 STM32 通用 I/O 的引脚电平读取功能，相关引脚为高电平时引脚读取的值为 1，反之则为 0。而按键是否按下、按下前后的电平状态则需要按照实际的按键接口电路图来确认，如图 5.6 所示。

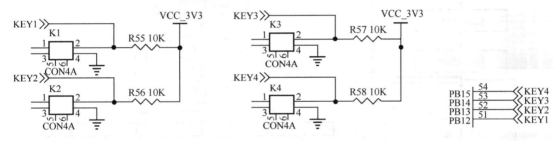

图 5.6　按键的接口电路图

　　开发平台上的 4 个按键（KEY1、KEY2、KEY3、KEY4）分别连接到 STM32 的 PB12、PB13、PB14 和 PB15 引脚。图中按键的引脚一端接 GND，另一端接电阻和 STM32 的 GPIO 引脚，电阻的另一端连接 3.3 V 电源，当按键没有按下时，按键的脚 2 和脚 4 断开，由于 STM32 引脚在输入模式时为高阻态，所以引脚 P1_2 采集的电平为高电平；当按键按下后，按键的脚 2 和脚 4 导通，此时引脚 P1_2 导通接地，所以此时引脚检测电平为低电平。

　　通常按键所用的开关都是机械弹性开关，当机械触点断开、闭合时，由于弹性作用，一个按键开关在按下时不会马上就稳定地接通，在断开时也不会一下子彻底断开，而是在闭合和断开的瞬间伴随了一连串的抖动，按键抖动的电信号波形如图 5.7 所示。

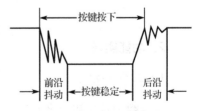

图 5.7　按键抖动电信号波形

　　按键稳定闭合时间长短是由操作人员决定的，通常都会在 100 ms 以上，刻意快速按的话能达到 40～50 ms，很难再低了。抖动时间是由按键的机械特性决定的，一般都会在 10 ms 以内，为了确保程序对按键的一次闭合或者一次断开只响应一次，必须进行按键的消抖处理。当检测到按键状态变化时，不是立即去响应动作，而是先等待闭合或断开稳定后再进行处理。按键消抖可分为硬件消抖和软件消抖。

　　本项目采用软件消抖，当检测到按键状态变化后，先等待一段时间，在抖动消失后再次检测按键状态，如果与刚才检测到的状态相同，就可以确认按键已经稳定了。

第 5 章

2）软件设计

首先需要将 STM32 的通用 GPIO 配置为输入或输出模式，需要将 GPIO 初始化结构体中的 GPIO_Mode 参数配置为输入或输出。

程序设计中，在按键输入检测时需要使用延时消抖和松手检测方法，通过延时消抖屏蔽开关动作时的电平抖动以防止误操作，使用松手检测作为对 LED 灯控制的触发条件。

软件设计流程如图 5.8 所示。

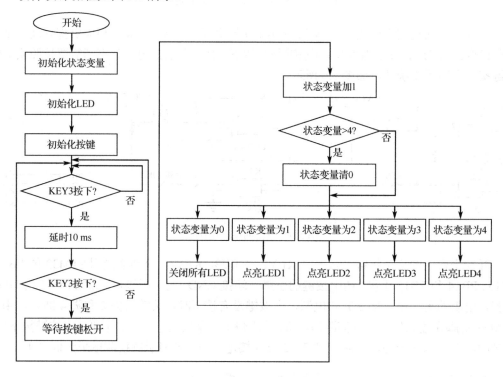

图 5.8　软件设计流程

2．功能实现

1）主函数模块

主函数中首先初始化 LED 和按键，然后进入主循环，在主循环中通过检测 LED 的标志位状态，实现对 LED 的控制，主函数内容如下。

```
void main(void)
{
    char led_status = 0;                              //声明一个表示 LED 状态的变量
    led_init();                                       //初始化 LED 控制引脚
    key_init();                                       //初始化按键检测引脚
    while(1){                                          //循环体
        if(get_key_status() == K3_PREESED){           //检测 KEY3 被按下
```

```
            delay_count(500);                                  //延时消抖
            if(get_key_status() == K3_PREESED){                //确认 KEY3 被按下
                while(get_key_status() == K3_PREESED);         //等待按键松开
                led_status++;                                  //LED 状态变量加 1
                if (led_status>4)                              //LED 状态变量最大为 4
                led_status=0;                                  //LED 状态变量清 0
            }
        }
        switch(led_status){
            case 0:
            turn_off(D1);                                      //关闭 LED1
            turn_off(D2);                                      //关闭 LED2
            turn_off(D3);                                      //关闭 LED3
            turn_off(D4);                                      //关闭 LED4
            break;
            case 1:turn_on(D1);break;                          //点亮 LED1
            case 2:turn_on(D2);break;                          //点亮 LED2
            case 3:turn_on(D3);break;                          //点亮 LED3
            case 4:turn_on(D4);break;                          //点亮 LED4
            default:led_status=0;                              //LED 状态变量清 0
        }
    }
}
```

2）LED 的 GPIO 初始化模块

```
void led_init(void)
{
    GPIO_InitTypeDef    GPIO_InitStructure;
    //使能 GPIO 时钟
    RCC_AHB1PeriphClockCmd(RCC_AHB1Periph_GPIOE |   RCC_AHB1Periph_GPIOB , ENABLE);
    //选中引脚
    GPIO_InitStructure.GPIO_Pin = GPIO_Pin_0 | GPIO_Pin_1 | GPIO_Pin_2 | GPIO_Pin_3;
    GPIO_InitStructure.GPIO_Mode = GPIO_Mode_OUT;              //输出模式
    GPIO_InitStructure.GPIO_OType = GPIO_OType_PP;             //推挽输出
    GPIO_InitStructure.GPIO_Speed = GPIO_Speed_2 MHz;         //输出引脚工作频率为 2 MHz
    GPIO_InitStructure.GPIO_PuPd = GPIO_PuPd_NOPULL;          //无上下拉
    //根据上述参数配置 GPIOE0、GPIOE1、GPIOE2、GPIOE3
    GPIO_Init(GPIOE, &GPIO_InitStructure);
    GPIO_SetBits(GPIOE, GPIO_Pin_0 | GPIO_Pin_1 | GPIO_Pin_2 | GPIO_Pin_3);
    //选中 0、1、2 引脚
    GPIO_InitStructure.GPIO_Pin = GPIO_Pin_0 | GPIO_Pin_1 | GPIO_Pin_2 ;
    GPIO_Init(GPIOB, &GPIO_InitStructure);        //根据上述参数配置 GPIOB0、GPIOB1、GPIOB2
    //GPIOB0、GPIOB1、GPIOB2 引脚置 1
    GPIO_SetBits(GPIOB, GPIO_Pin_0 | GPIO_Pin_1 | GPIO_Pin_2);
}
```

第
5
章

3）LED 的开控制模块

```
void turn_on(unsigned char led){
    if(led & D1)                              //判断 LED 选择
    GPIO_ResetBits(GPIOE, GPIO_Pin_0);        //PE0 置引脚低电平，打开 LED1
    if(led & D2)
    GPIO_ResetBits(GPIOE, GPIO_Pin_1);        //PE1 置引脚低电平，打开 LED2
    if(led & D3)
    GPIO_ResetBits(GPIOE, GPIO_Pin_2);        //PE2 置引脚低电平，打开 LED3
    if(led & D4)
    GPIO_ResetBits(GPIOE, GPIO_Pin_3);        //PE3 置引脚低电平，打开 LED4
    if(led & LEDR)
    GPIO_ResetBits(GPIOB, GPIO_Pin_0);        //PB0 置引脚低电平，打开 RGB 灯的红灯
    if(led & LEDG)
    GPIO_ResetBits(GPIOB, GPIO_Pin_1);        //PB1 置引脚低电平，打开 RGB 灯的绿灯
    if(led & LEDB)
    GPIO_ResetBits(GPIOB, GPIO_Pin_2);        //PB2 置引脚低电平，打开 RGB 灯的蓝灯
}
```

4）LED 的关控制模块

```
void turn_off(unsigned char led){
    if(led & D1)                              //判断 LED 选择
    GPIO_SetBits(GPIOE, GPIO_Pin_0);          //PE0 置引脚高电平，关闭 LED1
    if(led & D2)
    GPIO_SetBits(GPIOE, GPIO_Pin_1);          //PE1 置引脚高电平，关闭 LED2
    if(led & D3)
    GPIO_SetBits(GPIOE, GPIO_Pin_2);          //PE2 置引脚高电平，关闭 LED3
    if(led & D4)
    GPIO_SetBits(GPIOE, GPIO_Pin_3);          //PE3 置引脚高电平，关闭 LED4
    if(led & LEDR)
    GPIO_SetBits(GPIOB, GPIO_Pin_0);          //PB0 置引脚高电平，关闭 RGB 灯的红灯
    if(led & LEDG)
    GPIO_SetBits(GPIOB, GPIO_Pin_1);          //PB1 置引脚高电平，关闭 RGB 灯的绿灯
    if(led & LEDB)
    GPIO_SetBits(GPIOB, GPIO_Pin_2);          //PB2 置引脚高电平，关闭 RGB 灯的蓝灯
}
```

5）按键状态捕获模块

```
/**********************************************************************************
* 功能：按键引脚状态
* 返回：key_status
**********************************************************************************/
char get_key_status(void)
{
    char key_status = 0;
    if(GPIO_ReadInputDataBit(K1_PORT,K1_PIN) == 0)        //判断 PB12 引脚电平状态
```

```
        key_status |= K1_PREESED;                              //低电平 key_status bit0 位置 1
        if(GPIO_ReadInputDataBit(K2_PORT,K2_PIN) == 0)         //判断 PB13 引脚电平状态
        key_status |= K2_PREESED;                              //低电平 key_status bit1 位置 1
        if(GPIO_ReadInputDataBit(K3_PORT,K3_PIN) == 0)         //判断 PB14 引脚电平状态
        key_status |= K3_PREESED;                              //低电平 key_status bit2 位置 1
        if(GPIO_ReadInputDataBit(K4_PORT,K4_PIN) == 0)         //判断 PB15 引脚电平状态
        key_status |= K4_PREESED;                              //低电平 key_status bit3 位置 1
        return key_status;
}
```

5.1.5　小结

通过本项目的学习和实践，读者可以了解 GPIO 的功能特性，可配置为输入/输出模式、推挽浮空、上拉/下拉、引脚速度等，通过使用 CMSIS 提供的接口可以轻松实现对 GPIO 的配置，通过 GPIO 的功能可以实现对工程中开关信号的处理。

通用输入/输出接口是微处理器最常用的基本接口，本节先介绍了 GPIO 的概念、工作模式，然后进一步介绍了 STM32 的 GPIO 的基本功能和控制，并掌握了 GPIO 的常见操作，最后完成硬件设计和软件设计，通过 STM32 的 GPIO 接口控制设备信息的状态。

5.1.6　思考与拓展

（1）STM32 的 GPIO 有哪些属性？

（2）STM32 的 GPIO 在初始化时钟时使用的是哪条时钟总线？

（3）STM32 的 GPIO 可配置为哪几种速度？

（4）STM32 的 GPIO 方向寄存器和功能选择寄存器有什么功能？如何配置？

（5）如何驱动 STM32 处理器的 GPIO？

（6）每当手机接收到短消息时，信号灯就会像人呼吸一样闪烁，信号灯逐渐变亮，达到最亮后又逐渐熄灭，通过这样一种有反差的闪烁效果既能体现科技时尚感又能达到很好的来电消息提醒效果。以手机呼吸信号灯为项目目标，基于 STM32 的 LED 闪烁的呼吸灯效果应如何实现？

5.2　STM32 外部中断应用开发

本节重点学习 STM32 的中断原理，并学习 STM32 的外部中断，掌握外部中断的基本原理、功能和驱动方法，通过驱动 STM32 的 GPIO 来实现按键抢答器的设计。

5.2.1 中断的基本概念与定义

1. 中断的响应过程

中断处理指微处理器在程序运行中处理出现的紧急事件的整个过程。在程序运行过程中，如果系统外部、系统内部或者程序本身出现紧急事件，微处理器将中止现行程序的运行，自动转入相应的处理程序（中断服务程序），待处理完后，再返回到原来的程序运行，这个过程称为程序中断。按照事件发生的顺序，中断响应过程包括：

（1）中断源发出中断请求。

（2）判断微处理器是否允许中断，以及该中断源是否被屏蔽。

（3）优先权排队。

（4）微处理器执行完当前指令或当前指令无法执行完，则立即停止当前程序，保护断点地址和微处理器当前状态，转入相应的中断服务程序。

（5）执行中断服务程序。

（6）恢复被保护的状态，执行中断返回指令回到被中断的程序或转入其他程序。

2. 外部中断

在没有干预的情况下，微处理器的程序是在封闭状态下自主运行的，如果在某一时刻需要响应一个外部事件（如键盘或者鼠标），这时就会用到外部中断。具体来讲，外部中断就是在微处理器的一个引脚上，由于外部因素导致了一个电平的变化（如由高变低），通过捕获这个变化，微处理器内部自主运行的程序就会被暂时打断，转而去执行相应的中断服务程序，执行完后再回到原来中断的地方继续执行原来的程序。这个引脚上的电平变化，就申请了一个外部中断事件，而这个能申请外部中断的引脚就是外部中断的触发引脚。

外部中断是微处理器实时处理外部事件的一种内部机制。当某种外部事件发生时，微处理器的中断系统将迫使 CPU 暂停正在执行的程序，转而去进行中断事件的处理；中断处理完毕后又返回到被中断的程序处，继续执行下去。

更多中断的理论知识请参考 3.2 节中的内容信息。

5.2.2 STM32 中断应用概述

1. STM32 中断向量

STM32F4xx 具有多达 86 个可屏蔽中断通道（不包括 Cortex-M4F 的 16 根中断线），具有 16 个可编程优先级（使用了 4 位中断优先级）、低延迟的异常和中断处理、电源管理控制以及系统控制寄存器等优点，嵌套向量中断控制器（NVIC）和微处理器内核接口紧密配合，可以实现低延迟的中断处理以及高效地处理晚到的中断。

STM32F4xx 在内核上搭载了一个异常响应系统，支持为数众多的系统异常和外部中断，其中系统异常有 10 个，外部中断有 91 个。除了个别异常的优先级被固定，其他异常的优先级都是可编程的。具体的系统异常和外部中断可在标准库文件 stm32f4xx.h 中查到，在 IRQ*n*_Type 这个结构体里面包含 SMT32F4 系列全部的异常声明。中断向量表如表 5.8 所示。

表 5.8　中断向量表

位置	优先级	优先级类型	名　称	说　明	地　址
—	—	—	—	保留	0x00000000
	−3	固定	Reset	复位	0x00000004
	−2	固定	NMI	不可屏蔽中断，时钟安全系统	0x00000008
	−1	固定	HardFault	所有类型的错误	0x0000000C
	0	固定	MemManage	MPU 不匹配	0x00000010
	1	可设置	BusFault	预取指失败，存储器访问失败	0x00000014
	2	可设置	UsageFault	未定义的指令或非法状态	0x00000018
—	—	—		保留	0x0000001C～0x0000002B
	3	可设置	SVCall	通过 SWI 指令调用的系统服务	0x0000002C
	4	可设置	Debug Monitor	调试监控器	0x00000030
		—		保留	0x00000034
	5	可设置	PendSV	可挂起的系统服务	0x00000038
	6	可设置	Systick	系统嘀嗒定时器	0x0000003C
0	7	可设置	WWDG	窗口看门狗中断	0x00000040
1	8	可设置	PVD	连接到 EXTI 线的可编程电压检测（PVD）中断	0x00000044
2	9	可设置	TAMP_STAMP	连接到 EXTI 线的入侵和时间戳中断	0x00000048
3	10	可设置	RTC_WKUP	连接到 EXTI 线的 RTC 唤醒中断	0x0000004C
4	11	可设置	Flash	Flash 全局中断	0x00000050
5	12	可设置	RCC	RCC 全局中断	0x00000054
6	13	可设置	EXTI0	EXTI 线 0 中断	0x00000058
7	14	可设置	EXTI1	EXTI 线 1 中断	0x0000005C
8	15	可设置	EXTI2	EXTI 线 2 中断	0x00000060
9	16	可设置	EXTI3	EXTI 线 3 中断	0x00000064
10	17	可设置	EXTI4	EXTI 线 4 中断	0x00000068
11	18	可设置	DMA1_Stream0	DMA1 流 0 全局中断	0x0000006C
12	19	可设置	DMA1_Stream1	DMA1 流 1 全局中断	0x00000070
13	20	可设置	DMA1_Stream2	DMA1 流 2 全局中断	0x00000074
14	21	可设置	DMA1_Stream3	DMA1 流 3 全局中断	0x00000078

续表

位置	优先级	优先级类型	名　称	说　明	地　址
15	22	可设置	DMA1_Stream4	DMA1 流 4 全局中断	0x0000007C
16	23	可设置	DMA1_Stream5	DMA1 流 5 全局中断	0x00000080
17	24	可设置	DMA1_Stream6	DMA1 流 6 全局中断	0x00000084
18	25	可设置	ADC	ADC1、ADC2 和 ADC3 全局中断	0x00000088
19	26	可设置	CAN1_TX	CAN1 TX 中断	0x0000008C
20	27	可设置	CAN1_RX0	CAN1 RX0 中断	0x00000090
21	28	可设置	CAN1_RX1	CAN1 RX1 中断	0x00000094
22	29	可设置	CAN1_SCE	CAN1 SCE 中断	0x00000098
23	30	可设置	EXTI9_5	EXTI 线[9:5]中断	0x0000009C
24	31	可设置	TIM1_BRK_TIM9	TIM1 刹车中断和 TIM9 全局中断	0x000000A0
25	32	可设置	TIM1_UP_TIM10	TIM1 更新中断和 TIM10 全局中断	0x000000A4
26	33	可设置	TIM1_TRG_COM_TIM11	TIM1 触发和换相中断与 TIM11 全局中断	0x000000A8
27	34	可设置	TIM1_CC	TIM1 捕获比较中断	0x000000AC
28	35	可设置	TIM2	TIM2 全局中断	0x000000B0
29	36	可设置	TIM3	TIM3 全局中断	0x000000B4
30	37	可设置	TIM4	TIM4 全局中断	0x000000B8
31	38	可设置	I2C1_EV	I2C1 事件中断	0x000000BC
32	39	可设置	I2C1_ER	I2C1 错误中断	0x000000C0
33	40	可设置	I2C2_EV	I2C2 事件中断	0x000000C4
34	41	可设置	I2C2_ER	I2C2 错误中断	0x000000C8
35	42	可设置	SPI1	SPI1 全局中断	0x000000CC
36	43	可设置	SPI2	SPI2 全局中断	0x000000D0
37	44	可设置	USART1	USART1 全局中断	0x000000D4
38	45	可设置	USART2	USART2 全局中断	0x000000D8
39	46	可设置	USART3	USART3 全局中断	0x000000DC
40	47	可设置	EXTI15_10	EXTI 线[15:10]中断	0x000000E0
41	48	可设置	RTC_Alarm	连接到 EXTI 线的 RTC 闹钟（A 和 B）中断	0x000000E4
42	49	可设置	OTG_FS WKUP	连接到 EXTI 线的 USB On the Go FS，唤醒中断	0x000000E8
43	50	可设置	TIM8_BRK_TIM12	TIM8 刹车中断和 TIM12 全局中断	0x000000EC
44	51	可设置	TIM8_UP_TIM13	TIM8 更新中断和 TIM13 全局中断	0x000000F0
45	52	可设置	TIM8_TRG_COM_TIM14	TIM8 触发和换相中断与 TIM14 全局中断	0x000000F4
46	53	可设置	TIM8_CC	TIM8 捕获比较中断	0x000000F8
47	54	可设置	DMA1_Stream7	DMA1 流 7 全局中断	0x000000FC
48	55	可设置	FSMC	FSMC 全局中断	0x00000100
49	56	可设置	SDIO	SDIO 全局中断	0x00000104

位置	优先级	优先级类型	名 称	说 明	地 址
50	57	可设置	TIM5	TIM5 全局中断	0x00000108
51	58	可设置	SPI3	SPI3 全局中断	0x0000010C
52	59	可设置	UART4	UART4 全局中断	0x00000110
53	60	可设置	UART5	UART5 全局中断	0x00000114
54	61	可设置	TIM6_DAC	TIM6 全局中断，DAC1 和 DAC2 下溢错误中断	0x00000118
55	62	可设置	TIM7	TIM7 全局中断	0x0000011C
56	63	可设置	DMA2_Stream0	DMA2 流 0 全局中断	0x00000120
57	64	可设置	DMA2_Stream1	DMA2 流 1 全局中断	0x00000124
58	65	可设置	DMA2_Stream2	DMA2 流 2 全局中断	0x00000128
59	66	可设置	DMA2_Stream3	DMA2 流 3 全局中断	0x0000012C
60	67	可设置	DMA2_Stream4	DMA2 流 4 全局中断	0x00000130
61	68	可设置	ETH	以太网全局中断	0x00000134
62	69	可设置	ETH_WKUP	连接到 EXTI 线的以太网唤醒中断	0x00000138
63	70	可设置	CAN2_TX	CAN2TX 中断	0x0000013C
64	71	可设置	CAN2_RX0	CAN2RX0 中断	0x00000140
65	72	可设置	CAN2_RX1	CAN2RX1 中断	0x00000144
66	73	可设置	CAN2_SCE	CAN2SCE 中断	0x00000148
67	74	可设置	OTG_FS	USB On the Go FS 全局中断	0x0000014C
68	75	可设置	DMA2_Stream5	DMA2 流 5 全局中断	0x00000150
69	76	可设置	DMA2_Stream6	DMA2 流 6 全局中断	0x00000154
70	77	可设置	DMA2_Stream7	DMA2 流 7 全局中断	0x00000158
71	78	可设置	USART6	USART6 全局中断	0x0000015C
72	79	可设置	I2C3_EV	I2C3 事件中断	0x00000160
73	80	可设置	I2C3_ER	I2C3 错误中断	0x00000164
74	81	可设置	OTG_HS_EP1_OUT	USB On the Go HS 端点 1 输出全局中断	0x00000168
75	82	可设置	OTG_HS_EP1_IN	USB On the Go HS 端点 1 输入全局中断	0x0000016C
76	83	可设置	OTG_HS_WKUP	连接到 EXTI 的 USB On the Go HS，唤醒中断	0x00000170
77	84	可设置	OTG_HS	USB On the Go HS 全局中断	0x00000174
78	85	可设置	DCMI	DCMI 全局中断	0x00000178
79	86	可设置	CRYP	CRYP 加密全局中断	0x0000017C
80	87	可设置	HASH_RNG	哈希和随机数发生器全局中断	0x00000180
81	88	可设置	FPU	FPU 全局中断	0x00000184
82	89	可设置	UART7	UART7 全局中断	0x00000188
83	90	可设置	UART8	UART8 全局中断	0x0000018C
84	91	可设置	SPI4	SPI4 全局中断	0x00000190

第5章

续表

位置	优先级	优先级类型	名　称	说　明	地　址
85	92	可设置	SPI5	SPI5 全局中断	0x00000194
86	93	可设置	SPI6	SPI6 全局中断	0x00000198

2．NVIC 介绍

NVIC 是嵌套向量中断控制器，用于控制整个芯片与中断相关的功能，它跟内核紧密耦合，是内核的一个外设。但是各个芯片厂商在设计芯片时会对 Cortex-M4 内核的 NVIC 进行裁减，把不需要的部分去掉，所以 STM32 的 NVIC 是 Cortex-M4 的 NVIC 的一个子集。在配置中断时一般只使用 ISER、ICER 和 IP 这三个寄存器，ISER 用来使能中断，ICER 用来禁止中断，IP 用来设置中断优先级。

固件库文件 core_cm4.h 还提供了 NVIC 的一些函数，这些函数遵循 CMSIS，只要是基于 Cortex-M4 内核的微处理器都可以使用。NVIC 中断库函数如表 5.9 所示。

表 5.9　NVIC 中断库函数

NVIC 中断函数库	描　述
void NVIC_EnableIRQ(IRQn_Type IRQn)	使能中断
void NVIC_DissableIRQ(IRQn_Type IRQn)	失能中断
void NVIC_SetPendingIRQ(IRQn_Type IRQn)	设置中断挂起位
void NVIC_ClearPendingIRQ(IRQn_Type IRQn)	清除中断挂起位
uint32_t NVIC_GetPendingIRQ(IRQn_Type IRQn)	获取挂起中断编号
void NVIC_SetPriority(IRQn_Type IRQn,uint32_t priority)	设置中断优先级
uint32_t NVIC_GetpriorityIRQ(IRQn_Type IRQn)	获取中断优先级
void NVIC_SystemReset(void)	系统复位

3．优先级的定义

在 NVIC 中有一个专门的寄存器——中断优先级寄存器 NVIC_IPRx，用来配置外部中断的优先级，IPR 宽度为 8 位，原则上每个外部中断可配置的优先级为 0～255，数值越小，优先级越高。但是绝大多数 Cortex-M4 芯片都会精简设计，导致实际上支持的优先级数减少，在 STM32F4xx 中，只使用高 4 位。中断优先级寄存器如表 5.10 所示。

表 5.10　中断优先级寄存器

位　数	7	6	5	4	3	2	1	0
功能	用于表示优先级				未使用，读回为 0			

用于表示优先级的高 4 位又被分组成抢占优先级和子优先级。若有多个中断同时响应，抢占优先级高的中断会抢占优先级低的优先得到执行；若抢占优先级相同，则比较子优先级；若抢占优先级和子优先级都相同，就比较它们的硬件中断编号，编号越小，优先级越高。

4．中断编程

在配置中断时一般有 3 个编程步骤。

（1）使能外设某个中断，具体由每个外设的相关中断使能位控制。例如，串口有发送完成中断和接收完成中断，这两个中断都是由串口控制寄存器的相关中断使能位控制的。

（2）初始化 NVIC_InitTypeDef 结构体，配置中断优先级分组，设置抢占优先级和子优先级，使能中断请求。

（3）编写中断服务函数。在启动文件 startup_stm32f40xx.s 中预先为每个中断编写一个中断服务函数，只是这些中断函数都是空的，目的只是初始化中断向量表。实际的中断服务函数都需要重新编写，中断服务函数统一存放在 stm32f4xx_it.c 这个库文件中。

中断服务函数的函数名必须和启动文件里面预先设置的一样，若写错，则系统在中断向量表中就找不到中断服务函数的入口，直接跳转到启动文件里面预先写好的空函数，并且在里面无限循环，导致无法实现中断。

5.2.3　STM32 的外部中断机制

1．EXIT

外部中断/事件控制器（EXTI）管理了 23 个中断/事件输入线，每个中断/事件输入线都对应着一个边沿检测器，可以实现输入信号的上升沿检测和下降沿检测。EXTI 可以对每个中断/事件输入线进行单独配置，可以单独配置为中断或者事件，以及触发事件的属性。EXTI 功能框图如图 5.9 所示。

EXTI 的功能框图包含了 EXTI 最核心的内容，掌握其功能框图就会对 EXTI 有一个整体的把握，在图 5.9 中可以看到很多在信号线上有一个斜杠并标注"23"，这表示在控制器内部类似的信号线路有 23 个，这与 EXTI 总共有 23 个中断/事件线是吻合的。只要明白其中一个的原理即可，其他 22 个线路原理大同小异。EXTI 可分为两大部分功能，一个是产生中断，另一个是产生事件，这两个功能从硬件上就有所不同。电路分析如下：

（1）编号❶是输入线，EXTI 控制器有 23 个中断/事件输入线，可以通过寄存器为输入线设置为任意一个 GPIO，也可以是一些外设的事件。输入线一般存在电平变化的信号。

（2）编号❷是一个边沿检测电路，根据上升沿触发选择寄存器（EXTI_RTSR）和下降沿触发选择寄存器（EXTI_FTSR）对应的位设置来控制信号触发。边沿检测电路以输入线作为信号输入端，若检测到有边沿跳变就输出有效信号 1 给编号❸电路，否则输出信号 0。EXTI_RTSR 和 EXTI_FTSR 可以配置触发器需要检测哪些类型中断，中断触发有上升沿触发、下降沿触发或者上升沿和下降沿同时触发。

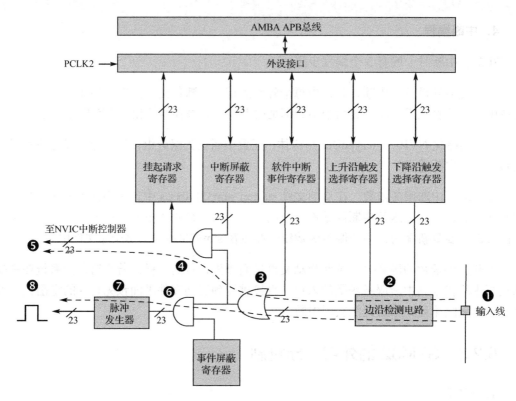

图 5.9　EXTI 功能框图

（3）编号❸电路是一个或门电路，它的一个输入来自编号❷电路，另外一输入来自软件中断事件寄存器（EXTI_SWIER）。中断事件寄存器允许通过软件编程来启动中断/事件线。或门电路中，两个输入只要有一个信号是有效信号 1 就可以输出 1 给编号❹和编号❻电路。

（4）编号❹电路是一个与门电路，它的一个输入是编号❸电路，另外一个输入来自中断屏蔽寄存器（EXTI_IMR）。若中断屏蔽寄存器设置为 0，则不管编号❸电路的输出信号是 1 还是 0，最终编号❹电路输出的信号都为 0；若中断屏蔽寄存器设置为 1 时，最终编号❹电路输出的信号才由编号❸电路的输出信号决定，因此可以通过控制 EXTI_IMR 来达到是否使用中断功能。编号❹电路输出的信号会被保存到挂起寄存器（EXTI_PR）内，若编号❹电路输出为 1 就会把挂起寄存器对应位置 1。

（5）编号❺将挂起寄存器的内容输出到 NVIC，从而实现系统中断事件控制。

由编号❶～❸和❻～❽的虚线指示的流程是一个产生事件的线路，最终输出一个脉冲信号。产生事件的线路在编号❸电路之后与中断线路有所不同，之前的电路都是共用的。

（6）编号❻电路是一个与门，它的一个输入是编号❸电路，另外一个输入来自事件屏蔽寄存器（EXTI_EMR）。若事件屏蔽寄存器设置为 0 时，那不管编号❸电路的输出信号是 1 还是 0，最终编号❻电路输出的信号都为 0；若事件屏蔽寄存器设置为 1 时，最终编号❻

电路输出的信号才由编号❸电路的输出信号决定，这样可以简单地控制事件屏蔽寄存器来达到是否产生中断。

（7）编号❼电路是一个脉冲发生器电路，当它的输入端（即编号❻电路的输出端）是一个信号 1 时就会产生一个脉冲；若输入端是信号 0 就不会输出脉冲。

（8）编号❽是一个脉冲信号，这个脉冲信号可以供其他外设电路使用，如定时器 TIM 器等。

2．STM32 外部中断的库函数

STM32 的每个 I/O 端口都可以作为外部中断的中断输入口，这点也是 STM32 的强大之处。STM32 的中断控制器支持 22 个外部中断/事件请求，每个中断/事件设有状态位，都有独立的触发和屏蔽设置位。

STM32 的 22 个外部中断如下。

- EXTI 线 0～15：对应外部 I/O 端口的输入中断。
- EXTI 线 16：连接到 PVD 输出。
- EXTI 线 17：连接到 RTC 闹钟事件。
- EXTI 线 18：连接到 USBOTGFS（USB On the Go FS）唤醒事件。
- EXTI 线 19：连接到以太网唤醒事件。
- EXTI 线 20：连接到 USBOTGHS（USB On the Go HS，在 FS 中配置）唤醒事件。
- EXTI 线 21：连接到 RTC 入侵和时间戳事件。
- EXTI 线 22：连接到 RTC 唤醒事件。

从上面可以看出，STM32 的 I/O 端口使用的中断线只有 16 个，但是 STM32 的 I/O 端口却远远不止 16 个，那么 STM32 是怎么把 16 个中断线和 I/O 端口一一对应起来的呢？STM32 的 GPIO 引脚 GPIOx.0～GPIOx.15（x=A、B、C、D、E、F、G、H、I）分别对应中断线 0～15，这样每个中断线对应最多 9 个 I/O 端口。以线 0 为例，它对应 GPIOA.0、GPIOB.0、GPIOC.0、GPIOD.0、GPIOE.0、GPIOF.0、GPIOG.0、GPIOH.0、GPIOI.0，而中断线每次只能连接到一个 I/O 端口上，这样就需要通过配置来决定对应的中断线配置到哪个 GPIO 上。GPIO 与中断线的映射关系如图 5.10 所示。

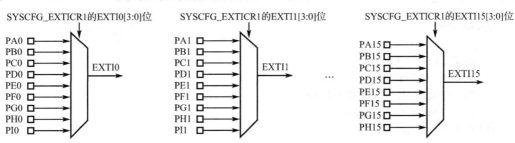

图 5.10　GPIO 和中断线的映射关系

接下来讲解使用库函数配置外部中断的步骤。

（1）使能 I/O 端口时钟，初始化 I/O 端口为输入模式。首先，要使用 I/O 端口作为中断输入，所以要使能相应的 I/O 端口时钟，以及初始化相应的 I/O 端口为输入模式。

（2）开启 SYSCFG 时钟，设置 GPIO 与中断线的映射关系。要配置 GPIO 与中断线的映射关系，首先需要使能 SYSCFG 时钟。

```
RCC_APB2PeriphClockCmd(RCC_APB2Periph_SYSCFG,ENABLE);          //使能 SYSCFG 时钟
```

这里一定要注意，只要使用到外部中断，就必须使能 SYSCFG 时钟。在库函数中，配置 GPIO 与中断线的映射关系是通过函数 SYSCFG_EXTILineConfig()来实现的。

```
void SYSCFG_EXTILineConfig(uint8_t EXTI_PortSourceGPIOx, uint8_t EXTI_PinSourcex);
```

该函数将 GPIO 端口与中断线映射起来，使用范例如下。

```
SYSCFG_EXTILineConfig(EXTI_PortSourceGPIOA,EXTI_PinSource0);
```

将中断线 0 与 GPIOA 映射起来，GPIOA.0 与 EXTI1 中断线连接起来。设置好 GPIO 和中断线的映射关系之后，那么来自 GPIO 的中断是通过什么方式触发的呢？接下来要在程序中设置该中断线上的中断初始化参数。

（3）初始化中断线上的中断，如设置触发条件等。中断线上的中断初始化是通过函数 EXTI_Init()实现的，其定义是：

```
void EXTI_Init(EXTI_InitTypeDef* EXTI_InitStruct);
```

下面通过范例来说明该函数的使用方法。

```
EXTI_InitTypeDef EXTI_InitStructure;
EXTI_InitStructure.EXTI_Line=EXTI_Line4;
EXTI_InitStructure.EXTI_Mode=EXTI_Mode_Interrupt;
EXTI_InitStructure.EXTI_Trigger=EXTI_Trigger_Falling;
EXTI_InitStructure.EXTI_LineCmd=ENABLE;
EXTI_Init(&EXTI_InitStructure);          //初始化外设 EXTI 寄存器
```

上面的例子设置中断线 4 上的中断为下降沿触发。STM32 的外设初始化都是通过结构体来完成的，这里不再讲解结构体初始化的过程。结构体 EXTI_InitTypeDef 的成员变量（即参数）的定义如下。

```
typedef struct
{
    uint32_t EXTI_Line;
    EXTIMode_TypeDef EXTI_Mode;
    EXTITrigger_TypeDef EXTI_Trigger;
    FunctionalState EXTI_LineCmd;
}EXTI_InitTypeDef;
```

从定义可以看出，有 4 个成员变量需要设置。

① 第一个成员变量是中断线的标号（EXTI_Line），对于外部中断，取值范围为

EXTI_Line0～EXTI_Line15。

② 第二个成员变量是中断模式（EXTI_Mode），可选值为 EXTI_Mode_Interrupt 和 EXTI_Mode_Event。

③ 第三个成员变量是触发方式（EXTI_Trigger），可以是下降沿触发（EXTI_Trigger_Falling）、上升沿触发（EXTI_Trigger_Rising）或者任意电平（上升沿和下降沿）触发（EXTI_Trigger_Rising_Falling）。

④ 第四个成员变量为中断线使能（EXTI_LineCmd）。

（4）配置 NVIC 并使能中断。既然是外部中断，就必须设置 NVIC 中断优先级，这个在前面已经讲解过，这里接着上面的范例设置中断线 2 的中断优先级。

```
NVIC_InitTypeDef NVIC_InitStructure;
NVIC_InitStructure.NVIC_IRQChannel = EXTI2_IRQn;                   //使能按键外部中断通道
NVIC_InitStructure.NVIC_IRQChannelPreemptionPriority = 0x02;      //抢占优先级 2
NVIC_InitStructure.NVIC_IRQChannelSubPriority = 0x02;             //响应优先级 2
NVIC_InitStructure.NVIC_IRQChannelCmd = ENABLE;                   //使能外部中断通道
NVIC_Init(&NVIC_InitStructure);                                   //中断优先级分组初始化
```

（5）编写中断服务函数。配置完中断优先级之后，接着要做的就是编写中断服务函数。中断服务函数的名字是在开发环境中事先定义好的。STM32 的 I/O 端口外部中断函数只有 7 个，分别为 EXPORT EXTI0_IRQHandler、EXPORT EXTI1_IRQHandler、EXPORT EXTI2_IRQHandler、EXPORT EXTI3_IRQHandler、EXPORT EXTI4_IRQHandler、EXPORT EXTI9_5_IRQHandler、EXPORT EXTI15_10_IRQHandler。

中断线 0～4 中每条中断线都对应一个中断函数，中断线 5～9 共用中断函数 EXTI9_5_IRQHandler，中断线 10～15 共用中断函数 EXTI15_10_IRQHandler。在编写中断服务函数时会经常使用两个函数，第一个函数是判断某个中断线上的中断是否发生（标志位是否置位）：

```
ITStatus EXTI_GetITStatus(uint32_t EXTI_Line);
```

该函数一般使用在中断服务函数的开头判断是否发生中断。

第二个函数是清除某条中断线上的中断标志位：

```
void EXTI_ClearITPendingBit(uint32_t EXTI_Line);
```

这个函数一般应用在中断服务函数结束之前，用于清除中断标志位。

常用的中断服务函数格式为：

```
void EXTI3_IRQHandler(void)
{
      if(EXTI_GetITStatus(EXTI_Line3)!=RESET)          //判断某条中断线上是否发生了中断
      {   …中断逻辑…
```

```
            EXTI_ClearITPendingBit(EXTI_Line3);          //清除中断线上的中断标志位
    }
}
```

固件库还提供了两个函数用来判断外部中断状态（EXTI_GetFlagStatus）以及清除外部状态标志位（EXTI_ClearFlag），它们的作用和前面两个函数的作用类似，只是在 EXTI_GetITStatus 函数会先判断这种中断是否使能，使能后再去判断中断标志位，而 EXTI_GetFlagStatus 直接判断状态标志位。

STM32 的 I/O 端口外部中断的步骤一般为：

（1）使能 I/O 端口时钟，初始化 I/O 端口为输入。

（2）使能 SYSCFG 时钟，设置 GPIO 与中断线的映射关系。

（3）初始化中断线上中断、设置触发条件等。

（4）配置 NVIC 并使能中断。

（5）编写中断服务函数。

5.2.4　开发实践：按键抢答器设计

在竞争激烈的竞答现场，哪位选手的反应速度更快，在比赛环节中就更能赢得优势。但是当两位选手几乎同时按下抢答按钮时，裁判系统要如何做出判断呢？需要裁判系统具有极高的实时外部事件处理能力，对于竞赛抢答器中的裁判系统而言，要如何做到对按键突然按下的动作实时响应呢？这就需要使用到裁判系统的外部中断功能。本项目将围绕这个场景展开对嵌入式外部中断的学习与开发。

使用 STM32 模拟按键抢答器功能，通过编程，使用 STM32 的外部中断实现对连接在 STM32 引脚上按键动作进行捕捉，由指示灯的变化实现对按键动作的反馈。

1. 开发设计

1）硬件设计

本项目的硬件架构设计如图 5.11 所示。

图 5.11　硬件架构设计

按键如图 5.12 所示，按键的引脚一端接 GND，另一端接电阻和 STN32 的 PB14 和 PB15 引脚，电阻的另一端连接 3.3V 电源。

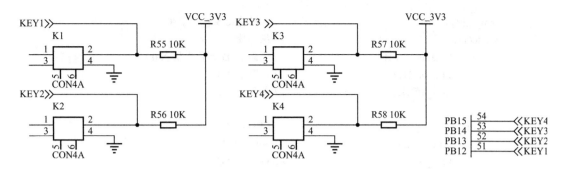

图 5.12　按键接口电路图

要实现对按键的中断检测，在于对 STM32 中断的使用，按键没有按下时引脚检测电压为高，当按键按下后电压变为低，可以选择外部中断的触发方式为下降沿触发。

2）软件设计

软件设计流程如图 5.13 所示。

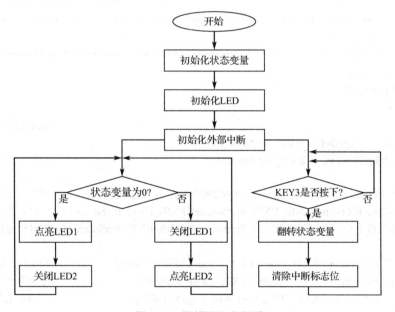

图 5.13　软件设计流程图

2．功能实现

1）主函数模块

在主函数中首先初始化相关的硬件外设，初始化完成后，在主循环中判断标志位状态，通过标志位状态对 LED 进行控制，主函数程序代码如下。

```
char led_status = 0;                    //声明一个表示 LED 状态的变量
void main(void)
{
    led_init();                         //初始化 LED 控制引脚
```

```
    exti_init();                                //初始化按键检测引脚
    while(1){                                    //循环体
        if(led_status == 0){                     //判断 LED 是否为状态 0
            turn_on(D1);                         //点亮 LED1
            turn_off(D2);                        //关闭 LED2
        }
        else{                                    //LED 状态 1
            turn_off(D1);                        //关闭 LED1
            turn_on(D2);                         //点亮 LED2
        }
    }
}
```

2）外部中断初始化模块

外部中断初始化模块首先初始化结构体，然后复用外部中断功能，最后配置外部中断检测特性并配置优先级。外部中断初始化模块的代码如下。

```
/*********************************************************************************
* 功能：外部中断初始化
*********************************************************************************/
extern char led_status;
void exti_init(void)
{
    key_init();                                                      //按键引脚初始化
    NVIC_InitTypeDef    NVIC_InitStructure;
    EXTI_InitTypeDef    EXTI_InitStructure;

    RCC_APB2PeriphClockCmd(RCC_APB2Periph_SYSCFG, ENABLE);           //使能 SYSCFG 时钟
    SYSCFG_EXTILineConfig(EXTI_PortSourceGPIOB, EXTI_PinSource14);//PB14 连接到中断线 14
    SYSCFG_EXTILineConfig(EXTI_PortSourceGPIOB, EXTI_PinSource15);//PB15 连接到中断线 15

    EXTI_InitStructure.EXTI_Line = EXTI_Line14 | EXTI_Line15;        //Line14、Line15
    EXTI_InitStructure.EXTI_Mode = EXTI_Mode_Interrupt;              //中断事件
    EXTI_InitStructure.EXTI_Trigger = EXTI_Trigger_Falling;         //下降沿触发
    EXTI_InitStructure.EXTI_LineCmd = ENABLE;                       //使能 Line14、Line15
    EXTI_Init(&EXTI_InitStructure);                                  //按上述参数配置

    NVIC_InitStructure.NVIC_IRQChannel = EXTI15_10_IRQn;            //外部中断 15～10
    NVIC_InitStructure.NVIC_IRQChannelPreemptionPriority = 0;        //抢占优先级 0
    NVIC_InitStructure.NVIC_IRQChannelSubPriority = 1;              //子优先级 1
    NVIC_InitStructure.NVIC_IRQChannelCmd = ENABLE;                 //使能外部中断通道
    NVIC_Init(&NVIC_InitStructure);                                  //按上述配置初始化
}
```

3）外部中断服务函数模块

在中断服务函数中改变 LED 的控制标志位，为了识别外部中断的具体中断线，需要对

中断触发位进行判断。外部中断的中断服务函数如下。

```
/************************************************************************
* 功能：外部中断的中断服务函数
************************************************************************/
void EXTI15_10_IRQHandler(void)
{
    if(get_key_status() == K3_PREESED){            //检测 KEY3 被按下
        delay_count(500);                          //延时消抖
        if(get_key_status() == K3_PREESED){        //确认 KEY3 被按下
            while(get_key_status() == K3_PREESED); //等待按键松开
            led_status = !led_status;              //翻转 LED 状态标志
        }
    }
    if(EXTI_GetITStatus(EXTI_Line14)!=RESET)
    EXTI_ClearITPendingBit(EXTI_Line14);           //清除 Line14 上的中断标志位
    if(EXTI_GetITStatus(EXTI_Line15)!=RESET)
    EXTI_ClearITPendingBit(EXTI_Line15);           //清除 Line15 上的中断标志位
}
```

4）按键状态获取模块

```
/************************************************************************
* 功能：按键引脚状态
* 返回：key_status
************************************************************************/
char get_key_status(void)
{
    char key_status = 0;
    if(GPIO_ReadInputDataBit(K1_PORT,K1_PIN) == 0)  //判断 PB12 引脚电平状态
    key_status |= K1_PREESED;                        //低电平 key_status bit0 置 1
    if(GPIO_ReadInputDataBit(K2_PORT,K2_PIN) == 0)  //判断 PB13 引脚电平状态
    key_status |= K2_PREESED;                        //低电平 key_status bit1 置 1
    if(GPIO_ReadInputDataBit(K3_PORT,K3_PIN) == 0)  //判断 PB14 引脚电平状态
    key_status |= K3_PREESED;                        //低电平 key_status bit2 置 1
    if(GPIO_ReadInputDataBit(K4_PORT,K4_PIN) == 0)  //判断 PB15 引脚电平状态
    key_status |= K4_PREESED;                        //低电平 key_status bit3 置 1
    return key_status;
}
```

5.2.5 小结

通过本项目的学习与开发，读者可以学习微处理器中断以及 STM32 外部中断的基本原理，并通过按键触发外部中断的开发过程来学习 STM32 的外部中断功能，采用 STM32 外部中断响应连接在 STM32 的按键，从而实现抢答器的设计。

5.2.6　思考与拓展

（1）简述中断概念、作用、中断响应过程。

（2）如何配置 STM32 的外部中断？

（3）如何编写 STM32 的中断服务函数？

（4）在使用按键的过程中，除了按下与弹起两种状态，还有两种按下的状态，这两种按下的状态分别是长按和短按。很多家庭的灯饰都有一个按键多种功能的设计，即长按控制灯饰的开关，短按控制灯饰的颜色。以家居灯饰设计为目标，设计开关功能，长按控制 RGB 灯亮灭，短按控制 RGB 灯颜色。

▌5.3　STM32 定时器应用开发

本节重点学习微处理器的定时器原理以及 STM32 的定时器，掌握 STM32 定时器的基本原理、功能和驱动方法，通过驱动 STM32 的定时器，从而实现电子时钟设计。

5.3.1　定时器基本原理

定时/计数器是一种能够对时钟信号或外部输入信号进行计数的器件，当计数值达到设定要求时便向 CPU 提出处理请求，从而实现定时或计数的功能。

定时/计数器的基本功能是实现定时和计数，且在整个工作过程中不需要 CPU 过多参与，它将 CPU 从相关任务中解放出来，提高了 CPU 的使用效率。

定时/计数器包含 3 个功能，分别是定时器功能、计数器功能和 PWM 输出功能，分析如下。

更多定时器理论知识请参考 3.3 节中的内容信息。

5.3.2　STM32 定时器

1. 高级控制定时器

高级控制定时器（TIM1 和 TIM8）包含 1 个 16 位自动重载计数器，该计数器由可编程预分频器驱动。此类定时器可用于多种用途，包括测量输入信号的脉冲宽度（输入捕获），或者生成输出波形（输出比较、PWM 输出和带死区插入的互补 PWM 输出）。使用定时器预分频器和 RCC 时钟控制器预分频器，可将脉冲宽度和波形周期从几微秒调整到几毫秒。高级控制定时器（TIM1 和 TIM8）和通用（TIMx）定时器彼此完全独立，不共享任何资源，但它们可以实现同步。

TIM1 和 TIM8 定时器具有以下特性：

（1）16 位递增、递减、递增/递减自动重载计数器。

（2）16 位可编程预分频器，用于对计数器时钟频率进行分频（即运行时修改），分频系数为 1～65536。

（3）多达 4 个独立通道，可用于输入捕获、输出比较、PWM 输出（边沿对齐和中心对齐模式）、单脉冲模式输出和可编程死区的互补输出。

高级控制定时器（TIM1 和 TIM8）和通用定时器在基本定时器的基础上引入了外部引脚，可以实现输入捕获和输出比较功能。与通用定时器相比，高级控制定时器增加了可编程死区互补输出、重复计数器、带刹车（断路）功能，这些功能都是针对工业电机控制方面的。本书对这几个功能不做详细的介绍，仅介绍常用的输入捕获和输出比较功能。

高级控制定时器功能框图包含高级控制定时器最核心的内容，掌握功能框图，对高级控制定时器就有一个整体的把握，如图 5.14 所示。

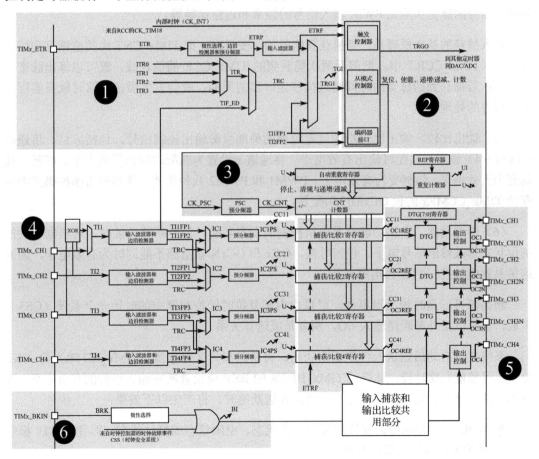

图 5.14　高级控制定时器功能框图

（1）时钟源。高级控制定时器有 4 个时钟源可选。

- 内部时钟源 CK_INT。
- 外部时钟模式 1：外部输入引脚 TIMx（x=1～4）。
- 外部时钟模式 2：外部触发输入 ETR。
- 内部触发输入。

（2）控制器。高级控制定时器的控制器部分包括触发控制器、从模式控制器和编码器接口。触发控制器用来为片内外设提供触发信号，例如为其他定时器提供时钟，以及触发 DAC、ADC 开始转换。编码器接口针对编码器计数而设计；从模式控制器可以控制计数器复位、启动、递增/递减、计数。

（3）时基单元。高级控制定时器的时基单元包括 4 个寄存器，分别是计数器寄存器（TIMx_CNT）、预分频器寄存器（TIMx_PSC）、自动重载寄存器（TIMx_ARR）和重复计数器寄存器（TIMx_RCR）。其中，重复计数器寄存器是高级定时器独有的，通用定时器和基本定时器没有。前面三个寄存器都是 16 位有效，重复计数器寄存器寄存器 8 位有效。

（4）输入捕获。输入捕获可以捕获输入的信号的上升沿、下降沿或者双边沿，例如测量输入信号的脉宽和测量 PWM 输入信号的频率和占空比等等。

输入捕获的基本原理是，当捕获到信号的跳变沿时，把 TIMx_CNT 中的值锁存到捕获寄存器（TIMx_CCR）中，把前后两次捕获到的 TIMx_CCR 的值相减，就可以算出脉宽或者频率；若捕获到的脉宽的时间超过捕获定时器的周期，就会发生溢出，这时就需要程序进行额外的处理。

（5）输出比较。输出比较指通过定时器的外部引脚输出控制信号，包括冻结、将通道 x（x=1～4）设置为匹配时输出有效电平、将通道 x 设置为匹配时输出无效电平、翻转、强制变为无效电平、强制变为有效电平、PWM1 和 PWM2 八种模式，具体使用哪种模式由寄存器 TIMx_CCMRx 的位 OCxM[2:0]配置。

（6）断路功能。断路功能就是电机控制的刹车功能，使能断路功能时，可根据相关控制位状态修改输出信号电平。任何时候，OCx 和 OCxN 输出都不能同时为有效电平，因为这关系到电机控制中 H 桥电路结构。

断路源可以是时钟故障事件，可以由内部复位时钟控制器中的时钟安全系统（CSS）生成，也可以是外部断路输入 I/O，两者是或运算关系。

系统复位启动后默认为关闭断路功能，将断路和死区寄存器（TIMx_BDTR）的 BKE 位置 1 可使能断路功能。可通过 TIMx_BDTR 的 BKP 位设置断路输入引脚的有效电平，设置为 1 时高电平有效，否则低电平有效。发送断路时，将产生以下效果：

- MOE 位异步清零，使输出处于无效状态、空闲状态或复位状态。即使 MCU 振荡器关闭，该功能仍然有效；
- 根据相关控制位状态控制输出通道引脚电平，当使能通道互补输出时，会根据情况自动控制输出通道电平；

● 将 TIMx_SR 中的 BIF 置位 1，可产生中断和 DMA 传输请求。

● 若 TIMx_BDTR 中的自动输出使能（AOE）位置 1，则 MOE 位会在发生下一个更新事件时自动置 1。

2. 基本定时器

基本定时器比高级控制定时器和通用定时器的功能少，结构也比较简单，主要包括两个功能：一是基本定时功能，二是专门用于驱动数/模转换器（DAC）。基本定时器 TIM6 和 TIM7 的功能完全一样，但所用资源彼此都完全独立，可以同时使用。基本定时器功能框图如图 5.15 所示。

TIM6 和 TIM7 是 16 位向上递增的定时器，当在自动重载寄存器（TIMx_ARR）添加一个计数值并使能定时器后，计数寄存器（TIMx_CNT）就会从 0 开始递增，当 TIMx_CNT 的数值与 TIMx_ARR 的值相同时，就会生成事件并把 TIMx_CNT 的值清 0，完成一次循环过程。若没有停止定时器就循环执行上述过程。

图 5.15 中，指向右下角的图标表示一个事件，指向右上角的图标表示中断和 DMA 输出。图中的自动重载寄存器有计数寄存器，它左边有一个带有 "U" 字母的事件图标，表示在更新事件发生时就把自动重载寄存器内容复制到计数寄存器内；自动重载寄存器右边的事件图标、中断和 DMA 输出图标表示在 TIMx_ARR 的值与 TIMx_CNT 的值相等时生成事件、中断和 DMA 输出。

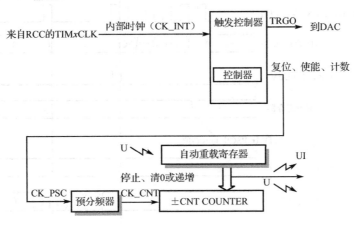

图 5.15　基本定时器功能框图

基本定时器结构包括时钟源、控制器和计数器。

（1）时钟源。基本定时器的时钟只能来自内部时钟，高级控制定时器和通用定时器可以选择外部时钟或直接来自其他定时器。可以通过 RCC 专用时钟配置寄存器（RCC_DCKCFGR）的 TIMPRE 位来设置定时器的时钟频率，一般设置该位为默认值 0，使得图 5.15 中可选的最大定时器时钟为 90 MHz，即基本定时器的内部时钟（CK_INT）的频率为 90 MHz。

基本定时器只能使用内部时钟，当控制寄存器 1（TIMx_CR1）的 CEN 位置 1 时，启动基本定时器，预分频器的时钟来源于 CK_INT。

（2）控制器。基本定时器的控制器用于控制定时器的复位、使能、计数等功能，基本定时器还可用于触发 DAC 转换。

（3）计数器。基本定时器的计数过程主要涉及 3 个寄存器内容，分别是计数器寄存器（TIMx_CNT）、预分频器寄存器（TIMx_PSC）、自动重载寄存器（TIMx_ARR），这 3 个寄存器都具有 16 位有效数字，即其设置值可为 0~65535。

预分频器有一个输入时钟 CK_PSC 和一个输出时钟 CK_CNT，CK_PSC 来源于控制器部分，基本定时器只能选择内部时钟，所以 CK_PSC 实际等于 CK_INT，即 90 MHz。通过设置预分频器的值可以得到不同的 CK_CNT，计算方法为：$f_{CK\_CNT} = f_{CK\_PSC}/(PSC[15:0]+1)$。

图 5.16 所示为将预分频器的值从 1 改为 4 时计数器时钟的变化过程。原来是 1 分频，CK_PSC 的频率和 CK_CNT 相同。向 TIMx_PSC 写入新值时，并不会马上更新 CK_CNT 的输出频率，而是等到更新事件发生时，把 TIMx_PSC 的值更新到影子寄存器中。更新为 4 分频后，在 CK_PSC 连续出现 4 个脉冲后 CK_CNT 才产生一个脉冲。

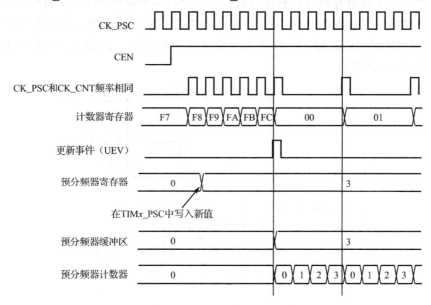

图 5.16　将 PSC 的值从 1 改为 4 时计数器时钟变化过程

在定时器使能（CEN 置 1）时，计数器根据 CK_CNT 频率向上计数，即每产生一个 CK_CNT 脉冲，TIMx_CNT 的值就加 1。当 TIMx_CNT 的值与 TIMx_ARR 的设定值相等时，就自动生成更新事件并将 TIMx_CNT 自动清 0，然后自动重新开始计数，重复以上过程。

由此可见，只要设置 TIMx_PSC 和 TIMx_ARR 这两个寄存器的值就可以控制更新事件的生成时间，而一般的应用程序就是在更新事件生成的回调函数中运行的。在 TIMx_CNT 递增到与 TIMx_ARR 的值相等时，称为定时器溢出。

自动重载寄存器（TIMx_ARR）用来存放于计数器值和比较的数值，若两个数值相等就生成事件，将相关事件标志位置位，产生 DMA 和中断输出。TIMx_ARR 影子寄存器，可以通过 TIMx_CR1 的 ARPE 位来控制影子寄存器功能，若 ARPE=1，影子寄存器有效，只有在更新事件发生时才把 TIMx_ARR 的值赋给影子寄存器；若 ARPE=0，修改 TIMx_ARR 的值立即生效。

（4）计算定时器周期。定时事件生成时间主要由 TIMx_PSC 和 TIMx_ARR 这两个寄存器的值决定，这也就是定时器的周期。例如，需要一个周期为 1 s 定时器，这两个寄存器值该如何设置呢？假设先设置 TIMx_ARR 的值为 9999，当 TIMx_CNT 从 0 开始计数，到达 9999 时生成事件，总共计数 10000 次，那么若此时时钟周期为 100 μs，即可得到 1 s 的定时周期。

3. 通用定时器

STM32 的通用定时器包含 1 个 16 位或 32 位自动重载计数器，该计数器由可编程预分频器驱动。STM32 的通用定时器可以用于测量输入信号的脉冲长度（输入捕获）或者产生输出波形（输出比较和 PWM）等场合。使用定时器的可编程预分频器和时钟控制器预分频器（RCC），脉冲长度和波形周期可以在几个微秒到几个毫秒间进行调整。STM32 的每个通用定时器都是完全独立的，没有互相共享的任何资源。TIMx 控制寄存器 1 的详细信息如表 5.11 所示。限于篇幅，其他寄存器请查看相关芯片资料。STM32 的通用 TIMx（TIM2～TIM5 和 TIM9～TIM14）定时器功能包括：

（1）16 位/32 位（仅 TIM2 和 TIM5）的支持向上、向下、向上/向下计数方式的自动重载计数器（TIMx_CNT）。注意：TIM9～TIM14 只支持向上（递增）计数方式。

（2）16 位可编程（可以实时修改）预分频器（TIMx_PSC），计数器时钟频率的分频系数为 1～65535 之间的任意数值。

（3）4 个独立通道（TIMx_CH1～4，TIM9～TIM14 最多 2 个通道），这些通道可以作为输入捕获、输出比较、PWM 输出（边沿对齐或中心对齐模式）。注意：TIM9～TIM14 不支持中心对齐模式以及单脉冲模式输出。

（4）可使用外界信号（TIMx_ETR）控制定时器和定时器的互连（可以用一个定时器控制另外一个定时器）的同步电路。

（5）如下事件发生时可产生中断和 DMA（TIM9～TIM14 不支持 DMA）。

- 更新：计数器向上溢出/向下溢出，计数器初始化；
- 触发事件；
- 输入捕获；
- 输出比较；
- 支持针对定位的增量（正交）编码器和霍尔传感器电路（TIM9～TIM14 不支持）；
- 触发输入可作为外部时钟或者按周期的电流管理（TIM9～TIM14 不支持）。

表 5.11　TIM*x* 控制寄存器 1（TIM*x*_CR1）

15	14	13	12	11	10	9	8	7	6	5	4	3	2	1	0
			Reserved			CKD[1:0]		ARPE	CMS		DIR	OPM	URS	UDIS	CEN
						RW	RW	RW	RW	RW	RW	RW	RW	RW	RW

位 15:10，保留（Reserved），必须保持复位值。

位 9:8，CKD，时钟分频（Clock Division），此位域确定定时器时钟（CK_INT）频率与数字滤波器所使用的采样时钟之间的分频比。00 表示 $t_{DTS}=t_{CK\_INT}$，01 表示 $t_{DTS}=2\times t_{CK\_INT}$，10 表示 $t_{DTS}=4\times t_{CK\_INT}$，11 保留。

位 7，ARPE，自动重载预装载使能（Auto-Reload Preload Enable）。0 表示 TIM*x*_ARR 不进行缓冲，1 表示 TIM*x*_ARR 进行缓冲。

位 6:5，CMS，中心对齐模式选择（Center-Aligned Mode Selection）。00 表示边沿对齐模式，计数器根据方向位（DIR）递增计数或递减计数；01 表示中心对齐模式 1，计数器交替进行递增计数和递减计数，仅当计数器递减计数时，配置为输出的通道（TIM*x*_CCMR*x* 寄存器中的 C*x*S=00）的输出比较中断标志才置 1；10 表示中心对齐模式 2，计数器交替进行递增计数和递减计数，仅当计数器递增计数时，配置为输出的通道（TIM*x*_CCMR*x* 寄存器中的 C*x*S=00）的输出比较中断标志才置 1；11 表示中心对齐模式 3，计数器交替进行递增计数和递减计数，当计数器递增计数或递减计数时，配置为输出的通道（TIM*x*_CCMR*x* 寄存器中的 C*x*S=00）的输出比较中断标志都会置 1。

注意：只要计数器处于使能状态（CEN=1），就不能从边沿对齐模式切换为中心对齐模式。

位 4，DIR，方向（Direction），0 表示计数器递增（即向上）计数，1 表示计数器递减（即向下）计数。

注意：当定时器配置为中心对齐模式或编码器模式时，该位为只读状态。

位 3，OPM，单脉冲模式（One-Pulse Mode），0 表示计数器在发生更新事件时不会停止计数，1 表示计数器在发生下一个更新事件时停止计数（将 CEN 位清 0）。

位 2，URS，更新请求源（Update Request Source），此位由软件置 1 和清 0，用以选择更新事件源。0 表示在使能时，以下事件会生成更新中断或 DMA 请求：计数器上溢/下溢、将 UG 位置 1，以及通过从模式控制器生成的更新事件；1 表示在使能时，只有计数器上溢/下溢时才生成更新中断或 DMA 请求。

位 1，UDIS，更新禁止（Update Disable），此位由软件置 1 和清 0，用以使能/禁止更新事件的生成。0 表示使能 UEV 生成，更新事件（UEV）可通过计数器上溢/下溢、将 UG 位置 1，以及通过从模式控制器来生成，然后缓冲的寄存器将加载预装载值。1 表示禁止 UEV 生成，不会生成更新事件，各影子寄存器的值（如 ARR、PSC 和 CCR*x*）保持不变，但如果将 UG 位置 1，或者从从模式控制器接收到硬件复位，则会重新初始化计数器和预分频器。

位 0，CEN，计数器使能（Counter Enable），0 表示禁止计数器，1 表示使能计数器。

注意：只有事先通过软件将 CEN 位置 1，才可以使用外部时钟、门控模式和编码器模式；而触发模式可通过硬件自动将 CEN 位置 1。

4．STM32 定时器的库函数

本节使用的 TIM3 定时器的库函数主要集中在固件库文件 stm32f4xx_tim.h 和 stm32f4xx_tim.c 文件中。TIM3 定时器配置步骤如下：

（1）TIM3 定时器使能。TIM3 定时器挂载在 APB1 总线下，所以通过 APB1 总线下的时钟使能函数可使能 TIM3 定时器，调用的函数是：

```
RCC_APB1PeriphClockCmd(RCC_APB1Periph_TIM3,ENABLE);        //使能 TIM3 定时器
```

（2）初始化定时器参数。设置自动重装值、分频系数、计数方式等，定时器参数的初始化是通过初始化函数 TIM_TimeBaseInit 实现的。

```
void TIM_TimeBaseInit(TIM_TypeDef* TIMx,TIM_TimeBaseInitTypeDef* TIM_TimeBaseInitStruct);
```

第一个参数是确定是哪个定时器，第二个参数是定时器初始化参数结构体指针，结构体类型为 TIM_TimeBaseInitTypeDef，下面是这个结构体的定义。

```
typedef struct
{
    uint16_t TIM_Prescaler;
    uint16_t TIM_CounterMode;
    uint16_t TIM_Period;
    uint16_t TIM_ClockDivision;
    uint8_t TIM_RepetitionCounter;
} TIM_TimeBaseInitTypeDef;
```

这个结构体一共有 5 个成员变量，对于通用定时器只有前面 4 个成员变量有用，最后一个成员变量 TIM_RepetitionCounter 是高级控制定时器才会用到的。

第一个成员变量 TIM_Prescaler 用来设置分频系数。

第二个成员变量 TIM_CounterMode 用来设置计数方式，可以设置为向上计数、向下计数方式和中心对齐计数模式，比较常用的是向上计数模式（TIM_CounterMode_Up）和向下计数模式（TIM_CounterMode_Down）。

第三个成员变量用来设置自动重载计数周期值。

第四个成员变量用来设置时钟分频因子。

TIM3 定时器初始化示例如下：

第
5
章

```
TIM_TimeBaseInitTypeDef TIM_TimeBaseStructure;
TIM_TimeBaseStructure.TIM_Period=5000;
TIM_TimeBaseStructure.TIM_Prescaler=7199;
TIM_TimeBaseStructure.TIM_ClockDivision=TIM_CKD_DIV1;
TIM_TimeBaseStructure.TIM_CounterMode=TIM_CounterMode_Up;
TIM_TimeBaseInit(TIM3,&TIM_TimeBaseStructure);
```

（3）设置 TIM3_DIER 使能更新中断。设置寄存器的相应位便可使能更新中断，在库函数里面定时器中断使能是通过 TIM_ITConfig 函数来实现的。

```
void TIM_ITConfig(TIM_TypeDef* TIMx, uint16_t TIM_IT, FunctionalState NewState);
```

第一个参数用于选择定时器，取值为 TIM1～TIM17。

第二个参数用来指明使能的定时器中断的类型，定时器中断的类型有很多种，包括更新中断（TIM_IT_Update）、触发中断（TIM_IT_Trigger），以及输入捕获中断等。

第三个参数表示禁止还是使能更新中断。

例如，要使能 TIM3 定时器的更新中断，格式为：

```
TIM_ITConfig(TIM3,TIM_IT_Update,ENABLE);
```

（4）TIM3 定时器中断优先级设置。在定时器中断使能之后，因为要产生中断，必不可少地要通过 NVIC 相关寄存器来设置中断优先级。

（5）使能 TIM3 定时器。配置完后要开启定时器，可通过 TIM3_CR1 的 CEN 位来设置，是通过 TIM_Cmd 函数来实现的。

```
void TIM_Cmd(TIM_TypeDef* TIMx,FunctionalState NewState);
```

这个函数非常简单，例如要使能 TIM3 定时器，方法为：

```
TIM_Cmd(TIM3,ENABLE);                  //使能 TIM3 外设
```

（6）编写中断服务函数。中断服务函数用来处理定时器产生的中断，在中断产生后，通过状态寄存器的值来判断产生的中断属于什么类型，然后执行相关的操作。这里使用的是更新（溢出）中断（在状态寄存器 TIMx_SR 的最低位），在处理完中断之后应该向 TIMx_SR 的最低位写 0 来清除该中断标志。在固件库函数中，通过读取中断状态寄存器的值来判断中断类型的函数是：

```
ITStatus TIM_GetITStatus(TIM_TypeDef* TIMx,uint16_t);
```

该函数的作用是，判断 TIMx 定时器的中断 TIM_IT 是否发生了更新中断。例如，程序中要判断 TIM3 定时器是否发生更新（溢出）了中断，方法为：

```
if(TIM_GetITStatus(TIM3,TIM_IT_Update)!=RESET){}
```

在固件库中清除中断标志位的函数是：

void TIM_ClearITPendingBit(TIM_TypeDef* TIMx,uint16_t TIM_IT);

该函数的作用是，清除 TIMx 定时器的中断 TIM_IT 标志位。使用起来非常简单。例如，在 TIM3 定时器的更新中断发生后要清除中断标志位，方法如下：

TIM_ClearITPendingBit(TIM3,TIM_IT_Update);

固件库提供了用来判断定时器状态以及清除定时器状态标志位的函数，即 TIM_GetFlagStatus 和 TIM_ClearFlag，它们的作用和前面两个函数的作用类似，只是 TIM_GetITStatus 函数先判断中断是否使能，使能后才去判断中断标志位，而 TIM_GetFlagStatus 直接用来判断状态标志位。

（7）定时计算公式。定时计算公式为：

$$T = \frac{(\text{Period}+1) \times (\text{Prescaer}+1)}{f}$$

式中，Period 为自动重装值；Prescaler 为时钟预分频数；f 为定时器工作频率，单位为 MHz。

5.3.3 开发实践：电子时钟设计

随着科技文明的发展，人们对于时钟的要求在不断地提高。电子时钟主要是利用电子技术将时钟电子化、数字化，拥有时钟精确、体积小、界面友好、可扩展性能强等特点。电子时钟已不仅仅被看成一种用来显示时间的工具，在很多实际应用中它还需要能够实现更多其他的功能，被广泛应用于生活和工作当中。高精度、多功能、小体积、低功耗是现代时钟发展的趋势。在这种趋势下时钟的数字化、多功能化已经成为现代时钟生产研究的主导设计方向。

图 5.17　电子时钟

使用 STM32 处理器实现电子时钟，主要是通过芯片内部的定时器提供准确的秒信号，从而确保时间长时间地保持准确。本项目将围绕这个场景展开对嵌入式定时器外设的学习与开发。电子时钟程序功能设计主要是通过 STM32 处理器的定时器外设实现每秒产生一次脉冲信号的，使用 I/O 接口连接的信号灯的闪烁来表示定时器产生的秒脉冲。

1. 开发设计

1）硬件设计

本项目的硬件架构设计如图 5.18 所示。

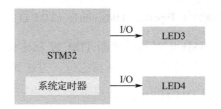

图 5.18　硬件架构设计图

2）软件设计

本项目的设计思路是首先要理解秒脉冲是如何产生的，要产生秒脉冲信号，需要用到 STM32 的定时器。STM32 共有三种定时器，分别是基本定时器、通用定时器和高级控制定时器。如果要实现每秒脉冲的输出，使用基本定时器就可以实现。在定时器的使用过程中，面临的问题是如何产生精确的时钟信号。时钟信号配置完成后需要将每个时间节点利用起来，这就需要用到定时器的外部中断，在定时器的中断服务函数中实现对时间的记录，并通过记录时间的标志位对 LED 进行控制即可。

软件设计流程图如图 5.19 所示。

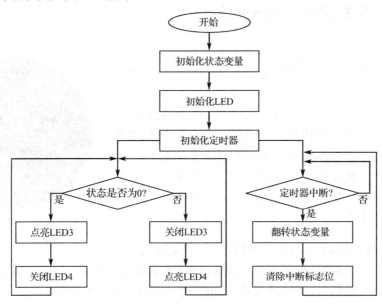

图 5.19　项目程序逻辑流程图

程序设计中首先声明对 LED 实施控制的变量，然后初始化 LED 和定时器，以及相关的中断服务函数。配置完成后启动定时器，前台程序定时器每触发一次中断，标志位就在中断服务函数中被配置 1 次；后台程序不断循环执行，检测到标志位发生变化就对 LED 进行一次控制。

2. 功能实现

1) 主函数模块

主函数中首先初始化定时器等相关外设,然后在主循环中通过判断中断标志位实现对 LED 的控制,主函数程序代码如下。

```
char led_status = 0;                    //声明一个表示 LED 状态的变量
/****************************************************************************
* 功能:主函数源代码
****************************************************************************/
void main(void)
{
    led_init();                         //初始化 LED 控制引脚
    timer3_init(5000-1, 16800-1);       //初始化定时器 3,设置溢出时间为 1000 ms
    while(1){                            //循环体
        if(led_status == 0){            //LED 处于状态 0
            turn_on(D3);                //LED3 点亮
            turn_off(D4);               //LED4 关闭
        }else{                          //LED 处于状态 1
            turn_off(D3);               //LED3 关闭
            turn_on(D4);                //LED4 点亮
        }
    }
}
```

2) 定时器初始化模块

定时器初始化函数首先初始化定时器时钟,配置中断优先级和定时器的相关参数,然后使能定时器中断。定时器初始化函数如下。

```
extern char led_status;
/****************************************************************************
* 功能:初始化 TIM3
* 参数:period—自动重装值;prescaler—时钟预分频数
* 注释:定时器溢出时间计算方法:
         Tout=((period+1)*(prescaler+1))/Ft    s
*        AHB Prescaler = 1;AHB 的时钟频率 HCLK=SYSCLK/1 = 168 MHz
*        TIM3 挂载在 APB1 上,APB1 Prescaler = 4,APB1 的时钟频率 PCLK1 = HCLK/4 = 42;
         Ft=2*PCLK1= 84 MHz
*        Ft 为定时器工作频率,单位为 MHz,
****************************************************************************/
void timer3_init(unsigned int period, unsigned short prescaler)     //TIM_Period 为 16 位的数
{
    TIM_TimeBaseInitTypeDef    TIM_TimeBaseStructure;                //定时器配置
    NVIC_InitTypeDef    NVIC_InitStructure;                         //中断配置
```

```
            RCC_APB1PeriphClockCmd(RCC_APB1Periph_TIM3, ENABLE);
            NVIC_InitStructure.NVIC_IRQChannel = TIM3_IRQn;                      //TIM3 中断通道
            NVIC_InitStructure.NVIC_IRQChannelPreemptionPriority = 0;            //抢占优先级 0
            NVIC_InitStructure.NVIC_IRQChannelSubPriority = 1;                   //子优先级 1
            NVIC_InitStructure.NVIC_IRQChannelCmd = ENABLE;                      //使能中断

            NVIC_Init(&NVIC_InitStructure);                                     //按照上述配置初始化中断

            TIM_TimeBaseStructure.TIM_Period = period;                          //计数器重装值
            TIM_TimeBaseStructure.TIM_Prescaler = prescaler;                    //预分频值
            TIM_TimeBaseStructure.TIM_ClockDivision = TIM_CKD_DIV1;             //时钟分割
            TIM_TimeBaseStructure.TIM_CounterMode = TIM_CounterMode_Up;         //向上计数模式
            TIM_TimeBaseInit(TIM3, &TIM_TimeBaseStructure);                     //按上述配置初始化 TIM3

            TIM_ITConfig(TIM3,TIM_IT_Update,ENABLE);                            //允许定时器 3 更新中断
            TIM_Cmd(TIM3, ENABLE);                                             //使能 TIM3
        }
```

3）定时器中断服务模块

LED 的状态变化是在定时器的中断服务函数中实现的，在定时器初始化过程中已经配置了定时器中断的触发标志，在中断服务函数中检测中断触发标志后执行相关程序。定时器中断服务函数如下。

```
/************************************************************************
* 功能：TIM3 中断服务函数
************************************************************************/
void TIM3_IRQHandler(void)
{
    if (TIM_GetITStatus(TIM3, TIM_IT_Update ) != RESET) {      //如果中断标志位被设置
        TIM_ClearITPendingBit(TIM3, TIM_IT_Update);            //清除中断标志位
        led_status = ~led_status;                              //LED 状态标志位翻转
    }
}
```

5.3.4 小结

通过本项目的开发，读者可以理解 STM32 定时器的工作原理、功能和特点，掌握其技术模式、寄存器配置，以及定时器的中断初始化和中断服务函数，理解秒脉冲发生工作原理，从而实现电子时钟的设计。

5.3.5 思考与拓展

（1）如何通过 STM32 的通用定时器实现延时 1 s？

（2）STM32 定时器的向上计数与向下计数有何区别？

（3）STM32 有几个定时器？分别有哪些寄存器？

（4）如何对 STM32 定时器进行中断初始化操作？

（5）STM32 除了拥有基本定时器、通用定时器、高级控制定时器，还有一个专门为操作系统提供的系统定时器 SysTick，这个定时器具有很高的精度和低延时性，在操作系统中得到了广泛的运用。请读者通过自主学习配置 SysTick 定时器，实现每秒切换一次 RGB 灯颜色的功能。

5.4　STM32 的 A/D 转换应用开发

本节重点学习 STM32 的 A/D 转换器，掌握其基本原理、功能和驱动方法，通过驱动 STM32 的 A/D 转换器实现充电宝电压指示器的设计。

5.4.1　A/D 转换

1．A/D 转换器的概念

模/数转换器（Analog-to-Digital Converter，ADC）也称为 A/D 转换器，是一种能够将连续变化的模拟信号转换为离散的数字信号的器件。

2．A/D 转换器的信号采样率

A/D 转换器可以采集连续变化、带宽受限的信号（即每隔一时间测量并存储一个信号值），然后通过插值将转换后的离散信号还原为原始信号。这一过程的精确度受量化误差的限制，仅当采样率比信号频率的两倍还高的情况下才可能达到对原始信号的真实还原，这一规律在采样定理有所体现。

模拟信号在时域上是连续的，通过 A/D 转换器可以将它转换为时间上离散的一系列数字信号。这要求定义有一个参数来表示对模拟信号采样速率，这个采样速率称为转换器的采样率（Sampling Rate）或采样频率（Sampling Frequency）。

由于实际使用的 A/D 转换器不能进行完全实时的转换，所以在对输入信号进行转换的过程中必须通过一些外加电路使之保持恒定。常用的有采样-保持电路，该电路使用一个电容来存储输入的模拟信号电压，并通过开关或门电路来闭合、断开这个电容和输入信号的连接。在许多 A/D 转换集成电路内部已经包含了这样的采样-保持电路。

3．A/D 转换器的分辨率

A/D 转换器的分辨率是指使输出数字量变化一个最小量时模拟信号的变化量，常用二进制的位数表示。例如，8 位的 A/D 转换器，可以描述 256 个刻度的精度（2 的 8 次方），当它测量一个 5 V 左右的电压时，它的分辨率就是 5 V 除以 256，变化一个刻度时，模拟信号的变化量是 0.02 V。

$$分辨率 = \frac{V}{2^n}$$

式中，n 为 A/D 转换器的位数，n 越大，分辨率越高。分辨率一般用 A/D 转换器的位数 n 来表示。

更多的关于 A/D 转换器的理论知识请参考 3.4 节。

5.4.2　STM32 的 A/D 转换器

1．A/D 转换器（ADC）

STM32 有 3 个 ADC，可以独立使用，也可以使用双重/多重模式（提高采样率）。STM32 的 ADC 是 12 位逐次逼近型的，有 19 个通道，可测量 16 个外部源、2 个内部源和 V_{BAT} 通道的信号。这些通道的 A/D 转换可以采用单次、连续、扫描或间断等模式。A/D 转换的结果可采用左对齐或右对齐的方式存储在 16 位数据寄存器中。单个 ADC 功能框图如图 5.20 所示。

ADC 的功能框图分析如下：

（1）电压输入范围。ADC 输入范围为 $V_{REF-} \leqslant V_{IN} \leqslant V_{REF+}$，由 V_{REF-}、V_{REF+}、V_{DDA}、V_{SSA} 这四个引脚决定。

硬件设计中一般把 V_{SSA} 和 V_{REF-} 接地，把 V_{REF+} 和 V_{DDA} 接 3.3 V，得到 ADC 的输入电压范围为 0～3.3 V。

（2）通道选择。STM32 的 ADC 有多达 19 个通道，其中外部的 16 个通道是框图中的 ADCx_IN0、ADCx_IN1、…、ADCx_IN15。这 16 个通道对应着不同的 GPIO 端口，其中 ADC1～3 还有内部通道：ADC1 的通道 ADC1_IN16 连接到内部的 V_{SS}，通道 ADC1_IN17 连接到内部参考电压 V_{REFINT}，通道 ADC1_IN18 连接到芯片内部的温度传感器或者备用电源 V_{BAT}。ADC2 和 ADC3 的通道 16、17、18 全部连接到内部的 V_{SS}。

外部的 16 个通道在进行 A/D 转换时又可分为规则通道和注入通道，一个规则转换组最多由 16 个转换构成，一个注入转换组最多由 4 个转换构成。

（3）转换顺序。规则序列寄存器有 3 个，分别为 SQR3、SQR2、SQR1。SQR3 控制着规则序列中的第 1 个到第 6 个转换，对应的位为 SQ1[4:0]～SQ6[4:0]，若通道 16 想进行第 1 个转换，那么在 SQ1[4:0]中写入 16 即可。SQR2 控制着规则序列中的第 7 到第 12 个转换，对应的位为 SQ7[4:0]～SQ12[4:0]，若通道 1 想进行第 8 个转换，则在 SQ8[4:0]中写入 1 即可。SQR1 控制着规则序列中的第 13 到第 16 个转换，对应位为 SQ13[4:0]～SQ16[4:0]，若通道 5 想进行第 8 个转换，则在 SQ8[4:0]中写入 5 即可。

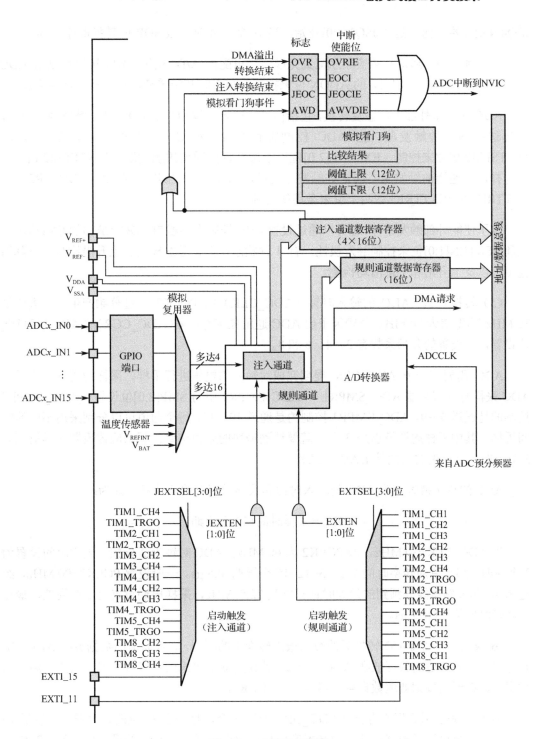

图 5.20　ADC 功能框图

注入序列寄存器（JSQR）只有一个，最多支持 4 个通道，具体多少个由 JSQR 的 JL[1:0] 决定。若 JL 的值小于 4，则 JSQR 跟 SQR 决定转换顺序的设置不一样，第 1 次转换的为 JCQRx[4:0]，而不是 JSQ1[4:0]，　x=4-JL，跟 SQR 刚好相反。若 JL=00，那么转换顺序从

JSQ4[4:0]开始，而不是从 JSQ1[4:0]开始。当 JL 等于 4 时，跟 SQR 的转换顺序一样。

（4）触发源。通道与转换顺序配置完成后，可配置 A/D 转换。A/D 转换可以由 ADC 控制寄存器 2（ADC_CR2）的 ADON 位来控制，写 1 时开始转换，写 0 时停止转换。

ADC 还支持外部事件触发转换，包括内部定时器触发和外部 I/O 触发。触发源有很多，具体选择哪一种触发源，由 ADC 控制寄存器 2（ADC_CR2）的 EXTSEL[2:0]位和 JEXTSEL[2:0]位来控制。EXTSEL[2:0]位用于选择规则通道的触发源，JEXTSEL[2:0]位用于选择注入通道的触发源。选定好触发源之后，由 ADC 控制寄存器 2（ADC_CR2）的 EXTTRIG 和 JEXTTRIG 这两个位来激活触发源。

除了使能外部触发事件，还可以通过设置 ADC 控制寄存器 2（ADC_CR2）的 EXTEN[1:0]位和 JEXTEN[1:0]位来控制触发极性，有 4 种状态：禁止触发检测、上升沿检测、下降沿检测，以及上升沿和下降沿均检测。

（5）转换时间。ADC 的输入时钟（ADC_CLK）由 PCLK2 经过分频产生，最大值是 36 MHz，典型值为 30 MHz，分频因子由 ADC 通用控制寄存器（ADC_CCR）的 ADCPRE[1:0]位设置，可设置的分频系数有 2、4、6 和 8。

ADC 需要若干个 ADC_CLK 周期完成对输入的电压进行采样，采样的周期数可通过 ADC 采样时间寄存器 ADC_SMPR1 和 ADC_SMPR2 中的 SMP[2:0]位设置，ADC_SMPR2 控制的是通道 0～9，ADC_SMPR1 控制的是通道 10～17，每个通道可以分别采用不同的时间采样。其中采样周期最小是 3 个，若要达到最快的采样速率，那么应该设置采样周期为 3 个周期，这里说的周期是 1/ADC_CLK。

ADC 的总转换时间跟 ADC 的输入时钟和采样时间有关，计算公式为：

$$T_{conv}=采样时间+12 个周期$$

当 ADC_CLK=30 MHz，即 PCLK2 为 60 MHz，ADC 时钟为 2 分频，采样时间设置为 3 个周期，那么总的转换时间 T_{conv}=3+12=15 个周期=0.5 μs。一般设置 PCLK2=90 MHz，经过 ADC 预分频器能分频到的最大时钟只能是 22.5 MHz，采样周期设置为 3 个周期，最短的转换时间为 0.6667 μs。

（6）数据寄存器。A/D 转换后的数据根据转换组的不同，规则通道的数据放在 ADC_DR 寄存器，注入通道的数据放在 ADC_JDRx。若使用双重模式或者多重模式，则规则通道的数据存放在通用规则通道数据寄存器（ADC_CDR）。

ADC 规则通道数据寄存器（ADC_DR）只有 1 个，是一个 32 位的寄存器，只有低 16 位有效并且只可用于独立模式存放转换完成后的数据。因为 ADC 的最大精度是 12 位，ADC_DR 是 16 位有效，这样允许 ADC 存放数据时选择左对齐或者右对齐，具体是以哪一种方式存放，由 ADC_CR2 的 ALIGN 位设置。假如设置 ADC 精度为 12 位，若设置数据为左对齐，那么 A/D 转换完成后的数据存放在 ADC_DR 寄存器的[15:4]位内；若为右对齐，则存放在 ADC_DR 寄存器的[11:0]位内。

规则通道可以有 16 个，但规则通道数据寄存器只有 1 个，若使用多通道转换，那么转换的数据将全部都挤在 ADC_CDR 中，前一个时间点转换的通道数据，就会被下一个时间点的另外一个通道转换的数据覆盖掉，所以当通道转换完成后就应该把数据取走，或者开启 DMA 模式，把数据传输到内存里面，最常用的做法就是开启 DMA 传输。

ADC 注入通道最多有 4 个通道，注入通道数据寄存器（ADC_JDRx）也有 4 个，每个通道对应着自己的寄存器，不会像规则通道数据寄存器那样产生数据覆盖的问题。ADC_JDRx 是 32 位的寄存器，低 16 位有效，高 16 位保留，数据同样分为左对齐和右对齐，具体是以哪一种方式存放，由 ADC_CR2 的 ALIGN 位设置。

规则通道数据寄存器（ADC_DR）仅适用于独立模式，通用规则通道数据寄存器（ADC_CDR）适用于双重模式和多重模式。独立模式仅仅使用三个 ADC 中的一个，双重模式同时使用 ADC1 和 ADC2，而多重模式同时使用三个 ADC。

（7）中断。数据转换结束后可以产生中断，中断有四种：规则通道转换结束中断、注入通道转换结束中断、模拟看门狗中断和溢出中断。其中转换结束中断跟平时接触的中断一样，有相应的中断标志位和中断使能位，可以根据中断类型写相应的中断服务程序。

当被 ADC 转换的模拟电压低于阈值下限或者高于阈值上限时，就会产生模拟看门狗中断，其中阈值下限和阈值上限分别由 ADC_LTR 和 ADC_HTR 设置。例如，设置阈值上限是 3.5 V，那么当模拟电压超过 3.5 V 时，就会产生模拟看门狗中断。

若发生 DMA 传输数据丢失，会置位 ADC 状态寄存器（ADC_SR）的 OVR 位，若同时使能溢出中断，那么在转换结束后就会产生一个溢出中断。

在规则通道和注入通道转换结束后，除了产生中断，还可以产生 DMA 请求，把转换好的数据直接存储在内存里面。对于独立模式的多通道 A/D 转换，使用 DMA 传输非常有必要，且程序更为简化。对于双重模式或多重模式的 A/D 转换，通常 DMA 传输，一般在使用 ADC 时都会开启 DMA 传输。

（8）电压转换。模拟电压经过 A/D 转换后的结果是一个数字值，若以十六进制输出，可读性比较差，有时候也需要把数字电压转换成模拟电压，跟实际的模拟电压对比，观察转换是否准确。

假如 ADC 的输入电压范围设定为 0～3.3 V，另外如果 ADC 是 16 位的，那么 16 位满量程对应的就是 3.3 V，16 位满量程对应的数字值是 2^{16}，数值 0 对应的是 0 V。若转换后的数值为 X，X 对应的模拟电压为 Y，其关系为：

$$2^{16}/3.3 = X/Y, \qquad Y = (3.3X)/2^{16}$$

（9）转换时序。ADC 在开始精确转换之前需要一段稳定时间 t_{STAB}，ADC 开始转换并经过 15 个时钟周期后，EOC 标志置 1，转换结果存放在 16 位 ADC 数据寄存器中。A/D 转换时序图如图 5.21 所示。

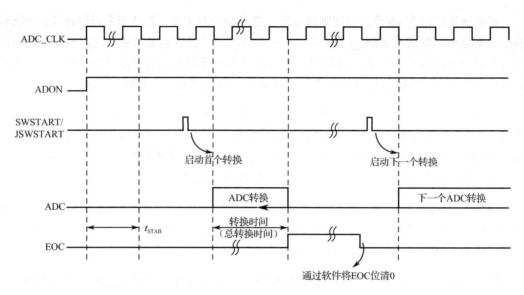

图 5.21 A/D 转换时序图

（10）多种模式。在两个或更多 ADC 的器件中，可使用双重模式（具有 2 个 ADC）和多重（具有 3 个 ADC）模式。在多重模式下，通过主器件 ADC1 到从器件 ADC2 和 ADC3 的交替触发或同时触发来启动转换，具体取决于 ADC_CCR 中的 MULTI[4:0]位所选的模式。

注意：在多重模式下配置外部事件触发转换时，必须设置为仅主器件触发而禁止从器件触发，以防止出现意外触发而启动不需要的转换。可实现四种模式：注入同步模式、规则同步模式、交替模式、交替触发模式；也可按注入同步模式+规则同步模式、规则同步模式+交替触发模式方式组合使用这四种模式。

在多重模式下，可在 ADC_CDR 中读取转换的数据，也可在 ADC_CSR 中读取状态位。多重模式下的 A/D 转换如图 5.22 所示。

2．ADC 相关函数

本项目使用库函数来设置 ADC1 的通道 5 来进行 A/D 转换，使用到的库函数在 stm32f4xx_adc.c 文件和 stm32f4xx_adc.h 文件中，设置步骤如下。

（1）开启 PA 口时钟和 ADC1 时钟设置。设置 PA5 为模拟输入，STM32F407 的 ADC1 通道 5 在 PA5 上，所以先要使能 GPIOA 的时钟，然后设置 PA5 为模拟输入，同时要把 PA5 复用为 ADC，使能 ADC1 时钟。

当 I/O 端口复用为 ADC 时，要设置模式为模拟输入，而不是复用功能，也不需要调用 GPIO_PinAFConfig 函数来设置引脚映射关系。

使能 GPIOA 时钟和 ADC1 时钟都很简单，具体方法为：

```
RCC_AHB1PeriphClockCmd(RCC_AHB1Periph_GPIOA,ENABLE);      //使能 GPIOA 时钟
RCC_APB2PeriphClockCmd(RCC_APB2Periph_ADC1,ENABLE);       //使能 ADC1 时钟
```

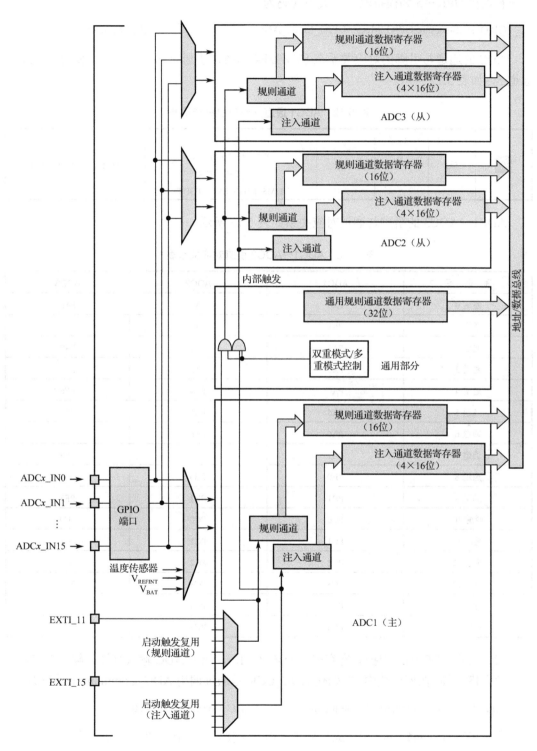

图 5.22 多重模式下的 A/D 转换

初始化 GPIOA5 为模拟输入，关键代码为：

```
GPIO_InitStructure.GPIO_Mode=GPIO_Mode_AN;                            //模拟输入
```

ADC 的通道与引脚的对应关系在 STM32F4 的数据手册可以查到，端口使用 ADC1 的通道 5，如表 5.12 所示。

表 5.12 ADC1 通道 5 对应引脚查看表

PA5	I/O	TTa	(4)	SPI1_SCK/ OTG_HS_ULPI_CK/ TIM2_CH1_ETR/ TIM8_CH1N/EVENTOUT	ADC12_IN5/DAC_OUT2

ADC1～ADC3 的引脚与通道对应关系如表 5.13 所示。

表 5.13 ADC1～ADC3 引脚对应关系表

通 道 号	ADC1	ADC2	ADC3
通道 0	PA0	PA0	PA0
通道 1	PA1	PA1	PA1
通道 2	PA2	PA2	PA2
通道 3	PA3	PA3	PA3
通道 4	PA4	PA4	PF6
通道 5	PA5	PA5	PF7
通道 6	PA6	PA6	PF8
通道 7	PA7	PA7	PF9
通道 8	PB0	PB0	PF10
通道 9	PB1	PB1	PF3
通道 10	PC0	PC0	PC0
通道 11	PC1	PC1	PC1
通道 12	PC2	PC2	PC2
通道 13	PC3	PC3	PC3
通道 14	PC4	PC4	PF4
通道 15	PC5	PC5	PF5

（2）设置 ADC 的通用控制寄存器（ADC_CCR）。配置 ADC 输入时钟分频，工作模式设为独立模式等，在库函数中，初始化 ADC_CCR 是通过调用 ADC_CommonInit 来实现的。

```
void ADC_CommonInit(ADC_CommonInitTypeDef* ADC_CommonInitStruct);
```

这里不再处理初始化结构体成员变量，而是直接给出实例。初始化实例为：

```
ADC_CommonInitStructure.ADC_Mode=ADC_Mode_Independent;        //独立模式
ADC_CommonInitStructure.ADC_TwoSamplingDelay=ADC_TwoSamplingDelay_5Cycles;
```

```
ADC_CommonInitStructure.ADC_DMAAccessMode=ADC_DMAAccessMode_Disabled;
ADC_CommonInitStructure.ADC_Prescaler=ADC_Prescaler_Div4;
ADC_CommonInit(&ADC_CommonInitStructure);                    //初始化
```

第一个成员变量 ADC_Mode 用来设置独立模式或多重模式，这里配置为独立模式。

第二个成员变量 ADC_TwoSamplingDelay 用来设置两个采样阶段之间的延时周期数，取值范围为 ADC_TwoSamplingDelay_5Cycles～ADC_TwoSamplingDelay_20Cycles。

第三个成员变量 ADC_DMAAccessMode 用来设置禁止 DMA 模式或者使能 DMA 模式。

第四个成员变量 ADC_Prescaler 用来设置 ADC 预分频器。这个参数非常重要，设置分频系数为 4 分频，即 ADC_Prescaler_Div4，保证 ADC1 的时钟频率不超过 36 MHz。

（3）初始化 ADC1 参数。设置 ADC1 的转换分辨率、转换方式、对齐方式，以及规则序列等相关信息，在设置完通用控制参数之后，即可开始 ADC1 的相关参数配置，设置单次转换模式、触发方式选择、数据对齐方式等都在这一步实现。具体调用的函数为：

```
void ADC_Init(ADC_TypeDef* ADCx,ADC_InitTypeDef* ADC_InitStruct);
```

初始化实例为：

```
ADC_InitStructure.ADC_Resolution=ADC_Resolution_12b;             //12 位模式
ADC_InitStructure.ADC_ScanConvMode=DISABLE;                     //非扫描模式
ADC_InitStructure.ADC_ContinuousConvMode=DISABLE;              //关闭连续转换
ADC_InitStructure.ADC_ExternalTrigConvEdge=ADC_ExternalTrigConvEdge_None;
//禁止触发检测，使用软件触发
ADC_InitStructure.ADC_DataAlign=ADC_DataAlign_Right;            //右对齐
ADC_InitStructure.ADC_NbrOfConversion=1;                        //1 个转换在规则序列中
ADC_Init(ADC1,&ADC_InitStructure);                             //ADC 初始化
```

第一个成员变量 ADC_Resolution 用来设置 ADC 的转换分辨率，取值为 ADC_Resolution_6b、ADC_Resolution_8b、ADC_Resolution_10b 和 ADC_Resolution_12b。

第二个成员变量 ADC_ScanConvMode 用来设置是否打开扫描模式，这里设置为单次转换，所以不打开扫描模式，取值为 DISABLE。

第三个成员变量 ADC_ContinuousConvMode 用来设置是采用单次转换模式还是连续转换模式，这里设置为单次模式，所以关闭连续转换模式，取值为 DISABLE。

第三个成员变量 ADC_ExternalTrigConvEdge 用来设置外部通道的触发使能和检测方式。这里禁止触发检测，使用软件触发；还可以设置为上升沿触发检测、下降沿触发检测，以及上升沿和下降沿都触发检测。

第四个成员变量 ADC_DataAlign 用来设置数据对齐方式，取值为右对齐（ADC_DataAlign_Right）或左对齐（ADC_DataAlign_Left）。

第五个成员变量 ADC_NbrOfConversion 用来设置规则序列的长度，这里是单次转换，

所以取值为 1。

实际上还有个成员变量 ADC_ExternalTrigConv，它是用来为规则通道选择外部事件的，因为前面配置的是软件触发模式，所以这里可以不用配置；若选择其他触发模式，这里需要配置。

（4）开启 A/D 转换。在设置完以上信息后，即可开启 A/D 转换（通过 ADC_CR2 控制）。

```
ADC_Cmd(ADC1,ENABLE);                              //开启 A/D 转换
```

（5）读取 A/D 转换值。在上面的步骤完成后，接下来要做的就是设置规则序列 1 里面的通道，然后启动 A/D 转换。在转换结束后即可读取 A/D 转换结果值。

这里设置规则序列中的通道以及采样周期的函数是：

```
void ADC_RegularChannelConfig(ADC_TypeDef* ADCx, uint8_t ADC_Channel,uint8_t Rank,
                              uint8_t ADC_SampleTime);
```

这里是规则序列中的第 1 个通道，同时采样周期为 480，所以设置为：

```
ADC_RegularChannelConfig(ADC1,ADC_Channel_5,1,ADC_SampleTime_480Cycles);
```

软件开启 A/D 转换的方法是：

```
ADC_SoftwareStartConvCmd(ADC1);                    //使能指定的 ADC1 的软件转换启动功能
```

开启 A/D 转换之后，就可以获取 A/D 转换结果，方法是：

```
ADC_GetConversionValue(ADC1);
```

同时在 A/D 转换中，还要根据状态寄存器的标志位来获取 A/D 转换的各个状态信息。获取 A/D 转换的各个状态信息的函数是：

```
FlagStatus ADC_GetFlagStatus(ADC_TypeDef* ADCx, uint8_t ADC_FLAG);
```

例如，要判断 ADC1 的转换是否结束，方法是：

```
while(!ADC_GetFlagStatus(ADC1,ADC_FLAG_EOC));      //等待转换结束
```

参考电压设置的是 3.3 V。通过以上几个步骤的设置，就可使用 STM32F4 的 ADC1 来执行 A/D 转换。开发要点如下：

（1）初始化 ADC 引脚为模拟输入模式；

（2）使能 ADC 时钟；

（3）配置通用 ADC 为独立模式，采样设置为 4 分频；

（4）设置目标 ADC 为 12 位分辨率，通道 1 采用连续转换模式，不需要外部触发；

（5）设置 A/D 转换通道顺序及采样时间；

（6）使能 A/D 转换完成中断，在中断服务函数内读取转换完成后的数据；

（7）启动 A/D 转换；

（8）使能软件触发 A/D 转换。

A/D 转换结果数据使用中断方式读取，这里没有使用 DMA 进行数据传输。

5.4.3　开发实践：充电宝电压指示器设计

随着电子设备的普及，特别是移动设备的普及，越来越多的电子设备需要实时充电。一般充电宝内部电路板都是由充电电路、升压电路、电压检测电路，电池保护电路、电量检测电路等组成的。

电池电量一般是通过检测电池电压来计算的，充电宝的电压为模拟量，嵌入式微处理器需要通过 A/D 转换器将模拟电压转化为数字形式。本项目将围绕这个场景展开对 A/D 转换器的学习与开发。充电宝电压指示器如图 5.23 所示。

图 5.23　充电宝电压指示器

本项目使用 STM32 模拟电压检测，通过程序设计使用 STM32 的 A/D 转换器对微处理器底板的电源电压进行检测，并将电压采集值转换为电压物理量。

1. 开发设计

1）硬件设计

本项目的硬件架构设计如图 5.24 所示。

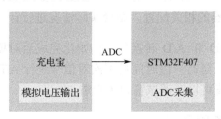

图 5.24　硬件架构设计

第 5 章

要实现将模拟的电压信号转换为 STM32 可识别的数字量信号，就必须要使用 STM32 的 A/D 转换器。本项目中 STM32 采集的电压为电池电压，由于电池标准电压为 12 V，远高于 STM32 的 3.3 V 工作电压，因此电池电压需要通过相应的硬件电路进行处理，将电池电压等比例地减小到 STM32 可接收的工作电压。电池电压分压电路如图 5.25 所示。

图 5.25 中，R99 左侧可以整体理解为一个 12 V 的电源，分压电路主要是依靠 R99 及 R98 完成的，R99 和 R98 两个电阻阻值比为 10 : 3.6。由于 A/D 转换器的输入端引脚为高阻态状态，可将输入端 Vbat 直接看成万用表表笔。当 12 V 电源接入时，根据欧姆定律可知，通过分压电路，Vbat 的电压将降为 3.17 V，从而满足 STM32 的正常工作电压。

图 5.25 主要是测量开发平台外接电池的电源电压，原理图较为简单，当开发平台上电后，三极管 Q7 导通，当外接电池时 Q8 随之导通，此时通过 R99 和 R98 对 12 V 进行分压，得到约三分之一的电池电压，所以 ADC_BAT 电压在合理的范围内，通过 PC0 引脚将电压引入 STM32，从而获取电压的数字量。

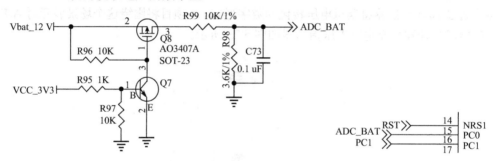

图 5.25　电池电压分压电路

2）软件设计

本项目主要对模拟信号进行采集，有两个要点：一是如何采集模拟的电压信号；二是如何将采集到的数字电压信号换算为实际的物理参数。其中，采集模拟的电压信号需要使用到 STM32 的 A/D 转换器，在使用 A/D 转换器的过程中需要对被测对象进行评估。

本项目设计的目的是能够持续地采集到电压信号，但是采集的信号并不要求实时性，所以对时间的要求不高；其次是对精度的要求，A/D 转换器有多个精度可选，本任务对精度没有太高要求，任意选择即可。

在配置完成上述这些属性后，就需要考虑采集到的数字量到物理量的转换，此时需要参考硬件电路和 A/D 转换器的相关配置，结合实际情况进行计算即可。

程序中首先初始化 LED 和 A/D 转换器，初始化完成后对模拟的电压信号进行采集，采集完成后进行 A/D 转换，延时一段时间后再次对信号进行 A/D 转换电压。A/D 转换器的采集值以及物理量的转换值可以在调试窗口中查看。

软件设计流程如图 5.26 所示。

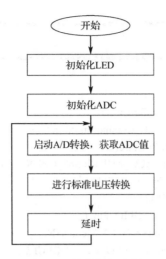

图 5.26　软件设计流程

2．功能实现

1）主函数模块

在主函数模块中首先初始化 LED 和 ADC，初始化完成后在主循环中不断通过手动模式进行 A/D 转换，获取到转化数据后将 A/D 转换信息转换为检测点电压值（即进行标准电压转换）。主函数模块的代码如下。

```
/***********************************************************************
* 全局变量
***********************************************************************/
uint32_t ADCvalue = 0;                          //ADC 真实值
float value=0;                                  //转换后的值


/***********************************************************************
* 主函数源代码
***********************************************************************/
void main(void)
{
    AdcInit();                                  //ADC 初始化
    while(1){
        ADCvalue=AdcGet(1);                     //获取 ADC 值
        value =(ADCvalue*(12.0f/4095));         //标准电压转换
        delay_count(100);                       //延时
    }
}
```

2）ADC 初始化模块

在 ADC 的初始化中，首先初始化相关结构体，开启外设时钟，然后配置 GPIO 为模拟输入模式，最后配置 ADC 时钟参数和 A/D 转换参数。ADC 初始化模块的代码如下。

```
/****************************************************************************
* 功能：ADC 初始化
****************************************************************************/
void    AdcInit(void)
{
    GPIO_InitTypeDef    GPIO_InitStructure;
    ADC_CommonInitTypeDef ADC_CommonInitStructure;
    ADC_InitTypeDef ADC_InitStructure;
    RCC_AHB1PeriphClockCmd(RCC_AHB1Periph_GPIOC, ENABLE);          //使能 GPIOC 时钟
    RCC_APB2PeriphClockCmd(RCC_APB2Periph_ADC1, ENABLE);          //使能 ADC1 时钟
    //先初始化 ADC1 通道 0 I/O 口
    GPIO_InitStructure.GPIO_Pin = GPIO_Pin_0;                      //PC0 通道 0
    GPIO_InitStructure.GPIO_Mode = GPIO_Mode_AN;                  //模拟输入
    GPIO_InitStructure.GPIO_PuPd = GPIO_PuPd_NOPULL ;             //不带上/下拉
    GPIO_Init(GPIOC, &GPIO_InitStructure);                        //初始化
    RCC_APB2PeriphResetCmd(RCC_APB2Periph_ADC1,ENABLE);          //ADC1 复位
    RCC_APB2PeriphResetCmd(RCC_APB2Periph_ADC1,DISABLE);         //复位结束
    ADC_CommonInitStructure.ADC_Mode = ADC_Mode_Independent;     //独立模式
    //两个采样阶段之间延迟 5 个时钟
    ADC_CommonInitStructure.ADC_TwoSamplingDelay = ADC_TwoSamplingDelay_5Cycles;
    ADC_CommonInitStructure.ADC_DMAAccessMode  =  ADC_DMAAccessMode_Disabled; //DMA
失能
    //预分频为 4 分频，ADCCLK=PCLK2/4=84/4=21 MHz，ADC 时钟不要超过 36 MHz
    ADC_CommonInitStructure.ADC_Prescaler = ADC_Prescaler_Div4;
    ADC_CommonInit(&ADC_CommonInitStructure);                    //初始化
    ADC_InitStructure.ADC_Resolution = ADC_Resolution_12b;       //12 位模式
    ADC_InitStructure.ADC_ScanConvMode = DISABLE;                //非扫描模式
    ADC_InitStructure.ADC_ContinuousConvMode = DISABLE;          //关闭连续转换
    //禁止触发检测，使用软件触发
    ADC_InitStructure.ADC_ExternalTrigConvEdge = ADC_ExternalTrigConvEdge_None;
    ADC_InitStructure.ADC_DataAlign = ADC_DataAlign_Right;        //右对齐
    ADC_InitStructure.ADC_NbrOfConversion = 1;                   //只转换规则序列 1
    ADC_Init(ADC1, &ADC_InitStructure);                          //ADC 初始化
    ADC_Cmd(ADC1, ENABLE);                                       //使能 ADC1
}
```

3）ADC 数据采集模块

在 ADC 数据采集模块中首先配置 ADC 的采集配置信息，然后采用软件触发模式开启 A/D 转换，在 A/D 转换完成后将获取的 A/D 转换值输出，ADC 数据采集模块的代码如下。

```
/****************************************************************************
* 功能：A/D 转换函数
* 参数：ch—通道号
* 返回：ADC1 转换结果
****************************************************************************/
u16 AdcGet(u8 ch)
```

```
{
    if (ch == 1) ch = ADC_Channel_10;
    else if (ch == 2) ch = ADC_Channel_11;
    else if (ch == 3) ch = ADC_Channel_14;
    else if (ch == 4) ch = ADC_Channel_15;
    else return 0;
    //设置指定 ADC 的规则通道、一个序列、采样时间
    //ADC1，480 个周期（提高采样时间可以提高精确度）
    ADC_RegularChannelConfig(ADC1, ch, 1, ADC_SampleTime_480Cycles );
    ADC_SoftwareStartConv(ADC1);                    //采用软件触发模式开启 ADC1 转换

    while(!ADC_GetFlagStatus(ADC1, ADC_FLAG_EOC )); //等待转换结束
    return ADC_GetConversionValue(ADC1);            //返回最近一次 ADC1 规则通道的转换结果
}
```

5.4.4　小结

通过本项目的学习和开发，读者可以理解 A/D 转换原理，掌握 STM32 的 ADC 的功能和特点，并理解电压检测在实际应用过程中的电压测量原理，学会配置 STM32 的 ADC，并使用 STM32 的 ADC 实现对电源电压的采集，从而实现充电宝电压指示器的设计。

5.4.5　思考与拓展

（1）STM32F407 有多少个 ADC？

（2）STM32 的 A/D 转换精度是如何计算的？

（3）如何配置 STM32 的 ADC 寄存器？

（4）如何使用 STM32 驱动 ADC？

（5）模拟量通过 A/D 转换所获得的数字量除了与硬件本身造成的精度有关，还与 ADC 的分辨率有关，分辨率越高 A/D 转换的精度就越高，分辨率越低则 A/D 转换的精度就越低。以测试不同分辨率下 A/D 转换为目标，实现不同分辨率下的同一模拟信号的转换，并将数字量转换为物理量以比较数据采集的差异。

5.5　STM32 电源管理技术应用开发

STM32 有专门的电源管理外设监控电源并管理设备的运行模式，确保系统正常运行，并尽量降低器件的功耗。本节重点学习 STM32 的电源管理技术，掌握电源管理技术的基本原理、功能和驱动方法，从而实现无线鼠标的设计。

5.5.1　嵌入式电源管理

1．电源管理基本概念

电源管理是指如何将电源有效分配给系统的不同组件，电源管理对于依赖电池供电的移动式设备而言是至关重要的。通过降低组件闲置时的能耗，能够将电池寿命延长 2～3 倍。

便携式电源管理采用各种技术和方法对具有电能消耗且运行嵌入式系统的便携式设备进行动态管理与控制，其目的是提升嵌入式系统电能的利用效率。日常生活中，电源管理随处可见，例如，PC 上的 Windows 系统具有非常优秀的电源管理方案，能够方便用户实现各种电源状态的切换；开发人员也设计了很多体验不错的电源管理软件。相比于传统桌面 PC 的使用情况和电源类型，便携式设备多数容易携带，体积相对较小，通常采用电池供电。

2．电源管理与低功耗

电源管理技术在物联网领域更加侧重于低功耗方向，目前的电源管理低功耗设计主要是从芯片设计和系统设计两个方面考虑的。随着半导体工艺的飞速发展和芯片工作频率的提高，芯片的功耗迅速增加，而功耗增加又将导致芯片发热量的增大和可靠性的下降。

在嵌入式系统设计中，低功耗设计是许多设计人员需要面对的问题，其原因在于嵌入式系统被广泛应用于便携式和移动性较强的产品，这些产品不是一直都有充足的电源供应的，往往依靠电池来供电，所以设计人员要从每一个细节来降低功率消耗，从而尽可能地延长电池的使用时间。

更多电源管理的理论知识请参考 3.5 节。

3．低功耗设计技术

要进行微处理器的低功耗设计，首先必须了解它的功耗来源。其中时钟单元功耗最高，因为时钟单元有时钟发生器、时钟驱动、时钟树和时钟控单元等负载；数据通路是仅次于时钟单元的部分，其功耗主要来自运算单元、总线和寄存器堆。除了上述两个部分，还有存储单元、控制部分和输入/输出部分。存储单元的功耗与容量相关。

性能与功耗是一对矛盾体，微处理器的功耗会随着性能的提升而增加。追求高速度、高负荷能力、高准确度都会增加功耗。低功耗技术可分为硬件低功耗技术和软件低功耗技术。

5.5.2　STM32 电源管理技术

1．电源监控器

STM32 芯片主要通过引脚 VDD 从外部获取电源，其内部的电源监控器用于检测 VDD

引脚的电压，以实现复位功能及掉电紧急处理功能，保证系统可靠地运行。复位方式有以下 3 种：

1）上电复位与掉电复位（POR 与 PDR）

当检测到的电压 V_{DD} 低于阈值 V_{POR} 及 V_{PDR} 时，无须外部电路辅助，STM32 芯片会自动保持在复位状态，防止因电压不足强行工作而带来严重的后果。上电复位和掉电复位如图 5.27 所示。

在刚开始电压低于 V_{POR} 时（约 1.72 V），STM32 保持在上电复位状态，当电压 V_{DD} 持续上升至大于 V_{POR} 时，芯片开始正常运行，而在芯片正常运行的时候，当检测到电压 V_{DD} 下降至低于 V_{PDR} 阈值（约 1.68 V），会进入掉电复位状态。

2）欠压复位（BOR）

POR 与 PDR 的复位电压阈值是固定的，若用户想要自行设定复位阈值，可以使用 STM32 的 BOR 功能（Brownout Reset）。BOR 可以编程控制电压检测工作在指定的阈值级别，通过修改"选项字节"（某些特殊寄存器）中的 BOR_LEV 位即可控制阈值级别。BOR 如图 5.28 所示。

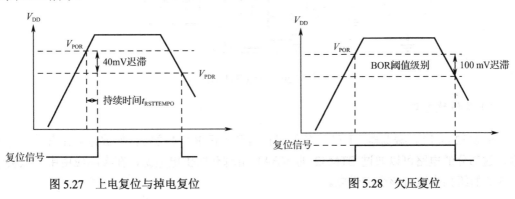

图 5.27　上电复位与掉电复位　　　　　图 5.28　欠压复位

3）可编程电压检测器（PVD）

POR、PDR 和 BOR 都是使用其电压阈值与外部供电电压 V_{DD} 比较，当低于电压阈值时，会直接进入复位状态，这可防止电压不足导致的误操作。除此之外，STM32 还提供了可编程电压检测器（Programmabe Voltage Detector，PVD），它也是实时检测电压 V_{DD}，当检测到电压低于阈值 V_{PVD} 时，会向内核产生一个 PVD 中断（EXTI16 线中断），从而使内核在复位前进行紧急处理，该电压阈值可通过电源控制寄存器 PWR_CSR 设置。

2．STM32 的电源系统

为方便进行电源管理，STM32 把它的外设、内核等模块根据功能划分了供电区域，其内部电源区域划分备份域电路、内核逻辑电路以及 ADC 电路三部分，电源管理框图如图 5.29 所示。

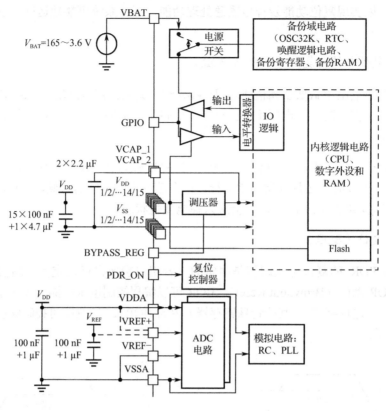

图 5.29　电源管理框图

1）备份域电路

STM32 的 LSE 振荡器、RTC、备份寄存器及备份 RAM 这些器件被包含在备份域电路中，这部分的电路可以通过 STM32 的 VBAT 引脚获取供电电源，在实际应用中一般会使用 3 V 的纽扣电池对该引脚供电。

备份域电路的左侧有一个电源开关，在它的上方连接到 V_{BAT}，下方连接到 V_{DD}（一般为 3.3 V），右侧引出到备份域电路中。当 V_{DD} 存在时，由于 V_{DD} 较高，备份域电路通过 V_{DD} 供电，当 V_{DD} 掉电时，备份域电路由纽扣电池通过 V_{BAT}，保证电路能持续运行，从而可利用它保留关键数据。

2）调压器供电电路

在 STM32 的电源系统中，调压器供电电路是最主要的部分，调压器为备份域及待机电路以外的所有数字电路供电，其中包括内核、数字外设以及 RAM，调压器的输出电压约为 1.2 V，因而使用调压器供电的这些电路区域也被称为 1.2 V 域。

调压器可以运行在运行模式、停止模式以及待机模式。在运行模式下，1.2 V 域全功率运行；在停止模式下，1.2 V 域运行在低功耗状态，1.2 V 区域的所有时钟都被关闭，相应的外设都停止工作，但它会保留内核寄存器以及 RAM 的内容；在待机模式下，整个 1.2 V

域都断电，该区域的内核寄存器及 RAM 内容都会丢失（备份区域的寄存器及 RAM 不受影响）。

3）ADC 电源及参考电压

为提高转换精度，STM32 的 ADC 配有独立的电源接口，方便单独滤波。ADC 的工作电源使用 VDDA 引脚输入，使用 VSSA 作为独立的地连接，VREF+和 VREF-引脚则为 ADC 提供测量使用的参考电压。

3．STM32 的功耗模式

按功耗由高到低排列，STM32 具有运行、睡眠、停止和待机四种工作模式。上电复位后 STM32 处于运行状态时，当内核不需要继续运行，就可以选择进入后面的三种低功耗模式以降低功耗，这三种模式的电源消耗不同、唤醒时间不同、唤醒源不同，用户需要根据应用需求，选择最佳的低功耗模式。三种低功耗模式说明如表 5.14 所示。

表 5.14　三种低功耗模式说明

模式名称	进入	唤醒	对 1.2 V 域时钟的影响	对 VDD 域时钟的影响	调压器
睡眠（立即休眠或退出时休眠）	WFI	任意中断	CPU CLK 关闭对其他时钟或模拟时钟源无影响	无	开启
	WFE	唤醒事件			
停止	PDDS 和 LPDS 位+SLEEPDEEP 位+WFI 或 WFE	任意 EXTI 线（在 EXTI 寄存器中配置，内部线和外部线）	所有 1.2 V 域时钟都关闭	HSI 和 HSE 振荡器关闭	开启或处于低功耗模式，取决于 PWR 电源控制寄存器（PWR_CR）
待机	PDDS 位+SLEEPDEEP 位+WFI 或 WFE	WKUP 引脚上升沿、RTC 闹钟（闹钟 A 或闹钟 B）、RTC 唤醒事件、RTC 入侵事件、RTC 时间戳事件、NRST 引脚外部复位、IWDG 复位	所有 1.2 V 域时钟都关闭	HSI 和 HSE 振荡器关闭	关闭

从表 5.13 中可以看到，这三种低功耗模式层层递进，运行的时钟或芯片功能越来越少，因而功耗越来越低。

1）睡眠模式

在睡眠模式下，仅关闭内核时钟，内核停止运行，但其片上外设、CM4 核心的外设全都照常运行。有两种方式可进入睡眠模式，进入方式也决定了从睡眠唤醒的方式，分别是 WFI（Wait For Interrupt）和 WFE（Wait For Event），即由等待"中断"唤醒和由"事件"唤醒。

2）停止模式

在停止模式下，将进一步关闭其他的时钟，于是所有的外设都停止工作，但由于其 1.2 V

区域的部分电源没有关闭，还保留内核的寄存器、内存的信息，所以从停止模式唤醒并重新开启时钟后，还可以从上次停止处继续执行代码。停止模式可以由任意一个外部中断（EXTI）唤醒。在停止模式中可以选择电压调节器为正常模式或低功耗模式，可选择内部 Flash 工作在正常模式或掉电模式。

3）待机模式

在待机模式下，它除了关闭所有的时钟，还将 1.2 V 区域的电源也完全关闭，也就是说，从待机模式唤醒后，由于没有之前代码的运行记录，只能对芯片复位，重新检测 Boot 条件，从头开始执行程序。待机模式有四种唤醒方式，分别是 WKUP（PA0）引脚的上升沿、RTC 闹钟事件、NRST 引脚的复位和 IWDG（独立看门狗）复位。

5.5.3 电源管理库函数的使用

（1）使能电源时钟。因为要配置电源控制寄存器，所以必须先使能电源时钟。在库函数中，使能电源时钟的方法是：

```
RCC_APB1PeriphClockCmd(RCC_APB1Periph_PWR,ENABLE);          //使能 PWR 外设时钟
```

（2）设置 WK_UP 引脚作为唤醒源。使能电源时钟之后后再设置 PWR_CSR 的 EWUP 位，使能 WK_UP 用于将 STM32 从待机模式唤醒。在库函数中，设置使能 WK_UP 用于唤醒待机模式的函数是：

```
PWR_WakeUpPinCmd(ENABLE);                                    //使能唤醒引脚功能
```

（3）设置 SLEEPDEEP 位和 PDDS 位，执行 WFI 指令进入待机模式。进入待机模式时，首先要设置 SLEEPDEEP 位（详见 STM32F3 与 F4 系列 CortexM4 内核编程手册），接着通过 PWR_CR 设置 PDDS 位，使得 STM32 进入深度睡眠，最后执行 WFI 指令进入待机模式，并等待 WK_UP 中断的到来。在库函数中，进入待机模式是在函数 PWR_EnterSTANDBYMode 中实现的：

```
void PWR_EnterSTANDBYMode(void);
```

（4）最后编写 WK_UP 中断函数。因为通过 WK_UP 中断（PA0 中断）来唤醒 STM32，所以有必要设置 WK_UP 中断函数，同时也通过该函数进入待机模式。

通过以上几个步骤的设置即可使用 STM32 的待机模式，并且可以通过 KEY_UP 来唤醒 STM32。

5.5.4 电源管理配置

STM32 标准库对电源管理提供了完善的函数及命令，使用它们可以方便地进行控制，本节将对这些内容进行讲解。

1. WFI 与 WFE 指令

进入低功耗模式时需要调用 WFI 或 WFE 命令，它们实质上都是内核指令，在库文件 core_cmInstr.h 中把这些指令封装成了函数，函数代码如下：

```
#define __WFI   __wfi
#define __WFE   __wfe
```

对于这两个指令，在应用时只需要知道调用它们都能进入低功耗模式，以及使用函数的格式为 "__WFI();" 和 "__WFE();"（因为 __wfi 及 __wfe 是编译器内置的函数，函数内部使用调用了相应的汇编指令）。其中 WFI 指令决定了它需要用中断唤醒，WFE 则决定了它可用事件来唤醒。

2. 停止模式

直接调用 WFI 和 WFE 指令可以进入睡眠模式，而进入停止模式则还需要在调用指令前设置一些寄存器位，STM32 标准库把这部分的操作封装在 PWR_EnterSTOPMode 函数中，相关源代码如下。

```
void PWR_EnterSTOPMode(uint32_t PWR_Regulator, uint8_t PWR_STOPEntry)
{
    uint32_t tmpreg = 0;
    /* 设置调压器的模式 */
    tmpreg = PWR->CR;
    /* 清除 PDDS 及 LPDS 位 */
    tmpreg &= CR_DS_MASK;
    /* 根据 PWR_Regulator 的值（调压器工作模式）配置 LPDS、MRLVDS 及 LPLVDS 位 */
    tmpreg |= PWR_Regulator;
    /* 写入参数值到寄存器 */
    PWR->CR = tmpreg;
    /* 设置内核寄存器的 SLEEPDEEP 位 */
    SCB->SCR |= SCB_SCR_SLEEPDEEP_Msk;
    /* 设置进入停止模式的方式 */
    if (PWR_STOPEntry == PWR_STOPEntry_WFI) {
        /* 需要中断唤醒*/
        __WFI();
    } else {
        /* 需要事件唤醒 */
        __WFE();
    }
    /* 以下的程序是在重新唤醒时执行的，用于清除 SLEEPDEEP 位的状态*/
    SCB->SCR &= (uint32_t)~((uint32_t)SCB_SCR_SLEEPDEEP_Msk);
}
```

PWR_EnterSTOPMode 函数有两个输入参数，分别用于控制调压器的模式及选择使用 WFI 或 WFE 停止，代码中先是根据调压器的模式配置 PWR_CR 寄存器，再把内核寄存器的 SLEEPDEEP 位置 1，这样在调用 WFI 或 WFE 命令时 STM32 就不处于睡眠模式，而是进入停止模式。函数结尾处的语句用于消除 SLEEPDEEP 位的状态，由于它在 WFI 及 WFE 指令之后，所以这部分代码在 STM32 被唤醒时才会执行。

要注意的是进入停止模式后，STM32 的所有 I/O 都保持在停止前的状态，而当它被唤醒时，STM32 使用 HSI 作为系统时钟（16 MHz），由于系统时钟会影响很多外设的工作状态，所以在唤醒后会重新开启 HSE，把系统时钟设置回原来的状态。

前面提到在停止模式中还可以控制内部 Flash 的供电，从而控制 Flash 是进入掉电状态还是正常供电状态，这可以使用库函数 PWR_FlashPowerDownCmd 配置，该函数其实只是封装了一个对 FPDS 寄存器位操作的语句，在进入停止模式前需要调用该函数，即需要把它放在函数 PWR_EnterSTOPMode 之前。FPDS（Flash Power-Down in Stopmode）操作函数如下：

```
/*
* 设置内部 Flash 在停止模式时是否工作在掉电状态，掉电状态可使功耗更低，但唤醒时会增加延迟
ENABLE:Flash 掉电
DISABLE:Flash 正常运行
*/
void PWR_FlashPowerDownCmd(FunctionalState NewState)
{
    /*配置 FPDS 寄存器位*/
    *(__IO uint32_t *) CR_FPDS_BB = (uint32_t)NewState;
}
```

3. 待机模式

类似地，STM32 标准库也提供了进入待机模式的函数，具体如下：

```
void PWR_EnterSTANDBYMode(void)
{
    /* 选择待机模式 */
    PWR->CR |= PWR_CR_PDDS;
    /* 设置内核寄存器的 SLEEPDEEP 位 */
    SCB->SCR |= SCB_SCR_SLEEPDEEP_Msk;
    /* 存储操作完毕时才能进入待机模式，使用以下语句可确保存储操作执行完毕 */
    __force_stores();
    /* 等待中断唤醒 */
    __WFI();
}
```

函数 PWR_EnterSTANDBYMode 先配置了 PWR_CR 的 PDDS 位，以及内核寄存器的 SLEEPDEEP 位，接着调用函数 __force_stores 确保存储操作完毕后再调用 WFI 指令，从而进入待机模式。这里需要注意的是，也可以使用 WFE 指令进入待机模式；另外，由于函数 PWR_EnterSTANDBYMode 没有操作 WUF 寄存器位，所以在实际应用中，调用该函数前，还需要清空 WUF 寄存器位才能进入待机模式。

进入待机模式后，除了被使能了的用于唤醒待机模式的 I/O 端口，其余 I/O 端口都进

入高阻态，而从待机模式唤醒相当于复位 STM32 芯片，程序重新从头开始执行。

5.5.5　开发实践：无线鼠标节能设计

进入信息时代，人们的生产生活越来越离不开电子计算机的协助，在笔记本电脑应用得也越来越广泛，为了方便操作往往要用到鼠标，而有线鼠标使用极其不便。为了方便，人们发明了无线鼠标，但无线鼠标的使用需要电源，为了保证电源的长期工作，需要在设计无线鼠标时尽可能地降低其功耗。无线鼠标如图 5.30 所示。

图 5.30　无线鼠标

本项目通过 STM32 开发平台实现对无线鼠标节能的设计，当系统处在正常模式下时，LED3 和 LED4 点亮，表示系统正常工作；当系统进入休眠模式时，LED3 和 LED4 熄灭；当有外部中断触发时，系统重启进入正常模式。

1. 开发设计

1）硬件设计

项目设计中系统休眠较为简单，通过 LED 等指示系统工作状态，当系统进入休眠模式后 LED 等熄灭。硬件架构设计如图 5.31 所示。

2）软件设计

本项目主要是对休眠功能进行操作，当系统开始运行时，LED3 和 LED4 点亮；系统运行一段时间后系统进入休眠，LED3 和 LED4 熄灭。软件设计流程如图 5.32 所示。

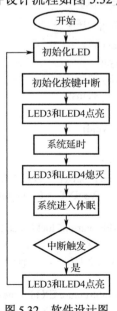

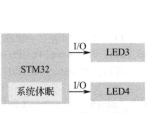

图 5.31　硬件架构设计　　　　图 5.32　软件设计图

第
5
章

2. 功能实现

程序的主要操作是进入休眠与系统推出休眠，只需调用相关函数即可进入休眠，采用中断触发方式唤醒系统。

1）主函数模块

```
#include "stm32f4xx.h"
#include "delay.h"
#include "led.h"
#include "exti.h"
char led_status = 0;                                    //声明一个表示 LED 状态的变量
void main(void)
{
    led_init();                                         //初始化 LED 控制引脚
    exti_init();                                        //初始化按键中断
    turn_on(D3);                                        //D3（LED3）点亮
    turn_on(D4);                                        //D4（LED4）点亮
    while(1){                                           //循环体
        for(int n=100;n>0;n--)
        {
            delay_count(2000);                          //延时
        }
        turn_off(D3);                                   //D3 熄灭
        __WFI();                                        //进入睡眠模式
    }
}
```

2）系统唤醒模块

```
#include "exti.h"
#include "LED.h"
#include "key.h"
#include "delay.h"
extern char led_status;

void exti_init(void)
{
    key_init();                                                     //按键引脚初始化
    NVIC_InitTypeDef    NVIC_InitStructure;
    EXTI_InitTypeDef    EXTI_InitStructure;

    RCC_APB2PeriphClockCmd(RCC_APB2Periph_SYSCFG, ENABLE);          //使能 SYSCFG 时钟
    SYSCFG_EXTILineConfig(EXTI_PortSourceGPIOB, EXTI_PinSource14);  //PB14 连接到中断线 14
    SYSCFG_EXTILineConfig(EXTI_PortSourceGPIOB, EXTI_PinSource15);  //PB15 连接到中断线 15

    EXTI_InitStructure.EXTI_Line = EXTI_Line14 | EXTI_Line15;       //LINE14、LINE15
    EXTI_InitStructure.EXTI_Mode = EXTI_Mode_Interrupt;            //中断事件
```

```
            EXTI_InitStructure.EXTI_Trigger = EXTI_Trigger_Falling;        //下降沿触发
            EXTI_InitStructure.EXTI_LineCmd = ENABLE;                      //使能 LINE14、LINE15
            EXTI_Init(&EXTI_InitStructure);                                //按上述参数配置

            NVIC_InitStructure.NVIC_IRQChannel = EXTI15_10_IRQn;           //外部中断 15～10
            NVIC_InitStructure.NVIC_IRQChannelPreemptionPriority = 0;      //抢占优先级 0
            NVIC_InitStructure.NVIC_IRQChannelSubPriority = 1;             //子优先级 1
            NVIC_InitStructure.NVIC_IRQChannelCmd = ENABLE;               //使能外部中断通道
            NVIC_Init(&NVIC_InitStructure);                               //按上述配置初始化
    }

    void EXTI15_10_IRQHandler(void)
    {
            turn_on(D3);                                                   //D3 点亮
            turn_on(D4);                                                   //D4 点亮
            if(EXTI_GetITStatus(EXTI_Line14)!=RESET)
                EXTI_ClearITPendingBit(EXTI_Line14);                      //清除 LINE14 上的中断标志位
            if(EXTI_GetITStatus(EXTI_Line15)!=RESET)
                EXTI_ClearITPendingBit(EXTI_Line15);                      //清除 LINE15 上的中断标志位
    }
```

5.5.6 小结

电源管理的操作和使用较为简单，但在实际工程中有着广泛的应用。当硬件系统没有任务时可以将系统配置为休眠模式，从而有效降低系统的功耗，提高系统的使用时间。

5.5.7 思考与拓展

（1）什么是电源管理？

（2）电源管理在现实生活中有哪些应用？

（3）STM32 如何进入休眠模式？

（4）STM32 如何退出休眠模式？

（5）电源管理有众多的应用场景，例如，某个环境采集节点要每小时发送一次环境数据，在这种应用场景下就需要节点能够自动唤醒并完成数据的发送。请读者尝试通过程序模拟在节能模式下定时地发送数据，数据发送结束后系统进入休眠，每 10 s 发送一次数据。

5.6 STM32 看门狗应用开发

本节重点学习 STM32 的看门狗，掌握 STM32 看门狗的基本原理和功能，通过驱动 STM32 的看门狗实现基站监测设备自复位设计。

5.6.1 看门狗基本原理

看门狗定时器（Watch Dog Timer，WDT）简称看门狗，可以通过软件或硬件方式在一定的周期内监控微处理器的运行状况，如果在规定的时间内没有收到来自微处理器的触发信号，则说明软件操作不正常（陷入死循环或掉入陷阱等），这时就会立即产生一个复位脉冲来复位微处理器，保证系统在受到干扰时仍然能够维持正常的工作状态。看门狗的核心是计数/定时器。

看门狗一般有一个输入，称为喂狗，一个输出到 MCU 的 RST 端，在微处理器正常工作时，每隔一段时间输出一个信号到喂狗端，给看门狗清 0。如果超过规定的时间不喂狗（一般在程序跑飞时），看门狗定时超过，就会给出一个复位信号到微处理器，使微处理器复位以此防止系统死机。看门狗的作用就是防止程序发生死循环或程序跑飞。

如果配置了看门狗，系统运行后将同时启动看门狗计数器，看门狗启动后就开始自动计数，如果计数到了系统设定的时间还不去清看门狗，即喂狗操作，那么看门狗就会溢出从而引起看门狗中断，发出系统复位信号，使系统复位。看门狗的工作原理如图 5.33 所示。

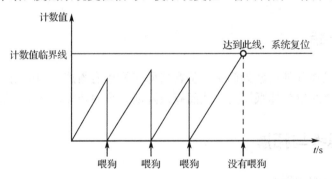

图 5.33　看门狗的工作原理图

更多看门狗理论知识请参考 3.1 节。

5.6.2 STM32 看门狗

1. 独立看门狗（IWDG）

STM32 有两个看门狗，一个是独立看门狗，另一个是窗口看门狗。独立看门狗是一个 12 位的递减计数器，当计数器的值从某个值减小到 0 时，系统就会产生一个复位信号，即 IWDG_RESET。若在计数减小到 0 之前刷新计数器的值，那么就不会产生复位信号，这种刷新操作就是喂狗。看门狗功能由 V_{DD} 电压供电，在停止模式和待机模式下仍能工作。独立看门狗的功能框图如图 5.34 所示。

独立看门狗使用了独立于 STM32 主系统之外的时钟振荡器，使用主电源供电，可以在主系统时钟发生故障时继续有效，能够完全独立地工作。独立看门狗实际上是一个 12 位递减计数器，它的驱动时钟经过振荡器分频得到，振荡器的振荡频率在 30～60 kHz 之间，独立看门狗最大溢出时间为 26 s，当发生溢出时会强制 STM32 复位。寄存器中的值减至 0x000 时会产生一个复位信号，为防止看门狗产生复位信号，可将关键字 0xAAAA 写到 IWDG_KR 寄存器中，IWDG_RLR 的值就会被重载到计数器，从而避免看门狗产生复位信号。

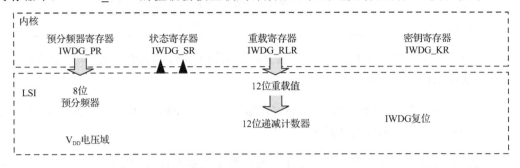

图 5.34　独立看门狗的功能框图

系统运行以后，启动看门狗的计数器，看门狗就开始自动计数；在系统正常工作时，每隔一段时间会输出一个信号到喂狗端，将 WDT 清 0；一旦系统进入死循环状态时，在规定的时间内没有执行喂狗操作，看门狗就会溢出，引起看门狗中断，输出一个复位信号到微处理器，使系统复位。

（1）独立看门狗时钟。独立看门狗的时钟由独立的 RC 振荡器提供，即使主系统时钟发生故障它仍然有效。振荡器的频率一般在 30～60 kHz 之间，根据温度和工作场合会有一定的漂移，所以独立看门狗的定时时间并非非常精确，适用于对时间精度要求比较低的场合。

（2）计数器时钟。递减计数器的时钟由 LSI 经过一个 8 位的预分频器得到，可以通过预分频器寄存器 IWDG_PR 来设置分频因子，分频因子可以是 4、8、16、32、64、128、256，计数器时钟 CK_CNT 为 $40/(4\times2^{PRV})$，经过一个计数器时钟计数器就减 1。

（3）计数器。独立看门狗的计数器是一个 12 位的递减计数器，最大值为 0xFFF，当计数器减小到 0 时，就会产生一个复位信号 IWDG_RESET，让系统重新启动运行，若在计数器减小到 0 之前刷新计数器的值，就不会产生复位信号。重新给计数器赋值的这个动作过程俗称喂狗。

（4）重载寄存器（IWDG_RLR）。重载寄存器是一个 12 位的寄存器，里面保存着要刷新到计数器的值，这个值的大小决定了独立看门狗的溢出时间。超时时间（单位为 s）为

$$T_{out}=(4\times2^{PRV})/40\times RLV,$$

式中，PRV 是预分频器寄存器的值，RLV 是重载寄存器的值。

（5）密钥寄存器（IWDG_KR）。IWDG_KR 是独立看门狗的一个控制寄存器，主要有三种控制方式，往这个寄存器写入下面三个不同的值会有不同的效果。密钥寄存器取值枚举如表 5.15 所示。

表 5.15　密钥寄存器取值枚举

键　值	作　用
0xAAAA	把 IWDG_RLR 的值重载到 CNT
0x5555	IWDG_PR 和 IWDG_RLR 这两个寄存器设置为可写
0xCCCC	启动 IWDG

通过往密钥寄存器写 0xCCC 来启动独立看门狗属于软件启动的方式，一旦启动独立看门狗，就无法关掉，只有复位时才能关掉。

（6）状态寄存器（IWDG_SR）。状态寄存器只有位 0（PVU）和位 1（RVU）有效，这两位只能由硬件操作，软件无法操作。

RVU：独立看门狗计数器重载值更新，硬件置 1 表示重载值的更新正在进行中，更新完毕之后由硬件清 0。

PVU：独立看门狗预分频值更新，硬件置 1 表示预分频值的更新正在进行中，当更新完成后，由硬件清 0。

只有当 RVU/PVU 等于 0 时才可以更新重载寄存器/预分频寄存器。

独立看门狗一般用来检测和解决由程序引起的故障，例如，一个程序正常运行的时间是 30 ms，在运行完这个段程序之后紧接着进行喂狗，设置独立看门狗的定时溢出时间为 40 ms，若超过 40 ms 还没有喂狗，就会产生系统复位，让系统重新启动。

2. 窗口看门狗（WWDG）

独立看门狗（IWDG）独立于系统之外，因为有独立时钟，主要用于监视硬件错误。窗口看门狗时钟与系统相同，如果系统时钟不运行，那么窗口看门狗也将失去作用，主要用于监视软件错误。

窗口看门狗通常用来检测由外部干扰或者不可预见的逻辑条件造成的应用程序背离正常的运行而产生的软件故障。除非递减计数器的值在 T6 位变成 0 前被刷新，窗口看门狗在达到预置的时间时就会产生一个系统复位信号。在递减计数器达到窗口寄存器数值之前，如果 7 位的递减计数器的数值（在控制寄存器中）被刷新，那么也将产生一个系统复位信号。这表明递减计数器需要在一个有限的时间窗口中被刷新。窗口看门狗的主要特性如下：

（1）可编程的自由运行递减计数器。

（2）条件复位：当递减计数器的值小于 0x40 时，若看门狗被启动，则产生复位；当递减计数器在窗口外被重新装载时，若看门狗被启动，也将产生复位。

（3）如果启动了看门狗并且允许中断，当递减计数器等于 0x40 时产生早期唤醒中断（EWI），它可以被用于重载计数器以避免窗口看门狗复位。

如果看门狗被启动（WWDG_CR 中的 WDGA 位被置 1），并且当 7 位递减计数器 0x40

变为 0x3F 时，则产生一个复位信号。如果软件在计数器值大于窗口寄存器中的数值时重载计算器，也将产生一个复位信号。应用程序在正常运行过程中必须定期地写入 WWDG_CR，以防止产生复位信号。只有当计数器值小于窗口寄存器的值时，才能进行写操作。存储在控制寄存器（WWDG_CR）中的数值必须在 0xFF 和 0xC0 之间。

独立看门狗和窗口看门狗的区别如图 5.35 所示。

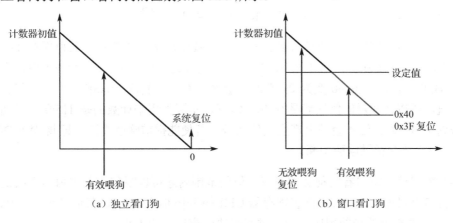

图 5.35　独立看门狗和窗口看门狗的区别

窗口看门狗和独立看门狗一样，也是一个递减计数器，不断地往下递减计数，当减小到一个固定值（0x40）时还不喂狗将产生复位信号，这个值称为窗口下限，它是固定的值，不能改变。这是和独立看门狗相似的地方，不同的地方是窗口看门狗的计数器的值在减小到某一个数之前喂狗也会产生复位信号，这个值称为窗口上限，窗口上限可由开发者独立设置。

RLR 是重装载寄存器，用来设置独立看门狗的计数器的值；TR 是窗口看门狗的计数器的值，由用户独立设置；WR 是窗口看门狗的上窗口值，由用户独立设置。

WWDG 功能框图如图 5.36 所示。

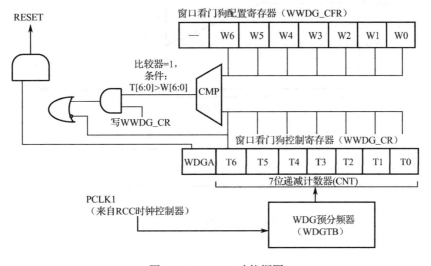

图 5.36　WWDG 功能框图

（1）窗口看门狗时钟。窗口看门狗时钟来自 PCLK1，其最大值是 45 MHz，由 RCC 时钟控制器开启。

（2）计数器时钟。计数器时钟由 CK 计时器时钟经过预分频器分频得到，分频系数由配置寄存器 WWDG_CFR 的 WDGTB[1:0]位配置，可以是 0、1、2、3，其中 CK 计时器时钟=PCLK1/4096，所以计数器的时钟 CNT_CK=PCLK1/[4096×(2^{WDGTB})]，这就可以算出计数器减小一个数的时间，即 t=1/CNT_CK=t_{PCLK1}×4096×(2^{WDGTB})。

（3）计数器。窗口看门狗的计数器是一个递减计数器，共 7 位，其值保存在控制寄存器 WWDG_CR 的 6:0 位，即 T[6:0]，当 7 个位全部为 1 时是 0x7F，为最大值，当递减到 T6 位变成 0 时，即从 0x40 变为 0x3F 时，会产生看门狗复位。0x3F 是看门狗能够递减到的最小值，所以计数器的值只能是 0x40～0x3F，实际上用来计数的是 T[5:0]。当递减计数器递减到 0x40 时，还不会马上产生复位信号，若使能提前唤醒中断，即将 WWDG[EWI]位置 1，则会产生提前唤醒中断。

（4）窗口值。窗口看门狗必须在窗口值的范围内才可以喂狗，其中窗口下限是固定的 0x40，窗口上限可以改变（由配置寄存器 CFR 的 W[6:0]位设置），其值必须大于 0x40，小于 0x7F。需要根据监控的程序的运行时间来决定窗口值的大小。

如果要监控的程序运行的时间为 T_a，一般计数器的值 T_R 设置成最大值 0x7F，窗口值为 W_R，计数器减一个数的时间为 T，那么时间(T_R-W_R)×T 应该稍微大于 T_a，这样就能做到刚执行完程序段 A 之后及时喂狗。

（5）计算窗口看门狗超时时间。窗口看门狗工作时序如图 5.37 所示。

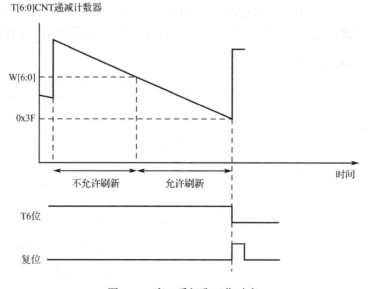

图 5.37　窗口看门狗工作时序

超时值计算公式为

$$t_{WWDG} = t_{PLCK1} \times 4096 \times 2^{WDGTB} \times (T[5:0] + 1)$$

式中，t_{WWDG} 为 WWDG 超时；t_{PLCK1} 为 APB1 时钟周期，单位为 ms；WDGTB 为 WWDG_CFR[8:7]位的值；T[5:0]是 WWDG_CR[5:0]位的值。

如表 5.16 所示，当 t_{PCLK1}=30 MHz 时，WDGTB 取不同的值时有最小和最大的超时时间，窗口看门狗一般用于监控由外部干扰或不可预见的逻辑条件造成的应用程序背离正常运行的软件故障。

表 5.16 t_{PLCK1}=30 MHz 时的超时值

预分频器	WDGTB	最小超时（μs）[5:0] = 0x00	最大超时（ms）T[5:0] = 0x3F
1	0	136.53	8.74
2	1	273.07	17.48
4	2	546.13	34.95
8	3	1092.27	69.91

5.6.3 STM32 看门狗库函数的使用

1. IWDG 相关库函数

根据 STM32 的数据手册可知，独立看门狗（IWDG）的主要配置过程如下。

```
/*独立看门狗初始化，设置时间间隔*/
void iwdg_init(void)
{
    //使能写 IWDG_PR 和 IWDG_RLR 寄存器
    IWDG_WriteAccessCmd(IWDG_WriteAccess_Enable);
    //设置分频系数
    IWDG_SetPrescaler(IWDG_Prescaler_32);
    //设定重载值 0x4DC，大约 1 s 需要重载一次
    IWDG_SetReload(0x4DC);
    //重载 IWDG
    IWDG_ReloadCounter();
    //使能 IWDG（LSI 时钟自动被硬件使能）
    IWDG_Enable();
}
```

上述过程实现了独立看门狗的初始化，其中最关键的是设置了分频系数和重载值，这两个参数和低速时钟频率决定了隔多长时间需要喂狗。喂狗时间的计算公式为

$$T_{out}=40 \text{ kHz} / （分频系数 \times 重载值）$$

STM32 的独立看门狗由内部专门的 40 kHz 低速时钟驱动，独立看门狗相关的库函数

在文件 stm32f4xx_iwdg.c 和对应的头文件 stm32f4xx_iwdg.h 中。

通过库函数来配置独立看门狗的步骤如下。

（1）取消寄存器写保护（向 IWDG_KR 写入 0x5555）。通过这个步骤可以取消 IWDG_PR 和 IWDG_RLR 的写保护，使后面可以操作这两个寄存器以便设置 IWDG_PR 和 IWDG_RLR 的值。在库函数中的实现函数是：

```
IWDG_WriteAccessCmd(IWDG_WriteAccess_Enable);
```

这个函数非常简单，顾名思义就是开启/取消写保护，也就是使能/失能（禁止）写权限。

（2）设置独立独立看门狗的分频系数和重载值。设置独立看门狗的分频系数的函数是：

```
void IWDG_SetPrescaler(uint8_t IWDG_Prescaler);          //设置 IWDG 预分频系数
```

设置独立看门狗的重载值的函数是：

```
void IWDG_SetReload(uint16_t Reload);                    //设置 IWDG 重载值
```

设置好独立看门狗的分频系数 prer 和重载值就可以知道独立看门狗的喂狗时间（也就是独立看门狗溢出时间），该时间的计算公式为：

$$T_{out} = [(4 \times 2^{prer}) \times rlr]/40$$

式中，T_{out} 为独立看门狗溢出时间（单位为 ms）；prer 为独立看门狗时钟分频系数（保存在 IWDG_PR 中），范围为 0～7；rlr 为独立看门狗的重载值（保存在 IWDG_RLR 中）。例如，设定 prer 值为 4，rlr 值为 625，那么就可以得到 T_{out}=64×625/40=1000 ms，这样，独立看门狗的溢出时间就是 1 s。只要在 1 s 之内，有一次写入 0xAAAA 到 IWDG_KR，就不会导致独立看门狗复位（当然写入多次也是可以的）。这里需要提醒读者的是，独立看门狗的时钟并不是准确的 40 kHz，所以在喂狗时，最好不要太晚了，否则，有可能发生看门狗复位。

（3）重载计数值喂狗（向 IWDG_KR 写入 0xAAAA）。在库函数中，重载计数值的函数是：

```
IWDG_ReloadCounter();       //按照 IWDG_RLR 的值重载 IWDG 计数器
```

通过该函数可使 STM32 重新加载 IWDG_RLR 的值到独立看门狗计数器，即实现独立看门狗的喂狗操作。

（4）启动独立看门狗（向 IWDG_KR 写入 0xCCCC）。在库函数中，启动独立看门狗的函数是：

```
IWDG_Enable();      //使能 IWDG
```

通过上面的函数可以启动 STM32 的独立看门狗。注意一旦启动独立看门狗，就不能再被关闭！想要关闭，只能重启，并且重启之后不能打开独立看门狗，否则问题依旧，若不用独立看门狗，就不要去开启它。

通过上面 4 个步骤就可以启动 STM32 的独立看门狗了，使能了独立看门狗，在程序里面就必须在规定的时间内喂狗，否则将导致系统复位。

2. WWDG 相关库函数

窗口看门狗（WWDG）库函数相关源码和定义分布在文件 stm32f4xx_wwdg.c 和头文件 stm32f4xx_wwdg.h 中，步骤如下。

（1）使能 WWDG 时钟。WWDG 不同于 IWDG，IWDG 有自己独立的时钟，不存在使能问题；而 WWDG 使用的是 PCLK1 的时钟，需要先使能时钟。方法是：

```
RCC_APB1PeriphClockCmd(RCC_APB1Periph_WWDG,ENABLE);                    //使能 WWDG 时钟
```

（2）设置窗口值和分频系数。设置窗口值的函数是：

```
voidWWDG_SetWindowValue(uint8_tWindowValue);
```

设置分频系数的函数是：

```
void WWDG_SetPrescaler(uint32_t WWDG_Prescaler);
```

这个函数同样只有一个入口参数，就是分频系数。

（3）开启 WWDG 中断并分组。开启 WWDG 中断的函数为：

```
WWDG_EnableIT();                                                      //开启窗口看门狗中断
```

接下来就要进行中断优先级配置，这里就不重复了，调用 NVIC_Init()函数即可。

（4）设置计数器初始值并使能看门狗。这一步在库函数里面是通过调用下面的函数来实现的。

```
void WWDG_Enable(uint8_t Counter);
```

该函数既设置了计数器初始值，同时也使能了窗口看门狗。库函数还提供了一个独立的设置计数器值的函数，即：

```
void WWDG_SetCounter(uint8_t Counter);
```

（5）编写中断服务程序（函数）。最后还要编写窗口看门狗的中断服务程序，通过该程序来喂狗，喂狗要快，否则当窗口看门狗计数器值减小到 0x3F 时就会引起软复位。在中断服务程序中也要将状态寄存器（WWDG_SR）中的 EWIF 位清空。

完成以上 5 个步骤之后，就可以使用 STM32 的窗口看门狗了。

5.6.4　开发实践：基站监测设备自复位设计

大量的移动通信基站都是建立在偏远或人迹罕至的地区，维护起来十分不便。然

而这些基站监控系统会因为环境或软件等原因引起系统宕机，这时就需要系统支持自复位功能，通常采用的方法是使用微处理器的看门狗功能，即程序跑飞后可使系统自动复位。

本项目使用 STM32 模拟基站监测系统复位重启，使用独立看门狗实现 STM32 宕机后的系统复位重启，使用按键输入作为 STM32 处理器正常运行的条件，通过连接在 STM32 引脚上的指示灯表示 STM32 当前的工作状态。

1. 开发设计

1）硬件设计

本项目的硬件架构设计如图 5.38 所示。

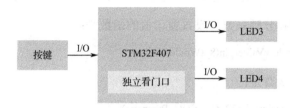

图 5.38　硬件架构设计

LED 接口电路如图 5.39 所示。

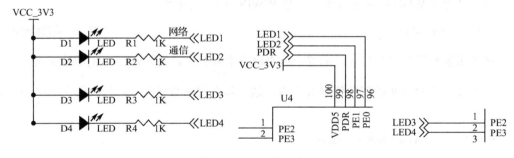

图 5.39　LED 接口电路

LED1、LED2、LED3、LED4 分别连接到 STM32 的 PE0、PE1、PE2 和 PE3 引脚。图中 D1、D2、D3 和 D4 四个 LED 一端接在 3.3 V 的电源上，另一端通过电阻连接在 STM32 上，LED 采用的是正向连接导通的方式，当控制引脚为高电平（3.3 V）时 LED 两端电压相同，无法形成压降，因此 LED 不导通，处于熄灭状态；反之当控制引脚为低电平时，LED 两端形成压降，则四个 LED 点亮。

按键 KEY1、KEY2、KEY3、KEY4 分别连接到 STM32 的 PB12、PB13、PB14 和 PB15 引脚。按键的状态检测方式主要使用 STM32 通用 I/O 的引脚电平读取功能，相关引脚为高电平时引脚读取的值为 1，反之则为 0。而按键是否按下、按下前后的电平状态则需要按照实际的按键的接口电路来确认。按键接口电路如图 5.40 所示。

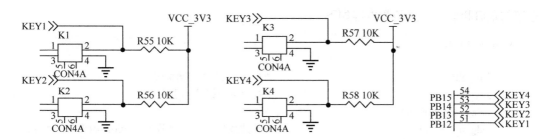

图 5.40　按键接口电路

2）软件设计

本项目设计的关键是对看门狗原理的理解、对喂狗操作的触发方式以及喂狗时间的把握。独立看门狗的工作原理是：当独立看门狗开始执行时，如果在独立看门狗的计数时间之内进行喂狗操作则系统会正常运行，如果没有喂狗，那么独立看门狗将会触发系统的复位中断使系统复位。独立看门狗的喂狗操作可以通过按键来实现，由于对按键的处理程序中有消抖延时的操作，所以需要对独立看门狗的时长进行合理的设置。

软件设计流程如图 5.41 所示。

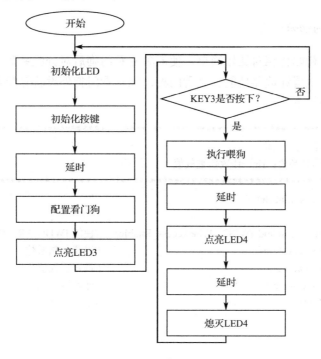

图 5.41　软件设计流程

2．功能实现

1）主函数模块

在主函数中，首先初始化 LED、按键，接着配置看门狗等，通过 LED 的闪烁状态判断程序的重启和运行。主函数内容如下。

```
void main(void)
{
    led_init();                              //初始化 LED 控制引脚
    key_init();                              //初始化按键检测引脚
    delay_count(50000);                      //延时
    wdg_init(3,1000);                        //分频系数为 64，重载值为 500，溢出时间为 1 s

    turn_on(D3);                             //点亮 D3（即 LED3）
    while(1){                                //循环体
        if(get_key_status()==K3_PREESED){   //判断 KEY3 是否被按下
            wdg_feed();                      //喂狗程序
        }
        delay_count(500);                    //延时
        turn_on(D4);                         //点亮 D4（即 LED4）
        delay_count(500);                    //延时
        turn_off(D4);                        //熄灭 D4
    }
}
```

2）独立看门狗初始化模块

独立看门狗的初始化相对比较简单，使能独立看门狗后对分频系数、重载值进行配置即可，配置完成后重置计数器使能独立看门狗，独立看门狗外设就算配置完成了。独立看门狗的初始化程序如下。

```
/******************************************************************************
* 功能：独立看门狗初始化
* 参数：prer—预分频值；rlr—计数器重载值
******************************************************************************/
void wdg_init(char prer,int rlr)
{
    IWDG_WriteAccessCmd(IWDG_WriteAccess_Enable);   //使能 IWDG_PR、IWDG_RLR 的写操作
    IWDG_SetPrescaler(prer);                        //设置分频系数
    IWDG_SetReload(rlr);                            //设置重载值
    IWDG_ReloadCounter();                           //计数器重载
    IWDG_Enable();                                  //使能独立看门狗
}
```

3）喂狗模块

喂狗的功能是重载独立看门狗计数器，喂狗程序如下。

```
/******************************************************************************
* 功能：喂狗程序
******************************************************************************/
void wdg_feed(void)
```

```
{
    IWDG_ReloadCounter();                              //计数器重载
}
```

4）按键状态获取模块

```
/*************************************************************************
 * 功能：按键引脚状态
 * 返回：key_status
 *************************************************************************/
char get_key_status(void)
{
    char key_status = 0;
    if(GPIO_ReadInputDataBit(K1_PORT,K1_PIN) == 0)     //判断 PB12 引脚电平状态
        key_status |= K1_PREESED;                       //低电平 key_status bit0 位置 1
    if(GPIO_ReadInputDataBit(K2_PORT,K2_PIN) == 0)     //判断 PB13 引脚电平状态
        key_status |= K2_PREESED;                       //低电平 key_status bit1 位置 1
    if(GPIO_ReadInputDataBit(K3_PORT,K3_PIN) == 0)     //判断 PB14 引脚电平状态
        key_status |= K3_PREESED;                       //低电平 key_status bit2 位置 1
    if(GPIO_ReadInputDataBit(K4_PORT,K4_PIN) == 0)     //判断 PB15 引脚电平状态
        key_status |= K4_PREESED;                       //低电平 key_status bit3 位置 1
    return key_status;
}
```

5.6.5　小结

通过对本项目的学习和实践，读者可以掌握在实际使用环境中监测系统是如何自动复位重启的，通过使用看门狗实现对 STM32 处理器的复位重启操作，按键作为程序运行条件，指示灯用于反映程序运行状态，达到监测系统设备宕机重启的设计效果。

5.6.6　思考与拓展

（1）独立看门狗与窗口看门狗有哪些不同？

（2）独立看门狗的功能是什么？

（3）如何实现 STM32 看门狗的喂狗操作？

（4）如何驱动 STM32 处理器的看门狗？

（5）思考看门狗外设还具有哪些应用场景？

（6）STM32 有两个看门狗，一个是独立看门狗，另一个是窗口看门狗。对于独立看门狗而言，其任务是防止程序跑飞或卡死，而窗口看门狗则更加针对与操作系统中某些重要任务的正常执行，当重要任务无法正常执行时则需要重新启动系统。利用窗口看门狗，实现一个按键控制喂狗延时，另一个按键提前喂狗的操作功能。

5.7 STM32 串口通信技术应用开发

本节重点学习 STM32 的串口，掌握 STM32 串口的基本原理和通信协议，通过串口通信实现工业串口服务器设计。

5.7.1 串口

1. 串口基本概念

串口是计算机上的一种通用通信设备，大多数台式计算机都包含 2 个基于 RS-232 的串口，串口通信协议同时也是仪器仪表设备通用的通信协议，可以用于获取远程采集设备的数据。IEEE 488 在定义并行通信状态时，规定设备线总长不得超过 20 m，并且任意两个设备间的长度不得超过 2 m；而对于串口通信而言，可达 1200 m。

通用异步收发器（Universal Asynchronous Receiver Transmitter，UART）是广泛使用的串口通信协议，UART 允许在串行链路上进行全双工的通信。基本的 UART 通信只需要发送和接收两条信号线就可以完成数据的相互通信，可采用全双工形式，TXD 是 UART 发送端，RXD 是 UART 接收端。

2. 串口的通信协议

异步串行通信的数据帧由起始位、数据位、校验位、停止位组成，如图 5.42 所示。

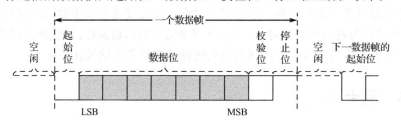

图 5.42 异步串行通信的数据帧格式

起始位：位于数据帧开头，只占 1 位，始终为逻辑 0，即低电平。

数据位：根据情况可取 5 位、6 位、7 位或 8 位，低位在前高位在后。若所传输数据为 ASCII 字符，则取 7 位。

校验位：仅占 1 位，用于表征串行通信中采用的是奇校验还是偶校验。

停止位：位于数据帧末尾，为逻辑 1，即高电平，通常可取 1 位、1.5 位或 2 位。

更多有关串口理论知识请参考 3.1 节。

5.7.2　STM32 的 USART

STM32 的 USART 功能框图包含了 USART 最核心内容，如图 5.43 所示。

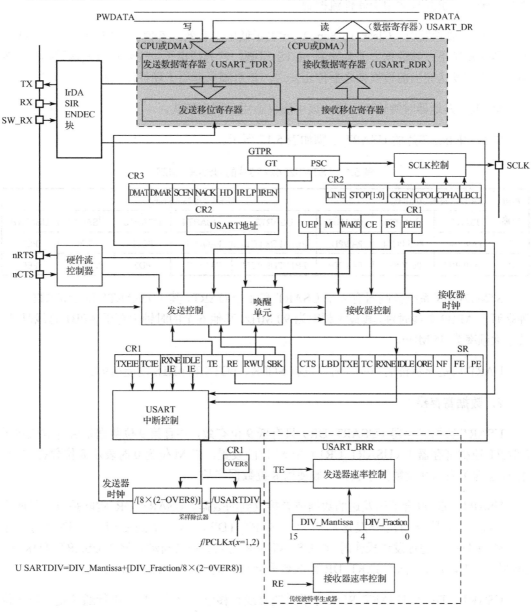

图 5.43　USART 功能框图

1．功能引脚

TX：发送数据输出引脚。

RX：接收数据输入引脚。

SW_RX：数据接收引脚，只用于单线和智能卡模式，属于内部引脚。

nRTS：请求发送（Request To Send），n 表示低电平有效。若使能 RTS 流控制，当 USART 接收器准备接收新数据时就会将 nRTS 变成低电平；当接收寄存器已满时，nRTS 将被设置为高电平。该引脚只适用于硬件流控制。

nCTS：清除发送（Clear To Send），n 表示低电平有效。若使能 CTS 流控制，USART 发送器在发送下一帧数据之前会检测 nCTS 引脚，若为低电平，表示可以发送数据，若为高电平则在发送完当前数据帧之后停止发送。该引脚只适用于硬件流控制。

SCLK：发送器时钟输出引脚，该引脚仅适用于同步模式。

STM32F4xx 芯片的 USART 引脚如表 5.17 所示。

表 5.17　STM32F4xx 芯片的 USART 引脚

引脚名称	APB2（最高 90 MHz）		APB1（最高 45 MHz）					
	USART1	USART6	USART2	USART3	USART4	USART5	USART7	USART8
TX	PA9/PB6	PC6/PG14	PA2/PD5	PB10/PD8/PC10	PA0/PC10	PC12	PF7/PE8	PE1
RX	PA10/PB7	PC7/PG9	PA3/PD6	PB11/PD9/PC11	PA1/PC11	PD2	PF6/PE7	PE0

STM32F4xx 系统控制器有 4 个 USART 和 4 个 UART，其中 USART1 和 USART6 的时钟来源于 APB2 总线时钟，其最大频率为 90 MHz，其他 6 个的时钟来源于 APB1 总线时钟，其最大频率为 45 MHz。

UART 只是异步传输功能，所以没有 SCLK、nCTS 和 nRTS 功能引脚。

2．数据寄存器

USART 数据寄存器（USART_DR）只有低 9 位有效，并且第 9 位数据是否有效取决于 USART 控制寄存器 1（USART_CR1）中 M 位的设置，当 M 位为 0 时表示 8 位数据字长，当 M 位为 1 表示 9 位数据字长，一般使用 8 位数据字长。

USART_DR 包含了已发送的数据或者接收到的数据。USART_DR 实际是包含了两个寄存器，一个是专门用于发送的可写 USART_TDR，另一个是专门用于接收的可读 USART_RDR。当进行发送操作时，往 USART_DR 写入数据会自动存储在 USART_TDR 内；当进行读取操作时，向 USART_DR 读取数据会自动提取 USART_RDR 中的数据。

USART_TDR 和 USART_RDR 介于系统总线和移位寄存器之间，串行通信是一位一位地传输数据的，发送时把 USART_TDR 中的数据转移到发送移位寄存器，然后把发送移位寄存器数据按位发送出去；接收时先把接收到的数据按位的顺序保存在接收移位寄存器内然后转移到 USART_RDR 中。

USART 支持 DMA 传输，可以实现高速数据传输。

3. 发送控制

发送器可发送 8 位或 9 位的数据字，具体取决于 USART_CR1[M]的状态。发送使能位（USART_CR1[TE]）置 1 时，发送移位寄存器中的数据在 TX 引脚输出，相应的时钟脉冲在 SCLK 引脚输出。USART 有专门控制发送的发送器、控制接收的接收器，还有唤醒单元、中断控制等。

一个字符帧（也称为数据帧）发送需要三个部分：起始位+数据位+停止位。起始位是一个位周期的低电平，位周期就是每一位占用的时间；数据位就是要发送的 8 位或 9 位数据，数据是从最低位开始传输的；停止位是一定时间周期的高电平。

停止位时间长短可以通过 USART 控制寄存器 2（USART_CR2）的 STOP[1:0]位控制，可选 0.5 位、1 位、1.5 位和 2 位，默认使用 1 位，2 位适用于正常 USART 模式、单线模式和调制解调器模式，0.5 位和 1.5 位适用于智能卡模式。

当选择 8 位字长，使用 1 位停止位时，发送数据帧的时序如图 4.44 所示。

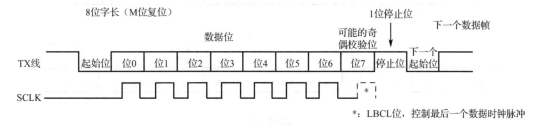

图 5.44　发送数据帧的时序

当发送使能位置 1 后，发送器开始会先发送一个空闲帧（一个数据帧长度的高电平），接下来就可以往 USART_DR 中写入要发送的数据。在写入最后一个数据后，需要等待 USART 状态寄存器（USART_SR）的 TC 位置 1，以表示数据传输完成，若 USART_CR1 的 TCIE 位置 1，将产生中断。

在发送数据时，有几个比较重要的发送标志位，如表 5.18 所示。

表 5.18　发送标志位

名　　称	描　　述	名　　称	描　　述
TE	发送使能	TXE	发送寄存器为空，发送单个字节时使用
TC	发送完成，发送多个字节时使用	TXIE	发送完成中断使能

若将 USART_CR1 的 RE 位置 1，则使能 USART 接收，使得接收器在 RX 线开始搜索起始位。在确定到起始位后就可根据 RX 线电平状态把数据存放在接收移位寄存器中。

接收完成后就把接收移位寄存器数据移到 USART_RDR 中，并把 USART_SR 的 RXNE 位置 1，若 USART_CR2 的 RXNEIE 同时置 1，则可以产生中断。

在发送 USART 发送期间，首先通过 TX 引脚移出数据的最低有效位，该模式下，USART_DR 的寄存器（USART_TDR）位于内部总线和发送移位寄存器之间。

每个数据帧前面都有一个起始位，其逻辑电平在一个位周期内为低电平，数据帧由可配置位数的停止位终止。发送与接收过程如图 5.45 所示。

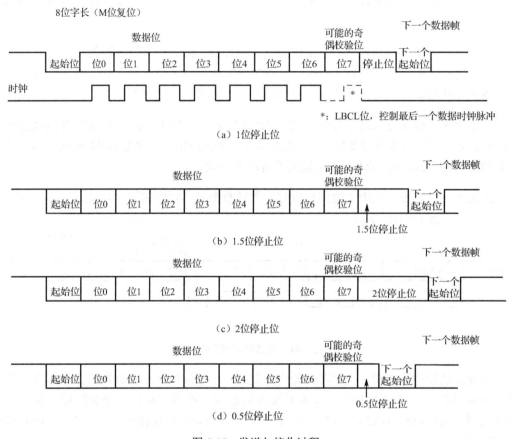

图 5.45 发送与接收过程

发送步骤如下：

（1）通过向 USART_CR1 的 UE 位写 1 来使能 USART。

（2）对 USART_CR1 的 M 位进行编程以定义字长。

（3）对 USART_CR2 的停止位位数进行编程配置。

（4）如果要进行多缓冲区通信，请将 USART_CR3 的 DMAT 位置 1，以使能 DMA，并按照多缓冲区通信中的说明配置 DMA 的寄存器。

（5）使用 USART_BRR 选择所需的波特率。

（6）将 USART_CR1 的 TE 位置 1，以便在首次发送时发送一个空闲帧。

4．接收控制

USART 可接收 8 位或 9 位的数据字，具体取决于 USART_CR1 中的 M 位。起始位检测 16 倍或 8 倍过采样时，起始位检测序列是相同的。

在 USART 接收期间，首先通过 RX 引脚移入数据的最低有效位，该模式下，USART_DR 中的寄存器（USART_RDR）位于内部总线和接收移位寄存器之间。步骤如下：

（1）通过向 USART_CR1 的 UE 位写 1 使能 USART。

（2）对 USART_CR1 的 M 位进行编程以定义字长。

（3）对 USART_CR2 中的停止位位数进行编程配置。

（4）如果将进行多缓冲区通信，请将 USART_CR3 的 DMAR 位置 1，以使能 DMA，并按照多缓冲区通信中的说明配置 DMA 的寄存器。

（5）使用波特率寄存器（USART_BRR）选择所需的波特率。

（6）将 USART_CR1 的 RE 位置 1，这一操作将使能接收器开始搜索起始位。

接收到字符时，RXNE 位置 1，表明移位寄存器的内容已传输到 USART_RDR。也就是说，已接收到并可读取数据及其相应的错误标志。如果 RXNEIE 位置 1，则会生成中断。如果接收期间已检测到帧错误、噪声错误或上溢错误，则错误标志位置 1。在多缓冲区模式下，每接收到一个字节后 RXNE 位都会置 1，然后通过 DMA 对数据寄存器执行读操作清 0；在单缓冲区模式下，通过软件对 USART_DR 执行读操作将 RXNE 位清 0。RXNE 标志也可以通过向该位写入 0 来清 0，RXNE 位必须在接收下一个字符前清 0，以避免发生上溢错误。

注意：在接收数据时，不应将 RE 位复位。如果在接收期间禁止了 RE 位，则会中止当前字节的接收。

在接收数据时，有几个比较重要的接收标志位，如表 5.19 所示。

表 5.19　接收标志位

名　　称	描　　述
RE	接收使能
RXNE	读数据寄存器非空
RXBEIE	发送完成中断使能

为了得到一个信号的真实情况，需要用一个比这个信号频率高的采样信号去检测，称为过采样，这个采样信号的频率大小决定最后得到源信号的准确度，一般频率越高得到的准确度越高，但得到的频率越高采样信号越困难，运算量和功耗等也会增加，所以一般选择采样信号即可。

接收器可配置不同的过采样方法，以便从噪声中提取有效的数据。USART_CR1 的 OVER8 位用来选择不同的采样方法，若 OVER8 位设置为 1 则采用 8 倍过采样，即用 8 个采样信号采样一位数据；若 OVER8 位设置为 0 则采用 16 倍过采样，即用 16 个采样信号采样一位数据。

USART 的起始位检测需要用到特定序列，若在 RX 线识别到该特定序列就认为检测到了起始位。起始位检测对使用 16 倍或 8 倍过采样的序列都是一样的，该特定序列为 "1110x0x0x0000"，其中，x 表示电平，1 或 0 皆可。8 倍过采样速度更快，最高速度可达 $f_{PCLK}/8$（f_{PCLK} 为 USART 时钟频率）。8 倍过采样过程如图 5.46 所示，使用第 4、5、6 次脉冲的值决定该位的电平状态。

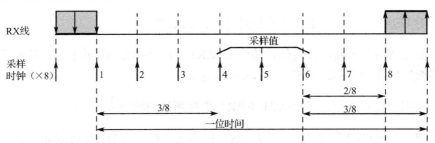

图 5.46 8 倍过采样过程

16 倍过采样速度虽然没有 8 倍过采样那么高，但得到的数据更加准准，其最大速度为 $f_{PCLK}/16$。16 倍过采样过程如图 5.47 所示，使用第 8、9、10 次脉冲的值决定该位的电平状态。

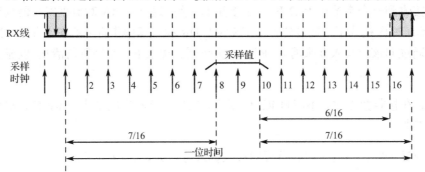

图 5.47 16 倍过采样过程

5. 小数波特率生成

波特率是指数据信号对载波的调制速率，通常用单位时间内载波调制状态改变的次数来表示，单位为波特每秒。比特率指单位时间内传输的比特数，单位为 bps。对于 USART，波特率与比特率相等，因为可以不区分这两个概念。波特率越大，传输速率越快。

USART 的发送器和接收器使用相同的波特率，计算公式为

$$波特率 = \frac{f_{CK}}{8 \times (2 - OVER8) \times USARTDIV}$$

式中，f_{CK} 为 USART 时钟频率；OVER8 为 USART_CR1 的 OVER8 位对应的值；USARTDIV 是一个存放在波特率寄存器（USART_BRR）的一个无符号定点数。其中 DIV_Mantissa[11:0] 位定义 USARTDIV 的整数部分；DIV_Fraction[3:0]位定义 USARTDIV 的小数部分，该位只有在 OVER8 位为 0 时有效，否则必须清 0。波特率的常用值有 2400、9600、19200、115200。下面通过实例讲解如何通过设定寄存器值来得到波特率的值。

USART1 和 USART6 使用 APB2 总线时钟，最大频率可达 90 MHz，其他的 USART 的最大频率为 45 MHz。以 USART1 为例，即 f_{CK}=90 MHz，当使用 16 倍过采样时，即 OVER8=0，为得到 115200 bps 的波特率，可知：

$$115200 = \frac{90000000}{8 \times 2 \times \text{USARTDIV}}$$

解得 USARTDIV=48.825125，可算得 DIV_Fraction=0xD，DIV_Mantissa=0x30，即应该设置 USART_BRR 的值为 0x30D。

6. 校验控制

STM32 的 USART 支持奇偶校验。当使用校验位时，串口传输的长度为 8 位的数据位加上 1 位的校验位，共 9 位，此时 USART_CR1 的 M 位需要设置为 1，即 9 数据位。将 USART_CR1 的 PCE 位置 1 就可以启动奇偶校验控制，奇偶校验由硬件自动完成。启动了奇偶校验控制之后，在发送数据帧时会自动添加校验位，接收数据时自动验证校验位。接收数据时若出现奇偶校验位验证失败，会将 USART_SR 的 PE 位置 1，从而产生奇偶校验中断。

（1）偶校验。对奇偶校验位进行计算，使帧和奇偶校验位中 1 的数量为偶数（帧由 7 个或 8 个 LSB 位组成，具体取决于 M 位的值等于 0 还是 1）。例如，数据=00110101，4 个位为 1，如果选择偶校验（USART_CR1 的 PS 位为 0），则校验位是 0。

（2）奇校验。对奇偶校验位进行计算，使帧和奇偶校验位中 1 的数量为奇数（帧由 7 个或 8 个 LSB 位组成，具体取决于 M 位的值等于 0 还是 1）。例如，数据=00110101，4 个位为 1，如果选择奇校验（USART_CR1 的 PS 位为 1），则校验位是 1。

使能了奇偶校验控制后，每个数据帧的格式将变成：起始位+数据位+校验位+停止位。

（3）接收时进行奇偶校验检查。如果奇偶校验检查失败，则将 USART_SR 的 PE 标志位置 1；如果 USART_CR1 的 PEIE 位置 1，则会生成中断。PE 标志位由软件序列清 0（从状态寄存器中读取，然后对 USART_DR 执行读或写访问）。

注意：如果被地址标记唤醒，则使用数据的 MSB 位而非奇偶校验位来识别地址。此外，接收器不会对地址数据进行奇偶校验检查（奇偶校验出错时，PE 不置 1）。

（4）发送时奇偶校验。如果 USART_CR1 的 PCE 位置 1，则在 USART_DR 中所写入数据的 MSB 位会进行传输，但是会对奇偶校验位进行更改，如果选择偶校验（PS=0），则

1 的数量为偶数；如果选择奇校验（PS=1），则 1 的数量为奇数。

7．中断控制

USART 有多个中断请求事件，具体如表 5.20 所示。

表 5.20   USART 中断请求事件

序　号	中 断 事 件	中 断 标 志	启用控制位
1	传输数据寄存器为空	TXE	TXEIE
2	CTS 标志	CTS	CTSIE
3	传输完成	TC	TCIE
4	收到的数据准备好被读取	RXNE	RXNEIE
5	检测到溢出错误	ORE	
6	检测到空闲线路	IDLE	IDLEIE
7	奇偶校验错误	PE	PEIE
8	中断标记	LBD	LBDIE
9	噪声标志、溢出错误或多缓冲区通信中的帧错误	NF、ORE 或 FE	EIE

USART 中断请求事件被连接到相同的中断向量，如图 5.48 所示。

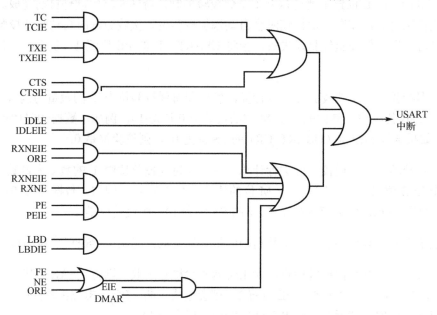

图 5.48   USART 中断请求事件被连接到相同的中断向量

　　发送期间的中断请求事件包括发送完成、清除已发送或发送数据寄存器为空中断；接收期间的中断请求事件包括空闲线路检测、上溢错误、接收数据寄存器不为空、奇偶校验错误、LIN 断路检测、噪声标志（仅限多缓冲区通信）和帧错误（仅限多缓冲区通信）。

5.7.3　STM32 串口库函数

标准库函数对每个外设都建立了一个初始化结构体，如 USART_InitTypeDef，结构体成员用于设置外设工作参数，并由外设初始化配置函数（如 USART_Init()）调用，这些参数将会设置外设相应的寄存器，达到配置外设工作环境的目的。

配合使用初始化结构体和初始化库函数是标准库精髓所在，理解了初始化结构体中的每个成员变量的含义后就可以对该外设进行设置了。初始化结构体定义在 stm32f4xx_usart.h 文件中，初始化库函数定义在 stm32f4xx_usart.c 文件中。USART 初始化结构体为：

```
typedef struct {
    uint32_t USART_BaudRate;              //波特率
    uint16_t USART_WordLength;            //字长
    uint16_t USART_StopBits;              //停止位
    uint16_t USART_Parity;                //校验位
    uint16_t USART_Mode;                  //USART 工作模式
    uint16_t USART_HardwareFlowControl;   //硬件流控制
} USART_InitTypeDef;
```

（1）USART_BaudRate：用于设置波特率，一般设置为 2400、9600、19200、115200。标准库函数会根据设定值计算得到 USARTDIV 值，并设置 USART_BRR。

（2）USART_WordLength：用于设置数据帧字长，可选 8 位或 9 位，它设定 USART_CR1 的 M 位的值。若没有使能奇偶校验控制，一般使用 8 数据位；若使能奇偶校验，则一般设置为 9 数据位。

（3）USART_StopBits：用于设置停止位，可选 0.5 位、1 位、1.5 位和 2 位停止位，用于设定 USART_CR2 的 STOP[1:0]位的值，一般选择 1 位停止位。

（4）USART_Parity：用于设置奇偶校验控制，可选 USART_Parity_No（无校验）、USART_Parity_Even（偶校验）以及 USART_Parity_Odd（奇校验），用于设定 USART_CR1 的 PCE 位和 PS 位的值。

（5）USART_Mode：用于设置 USART 工作模式，有 USART_Mode_Rx 和 USART_Mode_Tx，允许使用逻辑或运算选择两个，用于设定 USART_CR1 的 RE 位和 TE 位。

（6）USART_HardwareFlowControl：用于设置硬件流控制，只有在硬件流控制模式才有效，可选使能 RTS、使能 CTS、同时使能 RTS 和 CTS、不使能硬件流。

当使用同步模式时需要配置 SCLK 引脚输出脉冲的属性，标准库是通过使用一个时钟初始化结构体 USART_ClockInitTypeDef 来设置的，因此该结构体内容也只有在同步模式才需要设置。

USART 时钟初始化结构体为：

```
typedef struct {
    uint16_t USART_Clock;              //时钟使能控制
    uint16_t USART_CPOL;               //时钟极性
    uint16_t USART_CPHA;               //时钟相位
    uint16_t USART_LastBit;            //末位时钟脉冲
} USART_ClockInitTypeDef;
```

（1）USART_Clock：用于同步模式下 SCLK 引脚上时钟输出使能控制，可选禁止时钟输出（USART_Clock_Disable）或开启时钟输出（USART_Clock_Enable）；若使用同步模式发送，一般都需要开启时钟。它用于设定 USART_CR2 的 CLKEN 位的值。

（2）USART_CPOL：用于同步模式下 SCLK 引脚上输出时钟极性设置，设置在空闲时 SCLK 引脚为低电平（USART_CPOL_Low）或高电平（USART_CPOL_High）。它用于设定 USART_CR2 的 CPOL 位的值。

（3）USART_CPHA：用于同步模式下 SCLK 引脚上输出时钟相位设置，可设置在时钟第一个变化沿捕获数据（USART_CPHA_1Edge）或在时钟第二个变化沿捕获数据。它用于设定 USART_CR2 的 CPHA 位的值。USART_CPHA 与 USART_CPOL 配合使用可以获得多种模式时钟关系。

（4）USART_LastBit：用于选择在发送最后一个数据位时时钟脉冲是否在 SCLK 引脚输出，可以是不输出脉冲（USART_LastBit_Disable）、输出脉冲（USART_LastBit_Enable）。它用于设定 USART_CR2 的 LBCL 位的值。

5.7.4 开发实践：工业串口服务器设计

串口是工业主板上一种非常通用设备通信的协议，大多数工业主板包含两个以上基于 RS-232 的串口。串口是按位（bit）发送和接收字节的，速度要比按字节（byte）的并行通信慢，但串口可以在使用一根线发送数据的同时用另一根线接收数据，能够简单地实现远距离通信。

本项目使用 STM32 模拟工业串口设备与中央控制台间的数据交互，通过 STM32 的串口，将配置好的串口与 PC 连接，通过 PC 上的串口上位机向 STM32 发送数据。STM32 接收到数据后回显。当 STM32 通过串口接收到了特定的字符时 PC 打印接收到的所有数据，从而实现 STM32 与 PC 的交互。

1. 开发设计

1）硬件设计

本项目的硬件架构设计如图 5.49 所示。

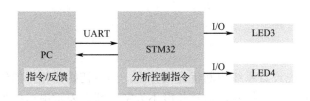

图 5.49　硬件架构设计

2）软件设计

本项目的软件设计思路从 PC 与开发平台之间的通信原理开始。PC 与开发平台之间是通过 USB 连接的，PC 连接到开发平台上后，电路通过 USB 转 TTL 电平的 CP2102 电平转换芯片与 STM32 的串口相连，因此 PC 与开发平台的通信实际是通过串口来实现的，要实现两者的通信就需要对两者的串口进行设置。在开发平台端需要对 STM32 的串口进行配置，配置时需要注意串口的相关参数，如串口模式、波特率、有效位、数据位、停止位、校验位等；而 PC 端则对相关的串口工具进行配置，需要与开发平台的串口配置信息保持一致。

软件设计流程如图 5.50 所示。

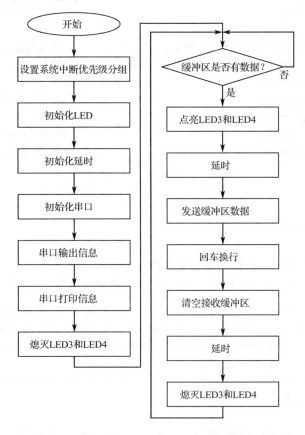

图 5.50　软件设计流程

2. 功能实现

1）主函数模块

在主函数中，首先设置系统中断优先级分组，然后初始化相应的硬件外设和延时。在主循环中，如果检测到串口接收的数据长度不为空，那么表示串口接收到数据，将数据发送到 PC 的同时闪烁 LED。主函数内容如下。

```
void main(void)
{
    NVIC_PriorityGroupConfig(NVIC_PriorityGroup_2);        //设置系统中断优先级分组 2
    led_init();                                            //初始化 LED
    delay_count(168);                                      //初始化延时
    usart_init(115200);                                    //初始化串口
    printf("Hello IOT!\r\n\r\n");                          //串口输出信息
    usart_send("Usart is ready!\r\n",strlen("Usart is ready!\r\n"));  //串口打印出提示信息
    turn_off(0x0f);                                        //熄灭 LED
    for(;;){                                               //无限循环
        if(Usart_len){                                     //如果串口接收缓冲区有数据
            turn_on(D3);                                   //点亮 LED3
            turn_on(D4);                                   //点亮 LED4
            delay_count(20);                               //延时
            printf((char*)USART_RX_BUF);                   //将接收缓冲区的数据发送出去
            usart_send(USART_RX_BUF,Usart_len);            //将接收到的数据发送给 PC
            printf("\r\n");                                //回车换行
            clean_usart();                                 //清空接收缓冲区
            delay_count(200);                              //延时
            turn_off(D3);                                  //熄灭 LED3
            turn_off(D4);                                  //熄灭 LED4
        }
    }
}
```

2）串口初始化模块

在串口初始化函数中，首先初始化结构体，配置相关的引脚为复用模式，然后初始串口的相关配置，接着配置串口的中断触发事件，最后使能串口。串口初始化程序如下。

```
unsigned char Usart_len=0;                          //接收缓冲区当前数据长度
unsigned char USART_RX_BUF[USART_REC_MAX]; //接收缓冲，最大为 USART_REC_LEN 个字节
/********************************************************************************
* 功能：将 USART1 映射到 printf 函数
********************************************************************************/
int fputc(int ch, FILE *f)
{
    while((USART1→SR&0x40)==0);                     //循环发送，直到发送完毕
    USART1→DR = (unsigned char) ch;
```

```
        return ch;
}
/****************************************************************************
* 功能：USART1 初始化
* 参数：bound—波特率
****************************************************************************/
void usart_init(unsigned int bound){
    //GPIO 端口设置
    GPIO_InitTypeDef GPIO_InitStructure;
    USART_InitTypeDef USART_InitStructure;
    NVIC_InitTypeDef NVIC_InitStructure;
    RCC_AHB1PeriphClockCmd(RCC_AHB1Periph_GPIOA,ENABLE);          //使能 GPIOA 时钟
    RCC_APB2PeriphClockCmd(RCC_APB2Periph_USART1,ENABLE);        //使能 USART1 时钟
    //串口 1 对应引脚复用映射
    GPIO_PinAFConfig(GPIOA,GPIO_PinSource9,GPIO_AF_USART1);    //GPIOA9 复用为 USART1
    GPIO_PinAFConfig(GPIOA,GPIO_PinSource10,GPIO_AF_USART1); //GPIOA10 复用为 USART1
    //USART1 端口配置
    GPIO_InitStructure.GPIO_Pin = GPIO_Pin_9 | GPIO_Pin_10;        //GPIOA9 与 GPIOA10
    GPIO_InitStructure.GPIO_Mode = GPIO_Mode_AF;                  //复用功能
    GPIO_InitStructure.GPIO_Speed = GPIO_Speed_50MHz;            //频率为 50 MHz
    GPIO_InitStructure.GPIO_OType = GPIO_OType_PP;                //推挽复用输出
    GPIO_InitStructure.GPIO_PuPd = GPIO_PuPd_UP;                  //上拉
    GPIO_Init(GPIOA,&GPIO_InitStructure);                          //初始化 PA9、PA10
    //USART1 初始化设置
    USART_InitStructure.USART_BaudRate = bound;                    //设置波特率
    USART_InitStructure.USART_WordLength = USART_WordLength_8b;    //8 位数据格式
    USART_InitStructure.USART_StopBits = USART_StopBits_1;        //1 位停止位
    USART_InitStructure.USART_Parity = USART_Parity_No;          //无奇偶校验位
    //无硬件数据流控制
    USART_InitStructure.USART_HardwareFlowControl = USART_HardwareFlowControl_None;
    //收发模式
    USART_InitStructure.USART_Mode = USART_Mode_Rx | USART_Mode_Tx;
    USART_Init(USART1, &USART_InitStructure);                      //根据上述配置初始化串口 1
    //Usart1 NVIC 配置
    NVIC_InitStructure.NVIC_IRQChannel = USART1_IRQn;            //串口 1 中断通道
    NVIC_InitStructure.NVIC_IRQChannelPreemptionPriority=0;      //抢占优先级 0
    NVIC_InitStructure.NVIC_IRQChannelSubPriority =1;            //子优先级 1
    NVIC_InitStructure.NVIC_IRQChannelCmd = ENABLE;              //IRQ 通道使能
    NVIC_Init(&NVIC_InitStructure);                              //根据指定的参数初始化 NVIC
    USART_ITConfig(USART1, USART_IT_RXNE, ENABLE);              //开启串口 1 接收中断
    USART_Cmd(USART1, ENABLE);                                    //使能串口 1
}
```

3）串口中断服务程序模块

串口的中断服务程序用于检测串口的接收中断，当串口接收到数据后将会触发串口中断，并在中断服务程序中将接收到的数据提取出来存放在缓冲数据中。串口中断服务程序如下。

```
/********************************************************************************
* 功能：串口中断服务程序
********************************************************************************/
void USART1_IRQHandler(void)
{
    if(USART_GetITStatus(USART1, USART_IT_RXNE) != RESET){   //如果收到数据（接收中断）
        USART_ClearFlag(USART1, USART_IT_RXNE);                //清除接收中断标志位
        if(Usart_len < USART_REC_MAX)
        USART_RX_BUF[Usart_len++] = USART_ReceiveData(USART1);   //将数据放入接收缓冲区
    }
}
```

4）串口数据发送模块

串口在接收到完整的数据后，通过使用串口数据发送函数将数据发送出去，串口数据发送函数如下。

```
/********************************************************************************
* 功能：串口 1 发送数据
* 参数：s—待发送的数据指针；len—待发送的数据长度
********************************************************************************/
void usart_send(unsigned char *s,unsigned char len)
{
    for(unsigned char i = 0;i < len;i++){
        USART_SendData(USART1, *(s+i));
        while(USART_GetFlagStatus(USART1, USART_FLAG_TXE ) == RESET);
    }
}
```

5）串口数据清除模块

串口缓冲区通过使用串口数据清除函数清空，串口数据清除函数如下。

```
/********************************************************************************
* 功能：清除串口缓冲区
********************************************************************************/
void clean_usart(void)
{
    memset(USART_RX_BUF,0,Usart_len);
    Usart_len = 0;
}
```

5.7.5　小结

通过本项目的开发，读者可以理解 STM32 串口的工作原理和功能特点，掌握串口的参数和库函数，以及串口的数据收发过程，通过使用 STM32 库函数实现与 PC 间的通信，从而实现设备与主机间的数据交互模拟。

5.7.6　思考与拓展

（1）串口通信协议有什么特点？

（2）STM32 的串口需要配置哪些参数？

（3）请列举几个常见的串口实例。

（4）如何驱动 STM32 的串口？

（5）当两个设备之间建立起连接后，两者的功能性就大大增强。例如，工控领域中央控制台通过串口向其他设备发送数据以配置生产参数。以生产线设备控制为目标，实现 PC 通过串口向 STM32 发送数据，STM32 接收到数据后控制 RGB 灯的颜色并反馈控制结果的远程控制效果。

5.8　STM32 DMA 应用开发

本节重点学习 STM32 的 DMA，掌握 STM32 DMA 的基本原理和通信协议，通过 DMA 实现设备间高速数据传输。

5.8.1　DMA

1. DMA 概念

直接存储器访问（DMA）是一种接口技术，在没有 CPU 干预的情况下实现存储器与外围设备、存储器与存储器之间的数据传输，从而解放 CPU，加快存储器之间的数据传输，同时提高 CPU 的利用率。通过 DMA 控制器进行数据传输时，需要配置 DMA 控制器的内部寄存器，从配置数据传输过程中的源基地址、目标基地址等参数；然后在 DMA 控制器发送出传输请求时，CPU 启动 DMA 控制器的数据传输，不需要 CPU 进一步参与控制。

2. DMA 基本原理

DMA 可将数据从一个地址空间复制到另外一个地址空间。当微处理器初始化这个传输动作后，传输动作本身是由 DMA 控制器来实行和完成的。

一个完整的 DMA 传输过程必须经过 DMA 请求、DMA 响应、DMA 传输、DMA 结束四个步骤。

1）DMA 请求

DMA 控制器初始化，并向 I/O 接口发出操作命令，I/O 接口提出 DMA 请求。

2）DMA 响应

对 DMA 请求进行优先级判别，向总线裁决逻辑提出总线请求，系统输出总线应答，表示 DMA 已经响应，通过 DMA 控制器通知 I/O 接口开始 DMA 传输。

3）DMA 传输

CPU 即刻挂起或只执行内部操作，由 DMA 控制器直接控制 RAM 与 I/O 接口进行 DMA 传输。

在 DMA 控制器的控制下，在存储器和外部设备之间直接进行数据传输，在传输过程中不需要 CPU 的参与，开始时需提供要传输的数据的起始位置和数据长度。

4）DMA 结束

数据传输完成后，DMA 控制器释放总线控制权，并向 I/O 接口发出结束信号。当 I/O 接口收到结束信号后，一方面停止 I/O 设备的工作，另一方面向 CPU 提出中断请求，使微处理器从不介入的状态解脱。

因此，DMA 传输方式无须 CPU 器直接控制传输，也不用像中断处理方式那样保留现场和恢复现场的过程，通过硬件为内存与 I/O 设备开辟一条数据传输通路，使微处理器的效率大为提高。

更多有关 DMA 理论知识请参考 3.8 节。

5.8.2　STM32 DMA 介绍

1．DMA 介绍

DMA 为实现数据在外设的数据寄存器与存储器之间或者存储器与存储器之间传输提供了高效的方法。DMA 传输过程中无须 CPU 的控制实现高效传输。主要特性包括特性如下：

- 双 AHB 主总线架构，一个用于存储器访问，另一个用于外设访问
- 每个 DMA 控制器有 8 个数据流，每个数据流有多达 8 个通道（或称请求）
- 每个数据流有单独的四级 32 位先进先出存储器缓冲区（FIFO）
- 通过硬件可以将每个数据流配置为：支持外设到存储器、存储器到外设和存储器到存储器传输的常规通道；也支持在存储器方双缓冲的双缓冲区通道
- 8 个数据流中的每一个都连接到专用硬件 DMA 通道（请求）
- DMA 数据流请求之间的优先级可用软件编程（4 个级别：非常高、高、中、低），在软件优先级相同的情况下可以通过硬件决定优先级
- 每个数据流也支持通过软件触发存储器到存储器的传输（仅限 DMA2 控制器）
- 可供每个数据流选择的通道请求多达 8 个。此选择可由软件配置，允许几个外设启动 DMA 请求

- 要传输的数据项的数目可以由 DMA 控制器或外设管理：DMA 流控制器：要传输的数据项的数目是 1 到 65535，可用软件编程；
- 独立的源和目标传输宽度：源和目标的数据宽度不相等时，DMA 自动封装/解封必要的传输数据来优化带宽。这个特性仅在 FIFO 模式下可用
- 支持 4 个、8 个和 16 个节拍的增量突发传输。突发增量的大小可由软件配置，通常等于外设 FIFO 大小的一半
- 每个数据流都支持循环缓冲区管理
- 5 个事件标志（DMA 半传输、DMA 传输完成、DMA 传输错误、DMA FIFO 错误、直接模式错误），进行逻辑或运算，从而产生每个数据流的单个中断请求

STM32 的 DMA 控制器可以控制 AHB 总线矩阵来启动 AHB 事务。图 5.51 为 DMA 控制器的框图。

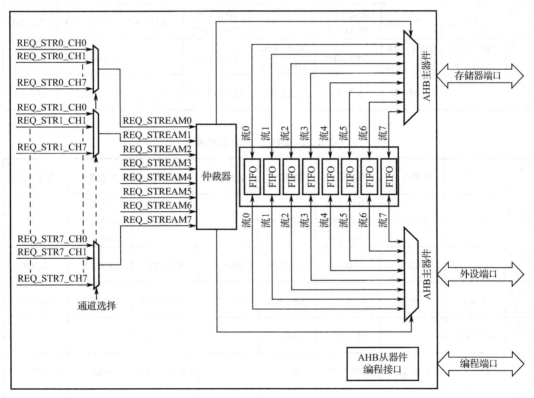

图 5.51 DMA 控制器的框图

1）通道选择

每个数据流对应 8 个外设请求。在进行 DMA 传输之前，DMA 控制器会通过 DMA 数据流 x 配置寄存器 DMA_SxCR（x 为 0～7，对应 8 个 DMA 数据流）的 CHSEL[2:0]位选择对应的通道作为该数据流的目标外设。

外设通道选择要确定哪一个外设作为该数据流的源地址或者目标地址。DMA 请求映射表如表 5.21 和表 5.22 所示。

表 5.21 DMA1 请求映射表

外设请求	数据流 0	数据流 1	数据流 2	数据流 3	数据流 4	数据流 5	数据流 6	数据流 7
通道 0	SPI3_RX		SPI3_RX	SPI2_RX	SPI2_TX	SPI3_TX		SPI3_TX
通道 1	I2C1_RX		TIM7_UP		TIM7_UP	I2C1_RX	I2C1_TX	I2C1_TX
通道 2	TIM4_CH1		I2S3_EXT_RX	TIM4_CH2	I2S2_EXT_TX	I2S3_EXT_TX	TIM4_UP	TIM4_CH3
通道 3	I2S3_EXT_RX	TIM2_UP TIM2_CH3	I2C3_RX	I2S2_EXT_RX	I2C3_TX	TIM2_CH1	TIM2_CH2 TIM2_CH4	TIM2_UP TIM2_CH4
通道 4	UART5_RX	USART3_RX	UART4_RX	USART3_TX	UART4_TX	USART2_RX	USART2_TX	UART5_TX
通道 5	UART8_TX	UART7_TX	TIM3_CH4 TIM3_UP	UART7_RX	TIM3_CH1 TIM3_TRIG	TIM3_CH2	UART8_RX	TIM3_CH3
通道 6	TIM5_CH3 TIM5_UP	TIM5_CH4 TIM5_TRIG	TIM5_CH1	TIM5_CH4 TIM5_TRIG	TIM5_CH2		TIM5_UP	
通道 7		TIM6_UP	I2C2_RX	I2C2_RX	USART3_TX	DAC1	DAC2	I2C2_TX

表 5.22 DMA2 请求映射表

外设请求	数据流 0	数据流 1	数据流 2	数据流 3	数据流 4	数据流 5	数据流 6	数据流 7
通道 0	ADC1	SAI1_A	TIM8_CH1 TIM8_CH2 TIM8_CH3	SAI1_A	ADC1	SAI1_B	TIM1_CH1 TIM1_CH2 TIM1_CH3	
通道 1		DCMI	ADC2	ADC2	SAI1_B	SPI6_TX	SPI6_RX	DCMI
通道 2	ADC3	ADC3		SPI5_RX	SPI5_TX	CRYP_OUT	CRYP_IN	HASH_IN
通道 3	SPI1_RX		SPI1_RX	SPI1_TX		SPI1_TX		
通道 4	SPI4_RX	SPI4_TX	USART1_RX	SDIO		USART1_RX	SDIO	USART1_TX
通道 5		USART6_RX	USART6_RX	SPI4_RX	SPI4_TX		USART6_TX	USART6_TX
通道 6	TIM1_TRIG	TIM1_CH1	TIM1_CH2	TIM1_CH1	TIM1_CH4 TIM1_TRIG TIM1_COM	TIM1_UP	TIM1_CH3	
通道 7		TIM8_UP	TIM8_CH1	TIM8_CH2	TIM8_CH3	SPI5_RX	SPI5_TX	TIM8_CH4 TIM8_TRIG TIM8_COM

每个外设请求都会占用一个数据流通道，相同外设请求可以占用不同数据流通道。例如，SPI3_RX 请求，占用 DMA1 的数据流 0 的通道 0，当使用该请求时，需要把 DMA_S0CR 寄存器的 CHSEL[2:0]设置为 000，此时相同数据流的其他通道没有被选择，处于不可用状态。

由表 5.21 和表 5.22 可知，SPI3_RX 请求在数据流 0 的通道 0，同时数据流 2 的通道 0 也有 SPI3_RX 请求，说明外设基本上都有两个对应的数据流通道，这两个数据流通道都是可选的。

2）仲裁器

仲裁器为两个 AHB 主端口（存储器和外设端口）提供了基于请求优先级的 8 个 DMA 数据流请求管理，并启动外设/存储器访问序列。优先级管理分为两个阶段：

（1）软件：每个数据流优先级都可以在 DMA_SxCR 寄存器中配置，可分为四个级别：A（非常高优先级）、B（高优先级）、C（中优先级）、D（低优先级）。

（2）硬件：如果两个请求具有相同的软件优先级，则编号低的数据流优先于编号高的数据流。例如，数据流 2 的优先级高于数据流 4。

3）FIFO

FIFO 用于在源数据传输到目标之前临时存储这些数据，每个数据流都有一个独立的 4 字 FIFO，阈值级别可由软件配置为 1/4、1/2、3/4 或满。为了使能 FIFO 阈值级别，必须通过将 DMA_SxFCR 寄存器中的 DMDIS 位置 1 来禁止直接模式。

选择 FIFO 阈值（DMA_SxFCR 寄存器的位 FTH[1:0]）和存储器突发大小（DMA_SxCR 寄存器的 MBURST[1:0]位）时需要小心，FIFO 阈值指向的内容必须与整数个存储器突发传输完全匹配，否则在使能数据流时将生成一个 FIFO 错误（DMA_HISR 或 DMA_LISR 寄存器的标志 FEIFx），将自动禁止数据流。

在直接模式（禁止 FIFO）下将 DMA 配置为以存储器到外设模式传输数据时，DMA 会将一个数据从存储器预加载到内部 FIFO，从而确保一旦外设触发 DMA 请求时则立即传输数据。

4）两个 DMA 控制器系统实现过程

DMA 控制器可以通过存储器端口和外设端口与存储器和外设进行数据传输，为了更好地利用总线矩阵和并行传输，DMA 控制器采用双 AHB 主接口。DMA 控制器的功能是快速转移存储器的数据，需要一个连接至源数据地址的端口和一个连接至目标地址的端口。

DMA1 控制器 AHB 外设端口与 DMA2 控制器的情况不同，不连接到总线矩阵，因此，仅 DMA2 数据流能够执行存储器到存储器的传输。

DMA2 的存储器端口和外设端口都连接在 AHB 总线矩阵上，可以使用 AHB 总线矩阵功能。DMA2 存储器和外设端口可以访问相关的存储器地址，包括内部 Flash、内部 SRAM、AHB1 外设、AHB2 外设、APB2 外设和外部存储器等。

两个 DMA 控制器系统实现如图 5.52 所示。

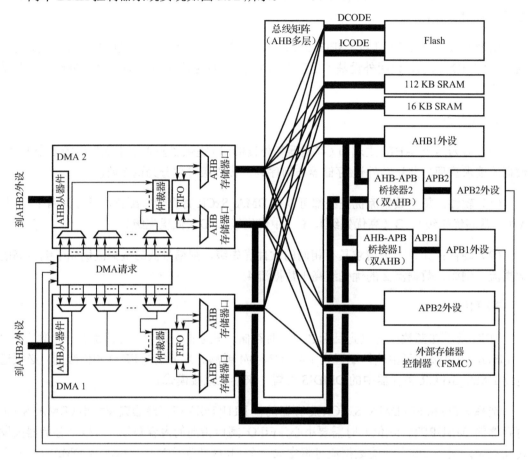

图 5.52　两个 DMA 控制器系统实现

5）编程端口

AHB 从器件编程端口连接在 AHB2 外设，AHB2 外设在使用 DMA 传输时需要相关控制信号。

2．DMA 工作模式

DMA 工作模式多样，具有多种可能工作模式，具体可能配置如表 5.23 所示。

1）外设到存储器传输模式（见图 5.53）

外设到存储器传输就是把外设的数据寄存器内容转移到指定的内存空间。例如，在进行数据采集时可以利用 DMA 传输把 A/D 转换数据转移到定义的存储区中，这对于多通道采集、采样频率高、连续输出数据的数据采集是非常高效的处理方法，具有如下特点：

表 5.23   DMA 工作模式表

DMA 传输模式	源	目标	流控制器	循环模式	传输类型	直接模式	双缓冲区模式
外设到存储器	AHB 外设端口	AHB 存储器端口	DMA	允许	单独	允许	允许
					突发	禁止	
			外设	禁止	单独	允许	禁止
					突发	禁止	
存储器到外设	AHB 存储器端口	AHB 外设端口	DMA	允许	单独	允许	允许
					突发	禁止	
			外设	禁止	单独	允许	禁止
					突发	禁止	
存储器到存储器	AHB 外设端口	AHB 存储器端口	仅 DMA	禁止	单独	禁止	禁止
					突发		

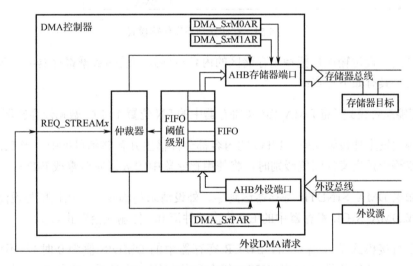

图 5.53   外设到存储器传输模式

（1）使能这种模式（将 DMA_SxCR 寄存器中的位 EN 置 1）时，会产生外设请求，数据流都会启动数据源到 FIFO 的传输。达到 FIFO 的阈值级别时，将 FIFO 的内容移出并存储到目标中。

（2）如果 DMA_SxNDTR 寄存器达到零、外设请求传输终止（在使用外设流控制器的情况下）或 DMA_SxCR 寄存器中的 EN 位由软件清 0，传输即会停止。

（3）在直接模式下（当 DMA_SxFCR 寄存器中的 DMDIS 值为 0 时），不使用 FIFO 的阈值级别控制。在每次完成从外设到 FIFO 的数据传输后，就会立即移出相应的数据并存储到目标中。

（4）只有获得了数据流的仲裁后，相应数据流才有权访问 AHB 源或目标端口。系统使用 DMA_S*x*CR 寄存器 PL[1:0]位为每个数据流定义的优先级。

2）存储器到外设传输模式（见图 5.54）

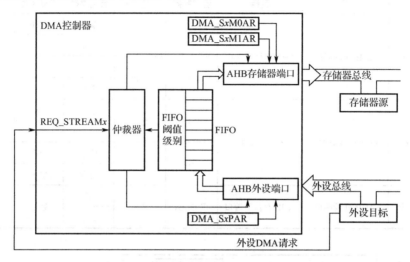

图 5.54　存储器到外设传输模式

存储区到外设传输就是把特定存储区的内容转移到外设的数据寄存器中，多用于外设的数据通信，具有如下特点：

（1）使能这种模式（将 DMA_S*x*CR 寄存器中的 EN 位置 1）时，数据流会立即启动传输。

（2）每次发生外设请求时，FIFO 的内容都会被移出并存储到目标中。当 FIFO 的阈值级别小于或等于预定义的阈值级别时，将使用存储器中的数据完全重载 FIFO。

（3）如果 DMA_S*x*NDTR 寄存器达到零、外设请求传输终止（在使用外设流控制器的情况下）或 DMA_S*x*CR 寄存器中的 EN 位由软件清 0，传输就会停止。

（4）在直接模式下（当 DMA_S*x*FCR 寄存器中的 DMDIS 值为 0 时），不使用 FIFO 的阈值级别。一旦使能了数据流，DMA 便会预装载第一个数据，将其传输到内部 FIFO。当外设请求数据传输时，DMA 便会将预装载的值传输到配置的目标，然后将下一个要传输的数据装载内部空 FIFO。预装载的数据大小为 DMA_S*x*CR 寄存器中 PSIZE 位字段的值。

（5）只有获得数据流的仲裁后，相应的数据流才有权访问 AHB 源或目标端口。系统使用 DMA_S*x*CR 寄存器 PL[1:0]位为每个数据流定义的优先级。

3）存储器到存储器传输模式（见图 5.55）

存储器到存储器传输就是把一个存储区内容拷贝到另一个存储区，利用 DMA 传输可以达到更高的传输效率，具有如下特点：

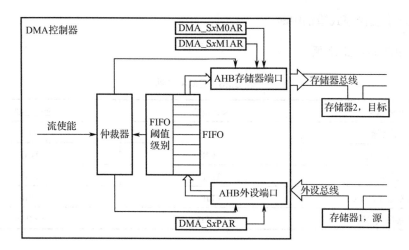

图 5.55　存储器到存储器传输模式

（1）DMA 通道在没有外设请求触发的情况下同样可以工作。通过将 DMA_S*x*CR 寄存器中的使能位（EN）置 1 来使能数据流时，数据流会立即开始填充 FIFO，直至达到 FIFO 的阈值级别。达到阈值级别后，FIFO 的内容便会移出，并存储到目标中。

（2）如果 DMA_S*x*NDTR 寄存器达到零或 DMA_S*x*CR 寄存器中的 EN 位由软件清 0，传输就会停止。

（3）只有获得了数据流的仲裁后，相应数据流才有权访问 AHB 源或目标端口。系统使用 DMA_S*x*CR 寄存器的 PL[1:0]位为每个数据流定义的优先级。

注意：使用存储器到存储器传输模式时，不允许循环模式和直接模式。只有 DMA2 控制器能够执行存储器到存储器的传输。

3. DMA 中断

每个 DMA 数据流可以在发送以下事件时产生中断：

（1）半传输：数据传输达到一半时，HTIF 标志位被置 1，使能中断控制位 HTIE 可以产生半传输中断。

（2）传输完成：DMA 数据传输完成时 TCIF 标志位被置 1，使能中断控制位 TCIE 可以实现传输完成中断。

（3）传输错误：DMA 总线发生错误时 TEIF 标志位被置 1，若使能中断控制位 TEIE 将产生传输错误中断。

（4）FIFO 错误：FIFO 溢出时 FEIF 标志位被置 1，若使能中断控制位 FEIE 后产生 FIFO 错误中断。

（5）直接模式错误：在外设到存储器的直接模式下，因为存储器总线没得到授权，使得先前的数据没有被传输到存储器空间上，此时 DMEIF 标志位被置 1，若使能中断控制位

DMEIE 后产生直接模式错误中断。

DMA 中断如表 5.23 所示。

表 5.23　DMA 中断

中断事件	事件标志	使能控制位
半传输	HTIF	HTIE
传输完成	TCIF	TCIE
传输错误	TEIF	TEIE
FIFO 上溢/下溢	FEIF	FEIE
直接模式错误	DMEIF	DMEIE

5.8.3　STM32 DMA 库函数使用

DMA 相关的库函数支持在文件 stm32f4xx_dma.c 以及对应的头文件 stm32f4xx_dac.h 中，具体使用步骤如下：

（1）使能 DMA2 时钟，并等待数据流可配置。DMA 的时钟使能是通过 AHB1ENR 寄存器来控制的，这里要先使能时钟，才可以配置 DMA 相关寄存器，所以先要使能 DMA2 的时钟。另外，要对配置寄存器（DMA_SxCR）进行设置，必须先等待其最低位为 0（也就是 DMA 传输禁止）时，才可以进行配置。库函数使能 DMA2 时钟的方法为：

```
RCC_AHB1PeriphClockCmd(RCC_AHB1Periph_DMA2,ENABLE);        //DMA2 时钟使能
```

等待 DMA 可配置，也就是等待 DMA_SxCR 寄存器最低位为 0 的方法为：

```
while(DMA_GetCmdStatus(DMA_Streamx)!=DISABLE){}                //等待 DMA 可配置
```

（2）初始化 DMA2 数据流，包括配置通道、外设地址、存储器地址、传输数据量等。DMA 的某个数据流各种配置参数初始化是通过 DMA_Init 函数实现的：

```
void DMA_Init(DMA_Stream_TypeDef* DMAy_Streamx, DMA_InitTypeDef* DMA_InitStruct);
```

函数的第一个参数是指定初始化的 DMA 的数据流编号，这个很容易理解。入口参数范围为：DMAx_Stream0～DMAx_Stream7，这里 x 可选择 1 或 2。下面主要看第二个参数，跟其他外设一样，这里同样是通过初始化结构体成员变量值来达到初始化的目的，下述代码块是 DMA_InitTypeDef 结构体的定义：

```
typedef struct
{
    uint32_t DMA_Channel;
    uint32_t DMA_PeripheralBaseAddr;
    uint32_t DMA_Memory0BaseAddr;
    uint32_t DMA_DIR;
    uint32_t DMA_BufferSize;
```

```
        uint32_t DMA_PeripheralInc;
        uint32_t DMA_MemoryInc;
        uint32_t DMA_PeripheralDataSize;
        uint32_t DMA_MemoryDataSize;
        uint32_t DMA_Mode;
        uint32_t DMA_Priority;
        uint32_t DMA_FIFOMode;
        uint32_t DMA_FIFOThreshold;
        uint32_t DMA_MemoryBurst;
        uint32_t DMA_PeripheralBurst;
}DMA_InitTypeDef;
```

这个结构体的成员比较多，这里对每个成员变量的意义做个简要的介绍。

DMA_Channel：用来设置 DMA 数据流对应的通道，可供每个数据流选择的通道请求多达 8 个，取值范围为 DMA_Channel_0～DMA_Channel_7。

DMA_PeripheralBaseAddr：用来设置 DMA 传输的外设基地址，比如要进行串口 DMA传输，那么外设基地址为串口接收发送数据存储器 USART1->DR 的地址，表示方法为&USART1->DR。

DMA_Memory0BaseAddr：为内存基地址，也就是存放 DMA 传输数据的内存地址。

DMA_DIR：设置数据传输方向，决定是从外设读取数据到内存，还是从内存读取数据发送到外设，也就是外设是源地还是目的地，这里设置为从内存读取数据发送到串口，外设自然就是目的地了，所以选择 DMA_DIR_PeripheralDST。

DMA_BufferSize：设置一次传输数据量的大小。

DMA_PeripheralInc：设置传输数据的时候外设地址是不变还是递增。若设置为递增，那么下一次传输时地址会加 1，这里因为程序一直向固定外设地址&USART1->DR 发送数据，所以地址不递增，选择 DMA_PeripheralInc_Disable。

DMA_MemoryInc：设置传输数据时内存地址是否递增。这个参数和 DMA_PeripheralInc意思接近，只不过针对的是内存。这里场景是将内存中连续存储单元的数据发送到串口，毫无疑问内存地址是需要递增的，所以值为 DMA_MemoryInc_Enable。

DMA_PeripheralDataSize：用来设置外设是字节传输（8 bit）、半字传输（16 bit）还是字传输（32 bit），这里是字节传输，所以值设置为 DMA_PeripheralDataSize_Byte。

DMA_MemoryDataSize：用来设置内存的数据长度，这里同样设置为字节传输DMA_MemoryDataSize_Byte。

DMA_Mode：用来设置 DMA 模式是否循环采集，也就是说，比如要从内存中采集 64个字节发送到串口，若设置为重复采集，那么它会在 64 个字节采集完成之后继续从内存的第一个地址采集，如此循环。这里设置为一次连续采集完成之后不循环，所以设置值为

第
5
章

DMA_Mode_Normal。在下面的实验中，若设置此参数为循环采集，那么会看到串口不停地打印数据，不会中断，大家在实践中可以修改这个参数测试一下。

DMA_Priority：用来设置 DMA 通道的优先级，有低、中、高、超高四个优先级，这里设置优先级别为中级，所以值为 DMA_Priority_Medium。优先级可以随便设置，因为只有一个数据流被开启。假设有多个数据流开启（最多 8 个），那么就要设置优先级，DMA仲裁器将根据这些优先级的设置来决定先执行那个数据流的 DMA。优先级越高的，越早执行，当优先级相同的时候，根据硬件上的编号来决定哪个先执行（编号越小越优先）。

DMA_FIFOMode：用来设置是否开启 FIFO 模式，这里不开启，所以选择DMA_FIFOMode_Disable。

DMA_FIFOThreshold：用来选择 FIFO 阈值级别，根据前面讲解可以为 FIFO 容量的 1/4、1/2、3/4 以及 1 倍。

DMA_MemoryBurst：用来配置存储器突发传输配置。可以选择为 4 个节拍的增量突发传输 DMA_MemoryBurst_INC4、8 个节拍的增量突发传输 DMA_MemoryBurst_INC8、16个节拍的增量突发传输 DMA_MemoryBurst_INC16，以及单次传输 DMA_MemoryBurst_Single。

DMA_PeripheralBurst：用来配置外设突发传输配置，它和参数 DMA_MemoryBurst 作用类似，只不过一个针对的是存储器，一个是外设。这里选择单次传输 DMA_PeripheralBurst_Single。

参数含义就讲解到这里，具体详细配置可以参考芯片相关寄存器配置。接下来给出上面场景的实例代码：

```
/* 配置 DMA Stream */
DMA_InitStructure.DMA_Channel = chx;                            //通道选择
DMA_InitStructure.DMA_PeripheralBaseAddr = par;                //DMA 外设地址
DMA_InitStructure.DMA_Memory0BaseAddr = mar;                   //DMA 存储器 0 地址
DMA_InitStructure.DMA_DIR = DMA_DIR_MemoryToPeripheral; //存储器到外设传输模式
DMA_InitStructure.DMA_BufferSize = ndtr;                       //数据传输量
DMA_InitStructure.DMA_PeripheralInc = DMA_PeripheralInc_Disable;
//外设非增量模式
DMA_InitStructure.DMA_MemoryInc = DMA_MemoryInc_Enable;//存储器增量模式
DMA_InitStructure.DMA_PeripheralDataSize = DMA_PeripheralDataSize_Byte;
//外设数据长度为 8 位
DMA_InitStructure.DMA_MemoryDataSize = DMA_MemoryDataSize_Byte;
//存储器数据长度为 8 位
DMA_InitStructure.DMA_Mode = DMA_Mode_Normal;                 //使用普通模式
DMA_InitStructure.DMA_Priority = DMA_Priority_Medium;         //中等优先级
DMA_InitStructure.DMA_FIFOMode = DMA_FIFOMode_Disable;
DMA_InitStructure.DMA_FIFOThreshold = DMA_FIFOThreshold_Full;
DMA_InitStructure.DMA_MemoryBurst = DMA_MemoryBurst_Single;   //单次传输
```

DMA_InitStructure.DMA_PeripheralBurst = DMA_PeripheralBurst_Single;
//外设突发单次传输
DMA_Init(DMA_Streamx, &DMA_InitStructure);   //初始化 DMA 流

（3）使能串口 1 的 DMA 发送。进行 DMA 配置之后，就要开启串口的 DMA 发送功能，使用的函数是：

USART_DMACmd(USART1,USART_DMAReq_Tx,ENABLE);   //使能串口 1 的 DMA 发送

若是要使能串口 DMA 接收，那么第二个参数修改为 USART_DMAReq_Rx 即可。

（4）使能 DMA2 数据流 7，启动传输。使能 DMA 数据流的函数为：

void DMA_Cmd(DMA_Stream_TypeDef*DMAy_Streamx,FunctionalStateNewState)

使能 DMA2_Stream7，启动传输的方法为：

DMA_Cmd(DMA2_Stream7,ENABLE);

通过以上 4 步设置，就可以启动一次串口 1 的 DMA 传输。

（5）查询 DMA 传输状态。在 DMA 传输过程中，要查询 DMA 传输通道的状态，使用的函数是：

FlagStatusDMA_GetFlagStatus(uint32_t DMAy_FLAG);

比如要查询 DMA2 数据流 7 传输是否完成，方法是：

DMA_GetFlagStatus(DMA2_Stream7,DMA_FLAG_TCIF7);

这里还有一个比较重要的函数就是获取当前剩余数据量大小的函数，即

uint16_tDMA_GetCurrDataCounter(DMA_Stream_TypeDef* DMAy_Streamx);

比如要获取 DMA 数据流 7 还有多少个数据没有传输，方法是：

DMA_GetCurrDataCounter(DMA1_Channel4);

同样，也可以设置对应的 DMA 数据流传输的数据量大小，函数为：

void DMA_SetCurrDataCounter(DMA_Stream_TypeDef* DMAy_Streamx,uint16_t Counter);

5.8.4 开发实践：系统数据高速传输设计

移动互联网的应用越来越广泛，网络从 2G、3G 到 4G 以及未来的 5G 应用，数据量变得越来越大，处理和传输这些数据对微处理器提出了更高的要求，如果在一个通信终端中单纯地使用微处理器来进行数据传输，将会占用非常多的系统资源，可能导致微处理器大部分的工作时间都在进行数据传输，而不能进行其他的操作。一种很好的解决办法那就是采用 DMA 传输，可以在实现对数据的快速传输的同时，而不使用采用 DMA 传输的运算资源，从而大大减轻采用 DMA 传输负担，提高数据传输的效率。

在本项目中通过使用 STM32 开发平台实现片内的数据传输，将 A 地址的数据通过 DMA 传输到 B 地址，并对 B 地址数据进行校验，最后在串口上打印数据传输结果，以此来模拟系统数据的高速传输。

1. 开发设计

1）硬件设计

本项目的硬件架构设计如图 5.56 所示。

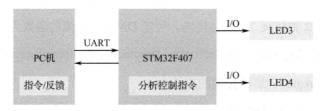

图 5.56　硬件架构设计

2）软件设计

本项目设计的重点是 STM32 的 DMA 传输，通过配置 DMA 将地址 A 的数据内容发送至数据组 B，然后将数组 B 的内容发送至 PC 并显示。发送完成后对地址 A 的数据和数组 B 数据进行比较，并通过串口反馈错误数据的数量。

软件设计流程如图 5.57 所示。

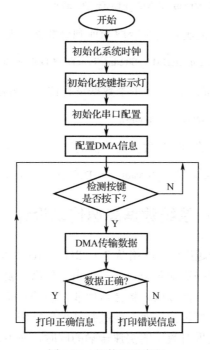

图 5.57　软件设计流程

2．功能实现

系统在完成系统时钟、按键指示灯、串口配置和 DMA 配置的初始化工作后进入主函数中，在主函数中进行按键检测和 DMA 传输。具体代码如下：

1）主函数模块

```c
#include "delay.h"
#include "string.h"
#include "led.h"
#include "usart.h"
#include "dma.h"
#include "key.h"

void main(void)
{
    char A[]={'h','e','l','l','o',',','w','o','r','d'};
    char B[10]={'H','E','L','L','O',',','W','O','R','D'};
    int error=0;                                           //错误计数

    usart_init(115200);                                    //串口初始化
    NVIC_PriorityGroupConfig(NVIC_PriorityGroup_2);        //设置系统中断优先级分组
    key_init();                                            //按键初始化

    printf("Hello IOT!\r\n\r\n");                          //串口输出信息
    usart_send("Usart is ready!\r\n",strlen("Usart is ready!\r\n"));  //串口打印出提示信息
    printf("\r\n");                                        //串口打印换行

    DMA_Config(DMA2_Stream7,DMA_Channel_4,(u32)A,(u32)B,SEND_BUF_SIZE);  //DMA 配置

    printf("DMA 执行前:\r\n");                             //串口打印
    printf("数组 A: %s\r\n",A);                           //串口打印数组 A
    printf("数组 B: %s\r\n",B);                           //串口打印数组 B

    for(;;){
        if(get_key_status()==K3_PREESED){                  //是否检测到按键按下
            delay_count(500);                              //延时消抖
            if(get_key_status()==K3_PREESED){              //是否检测到按键按下
                while(get_key_status()==K3_PREESED);       //等待按键放开
                printf("\r\nDMA 执行后:\r\n");             //串口打印

                DMA_Enable(DMA2_Stream7,SEND_BUF_SIZE);    //启动一次 DMA 传输

                while(1){                                  //等待 DMA2_Stream7 传输完成
                    if(DMA_GetFlagStatus(DMA2_Stream7,DMA_FLAG_TCIF7)!=RESET){
                        DMA_ClearFlag(DMA2_Stream7,DMA_FLAG_TCIF7);  //清除 DMA2_
```
Stream7 传输完成标志

```
                            break;
                        }
                    }
                    printf("数组 B：%s  \r\n",B);                    //串口打印

                    for(int j=0;j<10;j++){                          //校验复制结果
                        if(A[j]!=B[j])
                        error++;
                    }
                    printf("error=%d\r\n\r\n",error);               //串口打印错误率
                }
            }
        delay_count(10000);                                        //延时
    }
}
```

2）串口驱动模块

串口的配置主要是针对串口的引脚配置、中断配置、串口的波特率、有效位、停止位、数据位、校验位等信息。

```
#include <string.h>
#include "usart.h"
unsigned char Usart_len=0;                       //接收缓冲区当前数据长度
unsigned char USART_RX_BUF[USART_REC_MAX]; //接收缓冲，最多 USART_REC_LEN 个字节
int fputc(int ch, FILE *f)
{
    while((USART1->SR&0X40)==0);                 //循环发送，直到发送完毕
    USART1->DR = (unsigned char) ch;
    return ch;
}
void usart_init(unsigned int bound){
    //GPIO 端口设置
    GPIO_InitTypeDef GPIO_InitStructure;
    USART_InitTypeDef USART_InitStructure;
    NVIC_InitTypeDef NVIC_InitStructure;
    RCC_AHB1PeriphClockCmd(RCC_AHB1Periph_GPIOA,ENABLE);       //使能 GPIOA 时钟
    RCC_APB2PeriphClockCmd(RCC_APB2Periph_USART1,ENABLE);      //使能 USART1 时钟
    //串口 1 对应引脚复用映射
    GPIO_PinAFConfig(GPIOA,GPIO_PinSource9,GPIO_AF_USART1);   //GPIOA9 复用为 USART1
    GPIO_PinAFConfig(GPIOA,GPIO_PinSource10,GPIO_AF_USART1); //GPIOA10 复用为 USART1
    //USART1 端口配置
    GPIO_InitStructure.GPIO_Pin = GPIO_Pin_9 | GPIO_Pin_10;    //GPIOA9 与 GPIOA10
    GPIO_InitStructure.GPIO_Mode = GPIO_Mode_AF;               //复用功能
    GPIO_InitStructure.GPIO_Speed = GPIO_Speed_50MHz;          //速度选择 50 MHz
    GPIO_InitStructure.GPIO_OType = GPIO_OType_PP;             //推挽复用输出
    GPIO_InitStructure.GPIO_PuPd = GPIO_PuPd_UP;               //上拉模式
```

```
    GPIO_Init(GPIOA,&GPIO_InitStructure);                          //初始化 PA9 和 PA10
    //USART1 初始化设置
    USART_InitStructure.USART_BaudRate = bound;                    //波特率设置
    USART_InitStructure.USART_WordLength = USART_WordLength_8b;     //字长为 8 位数据格式
    USART_InitStructure.USART_StopBits = USART_StopBits_1;         //一个停止位
    USART_InitStructure.USART_Parity = USART_Parity_No;           //无奇偶校验位
    USART_InitStructure.USART_HardwareFlowControl = USART_HardwareFlowControl_None;//无硬
件数据流控制
    //收发模式
    USART_InitStructure.USART_Mode = USART_Mode_Rx | USART_Mode_Tx;
    USART_Init(USART1, &USART_InitStructure);                     //根据上述配置初始化串口 1
    //USART1 NVIC 配置
    NVIC_InitStructure.NVIC_IRQChannel = USART1_IRQn;            //串口 1 中断通道
    NVIC_InitStructure.NVIC_IRQChannelPreemptionPriority=0;      //抢占优先级 0
    NVIC_InitStructure.NVIC_IRQChannelSubPriority =1;            //子优先级 1
    NVIC_InitStructure.NVIC_IRQChannelCmd = ENABLE;             //IRQ 通道使能
    NVIC_Init(&NVIC_InitStructure);                            //根据指定的参数初始化 VIC 寄存器、
    USART_ITConfig(USART1, USART_IT_RXNE, ENABLE);              //开启串口 1 接收中断
    USART_Cmd(USART1, ENABLE);                                 //使能串口 1
}
void USART1_IRQHandler(void)
{
    if(USART_GetITStatus(USART1, USART_IT_RXNE) != RESET){  //如果收到数据（接收中断）
        USART_ClearFlag(USART1, USART_IT_RXNE);               //清除接收中断标志
        if(Usart_len < USART_REC_MAX)
            USART_RX_BUF[Usart_len++] = USART_ReceiveData(USART1);  //将数据放入接收
缓冲区
    }
}
void clean_usart(void)
{
    memset(USART_RX_BUF,0,Usart_len);
    Usart_len = 0;
}
void usart_send(unsigned char *s,unsigned char len)
{
    for(unsigned char i = 0;i < len;i++){
    USART_SendData(USART1, *(s+i));
    while(USART_GetFlagStatus(USART1, USART_FLAG_TXE ) == RESET);
    }
}
}
```

3）DMA 驱动模块

DMA 的配置内容主要包括 DMA 传输的起始地址和目的地址，数据传输的数据块大小，数据传输过程中的数据长度，以及数据发送的先后顺序和源地址数据位增量。DMA 配置内

容如下：

```
#include "dma.h"
#include "delay.h"
void    DMA_Config(DMA_Stream_TypeDef    *DMA_Streamx,uint32_t    chx,uint32_t    par,uint32_t
mar,uint16_t ndtr)
{
    DMA_InitTypeDef    DMA_InitStructure;
    if((uint32_t)DMA_Streamx>(uint32_t)DMA2)           //得到当前 stream 是属于 DMA2 还是 DMA1
    {
        RCC_AHB1PeriphClockCmd(RCC_AHB1Periph_DMA2,ENABLE);        //DMA2 时钟使能
    }else {
        RCC_AHB1PeriphClockCmd(RCC_AHB1Periph_DMA1,ENABLE);        //DMA1 时钟使能
    }
    DMA_DeInit(DMA_Streamx);
    while (DMA_GetCmdStatus(DMA_Streamx) != DISABLE){}              //等待 DMA 可配置
    /* 配置 DMA Stream */
    DMA_InitStructure.DMA_Channel = chx;                             //通道选择
    DMA_InitStructure.DMA_PeripheralBaseAddr = par;                 //DMA 外设地址
    DMA_InitStructure.DMA_Memory0BaseAddr = mar;                    //DMA 存储器 0 地址
    DMA_InitStructure.DMA_DIR = DMA_DIR_MemoryToMemory;            //存储器到存储器模式
    DMA_InitStructure.DMA_BufferSize = ndtr;                        //数据传输量
    DMA_InitStructure.DMA_PeripheralInc = DMA_PeripheralInc_Enable;  //外设非增量模式
    DMA_InitStructure.DMA_MemoryInc = DMA_MemoryInc_Enable;         //存储器增量模式
    DMA_InitStructure.DMA_PeripheralDataSize = DMA_PeripheralDataSize_Byte;//外设数据长度 8
    DMA_InitStructure.DMA_MemoryDataSize = DMA_MemoryDataSize_Byte;  //存储器数据长度 8
    DMA_InitStructure.DMA_Mode = DMA_Mode_Normal;                   //使用普通模式
    DMA_InitStructure.DMA_Priority = DMA_Priority_Medium;          //中等优先级
    DMA_InitStructure.DMA_FIFOMode = DMA_FIFOMode_Disable;
    DMA_InitStructure.DMA_FIFOThreshold = DMA_FIFOThreshold_Full;
    DMA_InitStructure.DMA_MemoryBurst = DMA_MemoryBurst_INC8;       //存储器突发单次传输
    DMA_InitStructure.DMA_PeripheralBurst = DMA_PeripheralBurst_INC8; //外设单次传输
    DMA_Init(DMA_Streamx, &DMA_InitStructure);                      //初始化 DMA Stream
}
void DMA_Enable(DMA_Stream_TypeDef *DMA_Streamx,uint16_t ndtr)
{
    DMA_Cmd(DMA_Streamx, DISABLE);                                  //关闭 DMA 传输
    while (DMA_GetCmdStatus(DMA_Streamx) != DISABLE){}              //确保 DMA 可以被设置
    DMA_SetCurrDataCounter(DMA_Streamx,ndtr);                       //数据传输量
    DMA_Cmd(DMA_Streamx, ENABLE);                                   //开启 DMA 传输
}
```

5.8.5 小结

通过本项目的实践，读者可以了解 DMA 在微控制器的应用潜力，通过使用 DMA 功能可以实现数据的快速传输并且不占用微处理器的资源，而这时微处理器可以去做其他事

情，从而提高整个系统的工作效率和稳定性。

5.8.6　思考与拓展

（1）DMA 是什么？

（2）DMA 在实际应用中有什么优势？

（3）STM32 在使用 DMA 时要配置哪些参数？

（4）由于 DMA 传输不占用微处理器的资源，因此可以极大地提高数据的传输效率。现尝试使用串口的 DMA 功能，通过串口向 PC 发送数据，通过改变串口波特率体会不同波特率下对数据传输速率的影响。

5.9　综合应用开发：充电桩管理系统设计与实现

通过本章的知识讲解和项目操作，读者可以了解微处理器的工作机制，微处理器相比于单片机，其功能更强大，主要体现在三方面，分别是微处理器的计算能力更强大、外设接口更加丰富和片上存储空间更大，可以运行更加复杂的程序、支持更大的工程项目。通过前面的学习，本节将对微处理器的相关知识点进行回顾后通过综合项目提升读者的编程能力。

5.9.1　理论回顾

1. 通用输入输出接口

GPIO（General Purpose Input Output，GPIO），即处理器通用输入/输出接口，微处理器通过向 GPIO 的控制寄存器写入数据可以控制 GPIO 的输入/输出模式，实现对某些设备的控制或信号采集的功能；另外也可以将 GPIO 进行组合配置，实现较为复杂的总线控制接口和串行通信接口。

每个 GPIO 端口均包括 4 个 32 位配置寄存器（GPIOx_MODER、GPIOx_OTYPER、GPIOx_OSPEEDR 和 GPIOx_PUPDR）、2 个 32 位数据寄存器（GPIOx_IDR 和 GPIOx_ODR）、1 个 32 位置位/复位寄存器（GPIOx_BSRR）、1 个 32 位锁定寄存器（GPIOx_LCKR）以及 2 个 32 位复用功能选择寄存器（GPIOx_AFRH 和 GPIOx_AFRL）。

每个 GPIO 端口位均可自由编程，但 GPIO 端口寄存器必须按字、半字或字节进行访问。GPIOx_BSRR 寄存器旨在实现对 GPIOx_ODR 寄存器进行原子读取/修改访问，这样可确保在读取和修改访问之间发生中断请求也不会出现问题。

2. 外部中断

中断处理指微处理器处理程序运行中出现的紧急事件的整个过程。在程序运行过程中，系统外部、系统内部或者现行程序本身若出现紧急事件，微处理器能够中止现行程序的运行，自动转入相应的处理程序（中断服务程序），处理完成后再返回原来的程序运行，这个过程称为程序中断。

STM32F4xx 具有多达 86 个可屏蔽中断通道（不包括 Cortex-M4F 的 16 根中断线），具有 16 个可编程优先级（使用了 4 位中断优先级）、低延迟异常和中断处理、电源管理控制和系统控制寄存器等。嵌套向量中断控制器（NVIC）和微处理器内核接口紧密配合，可以实现低延迟的中断处理，高效地处理晚到的中断。

STM32F4xx 在内核上搭载了一个异常响应系统，支持为数众多的系统异常和外部中断，其中系统异常有 10 个，外部中断有 91 个。除了个别异常的优先级被固定，其他异常的优先级都是可编程的。系统异常和外部中断可在头文件 stm32f4xx.h 中查询到，在结构体 IRQn_Type 中包含了 STM32F4 系列全部的异常声明。

外部中断触发指程序在运行时，通过某种方式触发外部中断的一种方式。外部中断的触发方式是由程序定义的，根据微处理器外电平的变化特性可将外部中断触发方式分为三种，分别是上升沿触发、下降沿触发、跳变沿触发。由于上升沿触发与下降沿触发都属于电平一次变化触发，因此这两种触发方式可归纳为电平触发方式。

3．定时器

定时/计数器的基本功能是实现定时和计数，且在整个工作过程中不需要微处理器过多参与，可将微处理器从相关任务中解放出来，提高微处理器的使用效率。

STM32 拥有三种定时器，分别为高级控制定时器、通用定时器和基本定时器。

高级控制定时器（TIM1 和 TIM8）包含一个 16 位自动重载计数器，该计数器由可编程预分频器驱动。此类定时器可用于各种用途，包括测量输入信号的脉冲宽度（输入捕获），或者生成输出波形（输出比较、PWM 和带死区插入的互补 PWM）。

STM32 的通用定时器包含一个 16 位或 32 位自动重载计数器（CNT），该计数器由可编程预分频器（PSC）驱动，可用于测量输入信号的脉冲长度（输入捕获）或者产生输出波形（输出比较和 PWM）等。使用定时器预分频器和 RCC 时钟控制器预分频器，脉冲长度和波形周期可以在几微秒到几毫秒间调整。STM32 的每个通用定时器都是完全独立的，没有互相共享的任何资源。

基本定时器比高级控制定时器和通用定时器的功能少，结构简单。基本定时器主要两个功能，第一就是基本定时功能，生成时基；第二就是专门用于驱动数/模转换器（DAC）。STM32F4 有两个基本定时器（TIM6 和 TIM7），功能完全一样，但所用资源彼此都完全独立，可以同时使用。

4．A/D 转换器

ADC（Analog-to-Digital Converter，ADC）指模/数转换器或者 A/D 转换器，可将连续

变化的模拟信号转换为离散的数字信号。数字信号输出可以使用不同的编码结构来表示，通常会使用二进制数来表示。

STM32 一般都有 3 个 ADC，ADC 可以独立使用，也可以使用双重/三重模式（提高采样率）。STM32 的 ADC 是 12 位逐次逼近型的，它有 19 个通道，可测量 16 个外部源、2 个内部源和 Vbat 通道的信号。这些通道的 A/D 转换可以单次、连续、扫描或间断模式执行。A/D 转换结果可以左对齐或右对齐的方式存储在 16 位数据寄存器中。

5．电源管理

按功耗由高到低排列，STM32 具有运行、睡眠、停止和待机四种工作模式。上电复位后 STM32 处于运行模式，当内核不需要再继续运行，就可以选择进入其他三种低功耗模式来降低功耗。这三种模式的电源消耗不同、唤醒时间不同、唤醒源不同，用户需要根据应用的需求，选择最佳的低功耗模式。

（1）睡眠模式。在睡眠模式中，仅关闭内核时钟，内核停止运行，但其片上外设、CM4 核心的外设全都还照常运行。有两种方式可进入睡眠模式（进入方式也决定了从睡眠唤醒的方式），分别是 WFI 和 WFE，即由等待"中断"唤醒和由"事件"唤醒。

（2）停止模式。在停止模式中，STM32 将进一步关闭其他所有的时钟，于是所有的外设都停止工作，但由于其 1.2 V 区域的部分电源没有关闭，还保留内核的寄存器、内存的信息，所以从停止模式唤醒，并重新开启时钟后，还可以从上次停止处继续执行代码。停止模式可以由任意一个外部中断（EXTI）唤醒。在停止模式中，可以选择电压调节器为正常模式或低功耗模式，也可选择内部 Flash 工作在正常模式或掉电模式。

（3）待机模式。除了关闭所有的时钟，待机模式还将关闭 1.2 V 区域的电源，也就是说，从待机模式唤醒后，由于没有之前代码的运行记录，只能对芯片复位，重新检测 Boot 条件，从头开始执行程序。待机模式有四种唤醒方式，分别是 WKUP（PA0）引脚的上升沿、RTC 闹钟事件、NRST 引脚的复位和 IWDG（独立看门狗）复位。

6．看门狗

看门狗定时器（Watch Dog Timer，WDT）简称看门狗，在系统设计中可通过软件或硬件方式在一定的周期内监控微处理器的运行状况。如果在规定时间内没有收到来自微处理器的触发信号，则说明软件操作不正常（陷入死循环或掉入陷阱等），这时就会立即产生一个复位脉冲去控制复位微处理器，以保证系统在受到干扰时仍然能够维持正常的工作状态。看门狗的核心是定时/计数器。

看门狗是微处理器的一个组成部分，它实际上是一个计数器，一般给看门狗设置一个数字，程序开始运行后看门狗开始倒计数。如果程序运行正常，过一段时间微处理器会发出指令让看门狗复位，重新开始计数。如果看门狗减到 0 或者自加到极值，就认为程序没有正常工作，则强制整个系统复位。

7. 串口

大多数台式计算机都包含两个 RS-232 的串口，串口通信协议同时也是仪器仪表设备通用的通信协议，串口通信协议也可以用于获取远程采集设备的数据。IEEE 488 定义并行通行时，规定设备线总长不得超过 20 m， 并且任意两个设备间的长度不得超过 2 m；而对于串口而言，长度可达 1200 m。

UART（Universal Asynchronous Receiver Transmitter，通用异步收发器）是广泛使用的串口通信协议，允许在串行链路上进行全双工的通信。基本的 UART 通信只需要两条信号线（RXD、TXD）就可以完成数据的相互通信。

串行通信的特点是：数据是按位顺序一位一位地进行发送或接收的，最少只需一根传输线即可完成；成本低但传输速率慢。串行通信的距离可以为从几米到几千米；根据信息的传输方向，串行通信可以进一步分为单工、半双工和全双工三种。

8. DMA

DMA 为实现数据在外设的数据寄存器与存储器之间或者存储器与存储器之间传输提供了高效的方法。DMA 传输过程中无须 CPU 的控制实现高效传输。

直接存储器访问 (DMA) 用于在外设与存储器之间以及存储器与存储器之间提供高速数据传 输。可以在无需任何 CPU 操作的情况下通过 DMA 快速移动数据。这样节省的 CPU 资源可供其它操作使用。

STM32 的 DMA 控制器基于复杂的总线矩阵架构，将功能强大的双 AHB 主总线架构与独立的 FIFO 结合在一起，优化了系统带宽。

两个 DMA 控制器总共有 16 个数据流（每个控制器 8 个），每一个 DMA 控制器都用于管理 一个或多个外设的存储器访问请求。每个数据流总共可以有多达 8 个通道，每个通道都有一个仲裁器，用于处理 DMA 请求间的优先级。

5.9.2 开发实践：充电桩管理系统

国家在不断提倡使用电动汽车代替传统的汽车，从而减少石油能源的消耗，降低温室气体和有害气体的排放。电动汽车以电力作为汽车能源，所以就有了和加油站一样的设施，即充电桩。

充电桩可以固定在地面或墙壁，安装于公共建筑（公共楼宇、商场、公共停车场等）和居民小区停车场或充电站内，可以根据不同的电压等级为各种型号的电动汽车充电。充电桩的输入端与交流电网直接连接，输出端都装有充电插头，用于为电动汽车充电。充电桩一般提供常规充电和快速充电两种充电方式，人们可以使用特定的充电卡，通过充电桩的人机交互操作界面进行相应的操作，还能显示充电量、费用、充电时间等信息。

本节通过 STM32 开发平台模拟充电桩的部分功能，采用的芯片为 STM32F407VET6。充电桩管理系统的功能设计如下。

使用 A/D 转换器对车辆电池电压进行采集，通过 LED 来显示车辆充电电量，通过继电器控制充电开关，当处于充电状态时 RGB 灯循环闪烁，按键 KEY1 用于控制充电开关，按键 KEY2 用于查询当前电池电量，查询信息可通过串口向上位机打印。充电桩如图 5.58 所示。

图 5.58　充电桩

1. 开发设计

充电桩管理系统的开发分为两个方面：硬件方面和软件方面。硬件方面主要针对系统的硬件设计和组成，软件方面则针对硬件设备的设备驱动和软件的控制逻辑。

1）硬件设计

由于充电桩的硬件没有使用外来的传感器，因此系统的硬件资源仅限于 STM32 开发平台上的资源，通过分析项目需求可知充电桩管理系统所使用的硬件有 LED、RGB、继电器、按键和 A/D 转换器。其中 A/D 转换器用于采集电池电压、LED1～LED4 用于显示电量、RGB 灯用于显示充电状态、继电器（RELAY）作为充电开关、按键 KEY1 作为充电操作按钮、按键 KEY2 作为电量查询按钮。基于 STM32 开发平台的充电桩管理系统的硬件架构设计如图 5.59 所示。

（1）LED 硬件设计。LED 由电平输出主动控制，即高电平输出和低电平输出，具体的输出方式要参考 LED 接口电路图。LED 接口电路如图 5.60 所示。

开发平台的 4 个 LED 的一端通过电阻分别连接到 STM32 的处理器的 PE0、PE1、PE2 和 PE3 引脚，LED 的另一端接在 3.3 V 的电源上，LED 采用的是正向连接导通的方式，当控制引脚为高电平（3.3 V）时 LED 灯两端电压相同，无法形成压降，因此 LED 不导通，处于熄灭状态；当控制引脚为低电平时，LED 的两端形成压降，LED 点亮。

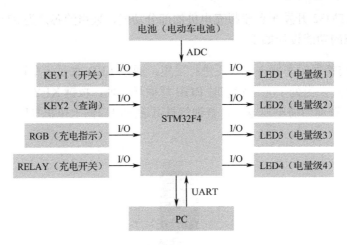

图 5.59　硬件架构设计

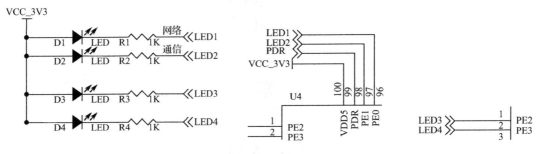

图 5.60　LED 接口电路图

（2）按键硬件设计。按键的状态检测是通过读取 STM32 的 GPIO 引脚的电平实现的，相关引脚为高电平时引脚读取的值为 1，反之则为 0。而按键是否按下，按下前后的电平状态则需要按照实际的按键接口电路图来确认。按键接口电路图如图 5.61 所示。

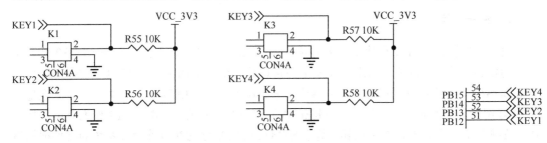

图 5.61　按键接口电路图

开发平台的 4 个按键分别连接到 STM32 的 PB12、PB13、PB14 和 PB15 引脚。当按键没有按下时，其引脚 2 和 4 断开，由于 STM32 的引脚在输入模式时为高阻态，所以引脚采集的电平为高电平；当按键按下时其引脚 2 和 4 导通，此时 STM32 的引脚导通接地，所以此时引脚检测电平为低电平。

（3）A/D 转换器硬件设计。本项目中 STM32 采集的电压为电池电压，由于电池电压为 12 V，远高于 STM32 的 3.3 V 工作电压，因此电池电压需要通过电池电压电路进行处

理，将电池电压等比例地减小到 STM32 可接收的工作电压。电池电压分压电路如图 5.62
所示。

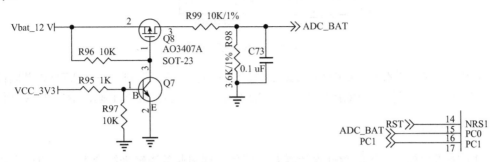

图 5.62　电池电压分压电路

图 5.62 所示的电池电压分压电路中，R99 左侧可以整体理解为一个 12 V 电源，电池电
压分压电路主要是依靠 R99 及右侧的电阻 R98 实现，R99 和 R98 两个电阻阻值比为 10：3.6，
由于 A/D 转换器的输入端引脚为高阻态状态，可将输入端 ADC_BAT 直接看成万用表表笔。
当 12 V 电源接入时，根据欧姆定律可知通过电池电压分压电路可降为 3.17 V，符合 STM32
的正常工作电压。

（4）继电器硬件设计。继电器作为充电桩控制开关来控制系统的充电操作，其接口电
路 5.63 所示。

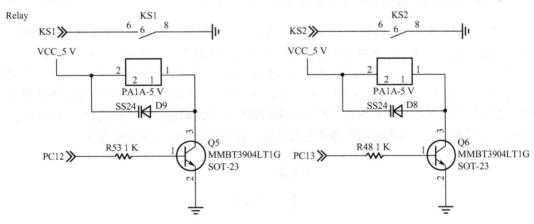

图 5.63　继电器接口电路

继电器控制较为简单，从原理图中可以看出，继电器是通过 MMBT3904LT1G 三极管
驱动的，三极管使用的是 NPN 管，所以当基极输入高电平时，三极管集电极和发射极导通，
此时继电器导通，从而控制继电器开关。继电器 KS1、KS2 分别连接 STM32 的 PC12、PC13
引脚。

（5）RGB 灯硬件设计。RGB 灯在系统中作为充电状态的指示灯，当系统在充电状态下，
RGB 灯会循环闪烁；当系统处于非充电状态时，RGB 灯熄灭。RGB 灯接口电路如图 5.64
所示。

第
5
章

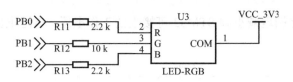

图 5.64　RGB 灯接口电路

从图 5.64 中可以看到，RGB 灯实际上将红（R）、绿（G）、蓝（B）三个 LED 以共阳极的方式封装在了一个元件中。RGB 灯的 3 个 LED 分别连接在 STM32 的 PB0、PB1 和 PB2 引脚。

2）软件设计

（1）需求分析。系统的软件设计需要从项目原理和业务逻辑来综合考虑，通过将业务逻辑分层可以让软件的设计变得更加清晰，实施起来更加简单。

本项目基于 STM32 开发平台，使用 A/D 转换器对车辆的电池电压进行采集，通过 LED 来显示车辆充电电量，通过继电器控制充电开关，当处于充电状态时 RGB 灯循环闪烁，按键 KEY1 用于控制充电开关，按 KEY2 用于查询当前电池电量，查询信息通过串口在上位机打印。通过分析可以得出项目的几点功能需求，功能需求如下：

● 对车辆电池电量进行采集并使用 LED 显示电量。
● 继电器作为充电桩的充电开关由 KEY1 控制，充电状态通过 RGB 灯显示。
● 可以通过操作按键 KEY2 实现对电池电量的查询。

（2）功能分解。一个比较大的系统可以拆分为多个事件，本项目可以拆分为三个事件，分别是电量采集与显示、充电操作与指示、电池电压主动查询，这三个事件既相互独立又相互关联。根据实际的设计情况可将系统分解为四层，这四层分别为应用层、逻辑层、硬件抽象层和驱动层。应用层主要用于实现系统项目事件；逻辑层为单个事件提供逻辑实现；硬件抽象层则是在项目任务场景下抽象出来的设备并为逻辑层提供操作素材；驱动层则与硬件抽象层相对应，以实现硬件抽象层的功能。软件逻辑分层如图 5.65 所示。

图 5.65　软件逻辑分层

要实现项目系统分解出来的单个事件，就需要分析事件的操作逻辑，如事件的实现需要用到哪些系统设备，系统设备之间又具有怎样的逻辑关系等。例如，充电操作与指示，实际上是由多个模块协同完成的，如操作按键检测、充电控制开关和状态显示指示灯等。

（3）实现方法。通过对项目系统的分析得出项目事件后，就可以考虑项目事件的实现方式。项目事件的实现方式需要根据项目本身的设定和资源来进行相对应的分析，通过分析可以确定系统中抽象出来的硬件外设，通过对硬件外设操作来实现对系统事件的操作。如控制充电开关的操作按钮和电量查询按钮实际对应的外设为 KEY1 和 KEY2，但在系统工程中单独看按键 KEY1 和按键 KEY3 并不能对系统有直观的了解，因此需要将硬件抽象为应用场景中的设备。

（4）功能逻辑分解。将项目事件的实现方式设置为项目场景设备的实现抽象后，就可以轻松地建立项目设计模型了，因此接下来做的事情是将硬件与硬件抽象的部分一一对应起来。例如，电池电压的获取对应的硬件是 STM32 的 A/D 转换器，而系统中对充电和查询操作则与系统的按键对应起来，等等。在对应的过程中可以实现硬件设备与项目系统本身联系，同时又让软件层与驱动层的设计变得更加独立。充电桩控制系统的功能分解如图 5.66 所示。

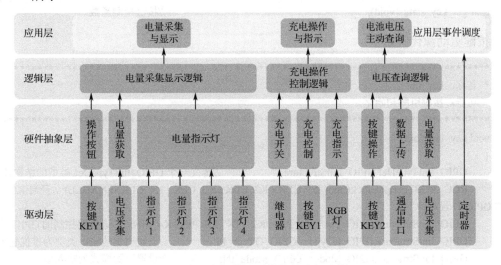

图 5.66　充电桩控制系统的功能分解

2．功能实现

由于代码较长，后文主要以展示头文件代码为主，也展示部分源文件重要代码。

1）驱动层软件设计

驱动层软件设计主要是对系统相关的硬件外设与和驱动进行编程。驱动层编程的对象有按键、LED、继电器、A/D 转换器、串口等。

（1）按键驱动模块。按键的驱动包括按键的初始化、按键状态监测与反馈等，该文件为硬件抽象层提供操作接口。按键操作函数头文件如下：

```
#include "stm32f4xx.h"
#define K1_PIN            GPIO_Pin_12          //宏定义 KEY1 引脚为 K1_PIN
#define K1_PORT           GPIOB                //宏定义 KEY1 通道为 K1_PORT
#define K1_CLK            RCC_AHB1Periph_GPIOB //宏定义 KEY1 时钟为 K1_CLK
#define K2_PIN            GPIO_Pin_13          //宏定义 KEY2 引脚为 K2_PIN
#define K2_PORT           GPIOB                //宏定义 KEY2 通道为 K2_PORT
#define K2_CLK            RCC_AHB1Periph_GPIOB //宏定义 KEY2 时钟为 K2_CLK
#define K3_PIN            GPIO_Pin_14          //宏定义 KEY3 引脚为 K3_PIN
#define K3_PORT           GPIOB                //宏定义 KEY3 通道为 K3_PORT
#define K3_CLK            RCC_AHB1Periph_GPIOB //宏定义 KEY3 时钟为 K3_CLK
#define K4_PIN            GPIO_Pin_15          //宏定义 KEY4 引脚为 K4_PIN
#define K4_PORT           GPIOB                //宏定义 KEY4 通道为 K4_PORT
#define K4_CLK            RCC_AHB1Periph_GPIOB //宏定义 KEY4 时钟为 K4_CLK
#define K1_PREESED        0x01                 //宏定义 K1_PREESED 数字编号
#define K2_PREESED        0x02                 //宏定义 K2_PREESED 数字编号
#define K3_PREESED        0x04                 //宏定义 K3_PREESED 数字编号
#define K4_PREESED        0x08                 //宏定义 K4_PREESED 数字编号
void key_init(void);                           //按键引脚初始化函数
char get_key_status(void);                      //按键检测函数
```

按键驱动源代码如下：

```
*****************************************************************************
* 名称：key_init
* 功能：按键引脚初始化
*****************************************************************************/
void key_init(void)
{
    GPIO_InitTypeDef GPIO_InitStructure;              //定义一个 GPIO_InitTypeDef 类型的结构体
    RCC_AHB1PeriphClockCmd( K1_CLK | K2_CLK | K3_CLK | K4_CLK, ENABLE); //开启 KEY 相关的 GPIO 外设时钟
    GPIO_InitStructure.GPIO_Pin = K1_PIN | K2_PIN | K3_PIN | K4_PIN;   //选择要控制的 GPIO 引脚
    GPIO_InitStructure.GPIO_OType = GPIO_OType_PP;    //设置引脚的输出类型为推挽输出
    GPIO_InitStructure.GPIO_Mode = GPIO_Mode_IN;      //设置引脚模式为输入模式
    GPIO_InitStructure.GPIO_PuPd = GPIO_PuPd_UP;      //设置引脚为上拉模式
    GPIO_InitStructure.GPIO_Speed = GPIO_Speed_2MHz;  //设置引脚速率为 2MHz
    GPIO_Init(K1_PORT, &GPIO_InitStructure);          //初始化 GPIO 配置
    GPIO_Init(K2_PORT, &GPIO_InitStructure);          //初始化 GPIO 配置
    GPIO_Init(K3_PORT, &GPIO_InitStructure);          //初始化 GPIO 配置
    GPIO_Init(K4_PORT, &GPIO_InitStructure);          //初始化 GPIO 配置
}
/*****************************************************************************
* 名称：get_key_status
* 功能：获取当前按键状态
* 返回：key_status
*****************************************************************************/
```

```
char get_key_status(void)
{
    char key_status = 0;
    if(GPIO_ReadInputDataBit(K1_PORT,K1_PIN) == 0)      //判断 PB12 引脚电平状态
    key_status |= K1_PREESED;                            //低电平 key_status bit0 位置 1
    if(GPIO_ReadInputDataBit(K2_PORT,K2_PIN) == 0)      //判断 PB13 引脚电平状态
    key_status |= K2_PREESED;                            //低电平 key_status bit1 位置 1
    if(GPIO_ReadInputDataBit(K3_PORT,K3_PIN) == 0)      //判断 PB14 引脚电平状态
    key_status |= K3_PREESED;                            //低电平 key_status bit2 位置 1
    if(GPIO_ReadInputDataBit(K4_PORT,K4_PIN) == 0)      //判断 PB15 引脚电平状态
    key_status |= K4_PREESED;                            //低电平 key_status bit3 位置 1
    return key_status;                                   //获取当前按键状态
}
```

（2）继电器操作模块。

继电器驱动头文件如下：

```
#include "stm32f4xx.h"                                  //系统头文件
#define RELAY_RCC        RCC_AHB1Periph_GPIOC           //宏定义时钟
#define RELAY_PORT       GPIOC                          //宏定义端口
#define RELAY1_PIN       GPIO_Pin_12                    //宏定义引脚
#define RELAY2_PIN       GPIO_Pin_13                    //宏定义引脚
#define RELAY_ON         0                              //继电器关宏定义
#define RELAY_OFF        1                              //继电器开宏定义
//继电器 1 操作宏定义
#define RELAY1_CTRL(a)  if(!a) GPIO_WriteBit(RELAY_PORT, RELAY1_PIN, Bit_SET); \
                        else GPIO_WriteBit(RELAY_PORT, RELAY1_PIN, Bit_RESET)
//继电器 2 操作宏定义
#define RELAY2_CTRL(a)  if(!a) GPIO_WriteBit(RELAY_PORT, RELAY2_PIN, Bit_SET); \
                        else GPIO_WriteBit(RELAY_PORT, RELAY2_PIN, Bit_RESET)
void relay_init(void);
```

继电器驱动源代码如下：

```
#include "relay.h"

/**********************************************************************************
* 名称：relay_init()
* 功能：继电器初始化
**********************************************************************************/
void relay_init(void)
{
    GPIO_InitTypeDef GPIO_InitStructure;                 //初始化结构体

    RCC_AHB1PeriphClockCmd(RELAY_RCC, ENABLE);           //初始化引脚时钟

    GPIO_InitStructure.GPIO_Mode = GPIO_Mode_OUT;        //配置引脚输出模式
```

第5章

```
GPIO_InitStructure.GPIO_OType = GPIO_OType_PP;          //初始化引脚输出驱动模式
GPIO_InitStructure.GPIO_PuPd = GPIO_PuPd_UP;            //配置引脚上下拉模式
GPIO_InitStructure.GPIO_Speed = GPIO_Speed_100MHz;     //配置引脚调变时钟

GPIO_InitStructure.GPIO_Pin = RELAY1_PIN | RELAY2_PIN;  //配置引脚
GPIO_Init(RELAY_PORT, &GPIO_InitStructure);            //初始化引脚配置信息

RELAY1_CTRL(RELAY_OFF);                                //继电器 1 关闭
RELAY2_CTRL(RELAY_OFF);                                //继电器 2 关闭
}
```

（3）LED 操作模块。

LED 驱动头文件如下：

```
#include "stm32f4xx.h"
#define D1      0X01                //宏定义 D1（LED1）数字编号
#define D2      0X02                //宏定义 D2（LED2）数字编号
#define D3      0X04                //宏定义 D3（LED3）数字编号
#define D4      0X08                //宏定义 D4（LED4）数字编号
#define LEDR    0X10                //宏定义红灯数字编号
#define LEDG    0X20                //宏定义绿灯数字编号
#define LEDB    0X40                //宏定义蓝灯数字编号

void led_init(void);                       //LED 引脚初始化
void turn_on(unsigned char Led);           //开 LED 函数
void turn_off(unsigned char Led);          //关 LED 函数
unsigned char get_led_status(void);        //获取 LED 当前的状态

#endif   /*__LED_H__*/
```

LED 驱动源代码，请参考 5.1 节内容。

（4）电压采集模块。

电压采集电压函数头文件如下：

```
#include "stm32f4xx.h"
extern void   AdcInit(void);               //ADC 初始化函数声明
extern u16    AdcGet(u8 ch) ;              //ADC 转化函数声明
```

电压采集电压函数源代码如下：

```
#include "stm32f4xx.h"
#include "adc.h"
/************************************************************************
* 名称：AdcInit
* 功能：ADC 初始化
*************************************************************************/
```

```c
void    AdcInit(void)
{
    GPIO_InitTypeDef        GPIO_InitStructure;
    ADC_CommonInitTypeDef ADC_CommonInitStructure;
    ADC_InitTypeDef         ADC_InitStructure;
    RCC_AHB1PeriphClockCmd(RCC_AHB1Periph_GPIOC, ENABLE);        //使能 GPIOC 时钟
    RCC_APB2PeriphClockCmd(RCC_APB2Periph_ADC1, ENABLE);        //使能 ADC1 时钟
    //先初始化 ADC1 通道 0 的 I/O 口
    GPIO_InitStructure.GPIO_Pin = GPIO_Pin_0;                    //PC0 通道 0
    GPIO_InitStructure.GPIO_Mode = GPIO_Mode_AN;                //模拟输入
    GPIO_InitStructure.GPIO_PuPd = GPIO_PuPd_NOPULL ;           //不带上/下拉
    GPIO_Init(GPIOC, &GPIO_InitStructure);                      //初始化
    RCC_APB2PeriphResetCmd(RCC_APB2Periph_ADC1,ENABLE);        //ADC1 复位
    RCC_APB2PeriphResetCmd(RCC_APB2Periph_ADC1,DISABLE);       //复位结束
    ADC_CommonInitStructure.ADC_Mode = ADC_Mode_Independent;    //独立模式
    //两个采样阶段之间的延迟 5 个时钟
    ADC_CommonInitStructure.ADC_TwoSamplingDelay = ADC_TwoSamplingDelay_5Cycles;
    ADC_CommonInitStructure.ADC_DMAAccessMode  = ADC_DMAAccessMode_Disabled; //DMA
失能
    //预分频 4 分频：ADCCLK=PCLK2/4=84/4=21 MHz，ADC 时钟最好不要超过 36 MHz
    ADC_CommonInitStructure.ADC_Prescaler = ADC_Prescaler_Div4;
    ADC_CommonInit(&ADC_CommonInitStructure);                   //初始化
    ADC_InitStructure.ADC_Resolution = ADC_Resolution_12b;      //12 位模式
    ADC_InitStructure.ADC_ScanConvMode = DISABLE;              //非扫描模式
    ADC_InitStructure.ADC_ContinuousConvMode = DISABLE;       //关闭连续转换
    ADC_InitStructure.ADC_ExternalTrigConvEdge = ADC_ExternalTrigConvEdge_None;//禁止触发检
测，使用软件触发
    ADC_InitStructure.ADC_DataAlign = ADC_DataAlign_Right;     //右对齐
    ADC_InitStructure.ADC_NbrOfConversion = 1; //1 个转换在规则序列中，也就是只转换规则序列 1
    ADC_Init(ADC1, &ADC_InitStructure);                        //ADC 初始化
    ADC_Cmd(ADC1, ENABLE);                                     //开启 A/D 转换
}
/***********************************************************************
* 名称：AdcGet
* 功能：ADC 转换函数
* 参数：ch 通道号
* 返回：ADC1 转换结果
***********************************************************************/
u16 AdcGet(u8 ch)
{
    if (ch == 1) ch = ADC_Channel_10;
    else if (ch == 2) ch = ADC_Channel_11;
    else if (ch == 3) ch = ADC_Channel_14;
    else if (ch == 4) ch = ADC_Channel_15;
    else return 0;
    //设置指定 ADC 的规则组通道，一个序列，采样时间
```

```
//ADC1，ADC 通道，480 个周期，提高采样时间可以提高精确度
ADC_RegularChannelConfig(ADC1, ch, 1, ADC_SampleTime_480Cycles );
ADC_SoftwareStartConv(ADC1);                       //使能指定的 ADC1 的软件转换启动功能
while(!ADC_GetFlagStatus(ADC1, ADC_FLAG_EOC));     //等待转换结束
return ADC_GetConversionValue(ADC1);               //返回最近一次 ADC1 规则组的转换结果
}
```

（5）串口操作模块。

串口驱动头文件如下：

```
#include <string.h>
#include <stdio.h>
#include "stm32f4xx.h"

#define USART_REC_MAX    200                         //定义最大接收字节数为 200
extern unsigned char    Usart_len;                   //缓冲区当前数据长度
extern unsigned char    USART_RX_BUF[USART_REC_MAX]; //接收缓冲区

extern void usart_init(unsigned int bound);          //USART1 初始化
extern void clean_usart(void);                        //清除串口缓冲区
extern void usart_send(unsigned char *s,unsigned char len);  //串口 1 发送数据
```

串口驱动源代码如下：

```
#include "usart.h"
unsigned char Usart_len=0;                           //接收缓冲区当前数据长度
unsigned char USART_RX_BUF[USART_REC_MAX]; //接收缓冲，最大为 USART_REC_LEN 个字节
/**********************************************************************************
* 名称：fputc
* 功能：将 USART1 映射到 printf 函数
**********************************************************************************/
int fputc(int ch, FILE *f)
{
    while((USART1->SR&0X40)==0);                     //循环发送，直到发送完毕
    USART1->DR = (unsigned char) ch;
    return ch;
}
/**********************************************************************************
* 名称：usart_init
* 功能：USART1 初始化
* 参数：bound—波特率
**********************************************************************************/
void usart_init(unsigned int bound){
    //GPIO 端口设置
    GPIO_InitTypeDef GPIO_InitStructure;
    USART_InitTypeDef USART_InitStructure;
    NVIC_InitTypeDef NVIC_InitStructure;
```

```
        RCC_AHB1PeriphClockCmd(RCC_AHB1Periph_GPIOA,ENABLE);           //使能 GPIOA 时钟
        RCC_APB2PeriphClockCmd(RCC_APB2Periph_USART1,ENABLE);          //使能 USART1 时钟
        //串口 1 对应引脚复用映射
        GPIO_PinAFConfig(GPIOA,GPIO_PinSource9,GPIO_AF_USART1);        //GPIOA9 复用为 USART1
        GPIO_PinAFConfig(GPIOA,GPIO_PinSource10,GPIO_AF_USART1);       //GPIOA10 复用为 USART1
        //USART1 端口配置
        GPIO_InitStructure.GPIO_Pin = GPIO_Pin_9 | GPIO_Pin_10;        //GPIOA9 与 GPIOA10
        GPIO_InitStructure.GPIO_Mode = GPIO_Mode_AF;                   //复用功能
        GPIO_InitStructure.GPIO_Speed = GPIO_Speed_50MHz;             //速率选择 50 MHz
        GPIO_InitStructure.GPIO_OType = GPIO_OType_PP;                 //推挽复用输出
        GPIO_InitStructure.GPIO_PuPd = GPIO_PuPd_UP;                   //上拉
        GPIO_Init(GPIOA,&GPIO_InitStructure);                          //初始化 PA9 和 PA10
        //USART1 初始化设置
        USART_InitStructure.USART_BaudRate = bound;                   //波特率设置
        USART_InitStructure.USART_WordLength = USART_WordLength_8b;    //字长为 8 位数据格式
        USART_InitStructure.USART_StopBits = USART_StopBits_1;        //1 位停止位
        USART_InitStructure.USART_Parity = USART_Parity_No;           //无奇偶校验位
        USART_InitStructure.USART_HardwareFlowControl = USART_HardwareFlowControl_None;  //无
硬件数据流控制
        //收发模式
        USART_InitStructure.USART_Mode = USART_Mode_Rx | USART_Mode_Tx;
        USART_Init(USART1, &USART_InitStructure);                     //根据上述配置初始化串口 1
        //USART1 NVIC 配置
        NVIC_InitStructure.NVIC_IRQChannel = USART1_IRQn;             //串口 1 中断通道
        NVIC_InitStructure.NVIC_IRQChannelPreemptionPriority=0;       //抢占优先级 0
        NVIC_InitStructure.NVIC_IRQChannelSubPriority =1;             //子优先级 1
        NVIC_InitStructure.NVIC_IRQChannelCmd = ENABLE;              //IRQ 通道使能
        NVIC_Init(&NVIC_InitStructure);                              //根据指定的参数初始化 NVIC
        USART_ITConfig(USART1, USART_IT_RXNE, ENABLE);              //开启串口 1 接收中断
        USART_Cmd(USART1, ENABLE);                                  //使能串口 1
    }
    /*********************************************************************************
    * 名称：USART1_IRQHandler
    * 功能：串口中断处理函数
    *********************************************************************************/
    void USART1_IRQHandler(void)
    {
        if(USART_GetITStatus(USART1, USART_IT_RXNE) != RESET){  //如果收到数据（接收中断）
            USART_ClearFlag(USART1, USART_IT_RXNE);             //清除接收中断标志
            if(Usart_len < USART_REC_MAX)
            USART_RX_BUF[Usart_len++] = USART_ReceiveData(USART1); //将数据放入接收缓冲区
        }
    }
    /*********************************************************************************
    * 名称：clean_usart
    * 功能：清除串口缓冲区
```

```
**************************************************************************/
void clean_usart(void)
{
    memset(USART_RX_BUF,0,Usart_len);
    Usart_len = 0;
}
/*************************************************************************
* 名称：usart_send
* 功能：串口 1 发送数据
* 参数：s—待发送的数据指针；len—待发送的数据长度
**************************************************************************/
void usart_send(unsigned char *s,unsigned char len)
{
    for(unsigned char i = 0;i < len;i++){
        USART_SendData(USART1, *(s+i));
        while(USART_GetFlagStatus(USART1, USART_FLAG_TXE ) == RESET);
    }
}
```

（6）定时器模块。系统定时器没有直接参与抽象层和逻辑层的操作，而是作为系统事件的调度功能使用的，通过配置定时器中断发生的时基，以时基为最小时间片，当累计的时间片达到设定的时间间隔数量时，则通过设定标志位触发项目事件。定时器配置头文件如下：

```
#include "stm32f4xx.h"                              //官方库文件
#define KEYCHECK_TIME 5                             //按键检测时间基数
#define CHARGING_TIME 20                            //充电操作时间基数
#define ELEQUERY_TIME 50                            //电量查询时间基数
#define VOLTDETE_TIME 500                           //电量检测时间基数
typedef struct
{
    uint8_t charging_flag;                          //充电事件操作标志位
    uint8_t eleQuery_flag;                          //电量查询操作标志位
    uint8_t VoltDete_flag;                          //电量检测操作标志位
    uint8_t keycheck_flag;                          //按键监测操作标志位
}eventFlagStruct;
void timer_init(void);                              //定时器初始化函数
```

定时器的操作函数如下：

```
#include "timer.h"
/*************************************************************************
* 名称：timer_init()
* 功能：定时器初始化函数
* 注释：配置定时器 TIM7 的中断触发时间为 10 ms
**************************************************************************/
void timer_init(void)
```

```
{
    TIM_TimeBaseInitTypeDef TIM_BaseInitStructure;          //初始化定时器基本信息配置结构体
    NVIC_InitTypeDef NVIC_InitStructure;                    //初始化中断向量配置结构体
    RCC_APB1PeriphClockCmd(RCC_APB1Periph_TIM7, ENABLE);    //初始化定时器 7 时钟
    NVIC_InitStructure.NVIC_IRQChannel = TIM7_IRQn;         //配置定时器 7 中断
    NVIC_InitStructure.NVIC_IRQChannelPreemptionPriority = 0; //配置定时器 7 优先级
    NVIC_InitStructure.NVIC_IRQChannelSubPriority = 3;
    NVIC_InitStructure.NVIC_IRQChannelCmd = ENABLE;         //使能定时器中断
    NVIC_Init(&NVIC_InitStructure);                         //使能定时器中断配置
    TIM_BaseInitStructure.TIM_Period = 1000 - 1;            //重装载寄存器计数 1000
    TIM_BaseInitStructure.TIM_Prescaler = 840 - 1;          //定时器 7 预分频系数为 480-1
    TIM_TimeBaseInit(TIM7, &TIM_BaseInitStructure);         //初始化定时器 7 配置
    TIM_ClearFlag(TIM7, TIM_FLAG_Update);                   //清定时器 7 中断
    TIM_ITConfig(TIM7,TIM_IT_Update,ENABLE);               //定时器 7 中断使能
    TIM_Cmd(TIM7, ENABLE);                                  //启动定时器 7
}
/*************************************************************************
* 名称：TIM7_IRQHandler()
* 功能：定时器 7 中断服务函数
*************************************************************************/
static uint32_t tim_circle_base_count = 0;                 //时钟循环基数计数参数
eventFlagStruct eventFlagStructure;                        //事件执行标志位控制结构体

void TIM7_IRQHandler(void)
{
    if(TIM_GetITStatus(TIM7, TIM_IT_Update) != RESET){     //判断定时器 7 中断触发
        tim_circle_base_count ++;                          //时间基数计数加 1
        if((tim_circle_base_count % KEYCHECK_TIME) == 0){  //如果时间基数为 KEYCHECK_TIME
            eventFlagStructure.keycheck_flag = 1;          //将按键监测标志位置 1
        }
        if((tim_circle_base_count % CHARGING_TIME) == 0){  //如果时间基数为 KCHARGING_TIME
            eventFlagStructure.charging_flag = 1;          //将充电操作标志位置 1
        }
        if((tim_circle_base_count % ELEQUERY_TIME) == 0){  //如果时间基数为 KELEQUERY_TIME
            eventFlagStructure.eleQuery_flag = 1;          //将电量查询标志位置 1
        }
        if((tim_circle_base_count % VOLTDETE_TIME) == 0){  //如果时间基数为 VOLTDETE_TIME
            eventFlagStructure.VoltDete_flag = 1;          //将电量检测标志位置 1
        }
        TIM_ClearITPendingBit(TIM7 , TIM_IT_Update);       //清除定时器 7 等待中断
    }
}
```

2）硬件抽象层软件设计

硬件抽象层主要将系统底层的驱动封装成系统场景下对应的控制设备，从而使系统硬件与系统应用联系起来，为逻辑层提供素材和支撑。

硬件抽象层主要涉及操作按钮、电量获取、充电开关、电量指示、数据上传等，为了方便操作，有些硬件抽象层函数直接在驱动层处理了，此处只展示与硬件抽象层相关源代码。

（1）操作按钮模块。操作按钮的函数主要是在按键基础上进行的封装，操作按钮的函数内容如下：

```c
#include "operation_button.h"
uint8_t key1_semaphore = 0;                                      //定义按键 1 信号量
uint8_t key2_semaphore = 0;                                      //定义按键 2 信号量
uint8_t key3_semaphore = 0;                                      //定义按键 3 信号量
uint8_t key4_semaphore = 0;                                      //定义按键 4 信号量
/*******************************************************************************
* 名称：operationButton_check()
* 功能：按键状态检测函数
*******************************************************************************/
keyPassStruct operationButton_check(void)
{
    static uint16_t key1_count = 0;                              //按键 1 时间计数
    static uint16_t key2_count = 0;                              //按键 2 时间计数
    static uint16_t key3_count = 0;                              //按键 3 时间计数
    static uint16_t key4_count = 0;                              //按键 4 时间计数
    keyPassStruct keyPassStruct_Temp;                           //定义按键参数结构体
    keyPassStruct_Temp.key_passTime = 0x00;                     //初始化按动方式参数
    keyPassStruct_Temp.key_position = 0x00;                     //初始化按键的键位参数
    if(get_key_status() & K1_PREESED){                          //如果按键 1 按下
        key1_count ++;                                          //计数加 1
    }else{                                                      //按键松开
        if(key1_count >= PASS_SHORT){                           //如果计数大于短按数值
            keyPassStruct_Temp.key_position |= K1_PREESED;      //KEY1 的键位参数置 1
            if(key1_count >= PASS_LONG){                        //如果为长按
                keyPassStruct_Temp.key_passTime |= K1_PREESED; //KEY1 按动模式置 1
            }
            key1_count = 0;                                     //按键计数清 0
        }else{
            key1_count = 0;                                     //按键计数清 0
        }
    }
    if(get_key_status() & K2_PREESED){                          //如果按键 2 按下
        key2_count ++;                                          //计数加 1
    }else{                                                      //按键松开
        if(key2_count >= PASS_SHORT){                           //如果计数大于短按数值
            keyPassStruct_Temp.key_position |= K2_PREESED;      //KEY2 的键位参数置 1
            if(key2_count >= PASS_LONG){                        //如果为长按
                keyPassStruct_Temp.key_passTime |= K2_PREESED; //KEY2 按动模式置 1
            }
            key2_count = 0;                                     //按键计数清 0
        }else{
```

```
            key2_count = 0;                                              //按键计数清 0
        }
    }
    if(get_key_status() & K3_PREESED){
        key3_count ++;                                                   //计数加 1
    }else{                                                               //按键松开
        if(key3_count >= PASS_SHORT){                                    //如果计数大于短按数值
            keyPassStruct_Temp.key_position |= K3_PREESED;               //KEY3 的键位参数置 1
            if(key3_count >= PASS_LONG){                                 //如果为长按
                keyPassStruct_Temp.key_passTime |= K3_PREESED; //KEY3 按动模式置 1
            }
            key3_count = 0;                                              //按键计数清 0
        }else{
            key3_count = 0;                                              //按键计数清 0
        }
    }
    if(get_key_status() & K4_PREESED){
        key4_count ++;                                                   //计数加 1
    }else{                                                               //按键松开
        if(key4_count >= PASS_SHORT){                                    //如果计数大于短按数值
            keyPassStruct_Temp.key_position |= K4_PREESED;               //KEY4 的键位参数置 1
            if(key4_count >= PASS_LONG){                                 //如果为长按
                keyPassStruct_Temp.key_passTime |= K4_PREESED; //KEY4 按动模式置 1
            }
            key4_count = 0;                                              //按键计数清 0
        }else{
            key4_count = 0;                                              //按键计数清 0
        }
    }
    return keyPassStruct_Temp;                                           //返回按键检测信息
}
/*******************************************************************************
* 名称：buttonSemaphore_check()
* 功能：按键信号量配置函数
*******************************************************************************/
void buttonSemaphore_check(void)
{
    keyPassStruct keyPassStructure;                                     //初始化按键信息结构体
    keyPassStructure = operationButton_check();                         //获取按键信息
    if(keyPassStructure.key_position & K1_PREESED){                     //如果按键 1 按下
        key1_semaphore ++;                                             //按键 1 信号量加 1
    }
    if(keyPassStructure.key_position & K2_PREESED){                     //如果按键 2 按下
        key2_semaphore ++;                                             //按键 2 信号量加 1
    }
    if(keyPassStructure.key_position & K3_PREESED){                     //如果按键 3 按下
```

```
        key3_semaphore ++;                              //按键 3 信号量加 1
    }
    if(keyPassStructure.key_position & K4_PREESED){     //如果按键 4 按下
        key4_semaphore ++;                              //按键 4 信号量加 1
    }
}
```

（2）电量指示灯模块。在采集到电压后需要对其进行分析和阈值划分，通过划分结果决定电量指示灯的操作，电量指示灯操作函数如下：

```
#include "voltage_indication.h"
extern float Voltage;                                   //电压全局变量参数
extern uint8_t led_state;                               //LED 灯操作全局变量参数
/************************************************************************************
* 名称：voltageIndication()
* 功能：电量指示灯操作函数
************************************************************************************/
void voltageIndication(void)
{
    uint8_t level = 0;                                  //定义电量等级参数
    if(Voltage < VOLTAGE_LEVEL_1)level = 0;             //如果电量小于等级 1，配置参数为 0
    if(Voltage >= VOLTAGE_LEVEL_1)level |= D1;          //如果电量大于等级 1，开启 LED1
    if(Voltage >= VOLTAGE_LEVEL_2)level |= D2;          //如果电量大于等级 2，开启 LED2
    if(Voltage >= VOLTAGE_LEVEL_3)level |= D3;          //如果电量大于等级 3，开启 LED3
    if(Voltage >= VOLTAGE_LEVEL_4)level |= D4;          //如果电量大于等级 4，开启 LED4
    led_state &= 0xf0;                                  //清除 LED 操作参数低位
    led_state |= level;                                 //更新 LED 操作参数
    turn_off(0xff - led_state);                         //关闭无关 LED
    turn_on(led_state);                                 //开启相关 LED
}
```

（3）充电开关模块。充电开关主要是正对继电器的操作，系统逻辑中开启继电器标志开启充电，充电开关操作函数如下：

```
#include "relay.h"
#define CHARGE_STAR        1
#define CHARGE_STOP        0

void chargeSwitch(uint8_t cmd);
```

充电开关驱动源代码如下：

```
#include "charge_switch.h"
*************************************************************
* 名称：chargeSwitch()
* 功能：充电开关操作函数
*************************************************************/
void chargeSwitch(uint8_t cmd)
```

```
{
    switch(cmd){                                    //判断操作指令
        case CHARGE_STAR:                           //开始充电
            RELAY1_CTRL(RELAY_ON);                  //充电开关开启
        break;
        case CHARGE_STOP:                           //停止充电
            RELAY1_CTRL(RELAY_OFF);                 //充电开关关闭
        break;
        default:
        break;
    }
}
```

（4）充电指示灯模块。当系统开启充电功能时，充电指示灯会指示系统的充电状态，即 RGB 灯会闪烁，充电指示头文件如下：

```
#include "stm32f4xx.h"                             //系统头文件
#include "led.h"                                   //LED 控制头文件
#define CHARGE_ON          1                       //充电指示 LED 开宏定义
#define CHARGE_OFF         0                       //充电指示 LED 关宏定义
void chargeIndicator(uint8_t cmd);
```

充电指示灯指示驱动源代码如下：

```
#include "charge_indicator.h"
extern uint8_t led_state;                          //LED 控制参数
/*******************************************************************************
* 名称：chargeIndicator()
* 功能：充电指示灯操作函数
*******************************************************************************/
void chargeIndicator(uint8_t cmd)
{
    static uint8_t rgb_twinkle = 0x10;             //RGB 灯闪烁参数
    switch(cmd){                                    //判断指令信息
        case CHARGE_ON:                             //如果为开启
        if(rgb_twinkle < 0x70){                     //判断参数是否小于 0x07
            rgb_twinkle += 0x10;                    //参数加上 0x10
        }else{
            rgb_twinkle = 0x10;                     //否则参数置 0x10
        }
        led_state &= 0x0f;                          //清除 LED 控制高位
        led_state |= rgb_twinkle;                   //更新 LED 控制高位参数
        turn_off(0xff - led_state);                 //关闭无关 LED
        turn_on(led_state);                         //开启相关 LED
        break;
        case CHARGE_OFF:                            //如果操作为关闭
            turn_off(0xf0);                         //关闭 LED 高位
        break;
```

```
        default:
        break;
    }
}
```

3）系统逻辑层软件设计

逻辑层除了功能分解的三个事件，还有一个事件，即系统初始化，系统初始化只操作一次即可。

（1）系统初始化事件模块。

```
#include "sysinit.h"
uint8_t led_state;                                        //LED 的开关参数
/****************************************************************************
* 名称：system_init()
* 功能：系统初始化函数
****************************************************************************/
void system_init(void)
{
    NVIC_PriorityGroupConfig(NVIC_PriorityGroup_2);      //设置系统中断优先级分组 2
    delay_init(168);                                     //延时初始化
    timer_init();                                        //系统时钟初始化
    usart_init(115200);                                  //串口初始化
    relay_init();                                        //继电器初始画
    led_init();                                          //LED 初始化
    AdcInit();                                           //ADC 初始化
    printf("\r\n 这是一个充电桩项目案例\r\n");
    printf("场景：充电桩通过 LED 显示当前充电车辆电池电压，充电桩可以开启和关闭充电，可以
查询电池电压! \r\n");
    printf("功能：系统 ADC 检测电池电压，LED1～LED4 表示电池电量，电量每 5 s 检测一次并打
印。\r\n");
    printf("按键 KEY1 作为充电按钮，RGB 灯闪烁显示正在充电，继电器 1 作为充电控制开关。\r\n");
    printf("按键 KEY2 作为查询按钮，按动一次，系统查询一次电量。\r\n");
}
```

（2）充电操作模块。充电操作过程涉及按键、继电器和电量指示灯。充电操作函数如下：

```
#include "charge_operation.h"
extern uint8_t led_state;                                //LED 灯控制状态
extern uint8_t key1_semaphore;                           //按键 KEY1 的操作信号量
/****************************************************************************
* 名称：charging_Operation()
* 功能：充电操作函数
****************************************************************************/
void charging_Operation(void)
{
    static uint8_t charge_flag = 0;                      //定义充电标志位
```

```
        static uint8_t last_state = 0;                      //定义上一次充电标志位状态
        if(key1_semaphore){                                 //如果按键 KEY1 动作
            charge_flag ^= 1;                               //充电标志位取反
            key1_semaphore --;                              //充电标志位信号量减 1
        }
        if(charge_flag)                                     
            chargeIndicator(CHARGE_ON);                     //如果充电标志位有效则开启充电指示灯
        else
            chargeIndicator(CHARGE_OFF);                    //否则关闭充电指示灯等
        if(charge_flag != last_state){                      //如果充电标志位状态发生变化
            if(charge_flag){                                //如果充电标志位有效
                chargeSwitch(CHARGE_STAR);                  //开始充电
                printf("Start charging !\r\n");             //打印开始充电信息
            }else{
                chargeSwitch(CHARGE_STOP);                  //停止充电
                printf("End the charge !\r\n");             //打印停止充电信息
            }
            last_state = charge_flag;                       //存储当前标志位信息
        }
    }
```

（3）电量查询模块。电量查询操作过程涉及按键操作和电压采集操作，电量查询操作函数如下：

```
#include "electricity_query.h"
extern eventFlagStruct eventFlagStructure;                  //事件操作标志位全局变量
extern uint8_t key2_semaphore;                              //按键 KEY2 操作信号量全局变量
/*****************************************************************************
* 名称：electricityQuert_Operation()
* 功能：电量查询操作函数
*****************************************************************************/
void electricityQuert_Operation(void)
{
    if(key2_semaphore){                                     //如果按键信号量不为 0
        eventFlagStructure.VoltDete_flag = 1;               //电量检测操作标志位置 1
        key2_semaphore --;                                  //信号量减 1
    }
}
```

（4）电量采集模块。电量采集操作过程除了通过 ADC 采集电压，还要对电量进行分级，为电量指示灯操作提供数据。电量采集操作函数如下：

```
#include "voltage_detection.h"
float Voltage;                                              //定义电压参数
float Percentage;                                           //定义电量参数
/*****************************************************************************
* 名称：voltageDetection_Operation()
* 功能：电量采集操作函数
```

```
******************************************************************/
void voltageDetection_Operation(void)
{
    char buf[128];                                  //定义数据缓存
    Voltage = AdcGet(1)*0.003;                      //获取电池电压信息
    Percentage = Voltage * 8;                       //获取电量百分比信息
    //电量信息
    sprintf(buf, "The battery electric quantity is %2.2f%%! \r\n", Percentage);
    usart_send((unsigned char *)buf,strlen(buf));   //发送电量信息

    if(Percentage > 98){                            //如果电量大于98%
        chargeSwitch(CHARGE_STOP);                  //关闭充电
        printf("Complete the charge !\r\n");        //打印充电完成信息
    }
    voltageIndication();                            //电量指示灯指示电量
}
```

4）应用层软件设计

应用层软件设计主要针对系统的事件调度，前面已经讲到，系统的事件调度是通过定时器设定标志位来实现的，当设定任务的时间到达时相应的标志位会被置1，从而执行任务。

应用层软件设计主要是在 main 函数中实现的。main 函数的源代码如下：

```
#include "sysinit.h"                               //系统初始化头文件
#include "operation_button.h"                      //操作按钮头文件
#include "voltage_detection.h"                     //电压检测头文件
#include "charge_operation.h"                      //充电操作头文件
#include "electricity_query.h"                     //电量查询头文件

extern eventFlagStruct eventFlagStructure;         //系统运行条件控制结构体
void main(void)
{
    system_init();                                 //系统设备初始化
    while(1){                                       //系统循环体
        if(eventFlagStructure.charging_flag){      //如果充电操作有效
            charging_Operation();                  //执行充电操作事件
            eventFlagStructure.charging_flag = 0;  //充电操作标志位清0
        }
        if(eventFlagStructure.VoltDete_flag){      //如果电量检测有效
            voltageDetection_Operation();          //执行电量检测事件
            eventFlagStructure.VoltDete_flag = 0;  //电量检测标志位清0
        }
        if(eventFlagStructure.eleQuery_flag){      //如果电量查询有效
            electricityQuert_Operation();          //执行电量查询事件
            eventFlagStructure.eleQuery_flag = 0;  //电量检测标志位清0
```

```
        }
        if(eventFlagStructure.keycheck_flag){        //按键检测有效
            buttonSemaphore_check();                 //执行按键状态检测
            eventFlagStructure.keycheck_flag = 0;    //按键检测标志位清 0
        }
    }
}
```

至此整个软件的设计就完成了，通过测试保证系统稳定即可实现应用。

5.9.3　小结

通过综合应用项目开发，读者可以重新回顾并加深对 STM32 外设属性和原理的掌握。STM32 的片上外设在实际的应用中都只是实现某些特定功能的工具，更重要的是项目工程编程思想的学习。本项目工程可以分解为四个部分：应用层、逻辑层、硬件抽象层和驱动层，在更大的项目中，层次可能会更加细化。将一个综合项目通过细化分解为这四个部分，可以使得系统程序设计变得更加清晰，从而加快程序开发速度，缩短开发周期。

5.9.4　思考与拓展

（1）一个综合项目可以被分解为哪几个层次？

（2）软件的设计层次之间是什么关系？

（3）软件设计中为何要在关机功能的代码中设计按键的中断配置？

（4）系统的事件调度是如何实现的？

第 6 章

嵌入式高级接口开发技术

本章主要介绍 STM32 的高级接口技术，包括 LCD、I2C 和 SPI 接口技术，并结合理论知识进行应用开发实践，例如通过 STM32 LCD 功能完成可视对讲系统屏幕驱动设计、通过 I2C 接口和温湿度传感器完成档案库房环境监控系统设计、通过 SPI 接口和 Flash 存储器完成高速动态数据存取设计。最后通过综合性项目——智能防盗门锁设计与实现，讲解系统的需求分析、逻辑功能分解和软/硬件架构设计方法。

通过本章的学习，读者可以掌握 STM32 的高级接口原理、功能和开发技术，从而具备嵌入式系统的开发能力。

6.1　STM32 LCD 技术应用开发

本节重点学习 STM32 的 FSMC 总线，掌握 FSMC 总线的基本原理、通信协议，以及 LCD 的基本原理，通过 FSMC 总线实现可视对讲系统屏幕驱动设计。

6.1.1　显示器

显示器属于计算机的输出设备，常见的有 CRT 显示器、液晶显示器、LED 点阵显示器和 OLED 显示器。

1. 液晶显示器

相对于上一代 CRT（阴极射线管显示器），液晶显示器（Liquid Crystal Display，LCD）具有功耗低、体积小、承载的信息量大以及不伤眼等优点，成了主流的电子显示设备，如电视、电脑显示器、手机屏幕及各种嵌入式设备的显示器等。

液晶是一种介于固体和液体之间的特殊物质，它是一种有机化合物，常态下呈液态，但是它的分子排列和固体晶体一样非常规则，因此取名液晶。如果给液晶施加电场，就会改变它的分子排列，从而改变光线的传播方向，配合偏振光片，它就具有控制光线透过率的作用，再配合彩色滤光片并改变加给液晶电压大小，就能改变某一颜色透光量的多少。利用这种原理，可做出可控制红、绿、蓝三种光线输出强度的显示结构，把三种显示结构组成一个显示单位，通过控制红、绿、蓝三种光线的强度，可以使显示单位混合输出不同的色彩，这样的一个显示单位被称为像素。液晶屏的显示结构如图 6.1 所示。

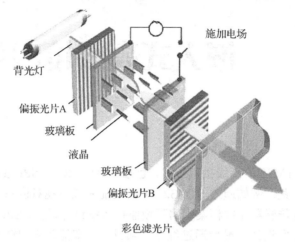

图 6.1　液晶屏的显示结构

注意：由于液晶本身是不发光的，所以需要有一个背光灯提供光源，光线经过一系列处理后才能输出，因此输出光线的强度要比光源的强度低很多。

2. LED

LED 点阵显示器不存在液晶显示器的问题，LED 点阵彩色显示器的单个像素点内包含红、绿、蓝三色 LED，通过控制红、绿、蓝颜色的强度并进行混色，可实现全彩输出，多个像素点即可构成一个屏幕。由于每个像素点都是 LED 自发光的，所以在户外白天也显示得非常清晰，但由于 LED 的体积较大，导致屏幕的像素密度低，所以只适合用于广场上的巨型显示器。相对来说，单色 LED 点阵显示器应用得更广泛，如公交车上的信息展示牌等。单色 LED 点阵显示器如图 6.2 所示。

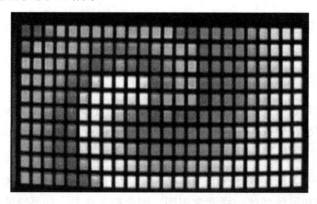

图 6.2　单色 LED 点阵显示器

3．显示器的基本参数

显示器的基本参数如下：

（1）像素：像素是组成图像的最基本的单元要素，显示器的像素指它成像最小的点，即前面讲解液晶原理中提到的显示单元。

（2）分辨率：通常以"行像素值×列像素值"来表示屏幕的分辨率，如 800×480 表示该显示器的每行有 800 个像素点、每列有 480 个像素点，也可理解为有 800 列、480 行。

（3）色彩深度：色彩深度指显示器的每个像素点能表示多少种颜色，一般用位（bit）来表示。例如，单色显示器的每个像素点能表示亮或灭两种状态（实际上能显示两种颜色），用 1 个数据位就可以表示像素点的所有状态，所以它的色彩深度为 1 bit，其他常见的显示器色彩深度有 16 bit、24 bit。

（4）显示器尺寸：显示器的大小一般以英寸表示，如 5 英寸、21 英寸、24 英寸等，这个长度是指屏幕对角线的长度，通过显示器的对角线长度和长宽比可确定显示器的实际尺寸。

（5）点距：点距指两个相邻像素点之间的距离，它会影响画质的细腻度及观看距离，相同尺寸的屏幕，若分辨率越高，则点距越小，画质越细腻。现在有些手机屏幕的画质比电脑显示器还细腻，这是因为手机屏幕的点距小；LED 点阵显示屏的点距一般都比较大，所以适合远距离观看。

6.1.2　STM32 FSMC 接口技术

1．FSMC 简介

STM32F407 或 STM32F417 系列微处理器都带有 FSMC 模块。灵活静态存储控制器（Flexible Static Memory Controller，FSMC）能够与同步或异步存储器、16 位 PC 存储器卡连接，STM32 的 FSMC 模块支持与 SRAM、NAND Flash、NOR Flash 和 PSRAM 等存储器的连接。FSMC 的框图如图 6.3 所示。

从图 6.3 可以看出，FSMC 模块将外部设备分为两类：NOR Flash/PSRAM 存储器、NAND Flash/PC 存储卡，它们共用地址总线和数据总线等信号，通过不同的片选信号（CS）来区分不同的设备。例如，TFT LCD 使用 FSMC_NE4 作为片选信号，可将 TFT LCD 当成 SRAM 来控制。

2．TFT LCD 作为 SRAM 设备使用

为什么可以把 TFT LCD 当成 SRAM 设备使用呢？外部 SRAM 的控制信号一般有地址总线（如 A0～A18）、数据总线（如 D0～D15）、写信号（WE）、读信号（OE）、片选信号（CS），如果 SRAM 支持字节控制，那么还有 UB/LB 信号。而 TFT LCD 的控制信号包括 RS、D0～D15、WR、RD、CS、RST 和 BL 等，其中在实际操作 TFT LCD 时需要用到的

只有 RS、D0~D15、WR、RD 和 CS，其操作时序和 SRAM 完全相同，唯一不同就是 TFT LCD 有 RS 信号，但是没有地址总线。

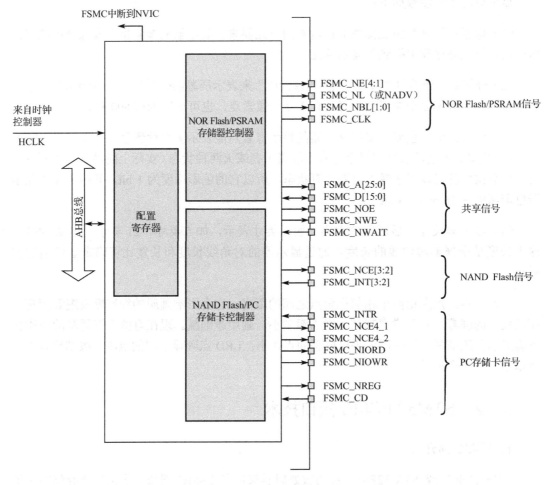

图 6.3　FSMC 框图

　　TFT LCD 通过 RS 信号来决定传输的数据是数据还是命令，本质上可以理解为一个地址信号。例如，把 RS 接在 A0 上，那么当 FSMC 控制器写地址 0 时，会使 A0 变为 0，对 TFT LCD 来说，就是写命令；而当 FSMC 控制器写地址 1 时，A0 将会变为 1，对 TFT LCD 来说，就是写数据。这样就把数据和命令区分开了，它们其实就是对应 SRAM 操作的两个连续地址。当然 RS 也可以接在其他地址线上。

　　STM32 的 FSMC 模块支持 8、16、32 位的数据宽度，本节项目中用到的 TFT LCD 是 16 位数据宽度，所以在设置时选择 16 位就可以了。

3．FSMC 的外部设备地址映像

　　STM32 的 FSMC 模块将外部存储器划分为固定大小为 256 MB 的 4 个存储块，FSMC 存储器地址映像如图 6.4 所示。

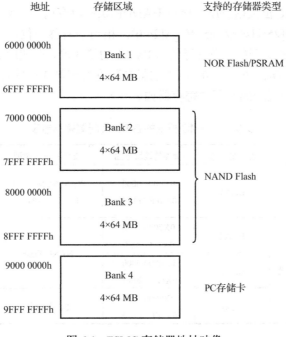

地址　　　　　　存储区域　　　　　　支持的存储器类型

图 6.4　FSMC 存储器地址映像

从图 6.4 可以看出，FSMC 模块总共管理 1 GB 的空间，拥有 4 个存储块（Bank），下述介绍仅讨论存储块 1 的相关配置，其他存储块的配置请参考芯片相关资料。

FSMC 模块的存储块 1（Bank1）被分为 4 个区，每个区管理 64 MB 的空间，每个区都有独立的寄存器对所连接的存储器进行配置。Bank1 的 256 MB 空间由 28 根地址线（HADDR[27:0]）寻址。

HADDR 是内部 AHB 地址总线，其中 HADDR[25:0] 来自外部存储器地址 FSMC_A[25:0]，而 HADDR[27:26] 对 4 个区进行寻址，Bank1 存储区选择表如表 6.1 所示。

表 6.1　Bank1 存储区选择表

Bank1 存储区	片选信号	地址范围	HADDR	
			[27:26]	[25:0]
第 1 区	FSMC_NE1	0X6000 0000～63FF FFFF	00	FSMC_A[25:0]
第 2 区	FSMC_NE2	0X6400 0000～67FF FFFF	01	
第 3 区	FSMC_NE3	0X6800 0000～6BFF FFFF	10	
第 4 区	FSMC_NE4	0X6C00 0000～6FFF FFFF	11	

要特别注意 HADDR[25:0] 的对应关系，当 Bank1 连接的是 16 位数据宽度的存储器时，HADDR[25:1] 对应 FSMC_A[24:0]；当 Bank1 连接的是 8 位数据宽度的存储器时，HADDR[25:0] 对应 FSMC_A[25:0]。

不论 8 位或 16 位数据宽度的设备，FSMC_A[0] 永远接在外部设备地址 A[0]。这里，

第
6
章

TFT LCD 使用的是 16 位数据宽度，所以 HADDR[0]并没有用到，只有 HADDR[25:1]是有效的，因此 HADDR[25:1]对应 FSMC_A[24:0]，相当于右移一位。另外，HADDR[27:26]的设置是不需要干预的，例如，当选择使用 Bank1 的第 3 区，即使用 FSMC_NE3 来连接外部设备时，对应 HADDR[27:26]=10，要做的就是配置对应第 3 区的寄存器组来适应外部设备即可。FSMC 模块的各 Bank 配置寄存器如表 6.2 所示。

表 6.2　FSMC 模块的各 Bank 配置寄存器表

内部控制器	存 储 块	管理的地址范围	支持的设备类型	配置寄存器
NOR Flash 存储器控制器	Bank1	0X6000 0000 0X6FFF FFFF	SRAM/ROM、NOR Flash、PSRAM	FSMC_BCR1/2/3/4 FSMC_BTR1/2/3/4 FSMC_BWTR1/2/3/4
NAND Flash/PC 存储卡控制器	Bank2	0X7000 0000 0X7FFF FFF	NAND Flash	FSMC_PCR2/3/4 FSMC_SR2/3/4 FSMC_PMEM2/3/4 FSMC_PATT2/3/4
	Bank3	0X8000 0000 0X8FFF FFFF		
	Bank4	0X9000 0000 0X9FFF FFFF	PC 存储卡	FSMC_PI04 FSMC_ECCR2/3

对于 NOR Flash 存储器控制器，主要是通过 FSMC_BCRx、FSMC_BTRx 和 FSMC_BWTRx 寄存器来设置的（其中 x=1~4，分别对应 4 个区）。通过这 3 个寄存器可以设置 FSMC 模块访问外部存储器的时序参数，拓宽了可选用的外部存储器的速度范围。FSMC 模块的 NOR Flash 存储器控制器支持同步突发和异步突发两种访问方式，选用同步突发访问方式时，FSMC 模块将 HCLK（系统时钟）分频后，发送给外部存储器作为同步时钟信号 FSMC_CLK，此时需要的设置的时间参数有两个：

（1）HCLK 与 FSMC_CLK 的分频系数（CLKDIV，可以为 2~16）。

（2）同步突发访问中获得第 1 个数据所需要的等待延迟（DATLAT）。

对于异步突发访问方式，FSMC 模块主要设置 3 个时间参数：地址建立时间（ADDSET）、数据建立时间（DATAST）和地址保持时间（ADDHLD）。FSMC 模块综合 SRAM、ROM、PSRAM 和 NOR Flash 的信号特点，定义了 5 种不同的异步时序模式，选用不同的异步时序模式时，需要设置不同的时序参数。NOR Flash 存储器控制器支持的异步时序和同步时序模式如表 6.3 所示。

表 6.3　NOR Flash 存储器控制器支持的异步时序和同步时序模式

时 序 模 式		简 单 描 述	时 间 参 数
异步突发	模式 1	SRAM/CRAM 时序	DATAST、ADDSET
	扩展模式 A	SRAM/CRAM OE 选通型时序	DDATAST、ADDSET
	模式 2/扩展模式 B	NOR Flash 时序	DATAST、ADDSET
	扩展模式 C	NOR Flash OE 选通型时序	DATAST、ADDSET
	扩展模式 D	延长地址保持时间的异步时序	DATAST、ADDSET、ADDHLK
同步突发		根据同步时钟 FSMC_CK 读取多个顺序单元的数据	CLKDIV、DATLAT

在实际扩展时，根据选用存储器的特征确定时序模式，从而确定各时间参数与存储器读/写周期参数之间的计算关系；利用该计算关系和存储芯片数据手册中给定的参数，可计算出 FSMC 模块所需要的各时间参数，从而对时间参数寄存器进行合理的配置。

4. 异步静态存储器（NOR Flash、PSRAM、SRAM）

（1）操作模式。

① 信号通过内部时钟 HCLK 进行同步，不会将此时钟发送到存储器。

② FSMC 模块先对数据进行采样，再禁止片选信号 NE，这样可以确保符合存储器数据保持的时序要求。

③ 如果使能扩展模式（FSMC_BCR*x* 寄存器中的 EXTMOD 位置 1），则最多可提供 4 种扩展模式（A、B、C 和 D），可以混合使用扩展模式 A、B、C 和 D 来进行读取和写入操作。例如，可以在扩展模式 A 下执行读取操作，而在扩展模式 B 下执行写入操作。

如果禁用扩展模式（FSMC_BCR*x* 寄存器中的 EXTMOD 位清 0），则 FSMC 模块可以在模式 1 或模式 2 下运行，如下所述。

● 当选择 SRAM/PSRAM 存储器类型时，模式 1 为默认模式（FSMC_BCR*x* 寄存器中 MTYP=0x00 或 0x01）。
● 当选择 NOR Flash 存储器类型时，模式 2 为默认模式（FSMC_BCR*x* 寄存器中 MTYP=0x10）。

本节的项目使用异步扩展模式 A（ModeA）方式来控制 TFT LCD，扩展模式 A 的读操作时序如图 6.5 所示。

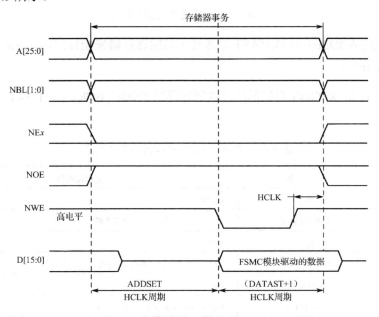

图 6.5　扩展模式 A 的读操作时序

　　扩展模式 A 支持独立的读/写操作采用不同的时序控制，这个对驱动 TFT LCD 来说非常有用，因为 TFT LCD 在读时，一般比较慢，而在写时则比较快，如果读/写用一样的时序，那么只能以读操作的时序为基准，从而导致写的速度变慢，或者在读时，重新配置 FSMC 模块的延时，在读操作完成时，再配置写操作的时序，这样虽然也不会降低写的速度，但是需要频繁地进行配置。如果具有独立的读/写操作时序控制，那么既可以满足速度要求，又不需要频繁地进行配置。扩展模式 A 的写操作时序如图 6.6 所示。

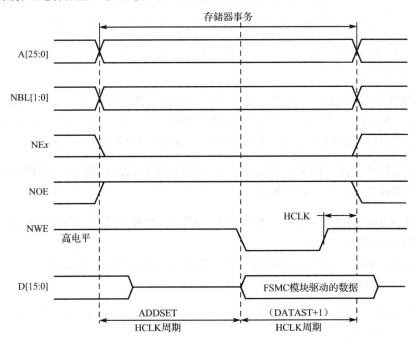

图 6.6　扩展模式 A 写操作时序

　　图 6.6 中的 ADDSET 与 DATAST 是通过不同的寄存器来配置的，接下来将介绍 Bank1 的几个控制寄存器。

　　（2）SRAM/NOR Flash 存储器片选控制寄存器 FSMC_BCRx（x=1~4）的各位描述如表 6.4 所示。

表 6.4　FSMC_BCRx 寄存器的各位描述

位　号	位　名	要设置的值
31~20	保留	0x000
19	CBURSTRW	0x0（对异步突发模式没有影响）
18:16	保留	0x0
15	ASYNCWAIT	如果存储器支持该特性，则置为 1；否则保持为 0
14	EXTMOD	0x1
13	WAITEN	0x0（对异步突发模式没有影响）
12	WREN	0x1

续表

位 号	位 名	要设置的值
11	WAITCFG	根据需要进行设置
10	WRAPMOD	0x0
9	WAITPOL	仅当位 15 为 1 时才有意义
8	BURSTEN	0x0
7	保留	0x1
6	FACCEN	无关
5～4	MWID	根据需要进行配置
3～2	MTYP	根据需要进行配置，0x2 除外（NOR Flash）
1	MUXEN	0x0
0	MBKEN	0x1

该寄存器在本节的项目中用到的设置有 EXTMOD、WREN、MWID、MTYP 和 MBKEN，下面将逐个介绍。

EXTMOD：扩展模式使能位，设置是否允许读/写操作采用不同的时序，本任务需要读/写操作采用不同的时序，故该位需要设置为 1。

WREN：写使能位，如果需要向 TFT LCD 写数据，故该位必须设置为 1。

MWID[1:0]：存储器数据总线宽度，00 表示 8 位数据模式；01 表示 16 位数据模式；10 和 11 保留。TFT LCD 采用 16 位数据模式，所以设置 MWID[1:0]=01。

MTYP[1:0]：存储器类型，00 表示 SRAM、ROM；01 表示 PSRAM；10 表示 NOR Flash；11 保留。本任务把 TFT LCD 当成 SRAM 用，所以需要设置 MTYP[1:0]=00。

MBKEN：存储块使能位，这个容易理解，如果需要用到该存储块控制 TFT LCD，当然要使能这个存储块了。

（3）SRAM/NOR Flash 存储器片选时序寄存器 FSMC_BTRx（x=1～4）的各位描述如表 6.5 所示。

表 6.5　FSMC_BTRx 寄存器的各位描述

位 号	位 名	要设置的值
31:30	保留	0x0
29～28	ACCMOD	0x0
27～24	DATLAT	无关
23～20	CLKDIV	无关
19～16	BUSTURN	从 NEx 变为高电平到 NEx 变为低电平之间的时间（BUSTURN HCLK）
15～8	DATAST	第二个访问阶段的持续时间（写入访问为 DATAST+1 个 HCLK 周期，读取访问为 DATAST 个 HCLK 周期）
7～4	ADDHLD	无关
3～0	ADDSET	第一个访问阶段的持续时间（ADDSET 个 HCLK 周期），ADDSET 的最小值为 0

这个寄存器包含每个存储器块的控制信息，可以用于 SRAM、ROM 和 NOR Flash 存储器。如果 FSMC_BCRx 寄存器中设置了 EXTMOD 位，则有两个时序寄存器分别对应读操作（本寄存器）和写操作（FSMC_BWTRx 寄存器）。因为要求读/写操作采用不同的时序控制，所以 EXTMOD 是使能的，也就是本寄存器用于控制读操作的相关时序。本节的项目要用到的设置有 ACCMOD、DATAST 和 ADDSET 这三个设置。

ACCMOD[1:0]：扩展模式，00 表示扩展模式 A；01 表示扩展模式 B；10 表示扩展模式 C；11 表示扩展模式 D，本节的项目用到扩展模式 A，故设置为 00。

DATAST[7:0]：数据保持时间。0 为保留设置，其他设置则表示保持时间为 DATAST 个 HCLK 时钟周期，最大为 255 个 HCLK 周期。对 ILI9341 来说，其实就是 RD 低电平持续时间，一般为 355 ns。而一个 HCLK 时钟周期为 6 ns 左右（1/168 MHz）。为了兼容其他设备，这里设置 DATAST 为 60，也就是 60 个 HCLK 周期，时间大约是 360 ns。

ADDSET[3:0]：地址建立时间。其建立时间为 ADDSET 个 HCLK 周期，最大为 15 个 HCLK 周期。对 ILI9341 来说，这里相当于 RD 高电平持续时间，为 90 ns，设置 ADDSET 为 15，即 15×6=90 ns。

（4）SRAM/NOR Flash 存储器写时序寄存器 FSMC_BWTRx（x=1～4）的各位描述如表 6.6 所示。

表 6.6　FSMC_BWTRx 寄存器的各位描述

位 号	位 名	要设置的值
31:30	保留	0x0
29～28	ACCMOD	0x0
27～24	DATLAT	无关
23～20	CLKDIV	无关
19～16	BUSTURN	从 NEx 变为高电平到 NEx 变为低电平之间的时间（BUSTURN HCLK）
15～8	DATAST	第二个访问阶段的持续时间（写入访问为 DATAST+1 个 HCLK 周期）
7～4	ADDHLD	无关
3～0	ADDSET	第一个访问阶段的持续时间（ADDSET 个 HCLK 周期），ADDSET 的最小值为 0

该寄存器在本节的项目中作为写操作时序控制寄存器，需要用到的设置是 ACCMOD、DATAST 和 ADDSET。这三个设置的方法同 FSMC_BTRx 一样，只是这里对应的是写操作的时序，ACCMOD 设置同 FSMC_BTRx 一样，同样是选择模式 1，DATAST 和 ADDSET 则对应低电平和高电平持续时间，对 ILI9341 来说，这两个时间只需要 15 ns 就够了，比读操作快得多，所以这里设置 DATAST 为 3，即 3 个 HCLK 周期，时间约为 18 ns；ADDSET 设置为 3，即 3 个 HCLK 周期，时间约为 18 ns。

FSMC_BCRx 和 FSMC_BTRx 可组合成 BTCR[8]寄存器组，它们的对应关系为：BTCR[0] 对应 FSMC_BCR1，BTCR[1]对应 FSMC_BTR1，BTCR[2]对应 FSMC_BCR2，BTCR[3]对

应 FSMC_BTR2，BTCR[4]对应 FSMC_BCR3，BTCR[5]对应 FSMC_BTR3，BTCR[6]对应 FSMC_BCR4，BTCR[7]对应 FSMC_BTR4。

FSMC_BWTR*x* 和 BWTR[7]的对应关系为：BWTR[0]对应 FSMC_BWTR1，BWTR[1] 保留，BWTR[2]对应 FSMC_BCR2，BWTR[3]保留，BWTR[4]对应 FSMC_BWTR3，BWTR[5] 保留，BWTR[6]对应 FSMC_BWTR4。

6.1.3　STM32 FSMC 库函数

1. FSMC 模块初始化函数

初始化 FSMC 模块主要是初始化 FSMC_BCR*x*、FSMC_BTR*x* 和 FSMC_BWTR*x* 这三个寄存器，固件库提供了 3 个 FSMC 模块初始化函数，分别为：

```
FSMC_NORSRAMInit();
FSMC_NANDInit();
FSMC_PCCARDInit();
```

这三个函数分别用来初始化 4 种存储器，根据函数名就可以判断对应关系。用来初始化 NOR Flash 和 SRAM 使用同一个函数 FSMC_NORSRAMInit()，其定义为：

```
void FSMC_NORSRAMInit(FSMC_NORSRAMInitTypeDef* FSMC_NORSRAMInitStruct);
```

这个函数只有一个入口参数，即 FSMC_NORSRAMInitTypeDef 类型指针变量，这个结构体的成员变量非常多，因为 FSMC 模块相关的配置项非常多。

```
typedef struct
{
    uint32_t FSMC_Bank;
    uint32_t FSMC_DataAddressMux;
    uint32_t FSMC_MemoryType;
    uint32_t FSMC_MemoryDataWidth;
    uint32_t FSMC_BurstAccessMode;
    uint32_t FSMC_AsynchronousWait;
    uint32_t FSMC_WaitSignalPolarity;
    uint32_t FSMC_WrapMode;
    uint32_t FSMC_WaitSignalActive;
    uint32_t FSMC_WriteOperation;
    uint32_t FSMC_WaitSignal;
    uint32_t FSMC_ExtendedMode;
    uint32_t FSMC_WriteBurst;
    FSMC_NORSRAMTimingInitTypeDef* FSMC_ReadWriteTimingStruct;
    FSMC_NORSRAMTimingInitTypeDef* FSMC_WriteTimingStruct;
}FSMC_NORSRAMInitTypeDef;
```

这个结构体有 13 个基本类型（unit32_t）的成员变量，它们是用来配置片选控制寄存器 FSMC_BCR*x* 的。

还有两个 SMC_NORSRAMTimingInitTypeDef 类型的指针成员变量。FSMC 模块有读操作时序和写操作时序之分，所以这两个成员变量用来设置读操作时序和写操作时序，分别用来配置寄存器 FSMC_BTR*x* 和 FSMC_BWTR*x*。扩展模式 A 下的相关配置参数如下：

（1）FSMC_Bank 用来设置使用到的存储块标号和区号，本节的项目使用存储块 1 区号 4，所以设置为 FSMC_Bank1_NORSRAM4。

（2）FSMC_MemoryType 用来设置存储器类型，本节的项目使用 SRAM，所以设置为 FSMC_MemoryType_SRAM。

（3）FSMC_MemoryDataWidth 用来设置数据宽度，可选 8 位还是 16 位，本节的项目采用 16 位数据宽度，所以设置为 FSMC_MemoryDataWidth_16b。

（4）FSMC_WriteOperation 用来设置写使能，本节的项目要向 TFT LCD 写数据，所以要写使能，设置为 FSMC_WriteOperation_Enable。

（5）FSMC_ExtendedMode 用于设置扩展模式使能，即是否允许读/写操作采用不同的时序，本节的项目采用不同的读/写操作时序，所以设置为 FSMC_ExtendedMode_Enable。

上面的这些参数是与扩展模式 A 相关的，下面介绍一下其他几个参数。

FSMC_DataAddressMux 用来设置地址/数据复用使能，若设置为使能，那么地址的低 16 位和数据将共用数据总线，仅对 NOR Flash 和 PSRAM 有效，所以设置为默认值不复用，即 FSMC_DataAddressMux_Disable。

FSMC_BurstAccessMode、FSMC_AsynchronousWait、FSMC_WaitSignalPolarity、FSMC_WaitSignalActive、 FSMC_WrapMode、 FSMC_WaitSignal、 FSMC_WriteBurst 和 FSMC_WaitSignal 在同步突发时才需要设置。

接下来设置读/写操作时序参数的两个成员变量 FSMC_ReadWriteTimingStruct 和 FSMC_WriteTimingStruct，它们都是 FSMC_NORSRAMTimingInitTypeDef 类型的指针成员变量，这两个成员变量在初始化时分别用来初始化片选控制寄存器 FSMC_BTR*x* 和写操作时序控制寄存器 FSMC_BWTR*x*。下面是 FSMC_NORSRAMTimingInitTypeDef 的定义。

```
typedefstruct
{
    uint32_t FSMC_AddressSetupTime;
    uint32_t FSMC_AddressHoldTime;
    uint32_t FSMC_DataSetupTime;
    uint32_t FSMC_BusTurnAroundDuration;
    uint32_t FSMC_CLKDivision;
    uint32_t FSMC_DataLatency;
```

```
    uint32_t FSMC_AccessMode;
}FSMC_NORSRAMTimingInitTypeDef;
```

这个结构体有 7 个成员变量,它们的含义在讲解 FSMC 模块的时序时已介绍过,主要是设置地址建立/保持时间、数据建立时间等。本节的项目的读/写操作时序不一样,对读/写速度的要求也不一样,所以 FSMC_DataSetupTime 设置了不同的值。

2. FSMC 模块使能函数

FSMC 模块对不同的存储器类型提供了不同的使能函数。

```
void FSMC_NORSRAMCmd(uint32_t FSMC_Bank,FunctionalState NewState);
void FSMC_NANDCmd(uint32_t FSMC_Bank,FunctionalState NewState);
void FSMC_PCCARDCmd(FunctionalState NewState);
```

6.1.4 ILI93xx LCD 原理

1. ILI93xx 控制器基本原理

本章使用的开发平台上的屏幕为 ILI93xx 系列 TFT LCD,此系列内部都含有 ILI93xx 控制器,此处以典型的 ILI9341 控制器为例对 TFT LCD 进行讲解,该控制器内部结构非常复杂,如图 6.7 所示。ILI9341 控制器的核心部分是位于中间的 GRAM(Graphics RAM),它就是显存。GRAM 中每个存储单元都对应着液晶面板的一个像素点,它右侧的各种模块共同作用把 GRAM 存储单元的数据转化成液晶面板的控制信号,使像素点呈现特定的颜色,而像素点组合起来则可构成一幅完整的图像。

图 6.7 的左上角为 ILI9341 控制器的主要控制信号线和配置引脚,根据其不同的设置可以使芯片工作在不同的模式,如每个像素点的位数是 6 位、16 位还是 18 位。微处理器可通过 SPI 接口、8080 接口或 RGB 接口与 ILI9341 控制器进行通信,从而访问它的控制寄存器(CR)、地址计数器(AC)以及 GRAM。

在 GRAM 的左侧还有一个 LED 控制器(LED Controller)。LCD 为非发光性的显示装置,它需要借助背光源才能达到显示功能,LED 控制器用来控制液晶屏中的 LED 背光源。

2. 液晶屏信号线及 8080 时序

ILI9341 控制器根据自身的 IM[3:0]信号线电平决定它与微处理器的通信方式,支持 SPI 和 8080 接口。ILI9341 控制器在出厂前就已经按固定配置好(内部已连接硬件电路),它被配置为通过 8080 接口通信,使用 16 根数据线的 RGB565 格式。内部硬件电路连接完,剩下的其他信号线被引出到 FPC 排线,最后该排线由 PCB 底板引出到排针,排针再与 STM32 连接。ILI9341 芯片引出信号线如图 6.8 所示。

第
6
章

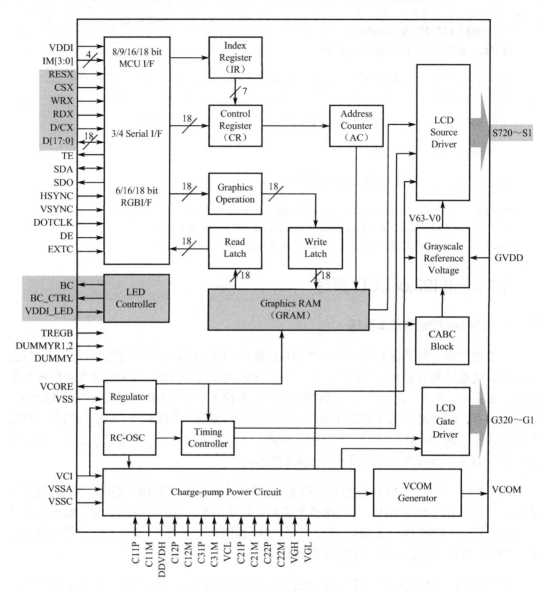

图 6.7　ILI9341 控制器内部结构

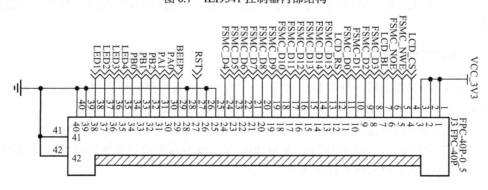

图 6.8　ILI9341 芯片引出信号线

ILI9341 芯片引出信号线说明如表 6.7 所示。

表 6.7　ILI9341 芯片引出信号线说明

信　号　线	ILI9341 对应信号线	说　　　明
FSMC_D[15:0]	D[15:0]	数据信号线
LCD_CS	CSX	片选信号，低电平有效
FSMC_NWE	WRX	写数据信号，低电平有效
FSMC_NOE	RDX	读数据信号，低电平有效
LCD_BL	—	背光信号，低电平点亮
LCD_RS	D/CX	数据/命令信号，高电平时，D[15:0]表示数据（RGB 像素数据或命令数据）；低电平时 D[15:0]表示控制命令
RST	RESX	复位信号，低电平有效

这些信号线即 8080 接口，带 X 的表示低电平有效，STM32 通过该接口与 ILI9341 芯片通信，实现对 ILI9341 芯片的控制。通信的内容主要包括命令和显存数据，显存数据是各个像素点的 RGB565 内容；命令是指对 ILI9341 芯片的控制指令，微处理器可通过 8080 接口发送命令编码控制 ILI9341 芯片的工作方式，例如，复位指令、设置光标指令、睡眠模式指令等。8080 接口时序如图 6.9 所示。

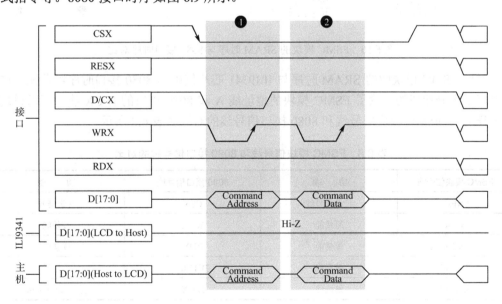

图 6.9　8080 接口时序

由图 6.9 可知，写命令时序由片选信号 CSX 拉低开始，数据/命令选择信号线 D/CX 为低电平表示写入的是命令地址（可理解为命令编码，如软件复位命令 0x01），写信号 WRX 为低电平、读信号 RDX 为高电平时表示数据传输方向为写入，同时在数据线 D[17:0]（或 D[15:0]）输出命令地址。在第二个传输阶段传输的是命令的参数，所以 D/CX 要置为高电平，表示写入的是命令数据，命令数据是某些命令带有的参数，如复位命令编码为 0x01，它后面可以带一个参数，该参数表示在多少秒后复位。

3. FSMC 的 8080 端口模拟

在 STM32 的使用过程中，通常使用 STM32 的 FSMC 模块对 8080 接口的时序进行模拟，根据前文可知，FSMC 模块为不同的存储器设定了不同的总线控制时序，而用于模拟 8080 接口的时序是使用 FSMC 模块的扩展模式 B 来模拟的。FSMC 模块的 SRAM 时序与 8080 接口时序对比如图 6.10 所示。

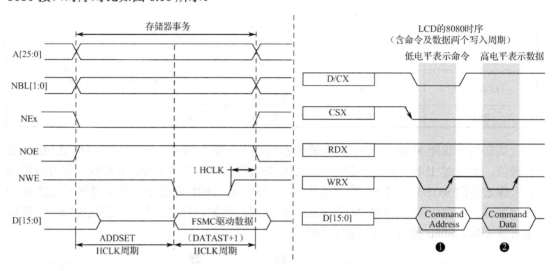

图 6.10　FSMC 模块的 SRAM 时序与 8080 接口时序对比

对比 FSMC 模块中的 SRAM 时序与 ILI9341 芯片使用的 8080 接口时序可发现，这两个时序是十分相似的（除了 FSMC 模块的地址线 A 和 8080 接口的 D/CX 线，可以说是完全一样的）。FSMC 模块信号线和 8080 接口信号线的对比如表 6.8 所示。

表 6.8　FSMC 模块信号线和 8080 接口信号线的对比

FSMC 模块信号线	功　能	8080 接口信号线	功　能
NEx	片选信号线	CSX	片选信号
NWR	写使能	WRX	写使能
NOE	读使能	RDX	读使能
D[15:0]	数据线	D[15:0]	数据线
A[25:0]	地址线	D/CX	数据/命令选择

对于 FSMC 模块和 8080 接口，前四种信号线都是完全一样的，仅仅是 FSMC 模块的 A[25:0]与 8080 接口的 D/CX 有区别。对于 D/CX，它为高电平时表示数据，为低电平时表示命令，如果 FSMC 模块的 A 地址线能根据不同的情况产生对应的电平，那么就完全可以使用 FSMC 模块来产生 8080 接口需要的时序了。

为了模拟出 8080 接口时序，可以把 FSMC 模块的 A0 地址线（也可以使用其他 A1、A2 等地址线）与 ILI9341 芯片 8080 接口的 D/CX 信号线连接，那么当 A0 为高电平时（即

D/CX 为高电平），D[15:0]的信号会被 ILI9341 理解为数据，若 A0 为低电平时（即 D/CX
为低电平），传输的信号则会被理解为命令。

由于 FSMC 模块会自动产生地址信号，当使用 FSMC 模块向 0x6xxxxxx1、0x6xxxxxx3、
0x6xxxxxx5…这些奇数地址写入数据时，地址最低位的值均为 1，所以它会控制地址线 A0
（D/CX）输出高电平，那么这时通过数据线传输的信号会被理解为数据；若向 0x6xxxxxx0、
0x6xxxxxx2、0x6xxxxxx4…这些偶数地址写入数据时，地址最低位的值均为 0，所以它会
控制地址线 A0（D/CX）输出低电平，因此这时通过数据线传输的信号会被理解为命令。
控制命令如表 6.9 所示。

表 6.9　控制命令

地　　址	地址的二进制数的低 4 位	A0（D/CX）的电平	控制 ILI9341 的含义
0x6xxxxxx1	0001	1（高电平）	D（数据）
0x6xxxxxx3	0011	1（高电平）	D（数据）
0x6xxxxxx5	0101	1（高电平）	D（数据）
0x6xxxxxx0	0000	0（低电平）	C（命令）
0x6xxxxxx2	0010	0（低电平）	C（命令）
0x6xxxxxx4	0100	0（低电平）	C（命令）

只要配置好 FSMC 模块，然后利用指针变量向不同的地址单元写入数据，就能够由
FSMC 模块模拟出的 8080 接口并向 ILI9341 写入控制命令或数据了。

6.1.5　开发实践：可视对讲屏幕驱动设计

随着科技的进步和时代的发展，可视化设备在我们的生活中得到了越来越广泛的使用，
如手机、电脑、电视、广告牌、车载显示器、可视对讲系统等。

可视对讲系统是一套现代化的小区住宅服务措施，提供访客与住户之间双向可视通话，
达到图像、语音双重识别从而增加安全可靠性，同时可节省大量的时间，提高工作效率。
它可提高住宅的整体管理和服务水平，创造安全社区居住环境，因此逐步成为小区住宅不
可缺少的配套设备。本项目将围绕这个场景展开对 STM32 的 FSMC 接口的学习与开发。
可视对讲如图 6.11 所示。

图 6.11　可视对讲

某楼宇智能设备企业要设计一款可视对讲系统设备，要求使用 STM32 的 FSMC 接口驱动液晶显示屏。

1．开发设计

1）硬件设计

本项目的硬件架构设计如图 6.12 所示。

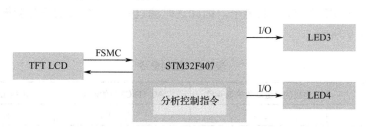

图 6.12　硬件架构设计

本项目的设计思路要从 TFT LCD 的驱动方式入手，TFT LCD 为了实现较快的刷新速率，需要在设计上使用并行数据总线对其进行操作，如果 STM32 通过 GPIO 来模拟的话，同样可使实现 TFT LCD 的操作，但不能有效地提升 TFT LCD 的刷新速率，此时需要采用固有的硬件并行数据总线才能提升 TFT LCD 的刷新潜力，STM32 正好有并行数据总线外设 FSMC 模块，它支持 SARM 的闪存，其原理与 TFT LCD 的控制类似，所以可以使用 FSMC 模块对 TFT LCD 进行操作。

TFT LCD 使用 8080 接口，8080 接口拥有 16 条数据线，一条片选信号线 CSX、一条数据/命令信号线 D/CX、一条读控制信号线 WRX、一条写控制信号线 RDX，另外还有辅助的背光控制信号线 LCD_BL 和 TFT LCD 复位信号线 RST。信号线与 STM32F407 引脚对应关系如表 6.10 所示。

表 6.10　信号线与 STM32F407 引脚对应关系

序　号	信号线属性	原理图网络标号	STM32F407 对应引脚
1	数据线比特位 0	FSMC_D0	PD15
2	数据线比特位 1	FSMC_D1	PD14
3	数据线比特位 2	FSMC_D2	PD0
4	数据线比特位 3	FSMC_D3	PD1
5	数据线比特位 4	FSMC_D4	PE7
6	数据线比特位 5	FSMC_D5	PE8
7	数据线比特位 6	FSMC_D6	PE9
8	数据线比特位 7	FSMC_D7	PE10
9	数据线比特位 8	FSMC_D8	PE11
10	数据线比特位 9	FSMC_D9	PE12

续表

序　号	信号线属性	原理图网络标号	STM32F407 对应引脚
11	数据线比特位 10	FSMC_D10	PE13
12	数据线比特位 11	FSMC_D11	PE14
13	数据线比特位 12	FSMC_D12	PE15
14	数据线比特位 13	FSMC_D13	PD8
15	数据线比特位 14	FSMC_D14	PD9
16	数据线比特位 15	FSMC_D15	PD10
17	写控制信号线 RDX	FSMC_NWE	PD5
18	读控制信号线 WRX	FSMC_NOE	PD4
19	数据/命令信号线 D/CX	LCD_RS	PD12
20	片选信号线 CSX	LCD_CS	PD7
21	背光控制信号线 BL	LCD_BL	PD2
22	TFT LCD 复位信号线 RST	RST	NRST

2）软件设计

程序中首先初始化 LED、延时、FSMC 和 TFT LCD 等，初始化完成后开启 TFT LCD
屏幕、背光、清屏、画线等一系列操作，操作完成后将信息显示在 TFT LCD 屏幕上。

软件设计流程如图 6.13 所示。

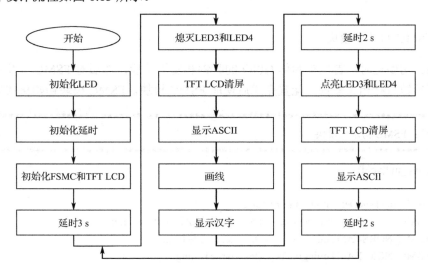

图 6.13　软件设计流程

2．功能实现

1）主函数模块

在主函数中，首先初始化硬件外设及相关代码，初始化完成后延时 3 s。在循环体中控制 TFT LCD 的清屏，在清屏时 LED 的状态将发生变化。主函数程序内容如下。

```
void main(void)
{
    led_init();                                             //初始化 LED
    delay_init(168);                                        //初始化延时
    lcd_init(LCD1);                                         //初始化 TFT LCD
    delay_ms(3000);                                         //延时 3 s
    for(;;){
        //第一屏
        turn_off(D3);                                       //关闭 D3（即 LED3）
        turn_off(D4);                                       //关闭 D4（即 LED4）
        LCDClear(0xffff);                                   //TFT LCD 清屏
        LCDDrawFnt24(100, 86, "Hello IOT!", 0x0000, -1);    //显示 ASCII
        LCDDrawLineH(0, 320, 115, 0x07e0);                  //画线
        LCDDrawFnt24(80, 120, "物联网开放平台!", 0x0000, -1);   //显示汉字
        //第二屏
        delay_ms(2000);
        turn_on(D3);                                        //点亮 D3（即 LED3）
        turn_on(D4);                                        //点亮 D4（即 LED4）
        LCDClear(0xffff);                                   //TFT LCD 清屏
        LCDDrawFnt24(80, 110, "STM32F407VET6", 0x0000, -1); //显示 ASCII
        delay_ms(2000);
    }
}
```

2）FSMC 初始化模块

FSMC 初始化时，首先初始化 GPIO 的时钟和复用功能，然后对 FSMC 模块的基本参数和时序参数进行相关配置，配置完成后使能 FSMC 模块。FSMC 模块初始化代码如下。

```
/********************************************************************************
* 功能：FSMC 初始化模块
********************************************************************************/
void fsmc_init(void)
{
    GPIO_InitTypeDef GPIO_InitStructure;
    FSMC_NORSRAMInitTypeDef    FSMC_NORSRAMInitStructure;
    FSMC_NORSRAMTimingInitTypeDef    readWriteTiming;
    FSMC_NORSRAMTimingInitTypeDef    writeTiming;

    RCC_AHB3PeriphClockCmd(RCC_AHB3Periph_FSMC, ENABLE);            //使能 FSMC
    RCC_AHB1PeriphClockCmd(RCC_AHB1Periph_GPIOD|RCC_AHB1Periph_GPIOE, ENABLE);
    GPIO_InitStructure.GPIO_Pin = GPIO_Pin_4 | GPIO_Pin_5 | GPIO_Pin_14 | GPIO_Pin_15 |
                        GPIO_Pin_0 | GPIO_Pin_1 | GPIO_Pin_8 | GPIO_Pin_9 |
                        GPIO_Pin_10| GPIO_Pin_12 | GPIO_Pin_7;     //选中相应的引脚
    GPIO_InitStructure.GPIO_Mode = GPIO_Mode_AF;                   //复用模式
    GPIO_InitStructure.GPIO_Speed = GPIO_Speed_100 MHz;           //输出速度
```

```
GPIO_InitStructure.GPIO_OType = GPIO_OType_PP;              //推挽输出
GPIO_InitStructure.GPIO_PuPd = GPIO_PuPd_NOPULL;           //无上/下拉
GPIO_Init(GPIOD, &GPIO_InitStructure);                      //按上述参数初始化（PD）

GPIO_InitStructure.GPIO_Pin = GPIO_Pin_7 | GPIO_Pin_8 | GPIO_Pin_9 | GPIO_Pin_10 |
                              GPIO_Pin_11 | GPIO_Pin_12 | GPIO_Pin_13 | GPIO_Pin_14|
                              GPIO_Pin_15;                   //选中相应的引脚
GPIO_Init(GPIOE, &GPIO_InitStructure);                      //按上述参数初始化（PE）
//复用配置，将下列引脚复用为 FSMC
GPIO_PinAFConfig(GPIOD,GPIO_PinSource12,GPIO_AF_FSMC);
GPIO_PinAFConfig(GPIOD,GPIO_PinSource7,GPIO_AF_FSMC);
GPIO_PinAFConfig(GPIOD,GPIO_PinSource4,GPIO_AF_FSMC);
GPIO_PinAFConfig(GPIOD,GPIO_PinSource5,GPIO_AF_FSMC);
GPIO_PinAFConfig(GPIOD,GPIO_PinSource14,GPIO_AF_FSMC);
GPIO_PinAFConfig(GPIOD,GPIO_PinSource15,GPIO_AF_FSMC);
GPIO_PinAFConfig(GPIOD,GPIO_PinSource0,GPIO_AF_FSMC);
GPIO_PinAFConfig(GPIOD,GPIO_PinSource1,GPIO_AF_FSMC);
GPIO_PinAFConfig(GPIOD,GPIO_PinSource8,GPIO_AF_FSMC);
GPIO_PinAFConfig(GPIOD,GPIO_PinSource9,GPIO_AF_FSMC);
GPIO_PinAFConfig(GPIOD,GPIO_PinSource10,GPIO_AF_FSMC);
GPIO_PinAFConfig(GPIOE,GPIO_PinSource7,GPIO_AF_FSMC);
GPIO_PinAFConfig(GPIOE,GPIO_PinSource8,GPIO_AF_FSMC);
GPIO_PinAFConfig(GPIOE,GPIO_PinSource9,GPIO_AF_FSMC);
GPIO_PinAFConfig(GPIOE,GPIO_PinSource10,GPIO_AF_FSMC);
GPIO_PinAFConfig(GPIOE,GPIO_PinSource11,GPIO_AF_FSMC);
GPIO_PinAFConfig(GPIOE,GPIO_PinSource12,GPIO_AF_FSMC);
GPIO_PinAFConfig(GPIOE,GPIO_PinSource13,GPIO_AF_FSMC);
GPIO_PinAFConfig(GPIOE,GPIO_PinSource14,GPIO_AF_FSMC);
GPIO_PinAFConfig(GPIOE,GPIO_PinSource15,GPIO_AF_FSMC);
//写配置
readWriteTiming.FSMC_AddressSetupTime = 0xF;  //地址建立时间为 16 个 HCLK，即 1/168 MHz=
                                                 6 ns×16=96 ns
readWriteTiming.FSMC_AddressHoldTime = 0;       //地址保持时间，扩展模式 A 未用到
readWriteTiming.FSMC_DataSetupTime = 60;        //数据保持时间为 60 个 HCLK，即 6×60=360 ns
readWriteTiming.FSMC_BusTurnAroundDuration = 0x00;
readWriteTiming.FSMC_CLKDivision = 0x00;
readWriteTiming.FSMC_DataLatency = 0x00;
readWriteTiming.FSMC_AccessMode = FSMC_AccessMode_A;   //扩展模式 A
//读配置
writeTiming.FSMC_AddressSetupTime =15;               //地址建立时间为 9 个 HCLK，即 54 ns
writeTiming.FSMC_AddressHoldTime = 0;                //地址保持时间
writeTiming.FSMC_DataSetupTime = 15;                 //数据保持时间为 9 个 HCLK，即 54 ns
writeTiming.FSMC_BusTurnAroundDuration = 0x00;
writeTiming.FSMC_CLKDivision = 0x00;
writeTiming.FSMC_DataLatency = 0x00;
writeTiming.FSMC_AccessMode = FSMC_AccessMode_A;     //扩展模式 A
```

第
6
章

```
//配置 FSMC
FSMC_NORSRAMInitStructure.FSMC_Bank = FSMC_Bank1_NORSRAM1;    //使用 NE1
FSMC_NORSRAMInitStructure.FSMC_DataAddressMux = FSMC_DataAddressMux_Disable; //不
复用数据地址
FSMC_NORSRAMInitStructure.FSMC_MemoryType=FSMC_MemoryType_SRAM; //配置 SRAM
FSMC_NORSRAMInitStructure.FSMC_MemoryDataWidth = FSMC_MemoryDataWidth_16b; //存
储器宽度为 16 位
FSMC_NORSRAMInitStructure.FSMC_BurstAccessMode =FSMC_BurstAccessMode_Disable;
FSMC_NORSRAMInitStructure.FSMC_WaitSignalPolarity = FSMC_WaitSignalPolarity_Low;
FSMC_NORSRAMInitStructure.FSMC_AsynchronousWait=FSMC_AsynchronousWait_Disable;
FSMC_NORSRAMInitStructure.FSMC_WrapMode = FSMC_WrapMode_Disable;
FSMC_NORSRAMInitStructure.FSMC_WaitSignalActive = FSMC_WaitSignalActive_BeforeWaitState;
FSMC_NORSRAMInitStructure.FSMC_WriteOperation = FSMC_WriteOperation_Enable;//存储器
写使能
FSMC_NORSRAMInitStructure.FSMC_WaitSignal = FSMC_WaitSignal_Disable;
FSMC_NORSRAMInitStructure.FSMC_ExtendedMode = FSMC_ExtendedMode_Enable; //读/写操
作采用不同时序
FSMC_NORSRAMInitStructure.FSMC_WriteBurst = FSMC_WriteBurst_Disable;
FSMC_NORSRAMInitStructure.FSMC_ReadWriteTimingStruct = &readWriteTiming; //读操作时序
FSMC_NORSRAMInitStructure.FSMC_WriteTimingStruct = &writeTiming;    //写操作时序
FSMC_NORSRAMInit(&FSMC_NORSRAMInitStructure);          //初始化 FSMC 配置
FSMC_NORSRAMCmd(FSMC_Bank1_NORSRAM1, ENABLE);      //使能 Bank1、SRAM1
}
```

3）TFT LCD 初始化模块

在 TFT LCD 的初始化函数中，首先初始化 TFT LCD 的背光灯，然后初始化 FSMC 模块，通过 FSMC 模块配置 TFT LCD 的基本参数，配置完成后清屏并显示相关参数。TFT LCD 初始化代码如下。

```
/******************************************************************************
* 功能：TFT LCD 初始化并打印基本信息
* 参数：name—显示名称
******************************************************************************/
void lcd_init(unsigned char name)
{
    BLInit();                                   //初始化 TFT LCD 背光灯
    fsmc_init();                                //初始化 FSMC
    ILI93xxInit();                              //初始化 TFT LCD
    BLOnOff(1);                                 //开启背光灯
    LCDClear(0xffff);                           //清屏
    LCD_Clear(0, 0, 319, 30,0x4596);
    LCDDrawFnt24(4,2,experiment_name[name-1],0xffff,0x4596);
    LCDDrawFnt16(4,32,4,320,"项目描述：",0x4596,-1);
    LCDDrawFnt16(4+32,52,4,320,experiment_description[name-1],0x0000,-1);
    LCDDrawFnt16(4,32+20*5,4,320,"项目现象：",0x4596,-1);
    LCD_Clear(0, 240-30, 319, 240,0x4596);
```

```
        LCDDrawFnt24(76, 213, "嵌入式接口技术", 0xffff, 0x4596);
}
```

4）TFT LCD 寄存器操作模块

TFT LCD 寄存器操作代码如下。

```c
static char CMD_WR_RAM = 0x22;
unsigned int LCD_ID = 0x9325;
/***************************************************************************
* 功能：写寄存器函数
* 参数：regval—寄存器值
***************************************************************************/
void LCD_WR_REG(vu16 regval)
{
    regval=regval;                          //使用-O2 优化时，必须插入的延时
    ILI93xx_REG=regval;                     //写入寄存器的序号
}
/***************************************************************************
* 功能：写 TFT LCD 数据
* 参数：data—要写入的值
***************************************************************************/
void LCD_WR_DATA(vu16 data)
{
    data=data;                              //使用-O2 优化时，必须插入的延时
    ILI93xx_DAT=data;
}
/***************************************************************************
* 功能：读 TFT LCD 数据
* 返回：读到的值
***************************************************************************/
u16 LCD_RD_DATA(void)
{
    vu16 ram;                               //防止被优化
    ram=ILI93xx_DAT;
    return ram;
}
/***************************************************************************
* 功能：向 TFT LCD 指定寄存器写入数据
* 参数：r—寄存器地址；d—要写入的值
***************************************************************************/
void ILI93xx_WriteReg(uint16_t r, uint16_t d)
{
    ILI93xx_REG = r;
    ILI93xx_DAT = d;
}
/***************************************************************************
```

```
*  功能：读取寄存器的值
*  参数：r—寄存器地址
*  返回：读到的值
********************************************************************************/
uint16_t ILI93xx_ReadReg(uint16_t r)
{
    uint16_t v;
    ILI93xx_REG = r;
    v = ILI93xx_DAT;
    return v;
}
/*******************************************************************************
*  功能：开启或关闭 TFT LCD 背光灯
*  参数：st—1 表示开启背光灯；0 表示关闭背光灯
********************************************************************************/
void BLOnOff(int st)
{
#ifdef ZXBEE_PLUSE
    if (st) {
        GPIO_SetBits(GPIOD, GPIO_Pin_2);                        //开启背光灯
    } else {
        GPIO_ResetBits(GPIOD, GPIO_Pin_2);
    }
#else
    if (st) {
        GPIO_SetBits(GPIOB, GPIO_Pin_15);
    } else {
        GPIO_ResetBits(GPIOB, GPIO_Pin_15);
    }
#endif
}
/*******************************************************************************
*  功能：背光灯 I/O 口初始化
********************************************************************************/
void BLInit(void)
{
    GPIO_InitTypeDef   GPIO_InitStructure;
    GPIO_InitStructure.GPIO_Mode  = GPIO_Mode_OUT;
    GPIO_InitStructure.GPIO_OType = GPIO_OType_PP;
    GPIO_InitStructure.GPIO_Speed = GPIO_Speed_50MHz;
    GPIO_InitStructure.GPIO_PuPd  = GPIO_PuPd_UP;
#ifdef ZXBEE_PLUSE
    RCC_AHB1PeriphClockCmd(RCC_AHB1Periph_GPIOD, ENABLE);
    GPIO_InitStructure.GPIO_Pin = GPIO_Pin_2;
    GPIO_Init(GPIOD, &GPIO_InitStructure);
#else
```

```
    RCC_AHB1PeriphClockCmd(RCC_AHB1Periph_GPIOB, ENABLE);
    GPIO_InitStructure.GPIO_Pin = GPIO_Pin_15;
    GPIO_Init(GPIOB, &GPIO_InitStructure);
#endif
}
/*****************************************************************************
* 功能：复位 I/O 口初始化
*****************************************************************************/
void REST_Init(void)
{
    GPIO_InitTypeDef GPIO_InitStructure;
    GPIO_InitStructure.GPIO_Mode = GPIO_Mode_OUT;
    GPIO_InitStructure.GPIO_OType = GPIO_OType_PP;
    GPIO_InitStructure.GPIO_Speed = GPIO_Speed_50MHz;
    GPIO_InitStructure.GPIO_PuPd = GPIO_PuPd_UP;
    RCC_AHB1PeriphClockCmd(RCC_AHB1Periph_GPIOD, ENABLE);
    GPIO_InitStructure.GPIO_Pin = GPIO_Pin_13;
    GPIO_Init(GPIOD, &GPIO_InitStructure);
    GPIO_SetBits(GPIOD, GPIO_Pin_13);
    delay_ms(1);
    GPIO_ResetBits(GPIOD, GPIO_Pin_13);
    delay_ms(10);
    GPIO_SetBits(GPIOD, GPIO_Pin_13);
    delay_ms(120);
}
/*****************************************************************************
* 功能：TFT LCD 初始化
*****************************************************************************/
void ILI93xxInit(void)
{
    //REST_Init();
    BLOnOff(1);                              //ILI 9341 要先开启背光灯才能读取寄存器值
    LCD_ID = ILI93xx_ReadReg(0);
    if (LCD_ID == 0) {
        LCD_WR_REG(0xd3);
        int a=LCD_RD_DATA();
        int b=LCD_RD_DATA();
        int c=LCD_RD_DATA();
        int d=LCD_RD_DATA();
        LCD_ID = (c << 8) | d;
    }
    ……
    /* 初始化源代码过长，由于篇幅原因，相关详细源代码请读者在随书资源中查看 */
}
/*****************************************************************************
* 功能：设置窗口
```

```
*  参数：x—窗口起始横坐标；xe—窗口终点横坐标；y—窗口起始纵坐标；ye—窗口终点纵坐标
*********************************************************************************/
void LCDSetWindow(int x, int xe, int y, int ye)
{
    if (LCD_ID == 0x9341) {
        LCD_WR_REG(0x2A);
        LCD_WR_DATA(x>>8);LCD_WR_DATA(x&0xFF);
        LCD_WR_DATA(xe>>8);LCD_WR_DATA(xe&0xFF);
        LCD_WR_REG(0x2B);
        LCD_WR_DATA(y>>8);LCD_WR_DATA(y&0xFF);
        LCD_WR_DATA(ye>>8);LCD_WR_DATA(ye&0xFF);
    } else{
#if SCREEN_ORIENTATION_LANDSCAPE
        ILI93xx_WriteReg(0x52, x);
        ILI93xx_WriteReg(0x53, xe);

        ILI93xx_WriteReg(0x50, y);
        ILI93xx_WriteReg(0x51, ye);
#else
        ILI93xx_WriteReg(0x52, y);
        ILI93xx_WriteReg(0x53, ye);

        ILI93xx_WriteReg(0x50, x);
        ILI93xx_WriteReg(0x51, xe);
#endif
    }
}
/*********************************************************************************
*  功能：设置坐标
*  参数：x、y—坐标
*********************************************************************************/
void LCDSetCursor(int x, int y)
{
    if (LCD_ID == 0x9341) {
        LCD_WR_REG(0x2A);
        LCD_WR_DATA(x>>8);LCD_WR_DATA(x&0xFF);
        LCD_WR_REG(0x2B);
        LCD_WR_DATA(y>>8);LCD_WR_DATA(y&0xFF);
    }
    if ((LCD_ID == 0x9325) || (LCD_ID == 0x9328)){
#if SCREEN_ORIENTATION_LANDSCAPE
        ILI93xx_WriteReg(0x21, x);
        ILI93xx_WriteReg(0x20, y);
#else
        ILI93xx_WriteReg(0x21, y);
        ILI93xx_WriteReg(0x20, x);
```

```
#endif
    }
}
/****************************************************************************
* 功能：写固定长度数据
* 参数：dat—数据；len—数据长度
****************************************************************************/
void LCDWriteData(uint16_t *dat, int len)
{
    ILI93xx_REG = CMD_WR_RAM;
    for (int i=0; i<len; i++) {
        ILI93xx_DAT = dat[i];
    }
}
/****************************************************************************
* 功能：LCD 清屏
* 参数：color—清屏颜色
****************************************************************************/
void LCDClear(uint16_t color)
{
    LCDSetCursor(0,0);
    ILI93xx_REG = CMD_WR_RAM;
    for (int i=0; i<320*240; i++) {
        ILI93xx_DAT = color;
    }
}
/****************************************************************************
* 功能：画点
* 参数：x、y—坐标；color—点的颜色
****************************************************************************/
void LCDDrawPixel(int x, int y, uint16_t color)
{
    LCDSetCursor(x, y);
    ILI93xx_REG = CMD_WR_RAM;
    ILI93xx_DAT = color;
}
/****************************************************************************
* 功能：画横线
* 参数：x0—直线起始横坐标；x1—直线终点横坐标；y0—直线纵坐标
****************************************************************************/
void LCDDrawLineH(int x0, int x1, int y0, int color)
{
    LCDSetCursor(x0, y0);
    ILI93xx_REG = CMD_WR_RAM;
    for (int i=x0; i<x1; i++) {
        ILI93xx_DAT = color;
```

```
    }
}
/********************************************************************************
* 功能：显示一个 ASCII（12×24）
* 参数：x、y—显示坐标；ch—显示字符；color—字符颜色；bc—背景色
********************************************************************************/
void LCDDrawAsciiDot12x24_1(int x, int y, char ch, int color, int bc)
{
    char dot;
    if (ch<0x20 || ch > 0x7e) ch = 0x20;
    ch -= 0x20;
    for (int i=0; i<3; i++) {
        for (int j=0; j<12; j++) {
            dot = nAsciiDot12x24[ch*36+i*12+j];
            for (int k=0; k<8; k++) {
                if (dot&1)LCDDrawPixel(x+j, y+(i*8)+k, color);
                else if (bc > 0) LCDDrawPixel(x+j, y+(i*8)+k, bc&0xffff);
                dot >>= 1;
            }
        }
    }
}
/********************************************************************************
* 功能：显示多个 ASCII（12×24）
* 参数：x、y—显示坐标；str—显示字符串；color—字符颜色；bc—背景色
********************************************************************************/
void LCDDrawAsciiDot12x24(int x, int y, char *str, int color, int bc)
{
    unsigned char ch = *str;
    while (ch != 0) {
        LCDDrawAsciiDot12x24_1(x, y, ch, color, bc);
        x += 12;
        ch = *++str;
    }
}
/********************************************************************************
* 功能：显示一个 ASCII（8×16）
* 参数：x、y—显示坐标；ch—显示字符；color—字符颜色；bc—背景色
********************************************************************************/
void LCDDrawAsciiDot8x16_1(int x, int y, char ch, int color, int bc)
{
    int i, j;
    char dot;
    if (ch<0x20 || ch > 0x7e) {
        ch = 0x20;
    }
```

```
        ch -= 0x20;
        for (i=0; i<16; i++) {
            dot = nAsciiDot8x16[ch*16+i];
            for (j=0; j<8; j++) {
                if (dot&0x80)LCDDrawPixel(x+j, y+i, color);
                else if (bc > 0)LCDDrawPixel(x+j, y+i, bc&0xffff);;
                dot <<= 1;
            }
        }
}
/********************************************************************************
* 功能：显示多个 ASCII（8×16）
* 参数：x、y—显示坐标；str—显示字符串；color—字符颜色；bc—背景色
********************************************************************************/
void LCDDrawAsciiDot8x16(int x, int y, char *str, int color, int bc)
{
    unsigned char ch = *str;
#define CWIDTH      8
    while (ch != 0) {
        LCDDrawAsciiDot8x16_1(x, y, ch, color, bc);
        x += CWIDTH;
        ch = *++str;
    }
}
extern unsigned char HZKBuf[282752];
/********************************************************************************
* 功能：显示一个汉字（16×16）
* 参数：x、y—显示坐标；gb2—汉字字符串；color—字符颜色；bc—背景色
********************************************************************************/
void LCDDrawGB_16_1(int x, int y, char *gb2, int color, int bc)
{
    char dot;
    unsigned int index = 0;
    index=(94*(gb2[0] - 0xa1)+(gb2[1] - 0xa1));
            for (int j=0; j<16; j++) {
                for (int k=0; k<2; k++) {
                    dot = HZKBuf[index*32+j*2+k];
                    for (int m=0; m<8; m++) {
                        if (dot & 1<<(7-m)) {
                            LCDDrawPixel(x+k*8+m, y+j, color);
                        } else     if (bc > 0) {
                            LCDDrawPixel(x+k*8+m, y+j, bc);
                        }
                    }
                }
            }
```

```
}
/***********************************************************************
* 功能：显示一个汉字（24×24）
* 参数：x、y—显示坐标；gb2—汉字字符串；color—字符颜色；bc—背景色
***********************************************************************/
void LCDDrawGB_24_1(int x, int y, char *gb2, int color, int bc)
{
    char dot;
    for (int i=0; i<GB_24_SIZE; i++) {
        if (gb2[0] == GB_24[i].Index[0] && gb2[1] == GB_24[i].Index[1]) {
            for (int j=0; j<24; j++) {
                for (int k=0; k<3; k++) {
                    dot = GB_24[i].Msk[j*3+k];
                    for (int m=0; m<8; m++) {
                        if (dot & 1<<(7-m)) {
                            LCDDrawPixel(x+k*8+m, y+j, color);
                        } else     if (bc > 0){
                            LCDDrawPixel(x+k*8+m, y+j, bc);
                        }
                    }
                }
            }
            break;
        }
    }
}
/***********************************************************************
* 功能：显示多个汉字（16×16）
* 参数：x、y—显示坐标；xs—换行起始横坐标；xe—换行终止横坐标；str—汉字字符串；color—
字符颜色；bc—背景色
***********************************************************************/
void LCDDrawFnt16(int x, int y, int xs, int xe,char *str, int color, int bc)
{
    while (*str != '\0') {
        if (*str & 0x80) {
            if (str[1] != '\0') {
                LCDDrawGB_16_1(x, y, str, color, bc);
                str += 2;
                x+= 16;
                if(x > (xe-16)){
                    x = xs;
                    y = y + 20;
                }
            } else break;
        } else {
            LCDDrawAsciiDot8x16_1(x, y, *str, color, bc);
```

```
                str ++;
                x += 8;
                if(x > (xe-8)){
                        x = xs;
                        y = y + 20;
                    }
            }
        }
}
/*********************************************************************
* 功能：显示多个汉字（24×24）
* 参数：x、y—显示坐标；str—汉字字符串；color—字符颜色；bc—背景色
*********************************************************************/
void LCDDrawFnt24(int x, int y, char *str, int color, int bc)
{
    while (*str != '\0') {
        if (*str & 0x80) {
            if (str[1] != '\0') {
                    LCDDrawGB_24_1(x, y, str, color, bc);
                    str += 2;
                    x+= 24;
            } else break;
        } else {
            LCDDrawAsciiDot12x24_1(x, y, *str, color, bc);
            str ++;
            x += 12;
        }
    }
}
/*********************************************************************
* 功能：清指定大小的屏幕
* 参数：x1、y1—起始坐标值；x2、y2—终点坐标值；color—屏幕颜色
*********************************************************************/
void LCD_Clear(int x1,int y1,int x2,int y2,uint16_t color)
{
    LCDSetWindow(x1,x2,y1,y2);
    LCDSetCursor(x1, y1);
    ILI93xx_REG = CMD_WR_RAM;                //显示命令
    for(int i=x1;i<=x2;i++)
    for(int j=y1;j<y2;j++){
        ILI93xx_DAT = color;
    }
#if SCREEN_ORIENTATION_LANDSCAPE
    LCDSetWindow(0, 320, 0, 240);            //设置窗口为整个屏幕
#else
    LCDSetWindow(0, 240, 0, 320);
```

```
#endif
}
```

6.1.6　小结

通过本项目的学习和实践，读者可以学习 FSMC 总线的工作原理和通信协议，并通过 STM32 驱动 FSMC 总线，学习 ILI93xx 系列 LCD 的基本工作原理，结合 FSMC 总线实现 STM32 驱动 LCD。

6.1.7　思考与拓展

（1）FSMC 模块支持哪些存储器的拓展？

（2）FSMC 模块有几个 Bank？每个 Bank 又是如何分配的？

（3）PC 是一个完整的系统，有显示设备、输入设备、存储设备、计算单元等。通常在 PC 上的 TXT 文档中编辑文件时由键盘输入信息，再通过计算单元将数据记录并显示在显示器上。请读者尝试模拟 PC 的文本操作，通过 PC 的串口向 STM32 发送信息，并将信息显示在开发平台的 TFT LCD 上。

6.2　STM32 I2C 通信技术应用开发

本节重点学习 STM32 的 I2C 总线，掌握 I2C 总线的基本原理和通信协议，通过 I2C 总线和温湿度传感器实现档案库房环境监测系统的设计。

6.2.1　I2C 总线

1．I2C 总线概述

串行总线在微处理器系统中的应用是微处理器技术发展的一种趋势，在目前比较流行的几种串行扩展总线中，I2C（Inter-Integrated Circuit）总线以其严格的规范，以及众多带 I2C 接口的外围器件而获得了广泛的应用。

I2C 总线是一种由 PHILIPS 公司开发的二线式串行总线，用于连接微处理器及其外围设备，由数据线 SDA 和时钟 SCL 构成的串行总线，可发送和接收数据。

在微处理器与被控 IC 之间、IC 与 IC 之间进行双向传输时，高速 I2C 总线一般可达 400 kbps 以上。I2C 通信设备之间常用的连接方式如图 6.14 所示。

I2C 总线的特点如下：

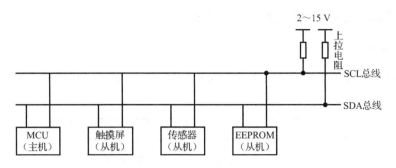

图 6.14　I2C 通信设备之间常用的连接方式

（1）它是一个支持多设备的总线。总线上多个设备共用的信号线，在一条 I2C 总线中，可连接多个 I2C 通信设备，支持多个主机和多个从机。

（2）一条 I2C 总线只使用两条线路，一条是双向串行数据线（SDA），另一条是串行时钟线（SCL）。双向串行数据线用于传输数据，串行时钟线用于数据收发同步。

（3）每个连接到总线的设备都有一个独立的地址，主机可以利用这个地址进行不同设备之间的访问。

（4）总线通过上拉电阻接到电源。当 I2C 设备空闲时，会输出高阻态，而当所有设备都空闲时，都输出高阻态，由上拉电阻把总线拉高成高电平。

（5）多个主机同时使用总线时，为了防止数据冲突，会利用仲裁方式决定由哪个设备占用总线。

（6）具有三种传输模式，标准模式下传输速率为 100 kps，快速模式下为 400 kps，高速模式下可达 3.4 Mbps，但目前大多 I2C 设备尚不支持高速模式。

（7）连接到总线的 IC 数量受到总线的最大电容 400 pF 的限制。

同时，I2C 的协议定义了通信的开始信号、停止信号、数据有效性、响应等通信协议。

2．I2C 总线通信协议

I2C 总线的工作原理如下：

（1）主机首先发出开始信号，接着发送 1 字节的数据，该数据由高 7 位的地址码和最低 1 位的方向位组成，方向位表明主机与从机间数据的传输方向。

（2）系统中所有从机将自己的地址与主机发送到总线上的地址进行比较，如果从机地址与总线上的地址相同，该从机就与主机进行数据传输。

（3）进行数据传输，根据方向位，主机从从机接收数据或向从机发送数据。

（4）当数据传输完成后，主机发出一个停止信号，释放 I2C 总线。

第 6 章

（5）所有从机等待下一个开始信号的到来。

1）I2C 读写

I2C 主机写数据到从机的通信过程如图 6.15 所示，主机由从机中读数据的通信过程如图 6.16 所示。

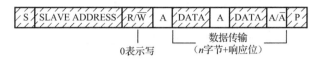

图 6.15　主机写数据到从机的通信过程

图 6.16　主机由从机中读数据的通信过程

其中 S 表示由主机的 I2C 接口产生的传输开始信号，这时连接到 I2C 总线上的所有从机都会接收到这个信号。产生开始信号后，所有从机就开始等待主机接下来广播的从机地址。在 I2C 总线上，每个从机的地址都是唯一的，当主机广播的地址与某个从机地址相同时，这个从机就被选中了，没被选中的从机将会忽略之后的数据。根据 I2C 协议，这个从机地址可以是 7 位或 10 位。在地址位之后，是传输方向的选择位（即方向位），该位为 0 时，表示传输方向是由主机传输至从机，即主机向从机写数据；该位为 1 时则相反，即主机由从机读数据。从机接收到匹配的地址后，主机或从机会返回一个应答（ACK）信号或非应答（NACK）信号，只有接收到应答信号后，主机才能继续发送或接收数据。

写数据过程：广播完地址、接收到应答信号后，主机开始向从机传输数据，数据包的大小为 8 位，主机每发送完一个字节数据，都要等待从机的应答信号，不断重复这个过程，可以向从机传输 N 个字节数据，N 的大小没有限制。当数据传输结束时，主机向从机发送一个停止信号（P），表示不再传输数据。

读数据过程：广播完地址、接收到应答信号后，从机开始向主机传输数据，数据包大小也为 8 位，从机每发送完一个数据，都会等待主机的应答信号，不断重复这个过程，可以返回 N 个字节数据，这个 N 也没有大小限制。当主机希望停止接收数据时，就向从机返回一个非应答信号（NACK），则从机自动停止传输数据。

2）信号分析

（1）开始信号和停止信号。开始信号：当 SCL 为高电平时，SDA 由高电平向低电平跳变，表示将要开始传输数据。停止信号：当 SCL 是高电平时，SDA 线由低电平向高电平跳变，表示通信停止。开始信号和停止信号一般由主机产生。I2C 总线的开始信号和停信号的时序如图 6.17 所示。

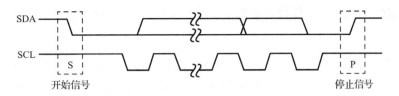

图 6.17　I2C 总线的开始信号和停止信号的时序

（2）数据有效性。I2C 总线使用 SDA 信号线来传输数据，使用 SCL 信号线进行数据同步，I2C 总线数据有效性如图 6.18 所示。SDA 数据线在 SCL 的每个时钟周期传输 1 位数据。传输时，当 SCL 为高电平时，SDA 表示的数据有效，即此时的 SDA 为高电平时表示数据1，为低电平时表示数据 0。当 SCL 为低电平时，SDA 的数据无效，一般在这个时候 SDA进行电平切换，为下一次传输数据做好准备。每次传输数据都以字节为单位，每次传输的字节数不受限制。

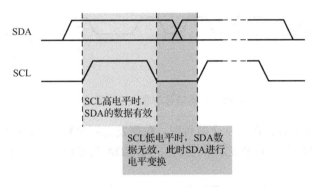

图 6.18　I2C 总线数据有效性

（3）地址及数据方向。I2C 总线上的每个设备都有自己的独立地址，主机发起通信时，通过 SDA 信号线发送设备地址（SLAVE_ADDRESS）来查找从机。I2C 总线协议规定设备地址可以是 7 位或 10 位，实际应用中 7 位的地址应用比较广泛。紧跟设备地址（即从机地址）的一个数据位用来表示数据传输方向，它是数据方向位（R/$\overline{\text{W}}$），为第 8 位或第 11 位。数据方向位为 1 时表示主机由从机中读数据，该位为 0 时表示主机向从机写数据。设备地址（7 位）及数据传输方向位如图 6.19 所示。

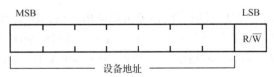

图 6.19　设备地址（7 位）及数据传输方向位

读数据时，主机会释放对 SDA 信号线的控制，由从机控制 SDA 信号线，主机接收信号，写数据方向时，SDA 由主机控制，从机接收信号。

（4）响应。I2C 的数据和地址传输都带有响应。从机在接收到 1 个字节数据后向主机发出一个低电平脉冲应答信号，表示已收到数据，主机根据从机的应答信号决定是否继续传输数据（I2C 总线在每次传输时数据字节数不限制，但是每传输 1 个字节后都要有一个应答信号）。

响应包括应答（ACK）和非应答（NACK）两种信号。作为数据接收端时，当设备（无论主机还是从机）接收到 I2C 总线传输的 1 个字节数据或地址后，若希望对方继续发送数据，则需要向对方发送应答信号，发送端才会继续发送下一个数据；若接收端希望结束数据传输，则向对方发送非应答信号，发送端接收到该信号后会产生一个停止信号，结束传输。应答信号和非应答信号的时序如图 6.20 所示。

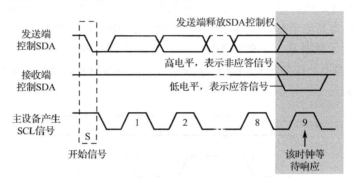

图 6.20　应答信号与非应答信号的时序

传输时主机产生时钟，在第 9 个时钟时，数据发送端会释放 SDA 的控制权，由数据接收端控制 SDA，SDA 为高电平表示非应答信号，SDA 为低电平表示应答信号。

6.2.2　STM32 的 I2C 原理

1. STM32 的 I2C 模块架构

I2C 模块的接口在工作时可选用以下四种模式之一：从发送器、从接收器、主发送器和主接收器。在默认情况下，它以从模式工作。I2C 模块在产生开始信号后，接口会自动由从模式切换为主模式，并在出现仲裁丢失或生成停止位时从主模式切换为从模式，从而实现多种模式功能。

除了接收和发送数据，I2C 模块的接口还可以从串行格式转换为并行格式，反之亦然。中断由软件使能或禁止。该接口通过数据引脚（SDA）和时钟引脚（SCL）连接到 I2C 总线，它可以连接到标准（高达 100 kHz）或快速（高达 400 kHz）I2C 总线。

在主模式下，I2C 模块的接口会启动数据传输并生成时钟信号。串行数据始终在出现开始位时开始传输，在出现停止位时结束传输。开始位和停止位均在主模式下由软件生成。

在从模式下，I2C 模块的接口能够识别其自身地址（7 或 10 位）以及广播呼叫地址。广播呼叫地址检测可由软件使能或禁止。数据和地址均以 8 位传输，MSB 在前。开始位后紧随地址字节（7 位地址占据 1 个字节，10 位地址占据 2 个字节），地址始终在主模式下传输。在字节传输 8 个时钟周期后是第 9 个时钟脉冲，在此期间接收器必须向发送器发送一个应答信号。

I2C 模块的架构如图 6.21 所示。

STM32 的 I2C 模块可作为通信的主机或从机，支持 100 kbps 和 400 kbps 的传输速率，支持 7 位和 10 位设备地址，支持 DMA 数据传输并具有数据校验功能，支持 SMBus2.0 协议（SMBus 协议与 I2C 类似，主要应用于笔记本电脑的电池管理中）。

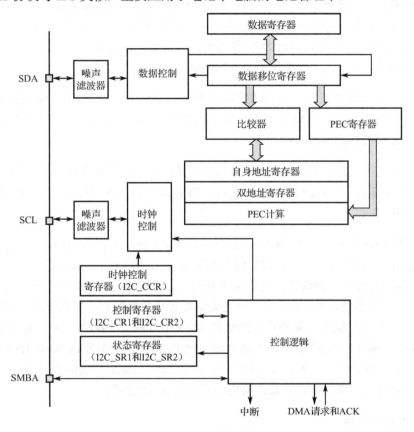

图 6.21 I2C 模块的架构

1）引脚

I2C 模块的所有硬件架构都是根据图 6.21 左侧 SCL 引脚和 SDA 引脚展开的。STM32 有多个 I2C 模块，它们的通信信号可引出到不同的 GPIO 引脚上。STM32 的 I2C 模块引脚如表 6.11 所示。

表 6.11　STM32 的 I2C 模块引脚

引　脚	I2C 模块		
	I2C1	I2C2	I2C3
SCL	PB6/PB10	PH4/PF1/PB10	PH7/PA8
SDA	PB7/PB9	PH5/PF0/PB11	PH8/PC9

2）时钟控制逻辑

SCL 引脚的时钟信号由 I2C 模块根据时钟控制寄存器（I2C_CCR）控制，控制的主要参数为时钟频率。通过配置 I2C_CCR 可修改传输速率，可选择 I2C 通信的标准模式或快速模式，这两种模式分别对应 100 kbps 和 400 kbps 的传输速率。

在快速模式下可选择 SCL 时钟的占空比，可选 $T_{low}/T_{high}=2$ 或 $T_{low}/T_{high}=16/9$ 模式。根据 I2C 总线协议可知，I2C 总线在 SCL 为高电平时对 SDA 信号进行采样，在 SCL 为低电平时 SDA 准备下一个数据，修改 SCL 的高/低电平的时间比会影响数据采样，但其实这两个模式的比例差别并不大，若要求不是非常严格，则可以随便选。

I2C_CCR 寄存器中还有一个 12 位的配置因子 CCR[11:0]，它与 I2C 模块的输入时钟源共同作用产生 SCL 时钟，STM32 的 I2C 模块都挂载在 APB1 总线上，使用 APB1 的时钟源 PCLK1，SCL 信号线的输出时钟如下。

在标准模式下，$T_{high}=CCR \times T_{PCKL1}$，$T_{low}=CCR \times T_{PCKL1}$。在快速模式下，当 $T_{low}/T_{high}=2$ 时，$T_{high}=CCR \times T_{PCKL1}$，$T_{low}=2 \times CCR \times T_{PCKL1}$；当 $T_{low}/T_{high}=16/9$ 时，$T_{high}=9 \times CCR \times T_{PCKL1}$，$T_{low}=16 \times CCR \times T_{PCKL1}$。

例如，PCLK1 的频率为 45 MHz，想要配置 400 kbps 的速率，计算方式为：PCLK 时钟周期 $T_{PCLK1}=1/45000000$，目标 SCL 时钟周期 $T_{SCL}=1/400000$，SCL 时钟周期内的高电平时间 $T_{high}=T_{SCL}/3$，SCL 时钟周期内的低电平时间 $T_{low}=2 \times T_{SCL}/3$，计算可知 $CCR=T_{high}/T_{PCLK1}=37.5$。计算结果为小数，而 CCR 寄存器是无法配置小数参数的，所以只能把 CCR 取值为 38，这样 I2C 模块的 SCL 实际频率无法达到 400 kHz（约为 394736 Hz）。要想实际的频率达到 400 kHz，需要修改 STM32 的系统时钟，把 PCLK1 时钟频率改成 10 的倍数才可以，但修改 PCKL 时钟会影响很多外设，所以一般不会修改它。SCL 的实际频率不达到 400 kHz，除了传输速率稍慢一点，不会对 I2C 模块的通信造成其他影响。

3）数据控制逻辑

I2C 模块 SDA 信号主要连接到数据移位寄存器上，数据移位寄存器的数据来源及目标是数据寄存器（I2C_DR）、自身地址寄存器（I2C_OAR）、PEC 寄存器以及 SDA 数据线。当向外发送数据时，数据移位寄存器以 I2C_DR 为数据源，把数据一位一位地通过 SDA 信号线发送出去；当从外部接收数据时，数据移位寄存器把 SDA 信号线采样到的数据一位一位地存储到 I2C_DR 中。若使能了数据校验，接收到的数据会经过 PEC 运算，运算结果存储在 PEC 寄存器中。当 STM32 的 I2C 工作在从机模式时，接收到设备地址时，数据移位寄存器会把接收到的地址与 STM32 的 I2C_OAR 的值进行比较，以便响应主机的寻址。STM32 的 I2C 自身设备地址可通过 I2C_OAR 修改，支持同时使用两个 I2C 设备地址，两个地址分别存储在 I2C_OAR1 和 I2C_OAR2 中。

4）整体控制逻辑

整体控制逻辑负责协调整个 I2C 模块，其工作模式由控制寄存器（I2C_CR1 和

I2C_CR2）配置的参数决定。在 I2C 模块工作时，整体控制逻辑会根据工作状态修改状态寄存器（I2C_SR1 和 I2C_SR2），只要读取这些寄存器的相关位，就可以了解 I2C 模块的工作状态。除此之外，整体控制逻辑还根据要求负责控制产生 I2C 中断信号、DMA 请求及各种 I2C 的通信信号（开始、停止、响应等信号）。

2．STM32 的 I2C 通信流程

使用 I2C 模块通信时，在通信的不同阶段它会对状态寄存器（I2C_SR1 和 I2C_SR2）的不同位写入参数，通过读取这些寄存器位可以了解通信的状态。

1）主发送器

主发送器向外发送数据的过程如图 6.22 所示。

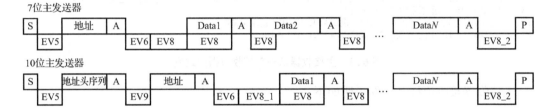

图注：S=开始信号，Sr=重新开始信号，P=停止信号，A=应答信号。
EVx=事件（如果ITEVFEN=1，则出现中断）。
EV5：当SB=1时，通过先读取I2C_SR1再将地址写入I2C_DR来清0。
EV6：当ADDR=1时，通过先读取I2C_SR1再读取I2C_SR2来清0。
EV8_1：当TxE=1时，数据移位寄存器为空，I2C_DR为空，在I2C_DR中写入Data1。
EV8：当TxE=1时，数据移位寄存器非空，I2C_DR为空，该位通过对I2C_DR执行写操作清0。
EV8_2：当TxE=1时、BTF=1时，程序停止请求。TxE和BTF由硬件通过停止信号清0。
EV9：当ADD10=1时，通过先读取I2C_SR1再写入I2C_DR来清0。

图 6.22　主发送器向外发送数据的过程

（1）在发送出地址并将 ADDR 清 0 后，主发送器会通过内部移位寄存器将 I2C_DR 寄存器中的字节发送到 SDA 线。主发送器会一直等待，直到首个数据字节被写入 I2C_DR 为止。

（2）接收到应答脉冲后，TxE 位会由硬件置 1 并在 ITEVFEN 和 ITBUFEN 位均置 1 时生成一个中断。

如果在上一次数据传输结束之前 TxE 位已置 1 但数据字节尚未写入 DR 寄存器，则 BTF 位会置 1，而接口会一直延长 SCL 低电平，等待 I2C_DR 寄存器被写入，以将 BTF 清 0。

（3）当最后一个字节写入 I2C_DR 寄存器后，软件会将 STOP 位置 1 以生成一个停止位，接口会自动返回从模式（MSL 位清 0）。当 TxE 或 BTF 中的任何一个置 1 时，应在 EV8_2 事件期间对停止位进行编程。

2）主接收器

主接收器从外部接收数据的过程如图 6.23 所示。

第6章

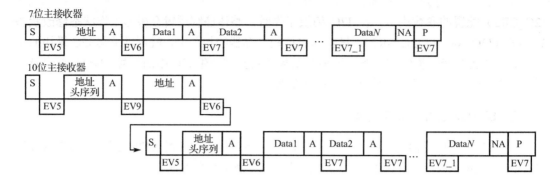

图注：S=开始信号，Sr=重新开始信号，P=停止信号，A=应答信号，NA=非应答信号。
EVx=事件（如果ITEVFEN=1，则出现中断）。
EV5：当SB=1时，通过先读取I2C_SR1再写入I2C_DR来清0。
EV6：当ADDR=1时，通过先读取I2C_SR1再读取I2C_SR2来清0。在10位主接收器模式下，执行此序列后应在SART=1的情况下写入I2C_CR2。如果接收1个字节，则必须在EV6事件期间（即在ADDR标志位清0之前）禁止应答。
EV7：当RxNE=1时，通过读取I2C_DR来清0。
EV7_1：当RxNE=1时，通过读取I2C_DR、设定ACK=0和停止请求来清0。
EV9：当ADD10=1时，通过先读取I2C_SR1再写入I2C_DR来清0。

图 6.23　主接收器从外部接收数据的过程

主接收器接收流程及事件说明如下。

完成地址传输并将 ADDR 位清 0 后，I2C 接口会进入主接收模式。在此模式下，I2C 模块的接口会通过内部移位寄存器接收 SDA 信号线中的字节并将其保存到 I2C_DR 中。在每个字节传输结束后，接口都会依次完成下面的操作。

（1）发出应答脉冲（如果 ACK 位置 1）。

（2）RxNE 位置 1，并在 ITEVFEN 和 ITBUFEN 位均置 1 时生成一个中断。如果在上一次数据接收结束之前 RxNE 位已置 1 但 I2C_DR 中的数据尚未读取，则 BTF 位会由硬件置 1，而接口会一直延长 SCL 低电平，等待 I2C_DR 被写入，以将 BTF 清 0。

3）结束通信

主发送器会针对自从接收器接收的最后一个字节发送 NACK。在接收到 NACK 后，从接收器会释放对 SCL 和 SDA 线的控制。随后，主发送器可发送一个停止信号或重新开始信号。

（1）为了在最后一个接收数据字节后生成非应答信号，必须在读取倒数第二个数据字节后（倒数第二个 RxNE 事件之后）立即将 ACK 位清 0。

（2）要生成停止信号或重新开始信号，软件必须在读取倒数第二个数据字节后（倒数第二个 RxNE 事件之后）将 STOP/START 位置 1。

（3）在只接收单个字节的情况下，会在 EV6 事件期间（在 ADDR 标志位清 0 之前）禁止应答并在 EV6 事件之后生成停止信号。生成停止信号后，接口会自动返回从模式（M/SL 位清 0）。

6.2.3　STM32 I2C库函数的使用

　　跟其他模块一样，STM32标准库提供了I2C模块初始化结构体及初始化函数来配置I2C模块。初始化结构体及函数定义在库文件stm32f4xx_I2C.h及stm32f4xx_I2C.c中。初始化结构体如下：

```
typedef struct{
    uint32_t I2C_ClockSpeed;              //设置SCL时钟频率，此值要低于400000
    uint16_t I2C_Mode;                    //指定工作模式，可选I2C模式及SMBus模式
    uint16_t I2C_DutyCycle;               //指定时钟占空比，可选low/high为2或16:9
    uint16_t I2C_OwnAddress1;             //指定I2C自身的设备地址
    uint16_t I2C_Ack;                     //使能或禁止响应（一般都要使能）
    uint16_t I2C_AcknowledgedAddress;     //指定地址长度，可选7位或10位
}I2C_InitTypeDef;
```

　　（1）I2C_ClockSpeed：设置的是I2C模块的传输速率，在调用初始化函数时，函数会根据输入的数值经过运算后把时钟因子写入I2C的时钟控制寄存器（I2C_CCR），而写入的这个参数值不得高于400 kHz。实际上由于I2C_CCR不能写入小数类型的时钟因子，使SCL的实际频率可能会低于该成员变量设置的参数值。

　　（2）I2C_Mode：用于选择I2C模块的使用方式，可选I2C模式（I2C_Mode_I2C）和SMBus主/从模式（I2C_Mode_SMBusHost、I2C_Mode_SMBusDevice）。I2C模块不需要在此处区分主/从模式，直接设置为I2C_Mode_I2C即可。

　　（3）I2C_DutyCycle：设置的是I2C模块的SCL线时钟的占空比，有两个选择，分别为2（I2C_DutyCycle_2）和16:9（I2C_DutyCycle_16_9）。其实这两个模式的比例差别并不大，一般要求都不会如此严格。

　　（4）I2C_OwnAddress1：配置的是STM32的I2C模块自身的设备地址，每个连接到I2C总线上的设备都要有一个设备地址，作为主发送器也不例外。地址可设置为7位或10位（由成员变量I2C_AcknowledgeAddress决定），只要该地址在I2C总线上是唯一的即可。

　　STM32的I2C模块可同时使用两个地址，即同时对两个地址做出响应，成员变量I2C_OwnAddress1配置的是默认的、I2C_OAR1存储的地址，若需要设置第二个地址（保存在I2C_OAR2中），可调用I2C_OwnAddress2Config函数来配置，I2C_OAR2不支持10位地址。

　　（5）I2C_Ack_Enable：用于I2C模块的应答设置，若设置为使能，则可以发送响应信号。该成员变量一般配置为使能应答（I2C_Ack_Enable），这是绝大多数遵循I2C总线标准的设备的通信要求，设置为禁止应答（I2C_Ack_Disable）往往会导致通信错误。

　　（6）I2C_AcknowledgeAddress：用于选择I2C模块的寻址模式是7位还是10位地址，这需要根据实际连接到I2C总线上设备的地址进行选择，该成员变量的配置会影响

I2C_OwnAddress1，只有设置成 10 位寻址模式时，I2C_OwnAddress1 才支持 10 位地址。配置完这些结构体成员值，调用库函数 I2C_Init 即可把结构体的配置写入相关的寄存器中。

6.2.4 温湿度传感器

1. 温湿度传感器

温湿度传感器通过检测装置测量到温湿度信息后，按一定的规律将温湿度信息变换成电信号或其他所需的形式并输出。不管物理量本身，还是在实际人们的生活中，温度和湿度都有着密切的关系，所以温湿度一体的传感器应运而生。温湿度传感器是指能检测温度量和湿度量并将它们变换成容易被测量处理的电信号的设备或装置。

2. HTU21D 型温湿度传感器

本任务采用 Humirel 公司 HTU21D 型温湿度传感器，它采用适于回流焊的双列扁平无引脚 DFN 封装，尺寸为 3 mm×3 mm，高度为 1.1 mm。传感器输出经过标定的数字信号，符合标准 I2C 总线格式。

HTU21D 型温湿度传感器可为应用提供一个准确可靠的温度和湿度测量数据，通过连接微处理器的接口和模块，可实现温度和湿度数字输出。

每一个 HTU21D 型温湿度传感器都经过校准和测试，在产品表面印有产品批号，同时在芯片内存储了电子识别码（可以通过输入命令读出这些识别码）。此外，HTU21D 型温湿度传感器的分辨率可以通过输入命令进行改变，可以检测到电池低电量状态，并且输出校验和，有助于提高通信的可靠性。HTU21D 型温湿度传感器如图 6.24 所示，引脚定义如图 6.25 所示，引脚功能如表 6.12 所示。

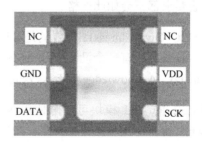

图 6.24　HTU21D 型温湿度传感器　　　　图 6.25　HTU21D 型温湿度传感器的引脚定义

表 6.12　HTU21D 温湿度传感器的引脚功能

序　号	功　能	描　述	序　号	功　能	描　述
1	DATA	串行数据端口（双向）	4	NC	不连接
2	GND	电源地	5	VDD	电源输入
3	NC	不连接	6	SCK	串行时钟（双向）

1）电源引脚

HTU21D 型温湿度传感器的供电范围为 DC 1.8～3.6 V，推荐电压为 3.0 V。电源（VDD）和接地（GND）之间需要连接一个 100 nF 的去耦电容，且电容的位置应尽可能靠近传感器。

2）串行时钟输入（SCK）

SCK 用于微处理器与 HTU21D 型温湿度传感器之间的通信同步，由于接口包含了完全静态逻辑，因而不存在最小 SCK 频率。

3）串行数据（DATA）

DATA 引脚为三态结构，用于读取传感器数据。当向传感器发送命令时，DATA 在 SCK 上升沿有效且在 SCK 高电平时必须保持稳定，DATA 在 SCK 下降沿之后改变；当从传感器读取数据时，DATA 在 SCK 变为低电平后有效，且维持到下一个 SCK 的下降沿。为避免信号冲突，微处理器应保持 DATA 在低电平，这需要一个外部的上拉电阻（如 10 kΩ）将信号提拉至高电平。上拉电阻通常已包含在微处理器的 I/O 电路中。

4）微处理器与传感器的通信协议

微处理器与传感器的通信时序如图 6.26 所示。

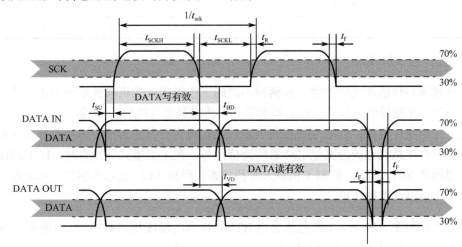

图 6.26　微处理器与传感器的通信时序

（1）启动传感器。将传感器上电，电压为所选择的 VDD 电源电压（范围为 1.8～3.6 V）。上电后，传感器最多需要 15 ms（此时 SCL 为高电平）即可达到空闲状态，即做好准备接收由主机（MCU）发送的命令。

（2）开始信号。开始传输，发送一位数据时，DATA 在 SCK 高电平期间跳变为低电平，开始信号如图 6.27 所示。

（3）停止信号。终止传输，停止发送数据时，DATA 在 SCK 高电平期间跳变为高电平，停止信号如图 6.28 所示。

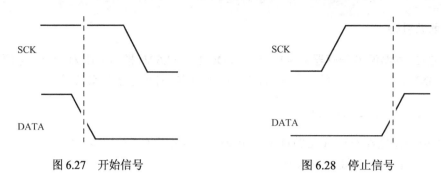

图 6.27 开始信号   图 6.28 停止信号

基本命令集如表 6.13 所示。

表 6.13 基本命令集（RH 代表相对湿度、T 代表温度）

序　号	命　令	功　能	代　码
1	触发 T 测量	保持主机	1110 0011
2	触发 RH 测量	保持主机	1110 0101
3	触发 T 测量	非保持主机	1111 0011
4	触发 RH 测量	非保持主机	1111 0101
5	写寄存器	—	1110 0110
6	读寄存器	—	1110 0111
7	软复位	—	1111 1110

5）主机/非主机模式

微处理器与传感器之间的通信有两种不同的工作模式：主机模式或非主机模式。在第一种情况下，在测量的过程中，SCL 被封锁（由传感器进行控制）；在第二种情况下，当传感器在执行测量任务时，SCL 仍然保持开放状态，可进行其他通信。非主机模式允许传感器进行测量时在总线上处理其他 I2C 总线通信任务。在主机模式下测量时，HTU21D 型温湿度传感器将 SCL 拉低，强制主机进入等待状态。释放 SCL 表示传感器内部处理工作结束，进而可以继续数据传输。

主机模式如图 6.29 所示，灰色部分由 HTU21D 型温湿度传感器控制。如果要省略 CRC 校验和传输，可将第 45 位改为 NACK，后接一个停止信号（P）。

非主机模式如图 6.30 所示，微处理器需要对传感器状态进行查询。此过程通过发送一个开始信号启动传输，之后紧接着的是 I2C 首字节（1000 0001）。如果完成内部处理工作，微处理器查询到传感器发出的确认信号后，相关数据就可以通过 MCU 进行读取。如果没有完成内部处理工作，传感器无确认位（ACK）输出，此时必须重新发送开始信号以便启动传输。

无论采用哪种传输模式，由于测量的最大分辨率为 14 位，第二个字节 SDA 上的后两位 LSB（位 43 和位 44）用来传输相关的状态信息。两个 LSB 中的位 1 表明测量的类型（0 表示温度，1 表示湿度），位 0 没有赋值。

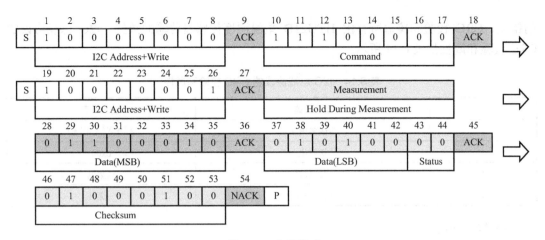

图 6.29　主机模式

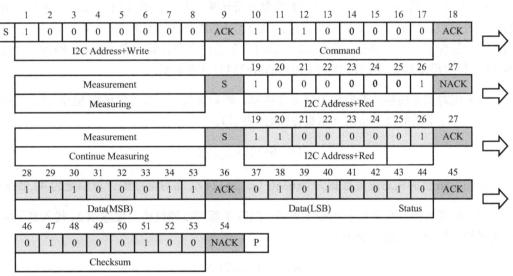

图 6.30　非主机模式

6）软复位

软复位用于在无须关闭和再次打开电源的情况下，重新启动传感器系统。在接收到这个命令之后，传感器系统开始重新初始化，并恢复成默认状态，软复位所需的时间不超过 15 ms。软复位如图 6.31 所示。

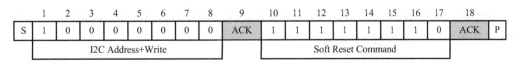

图 6.31　软复位

7）CRC 校验和的计算

当 HTU21D 型温湿度传感器通过 I2C 总线通信时，8 位的 CRC 校验和可用于检测传输的错误，CRC 校验和覆盖所有由 HTU21D 型温湿度传感器传输的数据。I2C 总线协议的 CRC 校验和属性如表 6.14 所示。

表 6.14　I2C 总线协议的 CRC 校验和属性

序　号	功　能	说　明
1	生成多项式	$X^8 + X^5 + X^4 + 1$
2	初始化	0x00
3	保护数据	读数据
4	最后操作	无

8）信号转换

HTU21D 型温湿度传感器内部设置的默认分辨率为相对湿度 12 位，温度 14 位。SDA 的输出数据被转换成 2 个字节的数据包，高字节 MSB 在前（左对齐）。每个字节后面都跟随 1 个应答位和 2 个状态位，即 LSB 的后两位在进行物理计算前必须置 0。例如，所传输的 16 位相对湿度数据为 0110 0011 0101 0000=25424（十进制）。

（1）相对湿度转换。不论基于哪种分辨率，相对湿度 RH 都可以根据 SDA 输出的相对湿度 S_{RH} 通过下面的公式获得（结果以%RH 表示）。

$$RH = -6 + 125 \times S_{RH} / 2^{16}$$

例如，16 位的相对湿度数据为 0x6350（即 25424），相对湿度的计算结果为 42.5%RH。

（2）温度转换。不论基于哪种分辨率，温度 T 都可以通过将温度输出 S_T 代入到下面的公式得到（结果以温度℃表示）。

$$T = -46.85 + 175.72 \times S_T / 2^{16}$$

6.2.5　开发实践：档案库房环境监控系统设计

档案保存的质量、档案的物理寿命、档案的防虫防霉都与库房的温湿度息息相关，一旦档案库房的温湿度失控，档案保护就会出现问题。及时有效地调节与控制档案库房的温湿度，是保护并延长档案寿命的关键，需要特别重视。

档案库房环境智能管理系统可以实现对室内环境参数的自动调节与控制，营造舒适、健康的环境，实现更好的经济效益。

档案库房内安装一定数量的环境检测传感器来实现对内部环境无死角地进行实时检测，这些传感器不光数量众多而且种类也众多。如何在尽量少使用微处理器的情况下而获得更多的数据，最有效的方法就是采用总线连接，通过使用 I2C 总线可以实现一条总线连接多个 I2C 设备，从而达到高效数据采集。本项目将围绕这个场景展开对 STM32 I2C 的学习与开发。

档案库房环境监控系统是一套集成了环境采集系统和内部环境干预系统的综合环境维持系统，要求使用 STM32 的 I2C 接口采集温湿度传感器的数据，并通过显示屏实时显示。

1. 开发设计

1）硬件设计

本项目采用 STM32 的通用 I/O 模拟 I2C 总线接口，将模拟总线与温湿度传感器相连接，使用 I2C 总线协议实现对温湿度传感器的数据获取，分别通过串口将采集的温湿度传感器数据打印在 PC 上和通过 FSMC 输出到 LCD 显示获取的信息。硬件架构设计如图 6.32 所示。

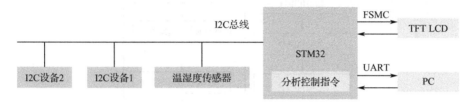

图 6.32　硬件架构设计

温湿度传感器的接口电路如图 6.33 所示。

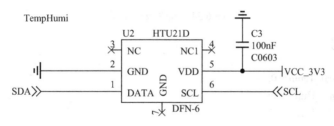

图 6.33　温湿度传感器的接口电路

温湿度传感器使用 I2C 总线进行通信，SCL 和 SDA 信号线分别连接 STM32 处理器的 PB8 和 PB9 引脚。

2）软件设计

本项目的设计思路需要从 STM32 与温湿度传感器的通信原理入手。首先 STM32 与温湿度传感器是通过 I2C 总线进行通信的，所以需要对 I2C 总线进行相关配置，本项目使用的 I2C 总线是通过 GPIO 进行模拟的，因此需要对 I2C 总线的物理层和协议层进行配置。I2C 总线配置完成后就可获取温湿度传感器的数据。

软件设计流程如图 6.34 所示。

2. 功能实现

1）主函数模块

在主函数模块中，首先初始化相关硬件外设，在主循环中每秒采集一次温湿度信息，然后将温湿度信息打印在 PC 上，同时闪烁 LED。主函数程序如下：

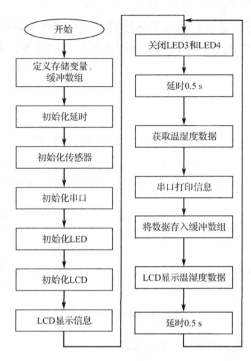

图 6.34 软件设计流程

```
void main(void)
{
    char Original_Temp = 0;
    char Original_Humi = 0;
    char temp[4]={0};
    char humi[4]={0};
    delay_init(168);                          //初始化延时
    htu21d_init();                            //初始化传感器
    usart_init(115200);                       //初始化串口
    led_init();                               //初始化 LED
    lcd_init(IIC1);                           //初始化 LCD
    LCDDrawFnt16(85, 132,85, 320, "原始温度：", 0x0000, 0xffff);       //LCD 屏显示温度
    LCDDrawFnt16(85, 162,85, 320, "原始湿度：", 0x0000, 0xffff);       //LCD 屏显示湿度
    for(;;)                                   //循环体
    {
        led_control(0);
        delay_ms(500);                        //延时 0.5 s
        Original_Temp=htu21d_read_temp();     //获取当前温度原始数据
        Original_Humi=htu21d_read_humi();     //获取当前湿度原始数据
        printf("原始温度:%d\r\n ",Original_Temp);     //串口打印温度原始数据
        printf("原始湿度:%d\r\n ",Original_Humi);     //串口打印原始湿度数据
        sprintf(temp,"%d\r\n",Original_Temp);  //将原始温度数据转化为字符串并存储在 temp 中
        LCDDrawAsciiDot8x16(160, 132,temp, 0x0000, 0xffff);  //显示温度原始数据
        sprintf(humi,"%d\r\n",Original_Humi);  //将原始湿度数据转化为字符串并存储在 humi 中
        LCDDrawAsciiDot8x16(160, 162,humi, 0x0000, 0xffff);  //显示湿度原始数据
```

```
        led_control(D3 | D4);
        delay_ms(500);                                  //延时 0.5 s
    }
}
```

2）I2C 模块

I2C 总线模拟函数主要是对 GPIO 的输入和输出进行配置后模拟 I2C 总线，从而实现 I2C 设备的通信交互。模拟 I2C 总线程序如下：

```
#define I2C_GPIO        GPIOA
#define I2C_CLK         RCC_AHB1Periph_GPIOA
#define PIN_SCL         GPIO_Pin_1
#define PIN_SDA         GPIO_Pin_0
#define SDA_R           GPIO_ReadInputDataBit(I2C_GPIO,PIN_SDA)
/**********************************************************************************
* 功能：I2C 模块初始化函数
**********************************************************************************/
void iic_init(void)
{
    GPIO_InitTypeDef GPIO_InitStructure;
    RCC_AHB1PeriphClockCmd(I2C_CLK, ENABLE);
    GPIO_InitStructure.GPIO_Pin = PIN_SCL | PIN_SDA;
    GPIO_InitStructure.GPIO_Mode = GPIO_Mode_OUT;
    GPIO_InitStructure.GPIO_OType = GPIO_OType_PP;
    GPIO_InitStructure.GPIO_Speed = GPIO_Speed_2MHz;
    GPIO_InitStructure.GPIO_PuPd = GPIO_PuPd_UP;
    GPIO_Init(I2C_GPIO, &GPIO_InitStructure);
}
/**********************************************************************************
* 功能：设置 SDA 为输出
**********************************************************************************/
void sda_out(void)
{
    GPIO_InitTypeDef GPIO_InitStructure;
    GPIO_InitStructure.GPIO_Pin = PIN_SDA;
    GPIO_InitStructure.GPIO_Mode = GPIO_Mode_OUT;
    GPIO_InitStructure.GPIO_OType = GPIO_OType_PP;
    GPIO_InitStructure.GPIO_Speed = GPIO_Speed_2MHz;
    GPIO_InitStructure.GPIO_PuPd = GPIO_PuPd_UP;
    GPIO_Init(I2C_GPIO, &GPIO_InitStructure);
}
/**********************************************************************************
* 功能：设置 SDA 为输入
**********************************************************************************/
void sda_in(void)
{
```

```
GPIO_InitTypeDef GPIO_InitStructure;
GPIO_InitStructure.GPIO_Pin = PIN_SDA;
GPIO_InitStructure.GPIO_Mode = GPIO_Mode_IN;
GPIO_InitStructure.GPIO_OType = GPIO_OType_PP;
GPIO_InitStructure.GPIO_Speed = GPIO_Speed_2MHz;
GPIO_InitStructure.GPIO_PuPd = GPIO_PuPd_UP;
GPIO_Init(I2C_GPIO, &GPIO_InitStructure);
}
/*****************************************************************************
* 功能：I2C 开始信号
*****************************************************************************/
void iic_start(void)
{
    sda_out();
    GPIO_SetBits(I2C_GPIO,PIN_SDA);                     //拉高数据线
    GPIO_SetBits(I2C_GPIO,PIN_SCL);                     //拉高时钟线
    delay_us(5);                                        //延时
    GPIO_ResetBits(I2C_GPIO,PIN_SDA);                   //产生下降沿
    delay_us(5);                                        //延时
    GPIO_ResetBits(I2C_GPIO,PIN_SCL);                   //拉低时钟线
}
/*****************************************************************************
* 功能：I2C 停止信号
*****************************************************************************/
void iic_stop(void)
{
    sda_out();
    GPIO_ResetBits(I2C_GPIO,PIN_SDA);                   //拉低数据线
    GPIO_SetBits(I2C_GPIO,PIN_SCL);                     //拉高时钟线
    delay_us(5);                                        //延时 5 ms
    GPIO_SetBits(I2C_GPIO,PIN_SDA);                     //产生上升沿
    delay_us(5);                                        //延时 5 ms
}
/*****************************************************************************
* 功能：I2C 发送应答
* 参数：ack —应答信号
*****************************************************************************/
void iic_send_ack(int ack)
{
    sda_out();
    if(ack)
        GPIO_SetBits(I2C_GPIO,PIN_SDA);                 //写应答信号
    else
        GPIO_ResetBits(I2C_GPIO,PIN_SCL);
    GPIO_SetBits(I2C_GPIO,PIN_SCL);                     //拉高时钟线
    delay_us(5);                                        //延时
```

```
        GPIO_ResetBits(I2C_GPIO,PIN_SCL);                    //拉低时钟线
        delay_us(5);                                         //延时
}
/**********************************************************************************
* 功能：I2C 接收应答
**********************************************************************************/
int iic_recv_ack(void)
{
        int CY = 0;
        sda_in();
        GPIO_SetBits(I2C_GPIO,PIN_SCL);                      //拉高时钟线
        delay_us(5);                                         //延时
        CY = SDA_R;                                          //读应答信号
        GPIO_ResetBits(I2C_GPIO,PIN_SDA);                    //拉低时钟线
        delay_us(5);                                         //延时
        return CY;
}
/**********************************************************************************
* 功能：I2C 写一个字节数据，返回 ACK 或者 NACK，从高到低依次发送
* 参数：data —要写的数据
**********************************************************************************/
unsigned char iic_write_byte(unsigned char data)
{
        unsigned char i;
        sda_out();
        GPIO_ResetBits(I2C_GPIO,PIN_SCL);                    //拉低时钟线
        for(i = 0;i < 8;i++){
                if(data & 0x80){                             //判断数据最高位是否为 1
                        GPIO_SetBits(I2C_GPIO,PIN_SDA);
                }
                else
                        GPIO_ResetBits(I2C_GPIO,PIN_SDA);
                delay_us(5);                                 //延时 5 ms
                //输出 SDA 稳定后，拉高 SCL 给出上升沿，从机检测到后进行数据采样
                GPIO_SetBits(I2C_GPIO,PIN_SCL);
                delay_us(5);                                 //延时 5 ms
                GPIO_ResetBits(I2C_GPIO,PIN_SCL);            //拉低时钟线
                delay_us(5);                                 //延时 5 ms
                data <<= 1;                                  //数组左移 1 位
        }
        delay_us(5);                                         //延时 5 ms
        sda_in();
        GPIO_SetBits(I2C_GPIO,PIN_SDA);                      //拉高数据线
        GPIO_SetBits(I2C_GPIO,PIN_SCL);                      //拉高时钟线
        delay_us(5);                                         //延时 5 ms，等待从机应答
        if(SDA_R){                                           //SDA 为高，收到 NACK
```

```
            return 1;
        }else{                                          //SDA 为低，收到 ACK
            GPIO_ResetBits(I2C_GPIO,PIN_SCL);           //释放总线
            delay_us(5);                                //延时 5 ms，等待从机应答
            return 0;
        }
    }
/***********************************************************************************
* 功能：I2C 写一个字节数据，返回 ACK 或者 NACK，从高到低依次发送
* 参数：data —要写的数据
***********************************************************************************/
unsigned char iic_read_byte(unsigned char data)
{
    unsigned char i,data = 0;
    sda_in();
    GPIO_ResetBits(I2C_GPIO,PIN_SCL);
    GPIO_SetBits(I2C_GPIO,PIN_SDA);                     //释放总线
    for(i = 0;i < 8;i++){
        GPIO_SetBits(I2C_GPIO,PIN_SCL);                 //给出上升沿
        delay_us(30);                                   //延时等待信号稳定
        data <<= 1;
        if(SDA_R){                                      //采样获取数据
            data |= 0x01;
        }else{
            data &= 0xfe;
        }
        delay_us(10);
        GPIO_ResetBits(I2C_GPIO,PIN_SCL);               //下降沿，从机给出下一位值
        delay_us(20);
    }
    sda_out();
    if(ack)
        GPIO_SetBits(I2C_GPIO,PIN_SDA);                 //应答状态
    else
        GPIO_ResetBits(I2C_GPIO,PIN_SDA);
    delay_us(10);
    GPIO_SetBits(I2C_GPIO,PIN_SCL);
    delay_us(50);
    GPIO_ResetBits(I2C_GPIO,PIN_SCL);
    delay_us(50);
    return data;
}
```

3）温度测量模块

```
/***********************************************************************************
* 功能：初始化 HTU21D 型温湿度传感器
```

```
*************************************************************************/
void HTU21DGPIOInit(void)
{
    iic_init();
}
/*************************************************************************
* 功能：I2C 写
* 参数：addr —地址；*buf —发送数据；len —发送数据长度
* 返回：0 或-1
*************************************************************************/
static int i2c_write(char addr, char *buf, int len)
{
    iic_start();
    if (iic_write_byte(addr<<1)){
        iic_stop();
        return -1;
    }
    for (int i=0; i<len; i++) {
        if (iic_write_byte(buf[i])) {
            iic_stop();
            return -1;
        }
    }
    iic_stop();
    return 0;
}

/*************************************************************************
* 功能：I2C 读
* 参数：addr —地址；*buf —发送数据；len —发送数据长度
* 返回：数据长度或-1
*************************************************************************/
static int i2c_read(char addr, char *buf, int len)
{
    int i;
    iic_start();
    if (iic_write_byte((addr<<1)|1)) {
        iic_stop();
        return -1;
    }
    for (i=0; i<len-1; i++) {
        buf[i] = iic_read_byte(0);
    }
    buf[i] = iic_read_byte(0);
    iic_stop();
    return len;
}
```

```c
#define HTU21D_ADDR 0x40
/***************************************************************************
* 功能：重启 HTU21D 型温湿度传感器
***************************************************************************/
void htu21d_reset(void)
{
    char cmd = 0xfe;
    i2c_write(HTU21D_ADDR, &cmd, 1);                              //reset
}
/***************************************************************************
* 功能：发送读取温度指令
***************************************************************************/
void htu21d_mesure_t(void)
{
    char cmd = 0xf3;
    i2c_write(HTU21D_ADDR, &cmd, 1);
}
/***************************************************************************
* 功能：发送读取湿度指令
***************************************************************************/
void htu21d_mesure_h(void)
{
    char cmd = 0xf5;
    i2c_write(HTU21D_ADDR, &cmd, 1);
}
/***************************************************************************
* 功能：初始化 HTU21D 型温湿度传感器
***************************************************************************/
void htu21d_init(void)
{
    char cmd = 0xfe;
    HTU21DGPIOInit();
    i2c_write(HTU21D_ADDR, &cmd, 1);                              //reset
    delay_ms(20);
}
/***************************************************************************
* 功能：读取原始温度数据
* 返回：dat —未处理的温度值
***************************************************************************/
char htu21d_read_temp(void)
{
    char cmd = 0xf3;
    char dat;

    i2c_write(HTU21D_ADDR, &cmd, 1);
    delay_ms(50);
```

```
        i2c_read(HTU21D_ADDR, &dat, 1);
        return dat;
    }
/***********************************************************************
* 功能：读取原始湿度数据
* 返回：dat —未处理的湿度值
***********************************************************************/
char htu21d_read_humi(void)
{
    char cmd = 0xf5;
    char dat;

    i2c_write(HTU21D_ADDR, &cmd, 1);
    delay_ms(50);
    i2c_read(HTU21D_ADDR, &dat, 1);
    return dat;
}
/***********************************************************************
* 功能：读取温度
* 返回：-1 或 t（处理后的温度值）
***********************************************************************/
float htu21d_t(void)
{
    char cmd = 0xf3;
    char dat[4];
    i2c_write(HTU21D_ADDR, &cmd, 1);
    delay_ms(50);
    if (i2c_read(HTU21D_ADDR, dat, 2) == 2) {
        if ((dat[1]&0x02) == 0) {
            float t = -46.85f + 175.72f * ((dat[0]<<8 | dat[1])&0xfffc) / (1<<16);
            return t;
        }
    }
    return -1;
}
/***********************************************************************
* 功能：读取湿度
* 返回：-1 或 h（处理后的湿度值）
***********************************************************************/
float htu21d_h(void)
{
    char cmd = 0xf5;
    char dat[4];
    i2c_write(HTU21D_ADDR, &cmd, 1);
    delay_ms(50);
    if (i2c_read(HTU21D_ADDR, dat, 2) == 2) {
```

```
        if ((dat[1]&0x02) == 0x02) {
            float h = -6 + 125 * ((dat[0]<<8 | dat[1])&0xfffc) / (1<<16);
            return h;
        }
    }
    return -1;
}
```

6.2.6　小结

通过对本项目的学习和实践，读者可以学习 I2C 总线的工作原理和通信协议，并通过 STM32 驱动 I2C 总线，学习 HTU21D 型温湿度传感器的基本工作原理，结合 I2C 总线实现 STM32 驱动温湿度传感器。

6.2.7　思考与拓展

（1）简述 I2C 总线的工作原理和通信协议。

（2）温湿度传感器的工作原理是什么？如何驱动？

（3）如何用 I2C 总线和 STM32 实现温湿度数据的采集？

（4）本项目通过 I2C 总线获取温湿度传感器中的信息，然而温湿度传感器的输出数据并不可以直接使用。由于温度采用了两种单位（摄氏度和华氏度），且两种温度数据的计算方式有所不同，因此为了方便两种制式信息的转换，温湿度传感器只输出原始数据。为了获得真实可用的温湿度数据，可通过查阅温湿度传感器的芯片资料获取摄氏温度和湿度的计算方式，并将有效的温湿度信息通过串口输出。

6.3　STM32 SPI 通信技术应用开发

本节重点学习 STM32 的 SPI 总线，掌握 SPI 总线的基本原理和通信协议以及 Flash 存储器的工作原理，通过 SPI 总线通信和 Flash 存储器实现高速动态数据存取设计。

6.3.1　SPI 协议

1. SPI 总线协议简介

SPI 总线协议是由 Motorola 公司提出的通信协议，即串行外围设备接口（Serial Peripheral Interface），是一种高速全双工的通信总线，被广泛地应用在 ADC、LCD 等设备与微处理器间要求通信速率较高的场合。

读者可与 6.2 节对比学习本节内容，体会两种通信总线的差异，以及 EEPROM 存储器与 Flash 存储器的区别。下面分别对 SPI 协议的物理层及协议层进行讲解。

1）SPI 物理层

SPI 通信设备之间的常用连接方式如图 6.35 所示。

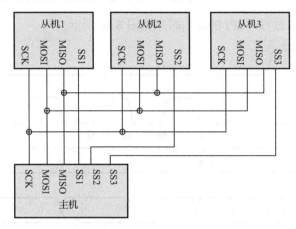

图 6.35　SPI 通信设备之间的常用连接方式

SPI 通信使用 3 条信号线及 1 条片选线，3 条信号线分别为 SCK、MOSI、MISO，片选线为 SS，它们的作用如下。

（1）SS（Slave Select）：从设备选择信号线，常称为片选线，也称为 NSS、CS。当有多个 SPI 从机与 SPI 主机相连时，设备的其他信号线 SCK、MOSI 及 MISO 同时并联到相同的 SPI 总线上，即无论有多少个从机，都只使用这 3 条信号线；而每个从机都有一条独立的 SS，SS 独占主机的一个引脚，即有多少个从机，就有多少条 SS。I2C 总线协议通过设备地址来寻址、选中总线上的某个设备并与其进行通信；而 SPI 总线协议中没有设备地址，它使用 SS 来寻址，当主机要选择从机时，把该从机的 SS 设置为低电平，该从机即被选中，即片选有效，接着主机开始与被选中的从机进行通信。所以 SPI 通信以 SS 置低电平为开始信号，以 NSS 被拉高作为结束信号。

（2）SCK（Serial Clock）：时钟信号线，用于通信数据同步，它由主机产生，决定通信的速率，不同的设备支持的最高时钟频率不一样，如 STM32 的 SPI 时钟频率最大为 $f_{PCLK}/2$，两个设备之间通信时，通信的速率受限于低速设备。

（3）MOSI（Master Output Slave Input）：主机输出/从机输入信号线。主机的数据从这条信号线输出，从机从这条信号线读取主机发送的数据，即这条信号线上数据的方向为主机到从机。

（4）MISO（Master Input Slave Output）：主机输入/从机输出信号线。主机从这条信号线读取数据，从机的数据由这条信号线发送到主机，即在这条信号线上数据的方向为从机到主机。

2）SPI 协议层

与 I2C 协议类似，SPI 协议定义通信的开始信号、停止信号、数据有效性、时钟同步等环节。

（1）SPI 基本通信过程。SPI 的通信时序如图 6.36 所示。

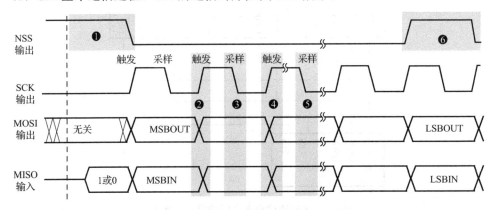

图 6.36　SPI 的通信时序

图 6.36 所示为 SPI 的通信时序，NSS、SCK、MOSI 信号都由主机产生，而 MISO 的信号由从机产生，主机通过该信号线读取从机的数据。MOSI 与 MISO 的信号只在 NSS 为低电平时才有效，在 SCK 的每个时钟周期，MOSI 和 MISO 传输一位数据。

以上通信流程中包含的各个信号说明如下。

① 通信的开始信号和停止信号。在图中的标号❶处，NSS 信号由高变低，这是 SPI 通信的开始信号。NSS 是每个从机各自独占的信号线，当从机在自己的 NSS 线上检测到开始信号后，就知道自己被主机选中了，开始准备与主机通信。在图中的标号❻处，NSS 信号由低变高，这是 SPI 通信的停止信号，表示本次通信结束，从机的选中状态被取消。

② 数据有效性。SPI 使用 MOSI 及 MISO 信号线来传输数据，使用 SCK 信号线进行数据同步。MOSI 及 MISO 数据线在 SCK 的每个时钟周期传输一位数据，且数据输入和输出是同时进行的。在数据传输时，对 MSB 先行或 LSB 先行并没有做硬性规定，但要保证两个 SPI 通信设备之间使用同样的规定，一般都会采用图中的 MSB 先行模式。

观察图中的❷、❸、❹、❺标号处，MOSI 及 MISO 的数据在 SCK 的上升沿期间变换输入和输出，在 SCK 的下降沿时被采样，即在 SCK 的下降沿时刻，MOSI 及 MISO 的数据有效，高电平时表示数据 1，低电平时表示数据 0，在其他时刻数据无效，MOSI 及 MISO 为下一次传输数据做准备。

SPI 每次数据传输以 8 位或 16 位为单位，每次传输的单位数不受限制。

（2）CPOL、CPHA 及通信模式。图 6.36 所示的时序只是 SPI 中的一种通信模式，SPI 共有 4 种通信模式，它们的主要区别是总线空闲时 SCK 的时钟状态以及数据采样时刻。为方便说明，在此引入时钟极性 CPOL 和时钟相位 CPHA 的概念。

时钟极性 CPOL 是指 SPI 通信设备处于空闲状态时，SCK 的电平信号（即 SPI 通信开始前、NSS 线为高电平时 SCK 的状态）。CPOL=0 时，SCK 在空闲状态时为低电平；CPOL=1 时，则相反。

时钟相位 CPHA 是指数据的采样的时刻，当 CPHA=0 时，MOSI 或 MISO 的信号将会在 SCK 时奇数边沿被采样；当 CPHA=1 时，数据线在 SCK 的偶数边沿采样。CPHA=0 时的 SPI 通信时序如图 6.37 所示。

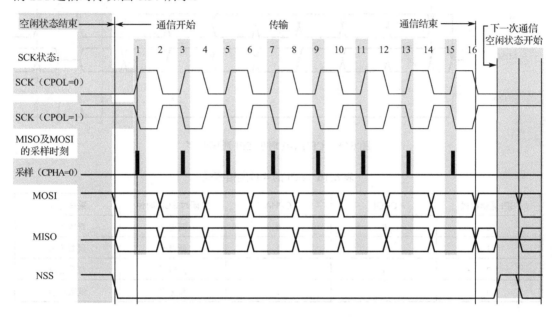

图 6.37　CPHA=0 时的 SPI 通信时序

下面分析图 6.37 所示的时序，首先，根据 SCK 在空闲状态时的电平可分为两种情况：SCK 在空闲状态为低电平时，CPOL=0；空闲状态为高电平时，CPOL=1。无论 CPOL 是 0 还是 1，因为配置的时钟相位 CPHA=0，在图中可以看到，采样时刻都是在 SCK 的奇数边沿。注意，当 CPOL=0 时，时钟的奇数边沿是上升沿，而当 CPOL=1 时，时钟的奇数边沿是下降沿。MOSI 和 MISO 的有效信号在 SCK 的奇数边沿保持不变，数据信号将在 SCK 奇数边沿时被采样，在非采样时刻，MOSI 和 MISO 的有效信号才发生切换。

类似地，当 CPHA=1 时，不受 CPOL 的影响，数据信号在 SCK 的偶数边沿被采样。CPHA=1 时的 SPI 通信时序如图 6.38 所示。

根据 CPOL 和 CPHA 的不同状态，SPI 可分成 4 种通信模式，主机与从机需要工作在相同的通信模式下才可以正常工作，实际中采用较多的是模式 0 与模式 3。SPI 的 4 种通信模式如表 6.15 所示。

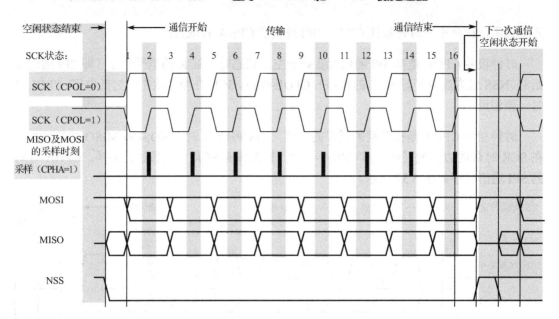

图 6.38　CPHA=1 时的 SPI 通信时序

表 6.15　SPI 的 4 种通信模式

SPI 通信模式	CPOL	CPHA	空闲时 SCK 时钟	采样时刻
0	0	0	低电平	奇数边沿
1	0	1	低电平	偶数边沿
2	1	0	高电平	奇数边沿
3	1	1	高电平	偶数边沿

2. STM32 的 SPI

1）STM32 的 SPI（串行外设接口）框架

SPI 提供两个主要功能，支持 SPI 协议或 I2S 协议。在默认情况下，选择的是 SPI 功能，可通过软件将接口从 SPI 协议切换到 I2S 协议。

STM32 的 SPI 可作为通信的主机及从机，支持最高的 SCK 时钟频率为 $f_{pclk}/2$，完全支持 SPI 协议的 4 种通信模式，数据帧长度可设置为 8 位或 16 位，可设置数据 MSB 先行或 LSB 先行，它还支持双线全双工、双线单向以及单线模式，其中双线单向模式可以同时使用 MOSI 及 MISO 数据线在一个方向传输数据，可以使传输速率加倍。而单线模式则可以减少硬件接线，但传输速率会受到影响。本书只讲解双线全双工模式。SPI 架构图如图 6.39 所示。

（1）通信引脚。SPI 通过 4 个引脚与外部器件连接。

MISO（主输入/从输出数据）：此引脚可用于在从模式下发送数据，以及在主模式下接收数据。

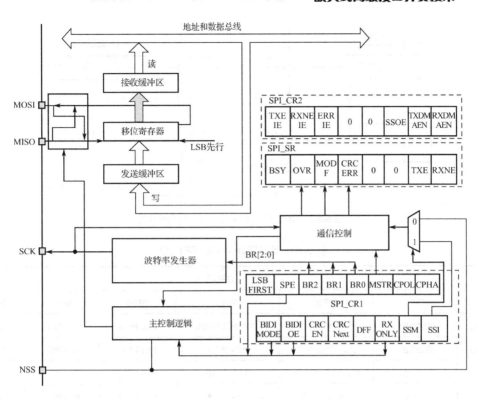

图 6.39 SPI 架构图

MOSI（主输出/从输入数据）：此引脚可用于在主模式下发送数据，以及在从模式下接收数据。

SCK：用于 SPI 主机的串行时钟输出，以及 SPI 从机的串行时钟输入。

NSS（从机选择）：这是用于选择从机的引脚。此引脚用作"片选"，可让 SPI 主机与从机进行单独通信，从而并避免数据线上的竞争。从机的 NSS 输入可由主机上的标准 I/O 端口驱动。NSS 引脚在使能（SSOE 位）时还可用于输出，并可在 SPI 处于主模式时为低电平。通过这种方式，只要器件配置成 NSS 硬件管理模式，所有连接到该主机 NSS 引脚的其他器件的 NSS 引脚都将变为低电平，从而作为从机。当配置为主模式，且 NSS 配置为输入（MSTR=1 且 SSOE=0）时，如果 NSS 拉至低电平，SPI 将进入主模式故障状态，MSTR 位自动清 0，并且器件配置为从模式。

单个主机和单个从机之间的互连如图 6.40 所示，MOSI 引脚连接在一起，MISO 引脚连接在一起。通过这种方式，主机和从机之间以串行方式传输数据（最高有效位在前）。

SPI 通信始终由主机发起，当主机通过 MOSI 引脚向从机发送数据时，从机同时通过 MISO 引脚做出响应。这是一个数据输出和数据输入都由同一时钟同步的全双工通信过程。

STM32F4xx 的 SPI 引脚如表 6.16 所示，SPI1、SPI4、SPI5、SPI6 是 APB2 上的设备，最高通信速率为 45 Mbps，SPI2、SPI3 是 APB1 上的设备，最高通信速率为 22.5 Mbps，其他功能没有差异。

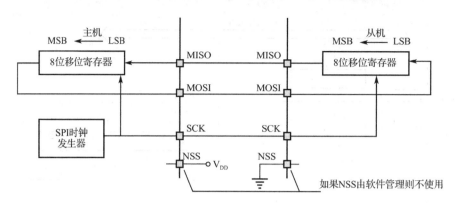

图 6.40 单个主机和单个从机之间的互连

表 6.16 STM32F4xx 的 SPI 引脚

引脚	SPI 编号					
	SPI1	SPI2	SPI3	SPI4	SPI5	SPI6
MOSI	PA7/PB5	PB15/PC3/PI3	PB5/PC12/PD6	PE6/PE14	PF9/PF11	PG14
MISO	PA6/PB4	PB14/PC2/PI2	PB4/PC11	PE5/PE13	PF8/PH7	PG12
SCK	PA5/PB3	PB10/PB13/PD3	PB3/PC10	PE2/PE12	PF7/PH6	PG13
SS	PA4/PA15	PB9/PB12/PI0	PA4/PA15	PE4/PE11	PF6/PH5	PG8

（2）时钟控制逻辑。SCK 的时钟信号由波特率发生器根据控制寄存器（SPI_CR1）中的 BR[2:0]位控制，该位是 f_{PCLK} 时钟的分频系数，f_{PCLK} 的分频结果是 SCK 引脚输出的时钟频率。BR[2:0]位对 f_{PCLK} 的分频如表 6.17 所示。

表 6.17 BR[2:0]位对 f_{PCLK} 的分频

BR[2:0]	分频结果（SCK 频率）	BR[2:0]	分频结果（SCK 频率）
000	$f_{PCLK}/2$	100	$f_{PCLK}/32$
001	$f_{PCLK}/4$	101	$f_{PCLK}/64$
010	$f_{PCLK}/8$	110	$f_{PCLK}/128$
011	$f_{PCLK}/16$	111	$f_{PCLK}/256$

其中的 f_{PCLK} 频率是指 SPI 所在的 APB 总线频率，APB1 为 f_{PCLK1}，APB2 为 f_{PCKL2}。通过配置 SPI_CR1 的 CPOL 位和 CPHA 位可以把 SPI 设置成前面分析的 4 种 SPI 通信模式。

（3）数据控制逻辑。SPI 的 MOSI 和 MISO 都连接到数据移位寄存器上，数据移位寄存器的内容来源于接收缓冲区、发送缓冲区以及 MISO、MOSI 线。当向外发送数据时，数据移位寄存器以发送缓冲区为数据源，把数据一位一位地通过数据线发送出去；当从外部接收数据时，数据移位寄存器把数据线采样到的数据一位一位地存储到接收缓冲区中。通过写 SPI 的数据寄存器（SPI_DR）把数据填充到发送缓冲区中，通过 SPI_DR 可以获取接收缓冲区中的内容。其中数据帧长度可以通过 SPI_CR1 的 DFF 位配置成 8 位或 16 位模式；

配置 LSBFIRST 位可选择 MSB 先行还是 LSB 先行。

（4）通信控制。主控制逻辑负责协调整个 SPI 外设，其工作模式根据配置的控制寄存器（SPI_CR1/2）的参数而改变，基本的参数包括前面提到的 SPI 模式、波特率、LSB 先行、主/从模式、单向/双向模式等。在外设工作时，主控制逻辑会根据外设的工作状态修改状态寄存器（SPI_SR），只要读取状态寄存器相关的标志位，就可以了解 SPI 的工作状态。除此之外，主控制逻辑还可根据要求控制 SPI 中断信号、DMA 请求及控制 NSS 信号线。

2）STM32 的 SPI 通信过程

STM32 使用 SPI 外设通信时，在通信的不同阶段它会对 SPI_SR 的不同标志位写入相应的参数，通过读取这些标志位可以了解通信的状态。

（1）接收缓冲区和发送缓冲区。在接收过程中，先将接收到的数据存储到内部接收缓冲区中；而在发送过程中，先将数据存储到内部发送缓冲区中，然后发送数据。读访问 SPI_DR 将返回接收缓冲区中的数据，而对写访问 SPI_DR 会将写入的数据存储到发送缓冲区中。

（2）主模式和全双工模式。图 6.41 所示为主模式流程，即 STM32 作为 SPI 通信的主机时数据收发过程。

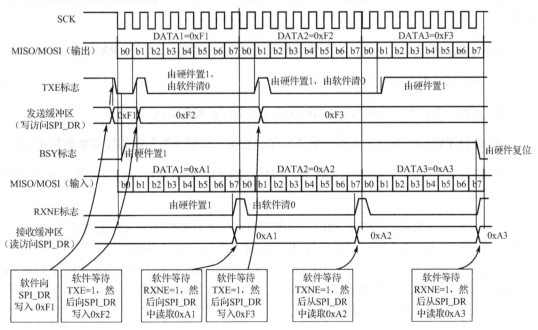

图 6.41　主模式流程

数据的发送与接收：将数据从发送缓冲区存储到移位寄存器时，TXE 标志（发送缓冲区为空）置 1，表示发送缓冲区已准备好加载接下来的数据。如果 SPI_CR2 寄存器中的 TXEIE 位置 1，可产生中断。通过对 SPI_DR 执行写操作可将 TXE 位清 0。软件必须确保在尝试写入发送缓冲区之前 TXE 标志已置 1, 否则将覆盖之前写入发送缓冲区的数据。将数据从移位寄存器存储到接收缓冲区时, RXNE 标志（接收缓冲区非空）会在最后一个采样时钟边沿置 1, 它表示已准备好从 SPI_DR 中读取数据。如果 SPI_CR2 中的 RXNEIE 位置 1, 可产生中断。通过读取 SPI_DR 可将 RXNE 位清 0。对于某些配置, 可以在最后一次数据传输期间使用 BSY 位来表示传输完成。

主模式或从模式下的全双工发送和接收过程（BIDIMODE=0 且 RXONLY=0）必须遵循以下步骤：

① 通过将 SPE 位置 1 来使能 SPI。

② 将第一个要发送的数据写入 SPI_DR（此操作会将 TXE 位清 0）。

③ 等待 TXE=1, 然后写入要发送的第二个数据, 接着等待 RXNE=1, 读取 SPI_DR 可获取接收到的第一个数据（此操作会将 RXNE 位清 0）。对每个要发送/接收的数据重复此操作, 直到第 n-1 个数据为止。

④ 等待 RXNE=1, 然后读取最后接收到的数据。

⑤ 等待 TXE=1, 然后等待 BSY=0, 再关闭 SPI。

此外, 还可以使用在 RXNE 位或 TXE 位所产生中断的对应中断服务程序来实现上述过程。

（3）只发送模式。只发送模式下的数据发送过程（BIDIMODE=0、RXONLY=0）如下：

① 通过将 SPE 位置 1 使能 SPI。

② 将第一个要发送的数据写入 SPI_DR（此操作会将 TXE 位清 0）。

③ 等待 TXE=1, 然后写入下一个要发送的数据。对每个要发送的数据都重复此步骤。

④ 将最后一个数据写入 SPI_DR 后, 等待 TXE=1, 然后等待 BSY=0, 表示最后的数据发送完成。

此外, 还可以使用在 TXE 位所产生中断的对应中断服务程序来实现上述过程。在不连续通信期间, 对 SPI_DR 执行写操作与 BSY 位置 1 之间有 2 个 APB 时钟周期的延迟, 因此, 在只发送模式下, 写入最后的数据后, 必须先等待 TXE 位置 1, 然后等待 BSY 位清 0。在只发送模式下, 发送 2 个数据项后, SPI_SR 中的 OVR 标志将置 1, 因为不会读取接收的数据。只发送模式的流程如图 6.42 所示。

3. STM32 的 SPI 相关库函数

SPI 相关的库函数和定义在文件 stm32f4xx_spi.c 以及头文件 stm32f4xx_spi.h 中。SPI 的主模式配置步骤如下：

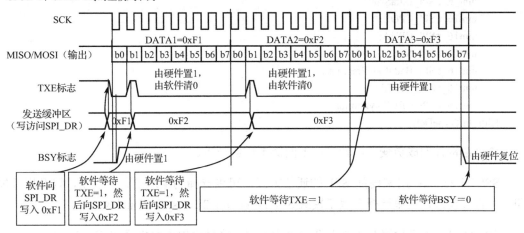

图 6.42　只发送模式的流程

（1）配置相关引脚的复用功能，使能 SPI1。要用 SPI1，首先要使能 SPI1 的时钟，SPI1 的时钟通过 RCC_APB2ENR 的第 12 位来设置；其次要设置 SPI1 的相关引脚为复用（AF5）输出，这样才会连接到 SPI1 上。这里使用的是 PB3、PB4、PB5 这 3 个引脚（SCK、MISO、MOSI，NSS 使用软件管理方式），所以设置这三个为复用 I/O，复用功能为 AF5。

使能 SPI1 的时钟的方法为：

```
RCC_APB2PeriphClockCmd(RCC_APB2Periph_SPI1,ENABLE);        //使能 SPI1 的时钟
```

复用 PB3、PB4、PB5 为 SPI1 引脚的方法为：

```
GPIO_PinAFConfig(GPIOB,GPIO_PinSource3,GPIO_AF_SPI1);      //PB3 复用为 SPI1 引脚
GPIO_PinAFConfig(GPIOB,GPIO_PinSource4,GPIO_AF_SPI1);      //PB4 复用为 SPI1 引脚
GPIO_PinAFConfig(GPIOB,GPIO_PinSource5,GPIO_AF_SPI1);      //PB5 复用为 SPI1 引脚
```

同时要设置相应的引脚模式为复用功能模式，方法为：

```
GPIO_InitStructure.GPIO_Mode=GPIO_Mode_AF;                //复用功能
```

（2）初始化 SPI1，设置 SPI1 的工作模式等。这一步全部是通过 SPI1_CR1 来完成的，设置 SPI1 为主机模式、数据为 8 位，然后通过 CPOL 位和 CPHA 位来设置 SCK 时钟极性及时钟相位，并设置 SPI1 的时钟频率（最大为 37.5 MHz），以及数据的格式（MSB 先行还是 LSB 先行）。在库函数中初始化 SPI 的函数为：

```
void SPI_Init(SPI_TypeDef*SPIx,SPI_InitTypeDef* SPI_InitStruct);
```

跟其他外设初始化一样，第一个参数是 SPI 的标号，这里使用的是 SPI1；第二个参数为结构体类型 SPI_InitTypeDef，其定义为：

```
typedefstruct
{
    uint16_t SPI_Direction;
    uint16_t SPI_Mode;
```

```
        uint16_t SPI_DataSize;
        uint16_t SPI_CPOL;
        uint16_t SPI_CPHA;
        uint16_t SPI_NSS;
        uint16_t SPI_BaudRatePrescaler;
        uint16_t SPI_FirstBit;
        uint16_t SPI_CRCPolynomial;
    }SPI_InitTypeDef;
```

这个结构体的成员变量比较多，下面简单讲解一下。

SPI_Direction：用来设置 SPI 的通信方式，可以选择为半双工、全双工，以及串行发和串行收等模式，这里选择全双工模式 SPI_Direction_2Lines_FullDuplex。

SPI_Mode：用来设置 SPI 的主机/从机从模式，这里设置为主机模式 SPI_Mode_Master，也可根据需要选择为从机模式 SPI_Mode_Slave。

SPI_DataSize：用来设置 8 位还是 16 位帧格式，这里是 8 位帧格式，选择 SPI_DataSize_8b。

SPI_CPOL：用来设置时钟极性，这里设置串行同步时钟的空闲状态为高电平，所以选择 SPI_CPOL_High。

SPI_CPHA：用来设置时钟相位，也就是选择在串行同步时钟的第几个跳变沿（上升沿或下降沿）数据被采样，可以设置为第一个或者第二个跳变沿采集，这里选择第二个跳变沿，所以选择 SPI_CPHA_2Edge。

SPI_NSS：用于设置 NSS 信号由硬件（NSS 引脚）或软件控制，这里设置为软件控制，而不是硬件控制，所以选择 SPI_NSS_Soft。

SPI_BaudRatePrescaler（很关键）：用于设置 SPI 波特率分频系数，也就是决定 SPI 的时钟的参数，从 2 分频到 256 分频，共 8 个可选值，初始化时选择 256 分频（SPI_BaudRatePrescaler_256），传输速度为 84 MHz/256=328.125 kHz。

SPI_FirstBit：用于设置数据传输顺序是 MSB 先行还是 LSB 先行，这里选择 SPI_FirstBit_MSB。

SPI_CRCPolynomial：用来设置 CRC 校验多项式，提高通信可靠性，大于 1 即可。

设置好上面 9 个成员变量后，就可以初始化 SPI 外设了。初始化的范例格式为：

```
SPI_InitTypeDefSPI_InitStructure;
SPI_InitStructure.SPI_Direction=SPI_Direction_2Lines_FullDuplex; //双线双向全双工
SPI_InitStructure.SPI_Mode=SPI_Mode_Master;              //主机模式
SPI_InitStructure.SPI_DataSize=SPI_DataSize_8b;          //SPI 发送/接收采用 8 位帧格式
SPI_InitStructure.SPI_CPOL=SPI_CPOL_High;                //串行同步时钟的空闲状态为高电平
SPI_InitStructure.SPI_CPHA=SPI_CPHA_2Edge;               //第二个跳变沿采样数据
```

```
SPI_InitStructure.SPI_NSS=SPI_NSS_Soft;                          //NSS 信号由软件控制
SPI_InitStructure.SPI_BaudRatePrescaler=SPI_BaudRatePrescaler_256;   //分频系数为 256
SPI_InitStructure.SPI_FirstBit=SPI_FirstBit_MSB;                 //数据传输为 MSB 先行
SPI_InitStructure.SPI_CRCPolynomial=7;                          //CRC 值计算的多项式
SPI_Init(SPI2,&SPI_InitStructure);                             //根据指定的参数初始化外设 SPI2
```

（3）使能 SPI1。可通过将 SPI1_CR1 的 SPE 位（第 6 位）置 1 来启动 SPI1，在启动之后，程序就可以开始通信了。通过库函数使能 SPI1 的方法为：

```
SPI_Cmd(SPI1,ENABLE);                  //使能 SPI1
```

（4）SPI 传输数据。通信接口当然需要有发送数据和接收数据的函数，固件库中提供的发送数据函数原型为：

```
void SPI_I2S_SendData(SPI_TypeDef* SPIx,uint16_t Data);
```

这个函数很好理解，往 SPIx 数据寄存器写入数据 Data 就可以实现数据发送。固件库中提供的接收数据函数原型为：

```
uint16_t SPI_I2S_ReceiveData(SPI_TypeDef* SPIx);
```

这个函数可以从 SPIx 数据寄存器读出接收到的数据。

（5）查看 SPI 传输状态。在 SPI 传输过程中，要经常判断数据传输是否完成、发送区是否为空等状态，这可通过函数 SPI_I2S_GetFlagStatus 来实现，这个函数很简单就不详细讲解了，判断数据发送是否完成的方法是：

```
SPI_I2S_GetFlagStatus(SPI1,SPI_I2S_FLAG_RXNE);
```

6.3.2 Flash

1. W25Q64 基本知识

W25Q64 系列 Flash 存储器与普通串行 Flash 存储器相比，其使用更灵活、性能更出色，非常适合用于存储声音、文本和数据。W25Q64 有 32768 可编程页，每页 256 字节。使用页编程指令就可以每次编程 256 字节，使用扇区（Sector）擦除指令可以每次擦除 256 字节，使用块（Block）擦除指令可以每次擦除 256 页，使用整片擦除指令可以擦除整个芯片。W25Q64 共有 2048 个可擦除扇区或 128 个可擦除块。W25Q64 引脚如图 6.43 所示。

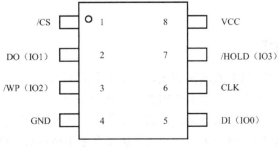

图 6.43　W25Q64 引脚

W25Q64 引脚功能如表 6.18 所示。

表 6.18　W25Q64 引脚功能

引　脚　号	引　脚　名　称	输入/输出类型（I/O）	功　　能
1	/CS	I	芯片选择
2	DO	O	数据输出
3	/WP	I	写保护
4	GND		地
5	DI	I/O	数据输入/输出
6	CLK	I	串行时钟
7	/HOLD	I	保持
8	VCC		电源

W25Q16、W25Q32 和 W25Q64 支持标准的 SPI 接口，传输速率最大 75 MHz，采用四线制，即 4 个引脚。

● 串行时钟引脚（CLK）；
● 芯片选择引脚（CS）；
● 串行数据输出引脚（DO）；
● 串行数据输入/输出引脚（DIO）。

串行数据输入/输出引脚（DIO）：在普通情况下，该引脚是串行输入引脚（DI），当使用快读双输出指令时，该引脚就变成了输出引脚，在这种情况下，芯片就有 2 个 DO 引脚，所以称为双输出，其通信速率相当于翻了一番，所以传输速率更快。

另外，芯片还具有保持引脚（/HOLD）、写保护引脚（/WP）、可编程写保护位（位于状态寄存器第 1 位）、顶部和底部块的控制等特征，使得控制芯片更具灵活性。

2. SPI 模式

W25Q16/32/64 支持通过四线制 SPI 总线方式访问，支持两种 SPI 通信方式，即模式 0 和模式 3 都支持。模式 0 和模式 3 的主要区别是：当主机的 SPI 接口处于空闲或者没有数据传输时，CLK 的电平是高电平还是低电平。对于模式 0，CLK 的电平为低电平；对于模式 3，CLK 的电平为高电平。在两种模式下芯片都是在 CLK 的上升沿采集输入数据，下降沿输出数据。

3. 双输出 SPI 方式

W25Q16/32/64 支持 SPI 双输出方式，但需要使用快读双输出指令（Fast Read Dual Output），这时通信速率相当于标准 SPI 的 2 倍。这个命令非常适合在需要一上电就快速下载代码到内存中的情况（Code-Shadowing）或者需要缓存代码段到内存中运行的情况（Cache Code-Segments to RAM for Execution）。在使用快读双输出指令后，DI 引脚变为输出引脚。

4．保持功能

芯片处于使能状态（CS=0）时，把 HOLD 引脚拉低可以使芯片暂停工作，适用于芯片和其他器件共享主机 SPI 接口的情况。例如，当主机接收到一个更高优先级的中断时就会抢占主机的 SPI 接口，而这时芯片的页缓存区（Page Buffer）还有一部分没有写完，在这种情况下，保持功能可以保存好页缓存区的数据，等中断释放 SPI 口时，再继续完成刚才没有写完的工作。

使用保持功能，CS 引脚必须为低电平。在 HOLD 引脚出现下降沿以后，如果 CLK 引脚为低电平，将开启保持功能；如果 CLK 引脚为高电平，保持功能在 CLK 引脚的下一个下降沿开始。在 HOLD 引脚出现上升沿以后，如果 CLK 引脚为低电平，保持功能将结束；如果 CLK 引脚为高电平，在 CLK 引脚的下一个下降沿，保持功能将结束。

在保持功能起作用期间，DO 引脚处于高阻抗状态，DI 引脚和 DO 引脚上的信号将被忽略，而且在此期间，CS 引脚也必须保持低电平，如果在此期间 CS 引脚电平被拉高，芯片内部的逻辑将会被重置。

5．状态寄存器

状态寄存器的各位描述如表 6.19 所示。

表 6.19　状态寄存器的各位描述

S7	S6	S5	S4	S3	S2	S1	S0
SRP	Reservd	TB	BP2	BP1	BP0	WEL	BUSY

通过读状态寄存器可以知道芯片存储器阵列是否可写，或者是否处于写保护状态；通过写状态寄存器可以配置芯片写保护特征。

（1）忙位（BUSY）。BUSY 位是只读位，位于状态寄存器中的 S0。当执行页编程、扇区擦除、块擦除、芯片擦除、写状态寄存器等指令时，该位将自动置 1。此时，除了读状态寄存器指令，其他指令都忽略；当页编程、扇区擦除、块擦除、芯片擦除和写状态寄存器等指令执行完毕之后，该位将自动清 0，表示芯片可以接收其他指令了。

（2）写保护位（WEL）。WEL 位是只读位，位于状态寄存器中的 S1。执行完写使能指令后，该位将置 1；当芯片处于写保护状态下，该位为 0。在下面两种情况下，会进入写保护状态：掉电后执行指令写禁止、页编程、扇区擦除、块擦除、芯片擦除，以及写状态寄存器。

（3）块保护位（BP2、BP1、BP0）。BP2、BP1、BP0 位是可读可写位，分别位于状态寄存器的 S4、S3、S2，可以用写状态寄存器指令置位这些块保护位。在默认状态下，这些位都为 0，即块处于未保护状态下。可以设置块为没有保护、部分保护或者全部保护等状态。当 SPR 位为 1 或/WP 引脚为低电平时，这些位不可以被更改。

（4）底部和顶部块的保护位（TB）。TB 位是可读可写位，位于状态寄存器的 S5。该位默认为 0，表明顶部和底部块处于未被保护状态下，可以用写状态寄存器指令置位该位。当 SPR 位为 1 或/WP 引脚为低电平时，这些位不可以被更改。

（5）保留位。位于状态寄存器的 S6，读取状态寄存器值时，该位为 0。

（6）状态寄存器保护位（SRP）。SRP 位是可读可写位，位于状态寄存器的 S7。该位结合/WP 引脚可以禁止写状态寄存器功能，该位默认值为 0。当 SRP =0 时，/WP 引脚不能控制状态寄存器的写禁止；当 SRP =1 且/WP =0 时，写状态寄存器指令失效；当 SRP =1 且/WP=1 时，可以执行写状态寄存器指令。

6. 常用操作指令

常用操作指令如表 6.20 所示。

表 6.20　常用操作指令

指令名称	字节 1	字节 2	字节 3	字节 4	字节 5	字节 6	下一个字节
写使能	06h						
写禁止	04h						
读状态寄存器	05h	(S7~S0)					
写状态寄存器	01h	S7~S0					
读数据	03h	A23~A16	A15~A8	A7~A0	(D7~D0)	下个字节	继续
快读	0Bh	A23~A16	A15~A8	A7~A0	伪字节	D7~D0	下个字节
快读双输出	3Bh	A23~A16	A15~A8	A7~A0	伪字节	I/O= (D6, D4, D2, D0) O= (D7, D5, D3, D1)	每 4 个时钟传输 1 字节
页编程	02h	A23~A16	A15~A8	A7~A0	(D7~D0)	下个字节	直到 256 个字节
块擦除（64 KB）	D8h	A23~A16	A15~A8	A7~A0			
扇区擦除（4 KB）	20h	A23~A16	A15~A8	A7~A0			
芯片擦除	C7h						
掉电	B9h						
释放掉电/器件 ID	ABh	伪字节	伪字节	伪字节	(ID7~ID0)		
制造/器件 ID	90h	伪字节	伪字节	00h	(M7~M0)	(ID7~ID0)	
JEDEC ID	9Fh	(M7~M0)	(ID15~ID8)	(ID7~ID0)			

（1）写使能（Write Enable）指令（06h）。写使能指令会使状态寄存器 WEL 位置位。在执行每个页编程、扇区擦除、块擦除、芯片擦除和写状态寄存器等指令之前，都要先置位 WEL。/CS 引脚先拉低为低电平后，写使能指令代码 06h 从 DI 引脚输入，在 CLK 上升沿采集，然后将/CS 引脚拉高为高电平。写使能指令时序如图 6.44 所示。

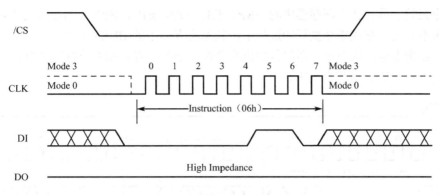

图 6.44　写使能指令时序

（2）写禁止（Write Disable）指令（04h）。写禁止指令将会使 WEL 位变为 0。/CS 引脚拉低为低电平后，再把 04h 从 DI 引脚输入到芯片，将/CS 引脚拉高为高电平后，就可完成这个指令。在执行完写状态寄存器、页编程、扇区擦除、块擦除、芯片擦除等指令之后，WEL 位就会自动变为 0。写禁止指令时序如图 6.45 所示。

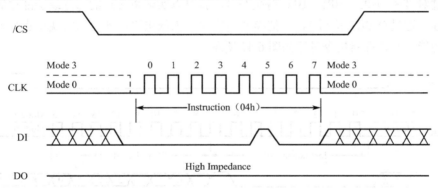

图 6.45　写禁止指令时序

（3）读状态寄存器（Read Status Register）指令（05h）。当/CS 引脚拉低为低电平后，开始把 05h 从 DI 引脚输入到芯片，在 CLK 的上升沿时数据被芯片采集，当芯片采集到的数据为 05h 时，芯片就会把状态寄存器的值从 DO 引脚输出，数据在 CLK 的下降沿输出，高位在前。

读状态寄存器指令在任何时候都可以用，甚至在编程、擦除和写状态寄存器的过程中也可以用，这样就可以根据状态寄存器的 BUSY 位判断编程、擦除和写状态寄存器周期有没有结束，从而知道芯片是否可以接收下一条指令了。如果/CS 引脚没有被拉高为高电平，状态寄存器的值将一直从 DO 引脚输出。/CS 引脚拉高为高电平后，读状态寄存器指令结束。读状态寄存器时序指令如图 6.46 所示。

（4）写状态寄存器（Write Status Register）指令（01h）。在执行写状态寄存器指令之前，需要先执行写使能指令。先将/CS 引脚拉低为低电平后，然后把 01h 从 DI 引脚输入到芯片，接着把想要设置的状态寄存器值通过 DI 引脚输入到芯片，/CS 引脚拉高为高电平时，写状态寄存器指令结束。如果此时没有把/CS 引脚拉高为高电平或者拉得晚了，值将不会被写入，指令无效。只有状态寄存器中的 SRP、TB、BP2、BP1、BP0 位可以被写入，其他只读位的值不会变。在该指令执行的过程中，状态寄存器中的 BUSY 位为 1，这时可以用读状态寄存器指令读出状态寄存器的值并进行判断。当写寄存器指令执行完毕时，BUSY 位将自动变为 0，WEL 位也自动变为 0。

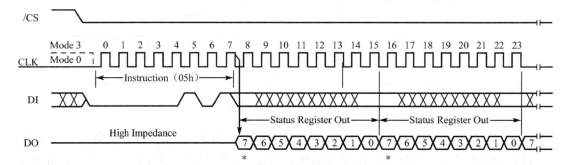

图 6.46　读状态寄存器指令时序

通过对 TB、BP2、BP1、BP0 等位写 1，就可以实现将芯片的部分或全部存储区域设置为只读。通过对 SRP 位写 1，再把/WP 引脚拉低为低电平，就可以实现禁止写入状态寄存器的功能。写寄存器指令时序如图 6.47 所示。

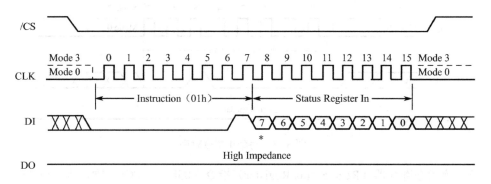

图 6.47　写状态寄存器时序

（5）读数据（Read Data）指令（03h）。读数据指令允许读出一个字节或一个以上的字节。先把/CS 引脚拉低为低电平，然后把 03h 通过 DI 引脚写入芯片，再送入 24 位的地址，这些数据将在 CLK 的上升沿被芯片采集。芯片接收完 24 位地址之后，就会把相应地址的数据在 CLK 引脚的下降沿从 DO 引脚发送出去，高位在前。当发送完这个地址的数据之后，地址将自动增加，然后通过 DO 引脚把下一个地址的数据发送出去，从而形成一个数据流。也就是说，只要时钟在工作，通过一条读指令，就可以把整个芯片存储区的数据读出来。把/CS 引脚拉高为高电平时，读数据指令将结束。当芯片在执行页编程、扇区擦除、块擦除、芯片擦除和读状态寄存器指令的周期内，读数据指令不起作用。读数据指令时序如图 6.48 和图 6.49 所示。

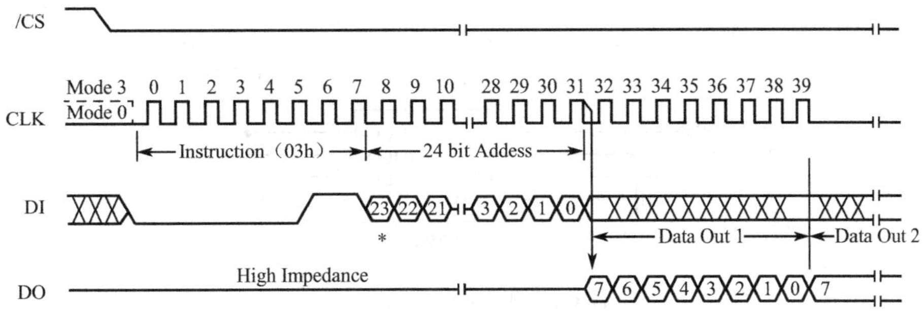

图 6.48 读数据指令时序（一）

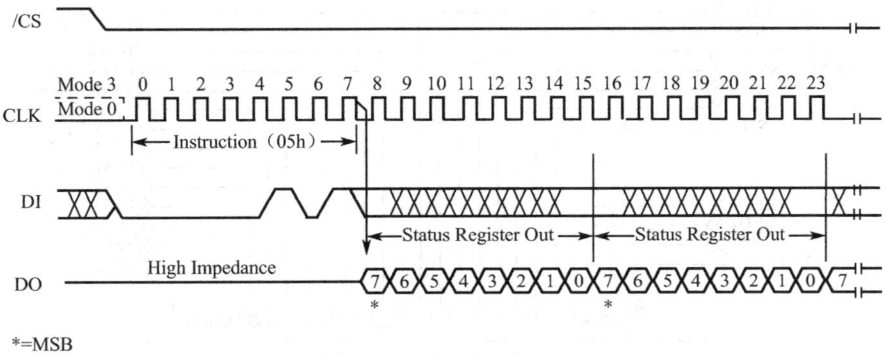

*=MSB

图 6.49 读数据指令时序（二）

6.3.3 开发实践：高速动态数据存取设计

电子设备日新月异，功能变得越来越强大，所要处理和存储的数据也越来越多，有些临时数据存储在 RAM 中，使用完成后可以释放掉，但有一些数据则需要被记录、长期存储，如系统生成的工作日志、电子设备中存储的字库、安全系统中存储的动态密钥等。因此数据的动态存储，随时存取是众多工程领域的重要环节。这些存储器为了兼顾大容量、节约硬件资源和低成本，往往使用 SPI 通信的高速 Flash。

本项目将围绕这个场景展开对 STM32 的 SPI 总线的学习与开发。Class10 的高速 SD 卡如图 6.50 所示。

1. 开发设计

1）硬件设计

Flash 芯片使用的是 SPI 总线进行控制，SPI 总线由四根信号线控制，这四根信号线分别是片选信号线 SPI_CS、主发从收信号线 SPI_MOSI、主收从发信号线 SPI_MISO 和时钟线 SPI_SCK，分别连接在 STM32 的 PA15、PB5、PB4、PB3 引脚。Flash 芯片接口电路如图 6.51 所示，STM32 部分引脚如图 6.52 所示。

图 6.50 Class10 的高速 SD 卡

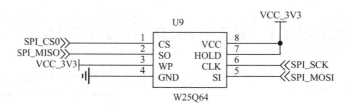

图 6.51 Flash 芯片接口电路

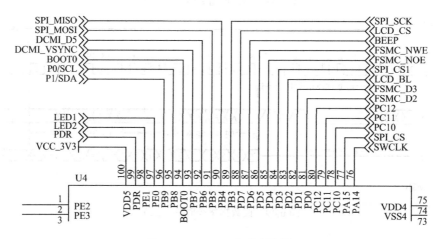

图 6.52 STM32 部分引脚图

2）软件设计

本项目的设计思路从 STM32 与 Flash 存储器的交互原理入手，STM32 与 Flash 存储器的交互是通过 SPI 总线来进行的，所以需要用到 STM32 的 SPI 模块，在配置 SPI 模块时需要注意的是 SPI 的配置内容，如 SPI 模式、通信速率、自动或手动地控制从机设备等，配置完成后就可以与 Flash 存储器进行交互了，通常从机设备的 ID 号位于 0 地址，通过 SPI 总线访问 Flash 的 0 地址，将 ID 号读出即可。本节重点学习 SPI 总线接口的使用。

软件设计流程如图 6.53 所示。

2. 功能实现

1）主函数模块

在主函数模块中，首先初始化相关的硬件外设，然后配置 LED 的初始状态，在主循环中程序读取写入 Flash 中的数据后将其打印在 PC 上，同时闪烁 LED。若按键 KEY3 或 KEY4 按下，则写入 Flash 中的数据将被擦除。程序的主函数如下：

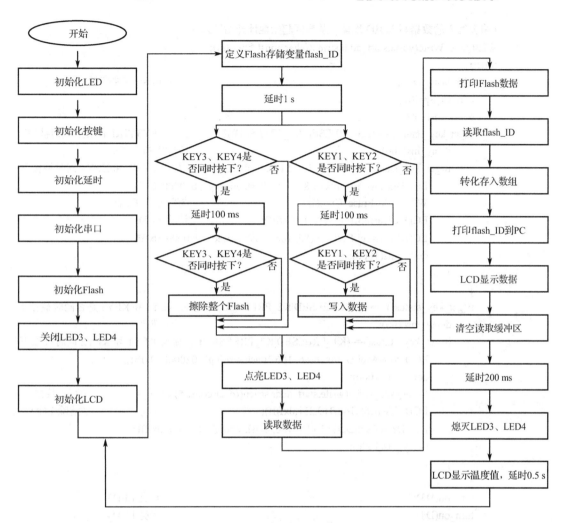

图 6.53　软件设计流程

```
unsigned int start_addr = 1;                          //起始位置
unsigned char write[] = "Hello IOT!\r\n";             //要写入的数据
unsigned char   read[10];                             //读取数据缓冲区
/***************************************************************************
* 功能：主函数，Flash 读写
***************************************************************************/
void main(void)
{
    led_init();                                       //初始化 LED
    key_init();                                       //初始化按键
    delay_init(168);                                  //初始化延时
    usart_init(115200);                               //初始化 USART
    W25QXX_Init();                                    //初始化 Flash
    turn_off(D3);                                     //关闭 D3（即 LED3）
    turn_off(D4);                                     //关闭 D4（即 LED4）
    lcd_init(FLASH1);
```

```
//将要写入的数据写入 100 地址，从扇区起始地址开始写入
W25QXX_Write(write,start_addr,strlen((char const *)write));
for(;;){
    u16 flash_ID=0;                                            //定义 Flash 存储变量
    char str[5]={0};
    delay_ms(1000);                                            //延时
    if(get_key_status() == (K3_PREESED|K4_PREESED)){           //检测KEY3和KEY4是否同时被按下
        delay_ms(100);                                         //延时消抖
        if(get_key_status()==(K3_PREESED|K4_PREESED)){//如果 KEY3 和 KEY4 同时被按下
            LCDDrawAsciiDot8x16(86, 166,"flash erasing", 0x0000, 0xffff);
            W25QXX_Erase_Chip();                               //擦除整个 Flash
            LCD_Clear(85,166,319,211,0xffff);                  //清除 LCD
            LCDDrawAsciiDot8x16(86, 166,"flash erased", 0x0000, 0xffff);
            delay_ms(1000);
        }
    }
    if(get_key_status() == (K1_PREESED|K2_PREESED)){//检测 KEY1 和 KEY2 是否同时被按下
        delay_ms(100);                                         //延时消抖
        if(get_key_status()==(K1_PREESED|K2_PREESED)){//如果 KEY1 和 KEY2 同时被按下
            LCDDrawAsciiDot8x16(86, 166,"flash writing", 0x0000, 0xffff);
            delay_ms(1000);
            W25QXX_Write(write,start_addr,strlen((char const *)write));    //写入数据
            LCD_Clear(85,166,319,211,0xffff);                  //清除 LCD
            LCDDrawAsciiDot8x16(86, 166,"flash wrote", 0x0000, 0xffff);
            delay_ms(1000);
        }
    }
    turn_on(D3);                                               //点亮 LED3
    turn_on(D4);                                               //点亮 LED4
    //从第 7 扇区起始地址开始读取数据，读取长度为写入数据的长度
    W25QXX_Read(read,start_addr,strlen((char const *)write));
    printf((char*)read);                                       //打印 Flash 数据
    flash_ID=W25QXX_ReadID();                                  //读取 flash_ID
    sprintf(str,"flash_ID:%d \r\n",flash_ID);                  //将 flash_ID 转化为字符串并存储在 str 数组中
    printf((char*)str);                                        //打印 flash_ID 到 PC
    //显示读到的数据
    LCD_Clear(85,132,319,211,0xffff);                          //清除 LCD
    LCDDrawAsciiDot8x16(86, 132,str, 0x0000, 0xffff);          //显示 flash_ID
    LCDDrawAsciiDot8x16(86, 149,read, 0x0000, 0xffff);         //显示 Flash 数据
    memset((char*)read,0,sizeof(write));                       //清空读取缓冲区
    delay_ms(200);                                             //稍加延时，得到 LED3、LED4 闪烁效果
    turn_off(D3);                                              //熄灭（关闭）LED3
    turn_off(D4);                                              //熄灭（关闭）LED4
}
}
```

2）SPI 驱动模块

在 SPI 初始化过程中，首先配置了 SPI 模块和相关的 GPIO 的结构体，然后开启时钟，配置 GPIO 和 SPI 的相关配置。SPI 初始化程序如下。

```
/**********************************************************************************
* 功能：初始化 SPI3，配置成主机模式
**********************************************************************************/
void SPI3_Init(void)
{
    GPIO_InitTypeDef    GPIO_InitStructure;
    SPI_InitTypeDef    SPI_InitStructure;
    RCC_AHB1PeriphClockCmd(RCC_AHB1Periph_GPIOB, ENABLE);      //使能 GPIOB 时钟
    RCC_APB1PeriphClockCmd(RCC_APB1Periph_SPI3, ENABLE);       //使能 SPI3 时钟
    //GPIOB3/4/5 初始化设置
    GPIO_InitStructure.GPIO_Pin = GPIO_Pin_3|GPIO_Pin_4|GPIO_Pin_5;   //PB3~5 复用功能输出
    GPIO_InitStructure.GPIO_Mode = GPIO_Mode_AF;                //复用功能
    GPIO_InitStructure.GPIO_OType = GPIO_OType_PP;             //推挽输出
    GPIO_InitStructure.GPIO_Speed = GPIO_Speed_100MHz;        //100 MHz
    GPIO_InitStructure.GPIO_PuPd = GPIO_PuPd_UP;              //上拉
    GPIO_Init(GPIOB, &GPIO_InitStructure);                    //初始化
    GPIO_PinAFConfig(GPIOB,GPIO_PinSource3,GPIO_AF_SPI3);     //PB3 复用为 SPI3
    GPIO_PinAFConfig(GPIOB,GPIO_PinSource4,GPIO_AF_SPI3);     //PB4 复用为 SPI3
    GPIO_PinAFConfig(GPIOB,GPIO_PinSource5,GPIO_AF_SPI3);     //PB5 复用为 SPI3
    //这里只针对 SPI 模块初始化
    RCC_APB1PeriphResetCmd(RCC_APB1Periph_SPI3,ENABLE);       //复位 SPI3
    RCC_APB1PeriphResetCmd(RCC_APB1Periph_SPI3,DISABLE);      //停止复位 SPI3
    //设置 SPI 单向或者双向的数据模式：SPI 设置为双线双向全双工
    SPI_InitStructure.SPI_Direction = SPI_Direction_2Lines_FullDuplex;
    SPI_InitStructure.SPI_Mode = SPI_Mode_Master;  //设置 SPI 工作模式：主 SPI
    SPI_InitStructure.SPI_DataSize = SPI_DataSize_8b;     //设置 SPI 的数据大小：SPI 发送/接收 8 位帧结构
    SPI_InitStructure.SPI_CPOL = SPI_CPOL_High;     //串行同步时钟的空闲状态为高电平
    SPI_InitStructure.SPI_CPHA = SPI_CPHA_2Edge;    //在时钟的第二个跳变沿（上升沿或下降沿）
    //采样数据设置是 NSS 由硬件（NSS 引脚）还是由软件（使用 SSI 位）控制，内部 NSS 信号由
    //SSI 位控制
    SPI_InitStructure.SPI_NSS = SPI_NSS_Soft;
    //定义波特率分频系数为 256
    SPI_InitStructure.SPI_BaudRatePrescaler = SPI_BaudRatePrescaler_256;
    //指定数据传输 MSB 先行还是 LSB 先行：数据传输 MSB 先行
    SPI_InitStructure.SPI_FirstBit = SPI_FirstBit_MSB;
    SPI_InitStructure.SPI_CRCPolynomial = 7;//计算 CRC 值的多项式
    SPI_Init(SPI3, &SPI_InitStructure);       //根据 SPI_InitStruct 中指定的参数初始化 SPI3 寄存器
    SPI_Cmd(SPI3, ENABLE);             //使能 SPI3
    SPI3_ReadWriteByte(0xff);          //启动传输
}
/**********************************************************************************
```

```
* 功能：SPI3 传输速率设置函数
* 参数：SPI_BaudRatePrescaler
* 注释：SPI 传输速率=fAPB2/分频系数
SPI_BaudRate_Prescaler：SPI_BaudRatePrescaler_2~SPI_BaudRatePrescaler_256，fAPB2 时钟一般为
84 MHz
*****************************************************************************/
void SPI3_SetSpeed(u8 SPI_BaudRatePrescaler)
{
    assert_param(IS_SPI_BAUDRATE_PRESCALER(SPI_BaudRatePrescaler)); //判断有效性
    SPI3→CR1&=0xFFC7;                                    //位 3～5 清 0，用来设置波特率
    SPI3→CR1|=SPI_BaudRatePrescaler;                     //设置 SPI3 传输速率
    SPI_Cmd(SPI3,ENABLE);                                //使能 SPI3
}
/*****************************************************************************
* 功能：SPI3 读写一个字节
* 参数：TxData—要写入的字节
* 返回：读取到的字节
*****************************************************************************/
u8 SPI3_ReadWriteByte(u8 TxData)
{
    while (SPI_I2S_GetFlagStatus(SPI3, SPI_I2S_FLAG_TXE) == RESET){} //等待发送区空
    SPI_I2S_SendData(SPI3, TxData);                      //通过 SPI3 发送一个字节数据
    while (SPI_I2S_GetFlagStatus(SPI3, SPI_I2S_FLAG_RXNE) == RESET){}//等待接收完一个字节数据
    return SPI_I2S_ReceiveData(SPI3);                    //返回 SPI3 最近接收的数据
}
```

3) Flash 存储器驱动模块

Flash 存储器驱动包括有 W25Q64 初始化函数、读取 W25QXX 的状态寄存器、写 W25QXX 状态寄存器、W25QXX 写使能、W25QXX 写禁止和读取芯片 ID 等接口函数，以及读取 SPI Flash（在指定地址开始读取指定长度的数据）函数、在一页（0～65535）内写入少于 256 个字节的数据函数、擦除一个扇区函数、等待空闲函数、进入掉电模式和唤醒函数。

```
u16 W25QXX_TYPE=W25Q64;                                 //默认是 W25Q64
/*****************************************************************************
* 功能：初始化 Flash 存储器的 I/O 口
* 注释：1 个扇区为 4 KB，1 个块有 16 个扇区
*       W25Q64 容量为 8 MB，共有 64 个块（Block），2048 个扇区（Sector）
*****************************************************************************/
void W25QXX_Init(void)
{
    GPIO_InitTypeDef GPIO_InitStructure;
    RCC_AHB1PeriphClockCmd(RCC_AHB1Periph_GPIOA, ENABLE );  //使能 PORTA 时钟

    GPIO_InitStructure.GPIO_Pin = GPIO_Pin_15;              //PA15 输出
    GPIO_InitStructure.GPIO_Mode = GPIO_Mode_OUT;           //输出功能
```

```
    GPIO_InitStructure.GPIO_OType = GPIO_OType_PP;              //推挽输出
    GPIO_InitStructure.GPIO_Speed = GPIO_Speed_100MHz;         //100 MHz
    GPIO_InitStructure.GPIO_PuPd = GPIO_PuPd_UP;                //上拉
    GPIO_Init(GPIOA, &GPIO_InitStructure);                      //初始化
    W25QXX_CS=1;                                                // Flash 不选中
    SPI3_Init();                                                //初始化 SPI
    SPI3_SetSpeed(SPI_BaudRatePrescaler_2);                    //设置为 18 MHz 时钟,高速模式
    W25QXX_TYPE=W25QXX_ReadID();                               //读取 Flash ID
}
/*******************************************************************************
* 功能：读取 W25QXX 的状态寄存器
* 返回：byte
* 注释：
*       BIT     7     6     5     4     3     2     1     0
*               SPR   RV    TB    BP2   BP1   BP0   WEL   BUSY
*       SPR：默认为 0，状态寄存器保护位，配合 WP 使用
*       TB、BP2、BP1、BP0：Flash 区域写保护设置
*       WEL：写使能锁定
*       BUSY：忙标记位（1 表示忙，0 表示空闲）
*       默认：0x004
*******************************************************************************/
u8 W25QXX_ReadSR(void)
{
    u8 byte=0;
    W25QXX_CS=0;                                               //使能器件
    SPI3_ReadWriteByte(W25X_ReadStatusReg);                    //发送读取状态寄存器指令
    byte=SPI3_ReadWriteByte(0xff);                             //读取 1 个字节
    W25QXX_CS=1;                                               //取消片选
    return byte;
}
/*******************************************************************************
* 功能：写 W25QXX 状态寄存器
* 注释：只有 SPR、TB、BP2、BP1、BP0（bit 7、5、4、3、2）可以写
*******************************************************************************/
void W25QXX_Write_SR(u8 sr)
{
    W25QXX_CS=0;                                               //使能器件
    SPI3_ReadWriteByte(W25X_WriteStatusReg);                   //发送写取状态寄存器指令
    SPI3_ReadWriteByte(sr);                                    //写入 1 个字节
    W25QXX_CS=1;                                               //取消片选
}
/*******************************************************************************
* 功能：W25QXX 写使能，将 WEL 置位
*******************************************************************************/
void W25QXX_Write_Enable(void)
{
```

第 6 章

```
        W25QXX_CS=0;                                            //使能器件
        SPI3_ReadWriteByte(W25X_WriteEnable);                   //发送写使能指令
        W25QXX_CS=1;                                            //取消片选
    }
    /*********************************************************************************
    * 功能：W25QXX 写禁止，将 WEL 清 0
    *********************************************************************************/
    void W25QXX_Write_Disable(void)
    {
        W25QXX_CS=0;                                            //使能器件
        SPI3_ReadWriteByte(W25X_WriteDisable);                  //发送写禁止指令
        W25QXX_CS=1;                                            //取消片选
    }
    /*********************************************************************************
    * 功能：读取 Flash ID
    * 返回：Temp，0xEF13 表示芯片型号为 W25Q80；0xEF14 表示芯片型号为 W25Q16；
    *       0xEF15 表示芯片型号为 W25Q32；0xEF16 表示芯片型号为 W25Q64；
    *       0xEF17 表示芯片型号为 W25Q128
    *********************************************************************************/
    u16 W25QXX_ReadID(void)
    {
        u16 Temp = 0;
        W25QXX_CS=0;
        SPI3_ReadWriteByte(0x90);                               //发送读取 ID 指令
        SPI3_ReadWriteByte(0x00);
        SPI3_ReadWriteByte(0x00);
        SPI3_ReadWriteByte(0x00);
        Temp|=SPI3_ReadWriteByte(0xFF)<<8;
        Temp|=SPI3_ReadWriteByte(0xFF);
        W25QXX_CS=1;
        return Temp;
    }
    /*********************************************************************************
    * 功能：在 Flash 指定地址开始读取指定长度的数据
    * 参数：pBuffer—数据存储区
    *       ReadAddr—开始读取的地址（24 bit）
    *       NumByteToRead—要读取的字节数（最大为 65535）
    *********************************************************************************/
    void W25QXX_Read(u8* pBuffer,u32 ReadAddr,u16 NumByteToRead)
    {
        u16 i;
        W25QXX_CS=0;                                            //使能器件
        SPI3_ReadWriteByte(W25X_ReadData);                      //发送读数据指令
        SPI3_ReadWriteByte((u8)((ReadAddr)>>16));               //发送 24 bit 地址
        SPI3_ReadWriteByte((u8)((ReadAddr)>>8));
        SPI3_ReadWriteByte((u8)ReadAddr);
```

```
    for(i=0;i<NumByteToRead;i++)
    {
        pBuffer[i]=SPI3_ReadWriteByte(0xFF);                    //循环读数
    }
    W25QXX_CS=1;
}
```

/**
* 功能：SPI 在一页（0～65535）内写入少于 256 B 的数据，在指定地址开始写入最大 256 B 的数据
* 参数：pBuffer —数据存储区
*   NumByteToWrite —要写入的字节数（最大为 256），该值不可超过该页的剩余字节数
*   NumByteToRead —要读取的字节数（最大为 65535）
**/

```
void W25QXX_Write_Page(u8* pBuffer,u32 WriteAddr,u16 NumByteToWrite)
{
    u16 i;
    W25QXX_Write_Enable();                                      //设置 WEL 位
    W25QXX_CS=0;                                                //使能器件
    SPI3_ReadWriteByte(W25X_PageProgram);                       //发送写页指令
    SPI3_ReadWriteByte((u8)((WriteAddr)>>16));                  //发送 24 bit 地址
    SPI3_ReadWriteByte((u8)((WriteAddr)>>8));
    SPI3_ReadWriteByte((u8)WriteAddr);
    for(i=0;i<NumByteToWrite;i++)SPI3_ReadWriteByte(pBuffer[i]);  //循环写数
    W25QXX_CS=1;                                                //取消片选
    W25QXX_Wait_Busy();                                         //等待写入结束
}
```

/**
* 功能：无检验写 Flash，必须确保所写的地址范围内的数据全部为 0XFF，否则在非 0xFF 处写入的
数据将失败
* 参数：pBuffer —数据存储区
*   WriteAddr —开始写入的地址（24 bit）
*   NumByteToRead —要读取的字节数（最大为 65535）
**/

```
void W25QXX_Write_NoCheck(u8* pBuffer,u32 WriteAddr,u16 NumByteToWrite)
{
    u16 pageremain;
    pageremain=256-WriteAddr%256;                               //单页剩余的字节数
    if(NumByteToWrite<=pageremain)pageremain=NumByteToWrite;    //不大于 256 B
    while(1)
    {
        W25QXX_Write_Page(pBuffer,WriteAddr,pageremain);
        if(NumByteToWrite==pageremain)break;                   //写入结束
        else //NumByteToWrite>pageremain
        {
            pBuffer+=pageremain;
            WriteAddr+=pageremain;
            NumByteToWrite-=pageremain;                         //减去已经写入的字节数
```

```
            if(NumByteToWrite>256)
                pageremain=256;                                    //一次可以写入 256 B 数据
            else
                pageremain=NumByteToWrite;                         //不够 256 B 了
        }
    }
}
/**************************************************************************
* 功能：写 Flash，在指定地址开始写入指定长度的数据，该函数带擦除操作
* 参数：pBuffer —数据存储区
*       WriteAddr —开始写入的地址（24 bit）
*       NumByteToRead —要读取的字节数（最大为 65535）
**************************************************************************/
u32 num;
u8 W25QXX_BUFFER[4096];
void W25QXX_Write(u8* pBuffer,u32 WriteAddr,u32 NumByteToWrite)
{
    u32 secpos;
    u16 secoff;
    u32 secremain;
    u16 i;
    u8 * W25QXX_BUF;
    W25QXX_BUF=W25QXX_BUFFER;
    secpos=WriteAddr/4096;                                         //扇区地址
    secoff=WriteAddr%4096;                                         //在扇区内的偏移
    secremain=4096-secoff;                                         //扇区剩余空间大小
    if(NumByteToWrite<=secremain)secremain=NumByteToWrite;         //不大于 4096 B
    while(1) {
        W25QXX_Read(W25QXX_BUF,secpos*4096,4096);                  //读出整个扇区的内容
        for(i=0;i<secremain;i++)                                   //校验数据
        {
            if(W25QXX_BUF[secoff+i]!=0xFF)break;                   //需要擦除
        }
        if(i<secremain)                                            //需要擦除
        {
            W25QXX_Erase_Sector(secpos);                           //擦除这个扇区
            for(i=0;i<secremain;i++)                               //复制
            {
                W25QXX_BUF[i+secoff]=pBuffer[i];
            }
            W25QXX_Write_NoCheck(W25QXX_BUF,secpos*4096,4096); //写入整个扇区

        }else W25QXX_Write_NoCheck(pBuffer,WriteAddr,secremain);   //写已经擦除了的扇区剩余区间
        if(NumByteToWrite==secremain)break;                        //写入结束
        else                                                       //写入未结束
        {
```

```
            secpos++;                                       //扇区地址增 1
            secoff=0;                                       //偏移位置为 0
            pBuffer+=secremain;                             //指针偏移
            WriteAddr+=secremain;                           //写地址偏移
            NumByteToWrite-=secremain;                      //字节数递减
            num=282744-NumByteToWrite;
            if(NumByteToWrite>4096)secremain=4096;          //下一个扇区还是写不完
            else secremain=NumByteToWrite;                  //下一个扇区可以写完了
        }
    };
}
/**********************************************************************
* 功能：擦除整个芯片
**********************************************************************/
void W25QXX_Erase_Chip(void)
{
    W25QXX_Write_Enable();                                  //设置 WEL 位
    W25QXX_Wait_Busy();
    W25QXX_CS=0;                                            //使能器件
    SPI3_ReadWriteByte(W25X_ChipErase);                    //发送片擦除指令
    W25QXX_CS=1;                                            //取消片选
    W25QXX_Wait_Busy();                                     //等待芯片擦除结束
}
/**********************************************************************
* 功能：擦除一个扇区，擦除一个扇区的最少时间为 150 ms
* 参数：Dst_Addr—扇区地址（根据实际容量设置）
**********************************************************************/
void W25QXX_Erase_Sector(u32 Dst_Addr)
{
    Dst_Addr*=4096;
    W25QXX_Write_Enable();                                  //设置 WEL 位
    W25QXX_Wait_Busy();
    W25QXX_CS=0;                                            //使能器件
    SPI3_ReadWriteByte(W25X_SectorErase);                  //发送扇区擦除指令
    SPI3_ReadWriteByte((u8)((Dst_Addr)>>16));              //发送 24 bit 地址
    SPI3_ReadWriteByte((u8)((Dst_Addr)>>8));
    SPI3_ReadWriteByte((u8)Dst_Addr);
    W25QXX_CS=1;                                            //取消片选
    W25QXX_Wait_Busy();                                     //等待擦除完成
}
/**********************************************************************
* 功能：等待空闲
**********************************************************************/
void W25QXX_Wait_Busy(void)
{
    while((W25QXX_ReadSR()&0x01)==0x01);                   //等待 BUSY 位清 0
```

```
}
/***********************************************************************
* 功能：进入掉电模式
***********************************************************************/
void W25QXX_PowerDown(void)
{
    W25QXX_CS=0;                                //使能器件
    SPI3_ReadWriteByte(W25X_PowerDown);         //发送掉电指令
    W25QXX_CS=1;                                //取消片选
    delay_us(3);                                //等待 TPD
}
/***********************************************************************
* 名称：W25QXX_WAKEUP
* 功能：唤醒
***********************************************************************/
void W25QXX_WAKEUP(void)
{
    W25QXX_CS=0;                                //使能器件
    SPI3_ReadWriteByte(W25X_ReleasePowerDown);  //发送 W25X_PowerDown 指令，即 0xAB
    W25QXX_CS=1;                                //取消片选
    delay_us(3);                                //等待 TRES1
}
```

6.3.4 小结

通过对本节的学习和实践，读者可以了解 SPI 总线协议的物理层和协议层，通过这两层可以实现对 SPI 总线的清晰认识。STM32 加入了 SPI 总线，通过配置几个参数即可实现 SPI 总线的设置，通过 SPI 总线的状态跟踪函数可使 SPI 总线的稳定性进一步提高。

通过对本节的学习和实践，读者可以学习 SPI 总线的工作原理和通信协议，并掌握通过 STM32 驱动 SPI 总线，学习 Flash 存储器的基本工作原理，结合 SPI 总线实现 STM32 驱动 Flash。

6.3.5 思考与拓展

（1）SPI 总线由哪几根信号线组成？这些信号线的作用是什么？

（2）请列举几个使用 SPI 总线的设备。

（3）Flash 存储器基本工作原理是什么？

（4）很多时候数据都需要实现随存随取，就像 U 盘或硬盘一样。请读者尝试模拟移动硬盘，通过串口工具向 W25Q64 写入数据，并通过串口工具将数据读出。

6.4　综合应用开发：智能防盗门锁设计与实现

通过前几节的学习，读者可以了解到总线在微处理器上的应用，通过使用 FSMC 可以实现高效的显示屏驱动操作，通过 I2C 总线可以实现对多个设备的访问和数据采集，通过使用 SPI 总线可以实现全双工的快速的设备操作。

6.4.1　理论回顾

1. LCD 与 FSMC

显示器属于计算机的输出设备，常见的有 CRT 显示器、液晶显示器、LED 点阵显示器及 OLED 显示器。

STM32F407 和 STM32F417 系列微处理器都带有 FSMC 接口，能够与同步或异步存储器和 16 位 PC 存储器卡连接，如 SRAM、NAND Flash、NOR Flash 和 PSRAM 等存储器。

ILI9341 控制器最主核心部分是位于中间的 GRAM（Graphics RAM），它就是显存，GRAM 中每个存储单元都对应着液晶面板的一个像素点。它右侧的各种模块（见图 6.7）共同作用把 GRAM 存储单元的数据转化成液晶面板的控制信号，使像素点呈现特定的颜色，而像素点组合起来则可成为一幅完整的图像。

根据其不同状态设置，可以使 ILI9341 控制器工作在不同的模式，如每个像素点的位数是 6、16 还是 18 位；可配置使用 SPI 接口、8080 接口还是 RGB 接口与微处理器进行通信。微处理器可通过 SPI、8080 接口或 RGB 接口与 ILI9341 进行通信，从而访问它的控制寄存器（CR）、地址计数器（AC）及 GRAM。

在 GRAM 的左侧还有一个 LED 控制器（LED Controller），LCD 为非发光性的显示装置，它需要借助背光源才能达到显示功能，LED 控制器是用来控制液晶屏中的 LED 背光源的。

ILI9341 控制器根据自身的 IM[3:0]信号线电平决定它与微处理器的通信方式，它支持 SPI 及 8080 通信方式，ILI9341 控制器在出厂前就已经按固定配置好（内部已连接硬件电路），它被配置为通过 8080 接口通信，使用 16 根数据线的 RGB565 格式，剩下的信号线被引出到 FPC 排线，最后该排线由 PCB 底板引出到排针，排针再与 STM32 芯片连接。

2. I2C 通信技术

I2C 总线是一种由 PHILIPS 公司开发的二线式串行总线，用于连接微处理器及其外围设备，是由数据线 SDA 和时钟 SCL 构成的串行总线，可发送和接收数据。

总线通信工作原理：

（1）主设备（机）首先发出起始信号，接着发送的 1 个字节的数据，其由高 7 位地址码和最低 1 位方向位组成（方向位表明主设备与从设备间数据的传输方向）。

（2）系统中所有从设备（机）将自己的地址与主设备发送到总线上的地址进行比较，如果从设备地址与总线上的地址相同，该设备就是与主设备进行数据传输的设备。

（3）接着进行数据传输，根据方向位，主设备接收从设备发送的数据或发送数据到从设备。

（4）当数据传送完成后，主设备发出一个停止信号，释放 I2C 总线。

（5）所有从设备等待下一个起始信号的到来。

3．SPI 通信技术

SPI 协议是由 Motorola 公司提出的通信协议（Serial Peripheral Interface），即串行外围设备接口，是一种高速全双工的通信总线。它被广泛地使用在 ADC、LCD 等设备与微处理器间，要求通信速率较高的场合。

1）SPI 物理层

SPI 通信使用 3 条信号线及片选线，3 条信号线分别为 SCK、MOSI、MISO，片选线为 SS，也称为 NSS、CS。

（1）SS（Slave Select）：从设备选择信号线，常称为片选信号线。

（2）SCK（Serial Clock）：时钟信号线，用于通信数据同步。

（3）MOSI（Master Output Slave Input）：主设备输出/从设备输入引脚。

（4）MISO（Master Input Slave Output）：主设备输入/从设备输出引脚。

2）SPI 协议层

与 I2C 协议类似，SPI 协议定义通信的开始信号和停止信号、数据有效性、时钟同步等环节。

SPI 总线的通信时序，如图 6.54 所示。

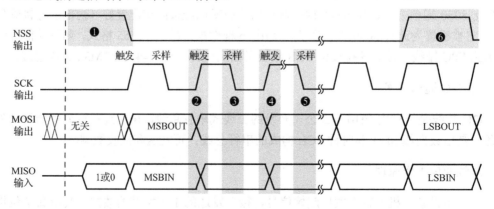

图 6.54　SPI 总线的通信时序

NSS、SCK、MOSI 信号都由主机控制产生，而 MISO 的信号由从机产生，主机通过该信号线读取从机的数据。MOSI 与 MISO 的信号只在 NSS 为低电平的时候才有效，在 SCK 的每个时钟周期 MOSI 和 MISO 传输一位数据。

6.4.2　开发实践：智能防盗门锁

随着人们的生活水平的不断提高，人们对家居安全的意识也相应提高。除了家居室内的安防，最重要的就是大门的智能防盗门锁，它摒弃了以往钥匙容易配制、大门锁芯容易被破坏的特点，改用了安全性更高的电子锁和记忆钥匙。电子锁通过磁控避开了锁芯，通过安全密码摈弃了金属钥匙，大大提高了家居的安全性。

本节通过 STM32 开发平台模拟智能防盗门锁，主要内容如下：智能防盗门锁能够通过按键输入密码来控制开锁，能够显示按键键值，并在屏幕上显示门锁状态；还能够显示时间和环境温湿度。智能防盗门锁如图 6.55 所示。

1. 开发设计

智能防盗锁系统的开发分为两个方面，即硬件方面和软件方面，硬件方面主要是系统的硬件设计和组成，软件方面主要是硬件设备的驱动和软件的控制逻辑。

1）硬件设计

智能防盗门锁在硬件设计上主要使用了 LCD、Flash 存储器和温湿度传感器，其中 LCD 用于显示时间、环境温湿度信息、门锁状态、键盘和提示信息；Flash 用于存储设定的开锁密码；温湿度传感器主要为系统提供环境信息采集。

图 6.55　智能防盗门锁

LCD 使用的是 FSMC 模拟的 8080 并行数据总线，Flash 使用的是 SPI 总线，温湿度传感器采用 I2C 总线。为了完善设备，系统上还辅助了继电器、按键、LED 灯设备。智能防盗门锁的硬件架构设计如图 6.56 所示。

2）软件设计

（1）需求分析。系统的软件设计需要从项目原理和业务逻辑来综合考虑，通过分析程序逻辑并将程序分层，可以让软件的设计脉络变得更加清晰，实施起来更加简单。

通过认真分析项目需求可以得出项目的几点功能需求，具体如下：

● 通过按键输入密码控制开锁。
● 门锁上屏幕显示按键和门锁状态。
● 门锁上屏幕显示时间和环境温湿度信息。
● 门锁上屏幕显示系统提示信息。

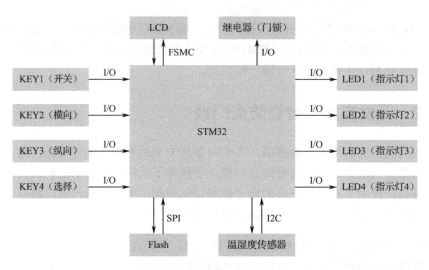

图 6.56　硬件架构设计

图 6.57　软件设计逻辑分层

（2）功能分解。一个比较大的系统可以拆分为多个项目事件，本项目可以拆分为 4 个事件，即输入密码开锁操作、时间和环境温湿度信息显示、门锁状态显示、屏幕操作提示，这 4 个事件既相互独立又相互关联。根据实际的设计情况可将系统分解为四层，这四层分别为应用层、逻辑层、硬件抽象层和驱动层。应用层主要用于实现系统项目事件；逻辑层为单个事件提供逻辑实现；硬件抽象层是在项目任务场景下抽象出来的设备并为逻辑层提供操作素材；驱动层则与硬件抽象层对应，以实现硬件抽象层的功能。软件设计逻辑分层如图 6.57 所示。

对上述 4 个项目事件进行分析可以了解到，系统功能可分解为这 4 个独立的项目事件，因此梳理项目事件之间的关系可以让系统的设计脉络变得更加清晰。

要实现项目系统分解出来的项目事件，就是需要分析它们的操作逻辑，如事件的实现需要用到哪些系统设备、系统设备之间又具有怎样的逻辑关系等。

（3）实现方法。通过对项目系统进行分析得出项目事件后，就可以考虑项目事件的实现方式。项目事件的实现方式需要根据项目本身的设备和资源来进行相应的分析，通过分析可以确定系统中抽象出来的硬件外设，通过对硬件外设操作可以实现对系统事件的操作。

（4）逻辑功能分解。将项目事件的实现方式设置为项目场景设备的实现抽象后，就可以轻松地建立项目设计模型了，因此接下来做的事情是将硬件与硬件抽象的部分进行一一对应。如操作按钮为按键 KEY1、KEY2、KEY3、KEY4，门锁为继电器等。在对应的过程中可以实现硬件设备与项目系统本身的联系，同时又让应用层与驱动层的设计变得更加独立。智能防盗门锁系统功能分解如图 6.58 所示。

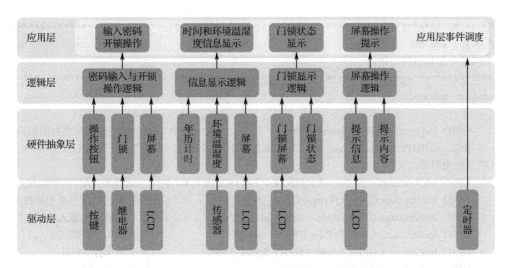

图 6.58 系统功能分解

2. 功能实现

1) 驱动层软件设计

驱动层软件设计主要是对系统相关的硬件外设与和驱动进行编程，编程对象有按键、LED、继电器、LCD、Flash 存储器、温湿度传感器等。

（1）按键驱动。按键的驱动包括按键的初始化、按键监测状态与反馈等，该文件为硬件抽象层提供操作接口。按键操作函数头文件如下：

```
#include "stm32f4xx.h"
#define K1_PIN        GPIO_Pin_12          //宏定义 KEY1 引脚为 K1_PIN
#define K1_PORT       GPIOB                //宏定义 KEY1 通道为 K1_PORT
#define K1_CLK        RCC_AHB1Periph_GPIOB //宏定义 KEY1 时钟为 K1_CLK
#define K2_PIN        GPIO_Pin_13          //宏定义 KEY2 引脚为 K2_PIN
#define K2_PORT       GPIOB                //宏定义 KEY2 通道为 K2_PORT
#define K2_CLK        RCC_AHB1Periph_GPIOB //宏定义 KEY2 时钟为 K2_CLK
#define K3_PIN        GPIO_Pin_14          //宏定义 KEY3 引脚为 K3_PIN
#define K3_PORT       GPIOB                //宏定义 KEY3 通道为 K3_PORT
#define K3_CLK        RCC_AHB1Periph_GPIOB //宏定义 KEY3 时钟为 K3_CLK
#define K4_PIN        GPIO_Pin_15          //宏定义 KEY4 引脚为 K4_PIN
#define K4_PORT       GPIOB                //宏定义 KEY4 通道为 K4_PORT
#define K4_CLK        RCC_AHB1Periph_GPIOB //宏定义 KEY4 时钟为 K4_CLK
#define K1_PREESED    0x01                 //宏定义 K1_PREESED 数字编号
#define K2_PREESED    0x02                 //宏定义 K2_PREESED 数字编号
#define K3_PREESED    0x04                 //宏定义 K3_PREESED 数字编号
#define K4_PREESED    0x08                 //宏定义 K4_PREESED 数字编号
void key_init(void);                       //按键引脚初始化函数
char get_key_status(void);                 //按键检测函数
```

按键驱动源代码如下：

```
    *************************************************************************
    * 名称：key_init
    * 功能：按键引脚初始化
    *************************************************************************/
    void key_init(void)
    {
        GPIO_InitTypeDef GPIO_InitStructure;                    //定义一个 GPIO_InitTypeDef 类型的结构体
        RCC_AHB1PeriphClockCmd( K1_CLK | K2_CLK | K3_CLK | K4_CLK, ENABLE);//开启 KEY 相
关的 GPIO 外设时钟
        GPIO_InitStructure.GPIO_Pin = K1_PIN | K2_PIN | K3_PIN | K4_PIN;  //选择要控制的 GPIO 引脚
        GPIO_InitStructure.GPIO_OType = GPIO_OType_PP;          //设置引脚的输出类型为推挽输出
        GPIO_InitStructure.GPIO_Mode = GPIO_Mode_IN;            //设置引脚模式为输入模式
        GPIO_InitStructure.GPIO_PuPd = GPIO_PuPd_UP;            //设置引脚为上拉模式
        GPIO_InitStructure.GPIO_Speed = GPIO_Speed_2MHz;        //引脚速率选择 2 MHz
        GPIO_Init(K1_PORT, &GPIO_InitStructure);                //初始化 GPIO 配置
        GPIO_Init(K2_PORT, &GPIO_InitStructure);                //初始化 GPIO 配置
        GPIO_Init(K3_PORT, &GPIO_InitStructure);                //初始化 GPIO 配置
        GPIO_Init(K4_PORT, &GPIO_InitStructure);                //初始化 GPIO 配置
    }
    /*************************************************************************
    * 名称：get_key_status
    * 功能：获取当前按键状态
    * 返回：key_status
    *************************************************************************/
    char get_key_status(void)
    {
        char key_status = 0;
        if(GPIO_ReadInputDataBit(K1_PORT,K1_PIN) == 0)          //判断 PB12 引脚电平状态
            key_status |= K1_PREESED;                           //低电平 key_status bit0 位置 1
        if(GPIO_ReadInputDataBit(K2_PORT,K2_PIN) == 0)          //判断 PB13 引脚电平状态
            key_status |= K2_PREESED;                           //低电平 key_status bit1 位置 1
        if(GPIO_ReadInputDataBit(K3_PORT,K3_PIN) == 0)          //判断 PB14 引脚电平状态
            key_status |= K3_PREESED;                           //低电平 key_status bit2 位置 1
        if(GPIO_ReadInputDataBit(K4_PORT,K4_PIN) == 0)          //判断 PB15 引脚电平状态
            key_status |= K4_PREESED;                           //低电平 key_status bit3 位置 1
        return key_status;                                      //获取当前按键状态
    }
```

（2）继电器驱动模块。

继电器驱动头文件如下：

```
#include "stm32f4xx.h"                         //系统头文件
#define RELAY_RCC        RCC_AHB1Periph_GPIOC   //宏定义时钟
#define RELAY_PORT       GPIOC                   //宏定义端口
#define RELAY1_PIN       GPIO_Pin_12            //宏定义引脚
#define RELAY2_PIN       GPIO_Pin_13            //宏定义引脚
```

```
#define RELAY_ON          0                                    //继电器关宏定义
#define RELAY_OFF         1                                    //继电器开宏定义
//继电器1操作宏定义
#define RELAY1_CTRL(a)  if(!a) GPIO_WriteBit(RELAY_PORT, RELAY1_PIN, Bit_SET); \
                        else GPIO_WriteBit(RELAY_PORT, RELAY1_PIN, Bit_RESET)
//继电器2操作宏定义
#define RELAY2_CTRL(a)  if(!a) GPIO_WriteBit(RELAY_PORT, RELAY2_PIN, Bit_SET); \
                        else GPIO_WriteBit(RELAY_PORT, RELAY2_PIN, Bit_RESET)
void relay_init(void);
```

继电器驱动源代码如下：

```
/*************************************************************************
* 名称：relay_init()
* 功能：继电器初始化
*************************************************************************/
void relay_init(void)
{
    GPIO_InitTypeDef GPIO_InitStructure;                       //初始化结构体
    RCC_AHB1PeriphClockCmd(RELAY_RCC, ENABLE);                 //初始化引脚时钟
    GPIO_InitStructure.GPIO_Mode = GPIO_Mode_OUT;             //配置引脚输出模式
    GPIO_InitStructure.GPIO_OType = GPIO_OType_PP;            //初始化引脚输出驱动模式
    GPIO_InitStructure.GPIO_PuPd = GPIO_PuPd_UP;             //配置引脚上/下拉模式
    GPIO_InitStructure.GPIO_Speed = GPIO_Speed_100MHz;      //配置引脚调变时钟

    GPIO_InitStructure.GPIO_Pin = RELAY1_PIN | RELAY2_PIN;   //配置引脚
    GPIO_Init(RELAY_PORT, &GPIO_InitStructure);              //初始化引脚配置信息
    RELAY1_CTRL(RELAY_OFF);                                  //继电器1关闭
    RELAY2_CTRL(RELAY_OFF);                                  //继电器2关闭
}
```

（3）LED信号灯驱动模块。

LED信号灯驱动头文件：

```
#include "stm32f4xx.h"
#define D1        0x01                                        //宏定义D1数字编号
#define D2        0x02                                        //宏定义D2数字编号
#define D3        0x04                                        //宏定义D3数字编号
#define D4        0x08                                        //宏定义D4数字编号
#define LEDR      0x10                                        //宏定义红灯数字编号
#define LEDG      0x20                                        //宏定义绿灯数字编号
#define LEDB      0x40                                        //宏定义蓝灯数字编号
void led_init(void);                                         //LED引脚初始化
void turn_on(unsigned char Led);                             //开LED函数
void turn_off(unsigned char Led);                            //关LED函数
unsigned char get_led_status(void);                          //获取LED当前的状态
```

LED 信号灯驱动源代码，请参考 5.1 节。

（4）温湿度传感器驱动。本项目采用 HTU21D 型温湿度传感器，使用 I2C 总线进行通信，由于驱动代码过长，篇幅所限，下面只给出温湿度传感器部分驱动源代码，详细信息请参考 6.2 节。

```
#define HTU21D_ADDR 0x40
/***********************************************************************
* 名称：htu21d_reset()
* 功能：重启 HTU21D
***********************************************************************/
void htu21d_reset(void)
{
    char cmd = 0xfe;
    i2c_write(HTU21D_ADDR, &cmd, 1);                                    //reset
}
/***********************************************************************
* 名称：htu21d_mesure_t()
* 功能：发送读取温度指令
***********************************************************************/
void htu21d_mesure_t(void)
{
    char cmd = 0xf3;
    i2c_write(HTU21D_ADDR, &cmd, 1);
}
/***********************************************************************
* 名称：htu21d_mesure_h()
* 功能：发送读取湿度命令
***********************************************************************/
void htu21d_mesure_h(void)
{
    char cmd = 0xf5;
    i2c_write(HTU21D_ADDR, &cmd, 1);
}
/***********************************************************************
* 名称：htu21d_init()
* 功能：初始化 HTU21D
***********************************************************************/
void htu21d_init(void)
{
    char cmd = 0xfe;
    HTU21DGPIOInit();
    i2c_write(HTU21D_ADDR, &cmd, 1);                                    //reset
    delay_ms(20);
}
/***********************************************************************
* 名称：htu21d_t()
```

```
* 功能：读取温度
* 返回：-1 或 t（处理后的温度值）
**********************************************************************/
float htu21d_t(void)
{
    char cmd = 0xf3;
    char dat[4];
    i2c_write(HTU21D_ADDR, &cmd, 1);
    delay_ms(50);
    if (i2c_read(HTU21D_ADDR, dat, 2) == 2) {
        if ((dat[1]&0x02) == 0) {
            float t = -46.85f + 175.72f * ((dat[0]<<8 | dat[1])&0xfffc) / (1<<16);
            return t;
        }
    }
    return -1;
}
/**********************************************************************
* 名称：htu21d_h()
* 功能：读取湿度
* 返回：-1 或 h（处理后的湿度值）
**********************************************************************/
float htu21d_h(void)
{
    char cmd = 0xf5;
    char dat[4];

    i2c_write(HTU21D_ADDR, &cmd, 1);
    delay_ms(50);
    if (i2c_read(HTU21D_ADDR, dat, 2) == 2) {
        if ((dat[1]&0x02) == 0x02) {
            float h = -6 + 125 * ((dat[0]<<8 | dat[1])&0xfffc) / (1<<16);
            return h;
        }
    }
    return -1;
}
```

（5）数据存储驱动模块。本项目采用 W25Q64 系列 Flash 存储器，使用 SPI 总线进行通信，由于驱动代码过长，篇幅所限，下面只给出部分驱动源代码，详细信息请参考 6.3 节。

```
#ifndef __FLASH_H
#define __FLASH_H

#define W25Q80    0xEF13
#define W25Q16    0xEF14
#define W25Q32    0xEF15
```

```
#define W25Q64          0xEF16
#define W25Q128         0xEF17
extern u16 W25QXX_TYPE;                                  //定义 W25QXX 芯片型号
#define    W25QXX_CS               PAout(15)             //定义 W25QXX 的片选信号

//指令表
#define W25X_WriteEnable        0x06
#define W25X_WriteDisable       0x04
#define W25X_ReadStatusReg      0x05
#define W25X_WriteStatusReg     0x01
#define W25X_ReadData           0x03
#define W25X_FastReadData       0x0B
#define W25X_FastReadDual       0x3B
#define W25X_PageProgram        0x02
#define W25X_BlockErase         0xD8
#define W25X_SectorErase        0x20
#define W25X_ChipErase          0xC7
#define W25X_PowerDown          0xB9
#define W25X_ReleasePowerDown   0xAB
#define W25X_DeviceID           0xAB
#define W25X_ManufactDeviceID   0x90
#define W25X_JedecDeviceID      0x9F

void W25QXX_Init(void);
u16  W25QXX_ReadID(void);                                           //读取 Flash ID
u8   W25QXX_ReadSR(void);                                           //读取状态寄存器
void W25QXX_Write_SR(u8 sr);                                        //写状态寄存器
void W25QXX_Write_Enable(void);                                     //写使能
void W25QXX_Write_Disable(void);                                    //写保护
void W25QXX_Write_NoCheck(u8* pBuffer,u32 WriteAddr,u16 NumByteToWrite);
void W25QXX_Read(u8* pBuffer,u32 ReadAddr,u16 NumByteToRead);       //读取 Flash
void W25QXX_Write(u8* pBuffer,u32 WriteAddr,u32 NumByteToWrite);    //写入 Flash
void W25QXX_Erase_Chip(void);                                       //整片擦除
void W25QXX_Erase_Sector(u32 Dst_Addr);                            //扇区擦除
void W25QXX_Wait_Busy(void);                                        //等待空闲
void W25QXX_PowerDown(void);                                        //进入掉电模式
void W25QXX_WAKEUP(void);                                           //唤醒
#endif
```

部分驱动源代码如下:

```
u16 W25QXX_TYPE=W25Q64;                                  //默认是 W25Q64
/*********************************************************************************
* 名称: W25QXX_Init
* 功能: 初始化 SPI Flash 的 I/O 口
* 注释: 4 KB 为一个扇区(Sector), 16 个扇区为 1 个块(Block)
*        W25Q64 的容量为 8 MB, 共有 64 个块, 2048 个扇区
```

```
****************************************************************/
void W25QXX_Init(void)
{
    GPIO_InitTypeDef GPIO_InitStructure;
    RCC_AHB1PeriphClockCmd(RCC_AHB1Periph_GPIOA, ENABLE );       //PORTA 时钟使能

    GPIO_InitStructure.GPIO_Pin = GPIO_Pin_15;                   //PA15 输出
    GPIO_InitStructure.GPIO_Mode = GPIO_Mode_OUT;                //输出功能
    GPIO_InitStructure.GPIO_OType = GPIO_OType_PP;               //推挽输出
    GPIO_InitStructure.GPIO_Speed = GPIO_Speed_100MHz;          //100 MHz
    GPIO_InitStructure.GPIO_PuPd = GPIO_PuPd_UP;                 //上拉
    GPIO_Init(GPIOA, &GPIO_InitStructure);                       //初始化
    W25QXX_CS=1;                                                 //SPI Flash 不选中
    SPI3_Init();                                                 //初始化 SPI
    SPI3_SetSpeed(SPI_BaudRatePrescaler_2);                      //设置为 18 MHz 时钟，高速模式
    W25QXX_TYPE=W25QXX_ReadID();                                 //读取 Flash ID
}
/****************************************************************
* 名称：W25QXX_Read
* 功能：读取 SPI Flash 在指定地址开始读取指定长度的数据
* 参数：pBuffer—数据存储区；ReadAddr—开始读取的地址；NumByteToRead—要读取的字节数（最
大 65535）
****************************************************************/
void W25QXX_Read(u8* pBuffer,u32 ReadAddr,u16 NumByteToRead)
{
    u16 i;
    W25QXX_CS=0;                                                 //使能器件
    SPI3_ReadWriteByte(W25X_ReadData);                          //发送读取命令
    SPI3_ReadWriteByte((u8)((ReadAddr)>>16));                   //发送 24 bit 地址
    SPI3_ReadWriteByte((u8)((ReadAddr)>>8));
    SPI3_ReadWriteByte((u8)ReadAddr);
    for(i=0;i<NumByteToRead;i++)
    {
        pBuffer[i]=SPI3_ReadWriteByte(0XFF);                    //循环读数
    }
    W25QXX_CS=1;
}
/****************************************************************
* 名称：W25QXX_Write_Page
* 功能：SPI 在一页（0～65535）内写入少于 256 个字节的数据，在指定地址开始写入最大 256 字节
的数据
* 参数：pBuffer—数据存储区
*       NumByteToWrite—要写入的字节数（最大 256），该数不应该超过该页的剩余字节数
*       WriteAddr—开始写入的地址
****************************************************************/
void W25QXX_Write_Page(u8* pBuffer,u32 WriteAddr,u16 NumByteToWrite)
```

第
6
章

```
{
    u16 i;
    W25QXX_Write_Enable();                                          //SET WEL
    W25QXX_CS=0;                                                    //使能器件
    SPI3_ReadWriteByte(W25X_PageProgram);                          //发送写页命令
    SPI3_ReadWriteByte((u8)((WriteAddr)>>16));                     //发送 24bit 地址
    SPI3_ReadWriteByte((u8)((WriteAddr)>>8));
    SPI3_ReadWriteByte((u8)WriteAddr);
    for(i=0;i<NumByteToWrite;i++)SPI3_ReadWriteByte(pBuffer[i]);   //循环写数
    W25QXX_CS=1;                                                    //取消片选
    W25QXX_Wait_Busy();                                            //等待写入结束
}
/****************************************************************************
* 名称：W25QXX_Erase_Chip
* 功能：擦除整个芯片
****************************************************************************/
void W25QXX_Erase_Chip(void)
{
    W25QXX_Write_Enable();                                          //SET WEL
    W25QXX_Wait_Busy();
    W25QXX_CS=0;                                                    //使能器件
    SPI3_ReadWriteByte(W25X_ChipErase);                           //发送片擦除命令
    W25QXX_CS=1;                                                    //取消片选
    W25QXX_Wait_Busy();                                            //等待芯片擦除结束
}
/****************************************************************************
* 名称：W25QXX_Erase_Sector
* 功能：擦除一个扇区，其最少时间为 150 ms
* 参数：Dst_Addr—扇区地址（根据实际容量设置）
****************************************************************************/
void W25QXX_Erase_Sector(u32 Dst_Addr)
{
    Dst_Addr*=4096;
    W25QXX_Write_Enable();                                          //SET WEL
    W25QXX_Wait_Busy();
    W25QXX_CS=0;                                                    //使能器件
    SPI3_ReadWriteByte(W25X_SectorErase);                         //发送扇区擦除指令
    SPI3_ReadWriteByte((u8)((Dst_Addr)>>16));                     //发送 24 bit 地址
    SPI3_ReadWriteByte((u8)((Dst_Addr)>>8));
    SPI3_ReadWriteByte((u8)Dst_Addr);
    W25QXX_CS=1;                                                    //取消片选
    W25QXX_Wait_Busy();                                            //等待擦除完成
}
```

（6）定时器驱动模块。系统定时器没有直接参与抽象层和逻辑层的操作，而是作为系统事件的调度功能而使用的，通过配置定时器中断发生时基，以时基作为最小时间片，当累计时间片达到事件设定的时间间隔数量时，则通过设定标志位触发项目事件。定时器配置头文件如下：

```c
#include "stm32f4xx.h"                                    //官方库文件
#define KEYCHECK_TIME        1                            //按键检测时间基数
#define L0CKCTRL_TIME        20                           //门锁操作时间基数
#define EREFRESH_TIME        100                          //信息刷新时间基数
#define HINTINFO_TIME        10                           //电量检测时间基数
typedef struct
{
    uint8_t lockCtrl_flag;
    uint8_t ERefresh_flag;
    uint8_t HintInfo_flag;
    uint8_t keycheck_flag;
}eventFlagStruct;
void timer_init(void);                                    //定时器初始化函数
```

定时器的操作函数如下：

```c
#include "timer.h"
/*******************************************************************************
* 名称：timer_init()
* 功能：定时器初始化函数
* 注释：定时器 TIM7 配置中断触发时间为 10 ms
*******************************************************************************/
void timer_init(void)
{
    TIM_TimeBaseInitTypeDef TIM_BaseInitStructure;        //初始化定时器基本信息配置结构体
    NVIC_InitTypeDef NVIC_InitStructure;                  //初始化中断向量配置结构体
    RCC_APB1PeriphClockCmd(RCC_APB1Periph_TIM7, ENABLE);  //初始化定时器 7 时钟
    NVIC_InitStructure.NVIC_IRQChannel = TIM7_IRQn;       //配置定时器 7 中断
    NVIC_InitStructure.NVIC_IRQChannelPreemptionPriority = 0;  //配置定时器 7 优先级
    NVIC_InitStructure.NVIC_IRQChannelSubPriority = 3;
    NVIC_InitStructure.NVIC_IRQChannelCmd = ENABLE;       //使能定时器中断
    NVIC_Init(&NVIC_InitStructure);                       //使能定时器中断配置
    TIM_BaseInitStructure.TIM_Period = 1000 - 1;          //重装寄存器计数 1000
    TIM_BaseInitStructure.TIM_Prescaler = 840 - 1;        //定时器 7 预分频系数 480-1
    TIM_TimeBaseInit(TIM7, &TIM_BaseInitStructure);       //初始化定时器 7 配置
    TIM_ClearFlag(TIM7, TIM_FLAG_Update);                 //清定时器 7 中断
    TIM_ITConfig(TIM7,TIM_IT_Update,ENABLE);              //定时器 7 中断使能
    TIM_Cmd(TIM7, ENABLE);                                //启动定时器 7
}
/*******************************************************************************
* 名称：TIM7_IRQHandler()
* 功能：定时器 7 中断服务函数
*******************************************************************************/
static uint32_t tim_circle_base_count = 0;                //时钟循环基数计数参数
```

```
eventFlagStruct eventFlagStructure;                                    //事件执行标志位控制结构体
void TIM7_IRQHandler(void)
{
    if(TIM_GetITStatus(TIM7, TIM_IT_Update) != RESET){                 //判断定时器 7 中断触发
        tim_circle_base_count ++;                                      //时间基数计数加 1
        if((tim_circle_base_count % KEYCHECK_TIME) == 0){//如果时间基数为 KEYCHECK_TIME
            eventFlagStructure.keycheck_flag = 1;                      //将按键监测标志位置 1
        }
        if((tim_circle_base_count % LOCKCTRL_TIME) == 0){ //如果时间基数为 LOCKCTRL_TIME
            eventFlagStructure.lockCtrl_flag = 1;                      //将门锁操作标志位置 1
        }
        if((tim_circle_base_count % EREFRESH_TIME) == 0){ //如果时间基数为 EREFRESH_TIME
            eventFlagStructure.ERefresh_flag = 1;                     //将事件刷新查询标志位置 1
        }
        if((tim_circle_base_count % HINTINFO_TIME) == 0){ //如果时间基数为 HINTINFO_TIME
            eventFlagStructure.HintInfo_flag = 1;                     //将提示信息检测标志位置 1
        }
        TIM_ClearITPendingBit(TIM7 , TIM_IT_Update);                 //清定时器 7 等待中断
    }
}
```

（7）TFT LCD 数据显示驱动模块。由于驱动代码过长，篇幅所限，下面只给出部分驱动源代码，详细信息请参考 6.1 节。

```
#include "delay.h"
#include "fsmc.h"
#include "stm32f4xx.h"
#include "led.h"
#define SCREEN_ORIENTATION_LANDSCAPE        1
#define ZXBEE_PLUSE
#define SWAP_RGB (1<<3)
/* LCD 使用 PD7 脚 NE1 功能基地址为 0x60000000，PD13 引脚 A18 作为 RS 选择*/
#ifdef ZXBEE_PLUSE
#define ILI93xx_REG (*((volatile uint16_t *)(0x60000000)))
#define ILI93xx_DAT (*((volatile uint16_t *)(0x60000000 | (1<<(17+1)))))
#else
//NE4 功能基地址为 0x6C000000
#define ILI93xx_REG (*((volatile uint16_t *)(0x6C000000)))
#define ILI93xx_DAT (*((volatile uint16_t *)(0x6C000000 | (1<<(6+1)))))
#endif
#define BACKLIGHT(a)    if(a == ON) GPIO_WriteBit(GPIOD, GPIO_Pin_2, Bit_SET);  \
                        else    GPIO_WriteBit(GPIOD, GPIO_Pin_2, Bit_RESET)
void LCD_WR_REG(vu16 regval);
void LCD_WR_DATA(vu16 data);
u16 LCD_RD_DATA(void);
void ILI93xx_WriteReg(uint16_t r, uint16_t d);
```

```
uint16_t ILI93xx_ReadReg(uint16_t r);
void BLOnOff(int st);
void BLInit(void);
void ILI93xxInit(void);
void LCDSetWindow(int x, int xe, int y, int ye);
void LCDSetCursor(int x, int y);
void LCDWriteData(uint16_t *dat, int len);
void LCDClear(uint16_t color);
void LCDDrawPixel(int x, int y, uint16_t color);
void LCDDrawLineH(int x0, int x1, int y0, int color);
void LCDDrawAsciiDot12x24_1(int x, int y, char ch, int color, int bc);
void LCDDrawAsciiDot12x24(int x, int y, char *str, int color, int bc);
void LCDDrawAsciiDot8x16_1(int x, int y, char ch, int color, int bc);
void LCDDrawAsciiDot8x16(int x, int y, char *str, int color, int bc);
void LCDDrawGB_16_1(int x, int y, char *gb2, int color, int bc) ;
void LCDDrawGB_24_1(int x, int y, char *gb2, int color, int bc) ;
void LCDDrawFnt16(int x, int y, int xs, int xe,char *str, int color, int bc);
void LCDDrawFnt24(int x, int y, char *str, int color, int bc);
void LCD_Clear(int x1,int y1,int x2,int y2,uint16_t color);
void LCDShowPicture(int x, int y, uint16_t *dat);
```

2）硬件抽象层软件设计

硬件抽象层主要是将系统底层的驱动封装成系统场景下对应的控制设备，从而使系统硬件与系统应用联系起来，为逻辑层提供素材和支撑。

硬件抽象层主要有按键操作、门锁操作、时间和环境信息显示等，为了方便操作，有些硬件抽象层函数直接在驱动层处理了，此处只展示与硬件抽象层相关源代码。

（1）操作按钮模块。操作按钮的操作函数主要是在按键基础上进行的封装，操作按钮的函数如下：

```
#include "operation_button.h"
uint8_t key1_semaphore = 0;                                    //定义按键1信号量
uint8_t key2_semaphore = 0;                                    //定义按键2信号量
uint8_t key3_semaphore = 0;                                    //定义按键3信号量
uint8_t key4_semaphore = 0;                                    //定义按键4信号量
extern keyPassStruct keyPassStructure;                         //初始化按键信息结构体
/*****************************************************************************
* 名称：operationButton_check()
* 功能：按键状态检测函数
*****************************************************************************/
keyPassStruct operationButton_check(void)
{
    static uint16_t key1_count = 0;                            //按键1时间计数
    static uint16_t key2_count = 0;                            //按键2时间计数
    static uint16_t key3_count = 0;                            //按键3时间计数
```

```
static uint16_t key4_count = 0;                                          //按键 4 时间计数
keyPassStruct keyPassStruct_Temp;                                        //定义按键参数结构体
keyPassStruct_Temp.key_passTime = 0x00;                                  //初始化按动方式参数
keyPassStruct_Temp.key_position = 0x00;                                  //初始化按键键位参数
if(get_key_status() & K1_PREESED){                                       //如果按键 1 按下
    key1_count ++;                                                       //计数加 1
}else{                                                                   //按键松开
    if(key1_count >= PASS_SHORT){                                        //如果计数大于短按数值
        keyPassStruct_Temp.key_position |= K1_PREESED;                   //KEY1 的键位参数置 1
        if(key1_count >= PASS_LONG){                                     //如果为长按
            keyPassStruct_Temp.key_passTime |= K1_PREESED; //KEY1 按动模式置 1
        }
        key1_count = 0;                                                  //按键计数清 0
    }else{
        key1_count = 0;                                                  //按键计数清 0
    }
}

if(get_key_status() & K2_PREESED){
    key2_count ++;                                                       //计数加 1
}else{                                                                   //按键松开
    if(key2_count >= PASS_SHORT){                                        //如果计数大于短按数值
        keyPassStruct_Temp.key_position |= K2_PREESED;                   //KEY2 的键位参数置 1
        if(key2_count >= PASS_LONG){                                     //如果为长按
            keyPassStruct_Temp.key_passTime |= K2_PREESED; //KEY2 按动模式置 1
        }
        key2_count = 0;                                                  //按键计数清 0
    }else{
        key2_count = 0;                                                  //按键计数清 0
    }
}
if(get_key_status() & K3_PREESED){
    key3_count ++;                                                       //计数加 1
}else{                                                                   //按键松开
    if(key3_count >= PASS_SHORT){                                        //如果计数大于短按数值
        keyPassStruct_Temp.key_position |= K3_PREESED;                   //KEY3 的键位参数置 1
        if(key3_count >= PASS_LONG){                                     //如果为长按
            keyPassStruct_Temp.key_passTime |= K3_PREESED; //KEY3 按动模式置 1
        }
        key3_count = 0;                                                  //按键计数清 0
    }else{
        key3_count = 0;                                                  //按键计数清 0
    }
}
if(get_key_status() & K4_PREESED){
    key4_count ++;                                                       //计数加 1
```

```
        }else{                                              //按键松开
            if(key4_count >= PASS_SHORT){                    //如果计数大于短按数值
                keyPassStruct_Temp.key_position |= K4_PREESED;   //KEY4 的键位参数置 1
                if(key4_count >= PASS_LONG){                 //如果为长按
                    keyPassStruct_Temp.key_passTime |= K4_PREESED; //KEY4 按动模式置 1
                }
                key4_count = 0;                              //按键计数清 0
            }else{
                key4_count = 0;                              //按键计数清 0
            }
        }
    }
    return keyPassStruct_Temp;                               //返回按键检测信息
}
/*******************************************************************************
* 名称：buttonSemaphore_check()
* 功能：按键信号量配置函数
*******************************************************************************/
void buttonSemaphore_check(void)
{
    keyPassStructure = operationButton_check();             //获取按键信息

    if(keyPassStructure.key_position & K1_PREESED){         //如果按键 1 按下
        key1_semaphore ++;                                  //按键 1 信号量加 1
    }
    if(keyPassStructure.key_position & K2_PREESED){         //如果按键 2 按下
        key2_semaphore ++;                                  //按键 2 信号量加 1
    }
    if(keyPassStructure.key_position & K3_PREESED){         //如果按键 3 按下
        key3_semaphore ++;                                  //按键 3 信号量加 1
    }
    if(keyPassStructure.key_position & K4_PREESED){         //如果按键 4 按下
        key4_semaphore ++;                                  //按键 4 信号量加 1
    }
}
```

（2）环境温湿度信息采集模块。环境温湿度信息是通过温湿度传感器进行采集的，环境信息采集函数如下：

```
#include "temphumi_sensor.h"
temphumiStruct temphumiStructure;
void Envi_TempHumi_collection(void)
{
    temphumiStructure.temperature = htu21d_t();            //读取湿度
    temphumiStructure.humidity = htu21d_h();               //读取温度
}
```

（3）门锁控制模块。智能防盗门锁的操作对象主要是继电器，通过继电器开关控制大门的开关。

第 6 章

```c
#include "charge_switch.h"

void chargeSwitch(uint8_t cmd)
{
    switch(cmd){
        case CHARGE_STAR:
            RELAY1_CTRL(RELAY_ON);
        break;
        case CHARGE_STOP:
            RELAY1_CTRL(RELAY_OFF);
        break;
        default:
        break;
    }
}
```

（4）时间显示模块。时间显示功能并没有实际的设备支持，主要是软件部分的操作。

```c
#include "date.h"
timeInforStruct timeInforStructure;
uint8_t Month[12] = {31,28,31,30,31,30,31,31,30,31,30,30};
void date_init(void)
{
    timeInforStructure.year = YEAR_FIRST;
    timeInforStructure.month = MONTH_FIRST;
    timeInforStructure.day = DAT_FIRST;
    timeInforStructure.hours = HOURS_FIRST;
    timeInforStructure.minute = MINUTE_FIRST;
    timeInforStructure.second = SECOND_FIRST;
    timeInforStructure.week = WEEK_FIRST;
}
void timeStream(void)
{
    timeInforStructure.second ++;

    if(timeInforStructure.second >= 60){
        timeInforStructure.minute ++;
        timeInforStructure.second = 0;
    }
    if(timeInforStructure.minute >= 60){
        timeInforStructure.hours ++;
        timeInforStructure.minute = 0;
    }
    if(timeInforStructure.hours >= 24){
        timeInforStructure.day ++;
        timeInforStructure.week ++;
        timeInforStructure.hours = 0;
```

```
    }
    if(timeInforStructure.week >= 8){
        timeInforStructure.week = 1;
    }
    if(timeInforStructure.month == 2){
        if((timeInforStructure.year % 100) == 0){
            if((timeInforStructure.year % 400) == 0){
                Month[1] = LEAP_YEAR;
            }else{
                Month[1] = FLAT_YEAR;
            }
        }else if((timeInforStructure.year % 4) == 0){
            Month[1] = LEAP_YEAR;
        }else{
            Month[1] = FLAT_YEAR;
        }
    }
    if(timeInforStructure.day > Month[(timeInforStructure.month) - 1]){
        timeInforStructure.month ++;
        timeInforStructure.day = 1;
    }
    if(timeInforStructure.month > 12){
        timeInforStructure.year ++;
        timeInforStructure.month = 1;
    }
}
```

3）系统逻辑层软件设计

除了前述的 4 个事件，还有一个系统初始化事件，系统初始化事件只需操作一次即可。

（1）系统初始化事件。

```
#include "sysinit.h"

/************************************************************************
* 参数定义
************************************************************************/
uint8_t led_state;                                          //LED 的开关参数
keyPassStruct keyPassStructure;                             //初始化按键信息结构体
passwordOperationStruct passwordOperationStructure;         //密码操作结构体
timeInforStruct timeInforStructure;                         //时间结构体
uint8_t PromptInfor = PROMPT_SOMETHING_CALL;                //定义提示信息参数
uint8_t inforUpdate_state = OPERATION_NULL;                 //信息配置状态标志位
/************************************************************************
* 名称：system_init()
* 功能：系统初始化函数
************************************************************************/
```

```
void system_init(void)
{
    NVIC_PriorityGroupConfig(NVIC_PriorityGroup_2);        //设置系统中断优先级分组 2
    timer_init();                                          //系统时钟初始化
    delay_init(168);
    usart_init(115200);                                    //串口初始化
    led_init();                                            //LED 初始化
    lcd_init(LCD1);                                         //LCD 初始化
    htu21d_init();                                          //温湿度传感器初始化
    key_init();                                             //按键初始化
    relay_init();                                           //继电器初始化
    date_init();                                            //时间初始化
    password_init();
    Keyboard_Display();
    Lock_Dispaly();
    Prompt_Information(PromptInfor);

}
```

（2）门锁控制操作模块。

```
#include "lockctrl_event.h"
uint8_t lock_state = 0;
void lock_Ctrl_event(void)
{
    static uint8_t lock_last = 0;

    if(lock_last != lock_state){
        if(lock_state == 1){
            doorLock_Opreation(LOCK_ON);
            Lock_Operation(LOCK_ON);
        }
        if(lock_state == 0){
            doorLock_Opreation(LOCK_OFF);
            Lock_Operation(LOCK_OFF);
        }
        lock_last = lock_state;
    }
}
```

（3）信息刷新事件。

```
#include "te_refresh_event.h"
void time_envi_refresh_event(void)
{
    timeStream();
    Envi_TempHumi_collection();
    TimeEnviInofr_Display();
}
```

4）应用层软件设计

应用层软件设计主要是系统的事件调度，前面已经讲到，系统的事件调度是通过定时器设定标志位来实现的，当设定任务的时间到达时相应的标志位会被置1，从而执行任务。应用层软件设计主要是在 main 函数中实现的，源代码如下：

```c
#include "sysinit.h"                              //系统初始化头文件
#include "te_refresh_event.h"
#include "lockctrl_event.h"
#include "operation_button.h"
#include "switch_selecte.h"
extern eventFlagStruct eventFlagStructure;        //系统运行条件控制结构体
extern uint8_t PromptInfor;                       //提示信息参数
void main(void)
{
    system_init();                                //系统传感器设备初始化
    while(1){                                     //系统循环体
        if(eventFlagStructure.prompt_flag){       //如果提示信息更新有效
            Prompt_Information(PromptInfor);       //执行提示信息更新事件
            eventFlagStructure.prompt_flag = 0;   //提示信息标志位清 0
        }
        if(eventFlagStructure.lockCtrl_flag){     //如果电子锁操作有效
            lock_Ctrl_event();                    //执行电子锁操作事件
            eventFlagStructure.lockCtrl_flag = 0; //电子锁控制标志位清 0
        }
        if(eventFlagStructure.ERefresh_flag){     //如果环境信息更新有效
            time_envi_refresh_event();            //执行环境信息更新事件
            eventFlagStructure.ERefresh_flag = 0; //环境信息更新标志位清 0
        }
        if(eventFlagStructure.keycheck_flag){     //如果按键信号量检测有效
            buttonSemaphore_check();              //执行按键信号量检测事件
            eventFlagStructure.keycheck_flag = 0; //按键信号量检测标志位清 0
        }
        switch_operation();                       //门锁键盘操作事件
    }
}
```

至此整个软件的设计就算完成了，通过测试系统稳定后即可实现应用。

6.4.3　小结

通过本项目，读者可以重新回顾并加深对 STM32 外设属性和原理的理解，掌握微处理器相关外设高级应用，通过这些应用可以完成功能更加复杂的系统，而这其中更重要的是项目工程编程思想的学习。项目工程可以分解为四个部分：应用层、逻辑层、硬件抽象层

第6章

和驱动层，在更大的项目中层次可能会更加细化。将一个综合项目通过细化分解为这四个部分可以使系统程序设计变得更加清晰，加快程序开发速度，缩短开发周期。

6.4.4 思考与拓展

（1）一个综合项目可以被分解为哪几个层次？

（2）软件的层次之间是什么关系？

（3）系统的项目事件调度是如何实现的？

参考文献

[1] 何立民. 物联网概述第 4 篇：物联网时代嵌入式系统的华丽转身[J]. 单片机与嵌入式系统应用，2012,12(01):79-81.

[2] 工业和信息化部. 工业和信息化部关于印发信息通信行业发展规划（2016—2020年）的通知. 工信部规[2016]424 号.

[3] 廖建尚. 物联网&云平台高级应用开发. 北京：电子工业出版社，2017.

[4] 廖建尚. 物联网平台开发及应用——基于 CC2530 和 ZigBee [M]. 北京：电子工业出版社，2016.

[5] 廖建尚. 物联网开发与应用——基于 ZigBee、Simplici TI、低功率蓝牙、Wi-Fi 技术. 北京：电子工业出版社，2017.

[6] 廖建尚，卢斯. 基于 Android 系统智能网关型农业物联网设计和实现[J]. 中国农业科技导报，2017,19(06):61-71.

[7] 廖建尚. 基于物联网的温室大棚环境监控系统设计方法[J]. 农业工程学报，2016,32(11):233-243.

[8] 李法春. C51 单片机应用设计与技能训练[M]. 北京：电子工业出版社，2011.

[9] 高伟民. 基于ZigBee无线传感器的农业灌溉监控系统应用设计[D]. 大连理工大学,2015.

[10] CC253x System-on-Chip Solution for 2.4 GHz IEEE 802.15.4 and ZigBee® Applications User's Guide.

[11] 王蕴喆. 基于 CC2530 的办公环境监测系统[D]. 吉林大学，2012.

[12] 蔡利婷，陈平华，罗彬，等. 基于 CC2530 的 ZigBee 数据采集系统设计[J]. 计算机技术与发展，2012,11:197-200.

[13] 李建勇，刘雪梅，李洋. 基于 SimpliciTI 的大棚温湿度无线监测系统设计[J]. 电子设计工程，2015,23(18):173-175+179.

[14] STM32F4xx 中文参考手册. 意法半导体公司.

[15] STM32F3xx/F4xxx Cortex-M4 编程手册. 意法半导体公司.

[16] STM32F40x 和 STM32F41x 数据手册. 意法半导体公司.

[17] 秉火 STM32. http://www.cnblogs.com/firege/.

[18] 刘火良，杨森. STM32 库开发实战指南[M]. 北京：机械工业出版社，2013.

[19] 李平，李哲愚，文玉梅，等. 用于低能量密度换能器的电源管理电路[J]. 仪器仪表学报，2017,38(02):378-385.

[20] 李飞. 便携式设备电源管理及低功耗设计与实现[D]. 湖南工业大学，2015.

[21] 耿凡娜，张富庆. 单片机应用系统设计中的看门狗技术探究[J]. 科学技术与工程，2007(13):3269-3271.

[22] 廖建尚. 基于 I2C 总线的云台电机控制系统设计[J]. 单片机与嵌入式系统应用，2015,15(02):67-70.

[23] 李迪. 高性能 sigma-delta ADC 的设计与研究[D]. 西安电子科技大学，2010.

[24] 李坤. 基于 ARM 的嵌入式中断系统的软件仿真实现[D]. 电子科技大学，2012.

[25] 郑伟. 基于 Verilog 的 8051 微控制器中断系统的设计[D]. 华中科技大学，2012.

[26] 吴瑶裔. 基于 AMBA 总线的 DMA 控制器的设计[D]. 湖南大学，2012.

[27] 廖建尚. 基于 I2C 总线的云台电机控制系统设计[J]. 单片机与嵌入式系统应用，2015,15(02):67-70.

[28] 赵强. 基于 AHB 总线协议的 DMA 控制器设计[D]. 西安电子科技大学，2014.